高等学校土木工程专业“十三五”系列教材
高等学校土木工程专业系列教材

土木工程测试技术

孙　强　张宇菲　编著

中国建筑工业出版社

图书在版编目（CIP）数据

土木工程测试技术/孙强，张宇菲编著. —北京：中国建筑工业出版社，2020.2（2020.9 重印）
高等学校土木工程专业“十三五”系列教材 高等学校土木工程专业系列教材
ISBN 978-7-112-24314-3

Ⅰ. ①土… Ⅱ. ①孙… ②张… Ⅲ. ①土木工程-建筑测量-高等学校-教材 Ⅳ. ①TU198

中国版本图书馆 CIP 数据核字（2019）第 216651 号

责任编辑：刘颖超
责任校对：芦欣甜

高等学校土木工程专业“十三五”系列教材
高等学校土木工程专业系列教材
土木工程测试技术
孙 强 张宇菲 编著
*
中国建筑工业出版社出版、发行（北京海淀三里河路 9 号）
各地新华书店、建筑书店经销
霸州市顺浩图文科技发展有限公司制版
北京建筑工业印刷厂印刷
*
开本：787×1092 毫米 1/16 印张：20¼ 字数：488 千字
2020 年 1 月第一版 2020 年 9 月第二次印刷
定价：**60.00** 元
ISBN 978-7-112-24314-3
（34830）

前　言

土木工程专业培养的学生，毕业后主要从事土木工程的设计和施工工作，工作中有大量的试验任务，在学校能针对试验方法与技术的培养，对他们尽快适应工作将起到很好的作用。近年来随着我国土木工程建设快速发展，工程建设规模日益扩大，难度不断提高，这对土木工程专业的学生提出了更高的要求，而试验教学是该专业的重点组成部分，它在培养学生的创新意识、实践动手能力、科研能力、综合分析和解决问题的能力、增强受挫的能力等方面有着专业理论课无法取代的作用。

目前，在全国高校的土木工程专业中，一般在工程材料、材料力学、钢筋混凝土结构、土力学等理论课程中都设置了一些试验课时，然而这些教学试验存在一些共性问题，如试验课依附于理论课，课时和内容偏少，主要是演示性或验证性试验，因此，为了加强培养学生的试验能力，各个学校在专业技术课中专门设置了以实验技术教学为主的土木工程测试技术专业课程，使其获得土木工程试验方面的基础知识和基本技能，能够在研究和发展工程新材料、新体系、新工艺，探索工程设计新理论方面打下良好的基础。

本教材是依据现有比较成熟的《土木工程结构试验》为基础进行扩展，尽可能地满足土木工程专业的学生学习。编写的指导思想：一是力求涵盖土木工程各学科领域，在建筑结构试验基础上，增加了其他土木工程学科内容；二是力求反应测试技术的最新成就，在阐述传统试验方法及手段的基础上，着重国内外最新发展的试验理论及方法；三是本着理论够用，重在应用的理念，重点介绍试验方法及技能，并配以典型示例。

本教材除满足本科生教学要求外，部分本领域前沿学科内容，可适应研究生教学要求。教材一共分 7 章，依据荷载性质将建筑结构试验与岩土工程试验合并编写，并且加强了爆破振动检测技术以及无损检测技术中声发射和数字图像相关检测技术的内容。

全书由孙强、张宇菲共同编写，由孙强统编定稿。编写过程中应用了多种电子版、纸质版的参考文献，包括书籍、论文、期刊、会议论文等的部分内容和图表，在此谨向原作者表示感谢。

目　　录

第1章　土木工程测试技术基本概念

1.1　绪　　论

测试是具有实验性质的测量，亦可以理解为是测量与实验的综合。测量是为了确定被测试对象量值而进行的操作过程，而实验则是对未知事物探索性认识的实验过程。

在科学研究的领域中，测试是人类认识客观事物最直接的手段，是科学研究的基本方法。科学研究的根本目的在于探索自然规律、掌握自然规律。用准确而简明的定量关系和数学语言来表述科学规律，可以认为精确的测试是科学研究的根基。

对于土木工程建设来说，任何一项具体工程项目都是一项系统工程，牵涉到地质条件的勘察与评价、上部结构和地基基础的设计、建筑材料的选用、施工工艺流程和组织管理水平等多个领域。但在工程设计中，不论设计理论和方法如何先进合理，设计计算所依据的各项参数则必须由土木工程测试人员通过各种检测手段与方法来提供。所以工程测试技术是从根本上保证土木工程设计的精确性、代表性以及经济合理性的重要手段，在整个土木工程建设中，它与理论设计计算、施工工艺与管理是相辅相成的三个重要环节。因此，测试技术是土木工程建设质量控制与新技术发展的必要手段。

1.1.1　测试技术的发展

随着材料科学、微电子技术和计算机技术的发展，测试技术也在迅速发展。测试内容和范围与日俱增，测试对象日趋复杂，对测试速度和测试精度的要求不断提高。智能传感器和计算机技术的发展和应用，使测试技术正朝着集测量、控制、分析、显示于一体的自动测试系统发展。

测试与检验技术的发展，即是仪器仪表科学的发展，大致经历了三个重要的时期。

1. 手工艺时期

20世纪以前，作科学研究的人多数是个体脑力劳动者，理论研究常常需要实验配合，大多数科学家是自己设计实验，自己动手制作测试仪器。工业生产上使用的仪表大多数属于机械指示式的仪表，主要作为主机的配套设备来使用。因此，这个时期的仪器仪表功能较简单，用途专一，仪器仪表间的互相联系很少。

2. 仪器工程时期

随着电子技术的发展，特别是随着晶体管、集成电路的应用，以及光电、压电、热电等效应的广泛应用，出现了大量的电测仪表和自动记录仪表，在科学研究和生产上逐步形成了由测量点到记录仪表的完整的测试系统。由各种电测仪表、自动记录仪表、自动显示仪表、自动调节仪表等组合而成的自动测试系统，能实现对被测对象的连续监测和控制等目标。

3. 仪器科学时期

近年来，各种新理论、新技术、新材料、新器材和新工艺的不断出现，尤其是微型计算机的广泛应用，使仪器仪表及相关的测试技术得到飞速发展。在仪器仪表的设计、制造和使用过程中，已涉及众多的知识领域和先进技术（包括物理学、化学、精密机械设计、电子技术、微型计算机技术、信息处理技术、数据通信技术、自动控制技术等），而科学技术的发展对测试技术也提出了更高的要求。迫切需要研制和设计出智能化、多功能化、数字化、集成化、微型或小型化的智能仪器仪表和智能测试系统，以满足更快速、更准确、更灵敏、更可靠、更高效的测试要求。数字化、智能化、网络化已是当代测试技术的重要标志。

1.1.2 测试系统的组成

测试是具有实验性质的测量，亦可以理解为是测量和实验的综合。测量是为了确定被测对象量值而进行的操作过程，而实验则是对未知事物探索性认识的实验过程。

一个测量或测试系统大体上可用图 1.1 所示的原理方框图来描述。

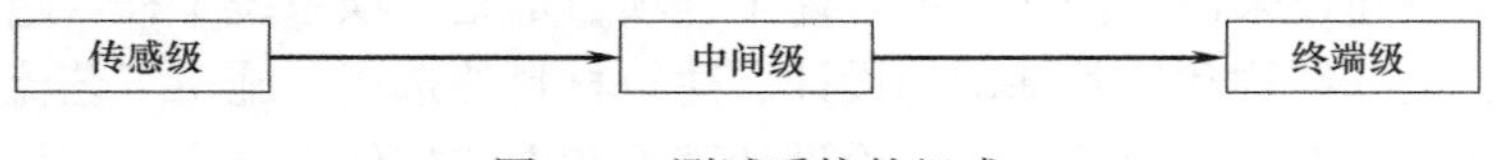

图 1.1 测试系统的组成

1）传感级：直接感受被测量，并将其转换成与被测量有一定函数关系（通常为线性关系）的另一种物理量（通常为电量），以便处理或传输。

2）中间级：将接收到的传感级信号进行变换、放大或转换成后续要求的统一信号等。

3）终端级：显示或控制中间级信号。一般是一个显示器或是一个控制器，也可能是两者的组合。终端级常包含基本的控制功能、数据记录和数据处理功能。显示器有指示式、数字式和屏幕式几种。大型的测试系统常使用综合显示系统，将多种不同类型的测试数据、状态或图形显示在一个统一的屏幕上。

传感级的基本元件为传感器。传感器作为非电量的敏感元件，其功能是探测被测对象的变化并将其转换成易于测量和控制的电信号。但是，传感器的输出信号一般很微弱，而且常伴随着各种噪声，需要通过测量电路将它放大，剔除噪声，选取有用信号，按照测量与控制功能的要求，进行所需的演算、处理与转换，输出能控制执行机构动作的信号。完成这一功能的电路称为测控电路。在整个测试系统中，测控电路是最灵活的部分，起着十分关键的作用，它具有放大、转换、传输，以及适应各种使用要求的功能。一旦传感器确定后，整个测试系统，乃至整个机器和生产系统的性能在很大程度上取决于测控电路。

1.1.3 测试系统的基本要求

测试系统实际上包括非电量即被测对象的测量与控制两部分。对整个测试系统要求而言，可概括为精度高、响应快和转换灵活，当然也还有其他方面的要求，如系统的可靠性和性能价格比等。

1. 精度高

对于测试系统首先要求具有高的精度，即传感器能准确地反映（即检测到）被测对象的状态与参数，这是获得高精度的基础，也是实现准确控制的前提条件。因此，测控电路应具备如下性能。

1）低噪声与高抗干扰能力。传感器输出信号的变化往往是很微小的。在精密测量中，要精确测得被测参数的微小变化，必须采用低噪声元器件，精心设计电路，合理布置元器件、走线和接地，采用适当的隔离与屏蔽等，以保证测量电路的噪声降到最低，抗干扰能力最强。必要时，对信号进行调制，合理安排电路的通频带，对抑制干扰也是十分重要的。此外，对于高增益放大电路，采用高共模抑制比的差动输入放大电路，将有效地抑制共模干扰及工频干扰。

2）低漂移，高稳定性。由半导体材料特性决定，半导体器件和集成电路的所有参数严格意义上讲都是温度的函数，如运算放大器的失调电压和失调电流、二极管与三极管的漏电流，都会随温度变化而变化。电路工作中元器件流过的电流产生的热量、外界环境温度的变化等都会引起电路的漂移。另外，仪器工作环境的相对湿度对传感器及工作电路的工作稳定性也有较大影响。此外，电路长期工作、频繁开关机、元器件老化、开关与接插件的弹性疲劳和氧化造成接触电阻的变化等因素也是影响电路长期工作稳定性的重要原因。

减少漂移的基本做法是：选用低功耗节能型元器件，尽量减少电路关键部分的温度变化；选择低温漂元器件，减小温度变化对电路输出的影响；尽量使用电子开关代替机械开关；让大功率器件远离前级电路，安排好散热；保持较低的相对湿度，避免使用湿布清洁传感器或仪表；避免频繁开关机等。

3）线性度与保真度。对于测试系统，不管其中间经过多少环节的信号变换，都要能真实地再现被测信号。这就要求系统本身具有不失真传输信号的能力，而测量电路良好的线性关系和在信号所占频带段内良好的频率特性是保证信号传输不失真的关键。对于动态测试系统，良好的线性关系尤为重要。

4）有合适的输入与输出阻抗。测量电路输入与输出阻抗前后级不匹配，不但会影响系统的线性度、灵敏度，还会引起测量电路的噪声。为保证测试系统的精度，还必须重视系统的输入与输出阻抗的匹配。

大多数情况下，要求测量电路具有高输入阻抗、低输出阻抗。但对于电流输出型测量电路，则要求下级具有较低的输入阻抗。对于长距离传输的信号，输出端的输出阻抗不能过小，否则容易因传输线路的意外短路而损坏输出驱动电路；其下级的信号输入部分则常设计为低阻抗输入，以提高传输信号的信噪比。

2. 响应速度快

响应速度快，主要针对动态测试系统而言，它是动态测试系统的一项重要指标。实时动态测试已成为测试技术发展的主流。要实现对被控对象的精准控制，必然要求能迅速、准确地测出被测对象的变化状态，测量电路必须具有良好的频率特性和较快的响应速度。

1.1.4 测试系统的基本特性

在进行测量时，选择什么样的仪器才能满足要求呢？为了解决这一问题，首先必须对被测对象及需测量的物理量进行充分的调查，以便选取与被测量相适应的测量装置。对于测量装置可以是单一的测量仪表，如电压或电流的测量可分别采用电压表或电流表即可。

但更多场合下是多个环节组成的测量系统。如爆破地震系统的测量系统就是由速度计、放大以及记录装置组成。组成这一系统的三个环节分别有各自静态以及动态特性。当它们组成一个测试系统后，就出现了综合的测试系统特性。因此，在选择测试系统时必须熟悉测试系统中各个组成环节对于静态和动态的响应过程，一般来说各个组成环节的响应特性都好，组成的系统也就不会差，但在实际测试中，重要的是整个测试系统的特性。

1. 测试系统的静态特征

所谓静态，是指被测量不随时间变化，或随时间变化非常缓慢的状态。测试系统的静态特性是指被测量处于稳定状态时测量系统的输出与输入的关系，通常用非线性、灵敏度和回程误差等指标来表征。

1）非线性

一个理想的测试（没有迟滞和蠕变效应的情况）其静态特征可以用一个多项式来表示：

$$y=a_0+a_1x+a_2x^2+a_3x^3+\cdots+a_nx^n \tag{1.1}$$

式中 x——输入量；

y——输出量；

a_0，a_1，…，a_n——常数。

从式（1.1）中可以看出，输出量 y 与输入量 x 之间的关系，除线性 a_0+a_1x 外，还有高次分项。当 $a_0=a_1=a_3=\cdots\cdots=a_n=0$ 时，$y=a_1x$，这是理想的线性方程，可用图 1.2中一条通过零点的直线表示，这是理想的线性情况。

实际的输入和输出关系并非理想情况，图 1.3 表示的是实际输出与输入的关系曲线（由实验所得的标定曲线）与拟合直线（或称参考直线）的关系。非线性是用标定曲线与拟合直线之间的最大偏差 B 与全量程输出范围 A 之比的百分数表示。

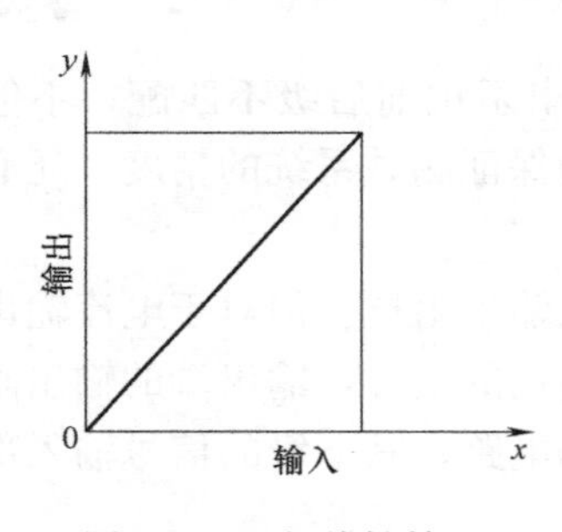

图 1.2 理想线性情况

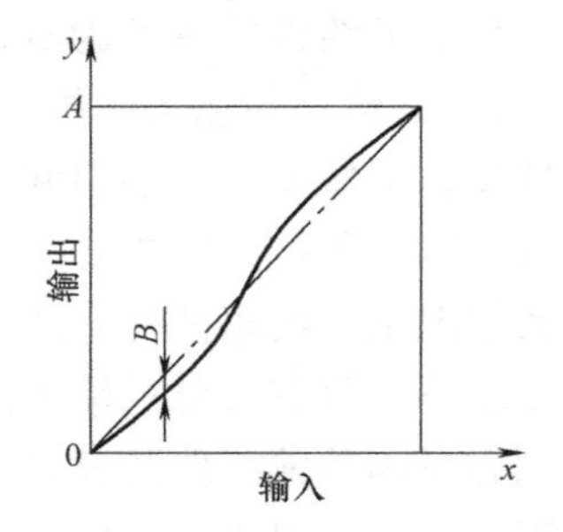

图 1.3 非线性误差

$$非线性=\frac{B}{A}\times100\% \tag{1.2}$$

2）灵敏度

灵敏度是指测量系统在静态条件下输出量的变化量 Δy 对输入量的变化量 Δx 的比值，可用下式表示：

$$K=\frac{\Delta y}{\Delta x}=\frac{输出量的变化量}{输入量的变化量} \tag{1.3}$$

对于线性系统，灵敏度为该直线斜率，是一常数；对于非线性系统，灵敏度随输入量的变化而变化。

实际测试中，在被测量不变的情况下，由于外界环境条件等因素的变化，也可能引起系统输出的变化，最后表现为灵敏度的变化。例如温度引起电测仪器中电子元件参数的变化或被测部件尺寸和材料特性的变化等，由此而引起的系统灵敏度的变化称为“灵敏度漂移”，常以输入不变的情况下每小时内输出的变化量来衡量。显然，性能良好的测试装置，其灵敏度漂移应极小。

3）回程误差

回程误差也叫滞后或变差，如图 1.4 所示。理想测试系统的输出与输入有完全单调的一一对应关系。而实际测试中有时会出现同一个输入量却对应有多个不同输出量的情况。在同样的测试条件下定义全量程范围内当输入量由小增大或由大减小时，同一个输入量所得到的两个数值不同的输出量和理想值之间差值的最大者与满量程输出值之比为回程误差或滞后量，即

$$回程误差=\frac{H}{A}\times 100\% \tag{1.4}$$

2. 测试系统的动态特征

为了测量迅速变化的物理量，有必要研究测试系统的动态特性。如果忽视了测试系统的动态特性，其测试结果就可能造成严重的误差。例如试图用反应迟缓的传感器、记录速度低的记录仪去测试和记录快速变化的物理量（如爆破冲击波、冲击加速度等）所得的结果是没有意义的。这是因为这些装置的动态特性跟不上，不能适应被测物理量快速变化的要求，因而失真。

所谓动态特性，是指测试系统的响应与动态激励之间的函数关系。一般来说，大部分模拟式仪表的动态都可用微分方程或传递函数来描述，即从具体测试装置的物理结构出发，根据相应的物理规律，建立包括输入和输出量在内的运动微分方程，然后在给定的初始条件下求解，便可得到在任意输入 $x(t)$ 激励下，测试系统的响应 $y(t)$。

这种方法为研究测试系统的动态特性奠定理论基础，但是在实践中，对于很多较复杂的测量装置，即便作出不少的近似假定，也很难准确地列出它们的运动微分方程。况且，仅作为系统的使用者，要求对系统内部结构的关系进行详细的数学推导也是不实际的。因此，在实践中大多采用试验的方法来研究分析测试系统的动态特性。根据实际的测试装置，选择一个合适的信号（最基本的正弦信号）作为其输入，然后测出它的响应，利用激励及其响应来对系统的动态特性作出分析和评价。

测试系统的动态特性常用单位阶跃信号（其初始条件为零）为输入信号时输出量$y(t)$的变化曲线来表示。

图 1.5 表示用一个理想的阶跃函数 $x(t)$ 输入到一个二阶系统的仪器时，仪器的响应函数曲线 $y(t)$。表征动态特性的主要参数有延迟时间 t_d、上升时间 t_r、峰值时间 t_p、响应时间 t_s及超调量 M。各参数的意义如下：

延迟时间 t_d：单位阶跃响应曲线达到其终值的 50%所需的时间；

上升时间 t_r：单位阶跃响应曲线 $y(1)$ 从它的终值的 10%上升到终值的 90%所需的时间；

峰值时间 t_p：单位阶跃响应曲线 $y(1)$ 超过其稳态值而达到第一个峰值所需的时间；

响应时间 t_s：单位阶跃响应曲线达到并保持在响应曲线终值允许的误差范围内所需的

时间。该误差范围通常规定为终值的±5%（也有取±2%的）；

超调量M：输出的最大值与响应曲线终值的差值对终值之比的百分数。

$$M=\frac{y_{\mathrm{m}}-y_{\infty}}{y_{\infty}}\times 100\% \tag{1.5}$$

式中　y_{m}——响应曲线最大值；

y_{∞}——响应曲线终值，即稳态值。

以上五个动态特性指标基本上体现了测量系统动态过程的特征，而在实际应用中常用的动态特性指标为上升时间、响应时间和超调量。

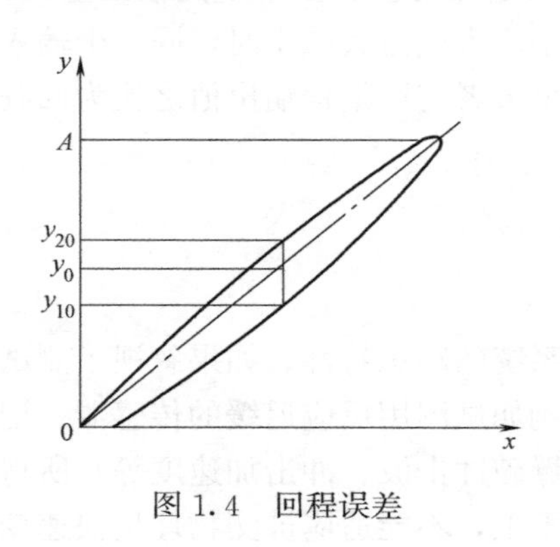

图 1.4　回程误差

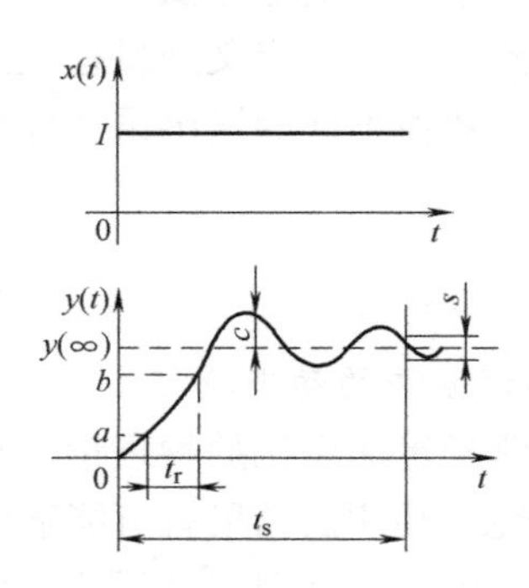

图 1.5　仪器的阶跃响应

就测试系统而言，实现理想的阶跃函数形式比较困难。实际上只要输入函数的上升时间远远小于仪器响应函数的上升时间就可以。仪器在输入单位阶跃函数后，输出量能在相应的数值上逐渐稳定下来，则说明仪器是稳定的。仪器的响应时间愈短，即仪器的惯性小，响应特性愈好。爆破是快速变化的过程，故要求测试系统的仪器响应要快且稳定性好。

每种仪器只能在一定的频率范围内工作，在这一范围内仪器对输入信号的响应是一致的，输出信号仅与输入信号的大小有关，与频率无关。频率特性用对数幅频特性和对数相频特性表示，图 1.6 是一个典型的对数幅频特性曲线图。

图 1.6 中 0dB 水平线是理想的零阶系统的幅频特性。如果测试仪器的幅频特性曲线偏离理想直线，但还没有超出允许公差范围时，特性曲线仍然可以使用。在声学和电学仪器中，公差范围规定为±3dB。幅频特性公差范围对应的频率分别称为下截止频率 $f_{下}(\omega_{\mathrm{L}})$ 和上截止频率 $f_{上}(\omega_{\mathrm{H}})$，上下截止频率之间的频率区间，称为仪器的频响范围或通频带。

在选择仪器的频响范围时，应使被测信号的有用谐波频率都在仪器的频响范围之内。

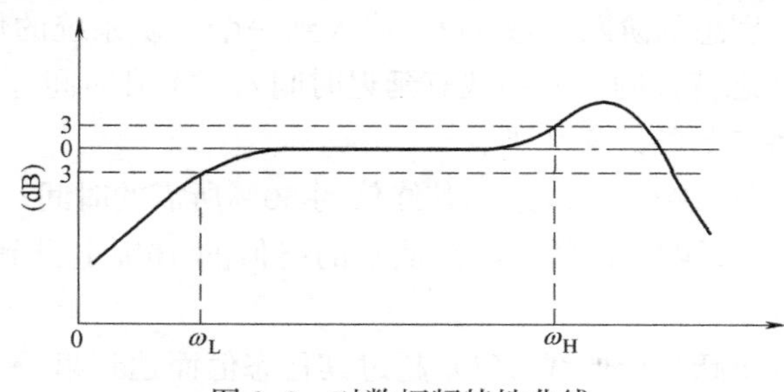

图 1.6　对数幅频特性曲线

1.1.5 测试过程的组织程序

在开展土木工程测试前，需要做好相关规划设计与准备工作，这两项任务在整个测试过程中耗时较长、工作量大且涉及内容也相对庞杂。准备工作的好坏，能够直接影响测试结果与精度，故而，每一个阶段、每一个细节都须认真、周密地实施，具体内容包含以下几个方面：

1. 调查研究、收集工程资料

准备工作首先要把握关键信息，这就需要开展前期调研工作，收集工程相关资料，充分了解测试任务与要求，明确测试目的，以便确定静力加载测试的性质、规模、形式以及种类，正确进行规划设计。

鉴定性测试中，调查研究主要是向有关设计、施工与使用单位或人员收集工程资料。设计方面包括设计图纸、计算书和设计依据的原始资料（如工程地质资料、气象资料和生产工艺资料等）；施工方面主要包括施工日志、工程材料性能测试报告、施工记录与隐蔽工程验收记录等；使用方面主要是使用过程、超载情况或事故经过等。

科学研究性测试中，调查研究主要是向有关科研单位和情报检索部门以及必要的设计与施工单位，收集与本次测试有关的历史（如国内外有无进行过类似的测试工作，采用的方法及结果等）、现状（如已有哪些理论、假设与设计、施工技术水平及材料、技术状况等）和将来发展的要求（如生产、生活与科学技术发展的趋势与要求等）。

2. 制定测试纲要

测试纲要是在取得了调研成果的基础上，为使测试有条不紊地进行，取得预期效果而制定的纲领性文件，内容涵盖以下几点：

1）概述：简要介绍前期调查研究的结果与收集工程资料的情况，提出测试依据、目的、意义以及相关要求等，必要时，需提供一定的理论分析进行支撑。

2）测试点的位置与数量：包括设计依据以及理论分析计算，对于鉴定性测试，还需提供原设计要求、施工或使用情况。测试点位置与数量的选取应考虑工程结果或材料的变异性以及研究项目间的相关条件，按数理统计规律求得。一般鉴定性测试为规避尺寸效应的影响，需结合加载设备能力与测试经费的情况，应尽量接近工程实体。

3）测试仪器的设置：包括安装的形式（正位、卧位或反位）、支承装置、边界条件模拟、保证侧向稳定的措施和安装就位的方法及机具等。

4）加载方案：包括荷载种类与数量、加载设备装置、荷载图式及加载制度等。

5）辅助测试：有些静力加载测试需同时伴随进行相关的辅助测试工作，例如材料物理力学性质的测试和某些探索性小测试或小模型、节点测试等，列出相关辅助测试内容，阐明测试目的、要求、种类、测试顺序以及测试方法等。

6）安全措施：包括人身与设备、仪器仪表等方面的安全防护措施等。

7）测试进度计划：包括关键测试时间点及预期测试效果。

8）附录：包含所需仪器、仪表、设备及经费清单，观测记录表格、加载设备、量测仪表的率定结果报告与其他相关性文件、规定等。记录表格设计应使记录内容全面，方便使用，其具体内容方面除记录观测数据外，还应有测点编号、仪表编号、测试时间、测试人签名等。

综上所述，整个测试的准备须充分，规划须细致、全面、周详，每项测试工作及每个测试步骤须十分明确，防止盲目追求测试次数多、仪器仪表数量多、测试内容多且不切实际地提高量测精度等，以免给测试带来混乱，造成浪费，甚至测试失效或发生安全事故。

1.2 课程的目的与任务

土木工程测试技术是电学、光学、力学、声学、岩土工程、钢筋混凝土结构、道桥工程等学科相互交叉、实用性很强的一门学科，是研究工程材料与结构的损伤程度、破坏机理，发展新材料、新工艺、新设计理论和处理工程事故的重要手段。因此本课程的任务是使学生掌握工程测试方面的基本知识和基本技能，可根据设计、施工和科研的需要，完成一般土木工程测试的试验设计，并得到初步的训练和实践；要求学生对测试的基本方法、原理和技能做到重点掌握，对具体测试全过程有整体的认识与了解。本课程的重点之一是了解各种试验装置的使用原理和使用功能，特别要求熟练掌握施工现场测试和研究中经常使用的加载方法和支撑装置；重点之二是掌握工程测试中各种物理量的测试原理和测试技术，特别是熟练掌握电阻应变测量方法、超声波无损检测方法；重点之三是了解现场试验与模型试验的条件，熟练掌握科学的试验组织程序。此外，本课程涉及爆炸加载的超动态测试，主要以光学测试为主，要求掌握测试原理和测试内容。

1.3 课程内容与学习方法

1.3.1 课程内容

本书紧密结合人才培养模式，基于拓宽专业基础、提高综合素质、提高创新能力的要求，力求涵盖土木工程各学科领域，将共性内容组合起来，避免重复，并根据建筑结构、岩土工程、爆破工程等学科不同的试验对象，突出各自的特点，基于民用爆破技术在土木工程领域的广泛应用，新增了动态光测技术与结构爆破振动检测等内容。在教学中根据学生的专业方向和教学需要选择相应的教学内容。

1.3.2 学习方法

土木工程测试技术是一门实践性很强的课程，学习时应结合课程的特点，综合运用所学的基础理论知识，从以下四个方面切入：

1）应全面、准确地理解土木工程测试的基本理论、概念和适用范围。依据测试对象的环境、载荷性质、测试内容以及测试精度，选择适宜的测试方法和测试手段。

2）掌握科学的试验方法。依据安全性、可靠性以及可行性的原则，在充分调研的基础上，分析、了解国内外最新发展的试验理论和试验方法，重点掌握基本的试验方法，研究一些实际工程中的理论问题和实际工程需要，提出测试技术方案。

3）应注意理论和实践相结合。根据所选专业方向，熟悉相关专业的工程测试试验，掌握必要的测试技术和试验操作能力。

4）加强对相关规范的学习，区分科研试验与应用试验的区别。掌握现行有效的试验方法标准，以确保试验数据准确，数据处理规范，试验结果评价尺度统一。

第2章 土木工程应力应变量测技术

2.1 概　　述

在土木工程实际量测中，研究对象所受来自施工环境的外部作用（如力、位移、温度等），均可视为量测系统的输入数据，研究对象因外部作用而产生的反应（如应变、应力、位移、速度、加速度等），均可视为量测系统对应的输出数据。通过对量测系统输入与输出数据的采集、分析以及处理，可获得研究对象基本的受力变形特性与工作特性，从而对实际工程进行整体性把控，并基于量测数据分析结果给予定量评价。故而，采用正确的量测方法，配合选用可靠的量测设备，是采集大量、准确、可靠输入数据的有力保障。

土木工程应力应变量测方法从理论力学、材料力学、弹性力学形成初期就开始逐渐发展，现今已存在几十种应力应变量测法，常用的几种方法包括：电阻应变量测法、光测弹性力学法、脆性涂层法、云纹法、激光全息干涉法、数字图像相关性研究法（DIC）以及声弹性方法等，其中，电阻应变测量方法是实验应力分析方法中应用最为广泛的一种，该方法是用应变敏感元件——电阻应变片测量构件的表面应变，再根据应变—应力关系得到构件表面的应力状态，从而对构件进行应力分析。

从发展历史看，最早出现的是光测弹性力学法，其原理是1816年前后D. Brewster等人发现的，即玻璃板在偏振光场中受力时出现彩色条纹，条纹分布与板的形状和受力大小有关，至1906年赛璐珞被用做光弹性材料后，这种量测方法正式进入实用阶段，后期环氧树脂等光敏材料逐渐出现，光测弹性力学法逐渐完善成为一种成熟的应力应变量测法。1856年W. Thomoson发现海底电缆的电阻值随海水的深度不同而变化，并对铜丝和铁丝进行了拉伸试验，结论表明：两种金属丝介质的应变与其电阻变化存在函数关系，即电阻变化对应变有不同的灵敏度，并且可用电桥测量这些电阻变化，自此获得了电阻应变测量方法的基本原理。1936～1938年E. Simmons和A. Ruge分别研制出纸基丝绕丝式电阻应变计，并由美国Baldwin-Lima-Hamilton公司专利生产，型号被命名为SR-4。1952年英国P. Jackson首先研制出箔式电阻应变计，1954年C. S. Simth发现硅和锗半导体的压阻效应，1957年出现了半导体电阻应变计，并逐渐用于各种传感器。随着多种测量仪器的出现，以应变计为传感元件的电阻应变测量方法迅速发展成为实验应力分析中最广泛应用的一种重要方法。

从测量技术的历史发展过程和实际使用情况看，数据的量测与采集方法从原始的使用最简单的工具进行人工测量、人工记录，如直尺测量变形；逐渐发展到使用仪器进行测量，配合人工记录，如使用应变仪配应变计或位移计测量应变或位移；后期逐渐减弱人工操作，全面使用仪器测量并配合自动记录，如用传感器及X-Y记录仪进行量测记录，或用传感器、放大器和磁带记录仪进行数据采集记录，发展到现今的全自动开展数据采集、记录与处理工作。

2.2 仪器设备分类与技术参数

2.2.1 仪器设备分类

用于量测的仪器设备种类繁多，分类方式也不尽相同。

1. 按仪器设备功能分类

仪器设备可分为单件式与集成式，单件式仪器是指一个仪器只具有单一的功能（如传感器、放大器、显示器、记录仪、数据采集仪、数据处理器等），集成式仪器是把多种功能集中在一起的仪器（如数据采集系统等）。

在各类单件式仪器设备中，传感器的功能主要是感受各个物理量（力、位移、应变等），并把它们转换成电信号或其他容易处理的信号；放大器的功能是把传感器传来的信号进行放大，使之可被显示和记录；显示器的功能是把信号用可见的形式显示出来；记录仪是把采集到的数据记录下来，做长期保存；数据采集仪可用于自动扫描和采集，可作为数据采集系统的执行机构；数据处理器的功能是对采集得到的数据进行分析处理。而数据采集系统，作为集成式仪器的典型代表，主要包含传感器、数据采集仪和计算机或其他记录器、显示器等，可实现对数据的自动扫描、采集以及后期处理。

2. 按仪器设备工作原理分类

机械式仪器——纯机械传动、放大和指示；

电测仪器——利用机电变换，并用电量显示；

光学测量仪器——利用光学原理转换、放大和显示；

复合式仪器——由两种以上工作原理复合而成；

伺服式仪器——带有控制功能的仪器。

3. 按仪器设备用途分类

应变计、位移传感器、测力传感器、倾角传感器、频率计、测振传感器等。

4. 按仪器设备与测试构件的关系分类

附着式与手持式；接触式与非接触式；绝对式与相对式。

5. 按仪器设备显示与记录方式分类

直读式与自动记录式；模拟式与数字式。

目前，与传统的机械式仪表设备相较，在土木工程实际量测过程中，电测类仪器设备应用更为广泛。从长远角度分析，数字化与集成化将成为量测类仪器设备发展的主流趋势。我国已着手研究与开发多种配套的数据采集设备与后期处理软件。

2.2.2 仪器设备技术参数

本节主要介绍量测仪器设备的主要技术参数与性能指标：

1）量程：也称量测范围，仪器设备所能量测的最小至最大的量值范围。

2）刻度值：也称最小分度值，仪器设备的指示或显示装置所能指出的最小量测值。

3）精确度：也称精度，仪器设备的指示值与被测物理量的符合程度，常用满程相对误差表示。

4）灵敏度：仪器设备对被测物理量变化的反应能力和反应速度。

5）分辨率：仪器设备测量被测物理量最小变化值的能力。

6）线性度：仪器设备使用时的校准曲线与理论拟合线的接近程度。

7）稳定性：仪器设备在规定时间内保持示值与特性参数不变的能力。

8）重复性：在同一工作条件下，用同一台仪器设备对同一观测对象进行多次重复测量，其测量结果保持一致的能力。

9）频率响应：动测仪器设备输出信号的幅值和相位随输入信号的频率而变化的特性，常用幅频和相频特性曲线来表示。

10）滞后：也称回程差，在等同的测试环境下，仪器设备在整个量程范围内，当输入量由小增大或由大变小时，同一个输入量所得到的两个不同输出量和理想值之间的最大偏差量，或该值与满量程输出值之比即为滞后或回程差。

仪器设备的某些性能之间常互为矛盾，如精度高的量程往往较小，灵敏度高的往往适应性较差。在选用仪器设备时，须避繁就简，根据试验目的进行综合考虑，防止盲目性与片面性。

2.3 应变量测

结构在外力作用下，构件内部会产生应力，不同部位的应力值是判定工程使用状态的重要考核指标，也是构建理论体系的重要依据。目前，尚没有直接获得构件内部应力值的常规方法，一般是先通过测定应变值，在预定的标准长度范围（称标距）L 内，量测长度变化增量的平均值 ΔL，由 $\varepsilon=\Delta L/L$ 求得 ε，而后代入关系式 $\sigma=E\varepsilon$ 间接得到应力值，或由已知的应力应变关系曲线（$\sigma-\varepsilon$ 曲线）查得应力。因此，应变值的准确量测是土木工程测试的关键技术之一，同时，也是获得其他量测指标的基础。

目前，有关应变量测的方法和仪表种类繁多，主要分为应变电测法与应变机测法两类。

2.3.1 应变电测法

应变电测法的核心是电阻应变量测系统，通过粘贴在试件测点的感受元件——电阻应变计（即电阻应变片），与构件发生协同变形，对输出电信号进行量测与后期处理。所以，应变量测的实质是量测标距 L 的变化增量 ΔL。需要注意的是，标距 L 的选取应尽量小，特别是对于应力梯度较大的构件或应力集中的测点。但对于某些非均质颗粒状材料组成的构件，应适当增大标距 L 的取值范围，例如混凝土标距 L 的取值应大于骨料粒径的 3 倍，砖石类土木工程结构的标距 L 应取大于 4 皮砖等，这样能够较为准确地反映标距变化增量 ΔL。

电阻应变量测系统主要由以下三部分组成：电阻应变片，作为传感元件，可将构件表面的应变转换成电阻的相对变化；电阻应变仪，可将应变计电阻的相对变化转换成电压或电流信号，或者直接以应变量指示出来，或者再输送给记录仪器；记录仪器，可将电阻应变仪输出的电压或电流信号通过电磁或机械的转换进行记录、打印或者绘制曲线。其基本工作原理如图 2.1 所示。

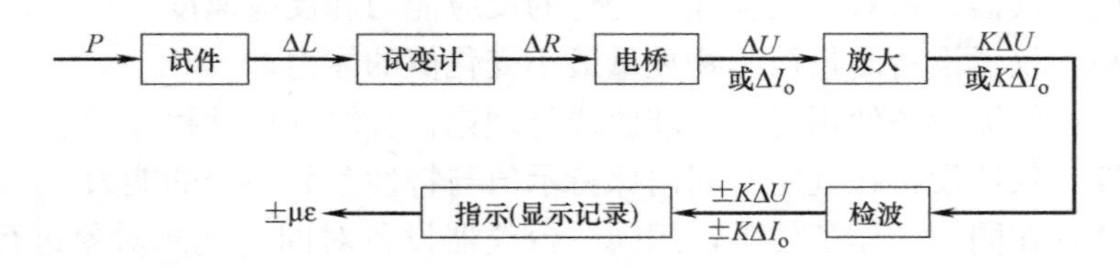

图 2.1　电阻应变量测系统基本工作原理

电阻应变量测方法主要用于测量构件表面的应变量，它具有下列优势：

1）量测方法简单且易于掌握，使用的电阻应变片与应变仪等国内外均有商家销售，价格较为低廉。

2）电阻应变片尺寸小、质量轻，粘贴于构件表面，对其工作状态和应力分布影响较小。

3）量测应变的灵敏度可达 1 微应变（10^{-6}mm/mm），准确度高达 1%～2%。

4）频率响应好，可量测 0～500000Hz 的动态应变，惯性极小。

5）量测应变范围大，一般的应变片也可量测几千到两万微应变（2%），特质的大应变电阻应变片可量测 5%～20%的应变量。

6）可在高温（800～1000℃）、低温（－270～－100℃）、高液压下（可达上万个大气压）、高速旋转（几千至几万 r/min）、强磁场、核辐射等特殊条件下进行应变量测。

7）由于电阻应变量测方法的输出是电信号，量测易于自动化、远距离传递，量测数据可数字显示、自动打印，或记录在磁带上或穿孔在纸带上送入计算机处理，也可用无线电发报方式对信号进行远距离遥测。

8）使用电阻应变片作为传感元件可制成各种传感器，用于量测力、压强、扭矩、位移、加速度等物理量，工业上可广泛用做自动化监测控制装置，科学实验中可用于自动化实验控制和量测，商业上普遍用于自动化称重和检测计量，应用于传感器的精度可达 0.05%～1%。

相应的，电阻应变量测方法也存在缺陷，可归纳为以下几项：

1）电阻应变片量测的是构件表面某一小块面积中的平均应变，一般不易显示应力集中处的梯度和分布。

2）一般地，该方法仅可反映构件表面的应变量，难以获得构件内部的应变量。

3）电阻应变片对温度等环境反映较敏感，高温等条件下的应变量获取需采用各种措施才能得到较高测量精度。

综上所述，电阻应变量测法在土木工程强度测试和实验应力分析中应用较为广泛，其中，选用电阻应变片种类的正确与否，对测量结果的准确性影响较大。随着科学技术发展和土木工程建设的推进，该方法将得到更为广泛、有效的应用，各种新型电阻应变片的研制与生产，满足科学实验使用，更高精度的电阻应变仪与自动量测记录装置也将不断出现，以支持实验研究的需要。

2.3.2　应变片常见分类

由于敏感栅材料的不同，可将应变片分为两大类：金属电阻应变片和半导体应变片。

其中，金属电阻应变片又分为丝式应变片、箔式应变片与金属薄膜型应变片；半导体应变片也可细化为体型、扩散型与薄膜型半导体应变片，具体从属关系如图 2.2 所示。

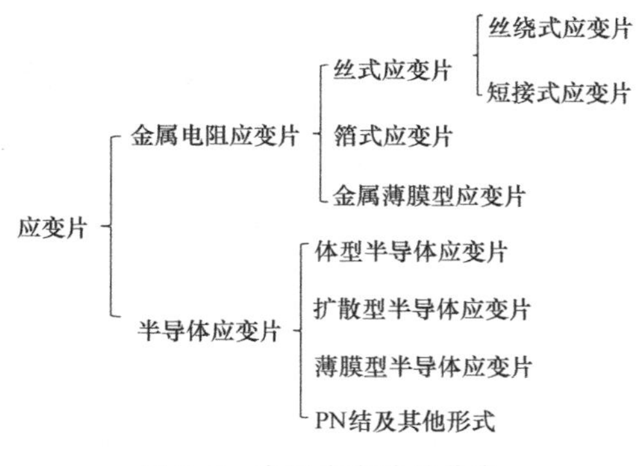

图 2.2　常见应变片的分类

1. 丝式应变片

这类应变片大都使用直径为 0.015～0.05mm 的金属丝制作敏感栅。常见丝式应变片敏感栅的型式有两种：丝绕式与短接式，前者使用一根金属丝在丝绕式制栅机上往返绕制而成，敏感栅的端部（横栅）呈圆弧形；后者则是使用数根金属丝在短接式制栅机上平行排列成纵栅，再使用较粗的镀锡（或镀银）铜线或箔带与纵栅的两端交错焊接形成平直的横栅（图 2.3）。

丝绕式应变片由于其横栅呈圆弧形，形状不易保证。特别地，当应变片的栅长较小时，灵敏系数也会相应下降，因此不宜制作小栅长的应变片。该种应变片的优点是制作较为简单，敏感栅的焊点少，并且抗疲劳损伤能力较强［图 2.3（*a*）］。

短接式应变片的敏感栅形状易保证，但焊点较多，承受动态应变时容易在焊点处损坏，故其抗疲劳能力较差，不宜进行长时间动态应力测量［图 2.3（*b*）］。

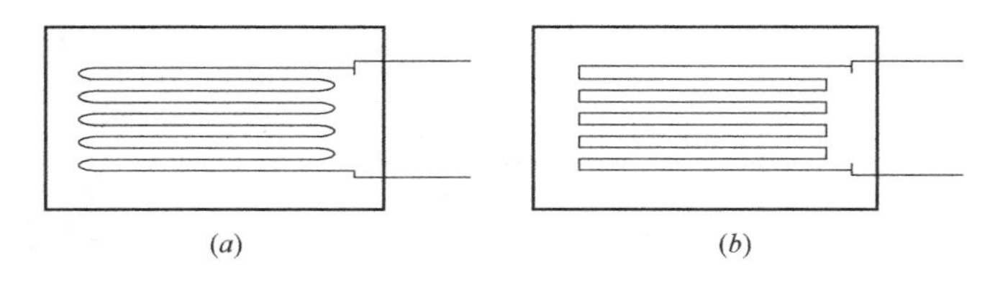

图 2.3　丝式应变片示意图

（*a*）丝绕式应变片；（*b*）短接式应变片

2. 箔式应变片

这类应变片大都使用直径为 0.002～0.008mm 的金属箔制作敏感栅，故称为箔式应变片（图 2.4）。敏感栅是按照预先绘制（或刻制）完成的图形，经照相制版，然后在涂有感光胶的金属箔上进行光刻、腐蚀制成，因此可以根据量测需要制成多种特殊样式的敏感栅。其优势在制作小栅长，以及各种形式的应变花时体现得较为显著。箔式应变片敏感栅的厚度通常较小，可更好地反映构件表面的形变，也容易粘贴在弯曲表面上；箔栅的散热性优于丝栅，故而允许通过较大的工作电流；箔式应变片蠕变较小，抗疲劳能力较强；制作时基本无需复杂机械参与，利于实现制作工艺自动化，但它对生产环境要求较高，需

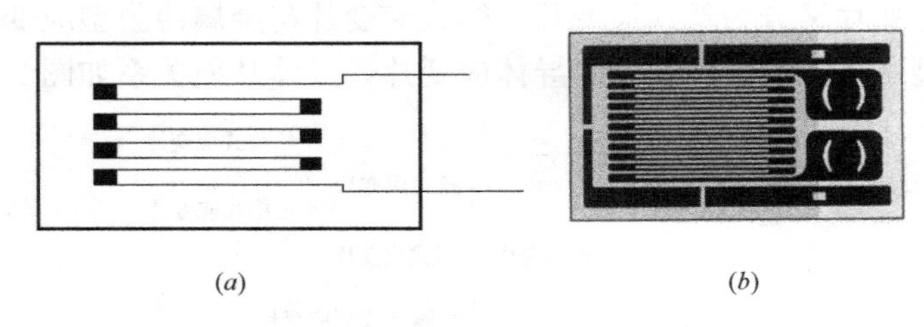

图 2.4　箔式应变片示意图

(a) 平面图；(b) 实物图

持续防尘、控温。

3. 金属薄膜型应变片

这类应变片运用真空蒸镀或溅射的方法将金属材料在绝缘基底上制作特定形状的薄膜式敏感栅，其厚度比箔式应变片更薄，灵敏系数可比箔式或丝式应变片高很多。它亦可采用特殊的耐高温金属材料制成高温应变片，例如采用铂或铬等金属沉积在蓝宝石薄片上，工作温度可达 800℃以上。

4. 半导体应变片

这类应变片与金属电阻应变片工作原理不同，半导体电阻应变片的制作利用了半导体晶体的压阻效应和晶向异性。半导体晶体材料在某一晶轴方向受应力作用时，其电阻率发生一定的变化，这一现象即为压阻效应。不同的半导体晶体，或同种半导体晶体的不同晶轴方向，其压阻效应有较大差别。

可以制作半导体电阻应变片的材料有硅、锗、锑化铟、磷化铟、砷化镓等，其中最常用的是硅和锗。在硅和锗中掺入元素硼、铝、镓、铟等杂质可以形成 P 型半导体，如掺进磷、锑、砷等则形成 N 型半导体，掺入杂质的浓度愈高，则半导体材料电阻率愈低（图 2.5）。

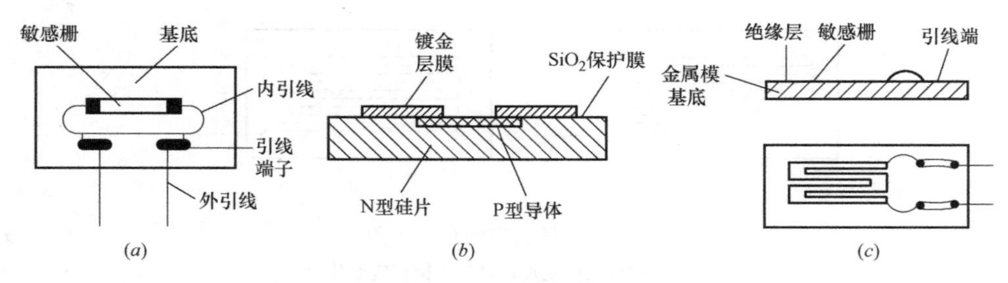

图 2.5　半导体应变片示意图

(a) 体型；(b) 扩散型；(c) 薄膜型

半导体应变片的主要特点有以下几个方面：

1）应变—电阻变化曲线的线性差，应变极限也比较低（图 2.6）。

2）尺寸小而电阻值大。半导体应变片敏感栅栅长最小的可在 0.2mm 以下，最大电阻值可达到 10kΩ。

3）灵敏系数大。常用半导体应变片灵敏系数的范围为 50～200，且受温度因素影响较大。

4）机械滞后的蠕变性较小，抗疲劳能力强。

5）温度效应较为明显。半导体应变片对温度变化敏感，因而温度稳定性和重复性不如金属应变片。适用于应变变化量小的应变测试，尤其适用于动态应变测试。

6）工作特性的分散性大。由于半导体材料电阻率等性能具有较大的离散性，致使应变片灵敏系数、热输出等工作特性的分散性较大。

7）工作温度范围窄。工作温度一般不超过 100℃，应变量测时的环境温度不宜有较大变化。

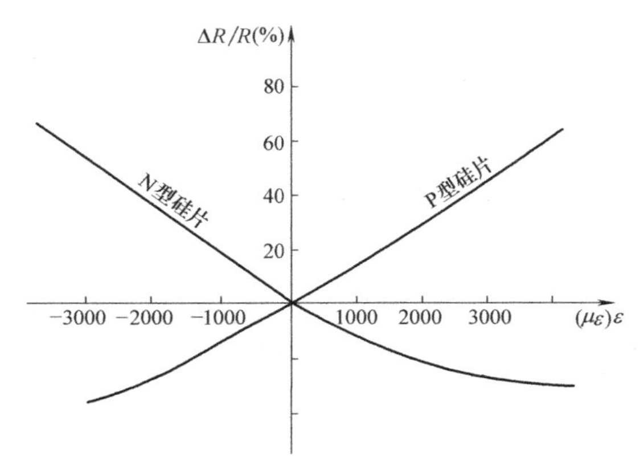

图 2.6　N 型与 P 型硅片电阻变化与应变关系曲线

半导体电阻应变片的电阻相对变化与所承受应变之间在几百微应变范围内呈线性关系，超过此范围即表现为非线性。如图 2.6 所示，由某一晶向 N 型硅片的电阻变化与变化关系曲线可见，相较于拉伸，硅片用于压缩时的线性度更好。为了扩大线性范围，在传感器上使用半导体应变片时，通常会在粘贴应变片的膜片上实施预压缩操作。

此外，应变片还可按使用极限温度进行划分，常见的有低温、常温、高温等。

1）常温应变片。其工作温度为－30～＋60℃。一般的常温应变片在使用时，温度基本保持不变，若使用期间温度变化范围较大，则可利用常温自补偿应变片，进行温度补偿。

2）中温应变片。其工作温度为＋60～＋350℃。

3）高温应变片。工作温度高于＋350℃时，均为高温应变片。

4）低温应变片。工作温度低于－30℃时，均为低温应变片。

2.3.3　应变机测法

应变机测法的主要优势在于操作简单、可重复使用，但一般精度较差，手持应变仪（图 2.7）与电子百分表（图 2.8）是两种常见量测仪器。

其中，手持应变仪多用于现场量测，标距 L 为 50～250mm，读数时可配合使用百分表或千分表。操作时，首先根据试验要求确定标距，在标距两端粘结两个脚标（每边各一个），施加外力前，先使用手持应变仪量测一次并记录读数，受力产生形变后，再次进行测读，前后两次的读数差即为标距两端的相对位移，由此可获得平均应变。

百分表量测装置常用于实际结构的应变量测，标距可随意选择，读数时需配合使用百分表、千分表或其他电测位移传感器，具体操作步骤与手持应变仪基本一致。

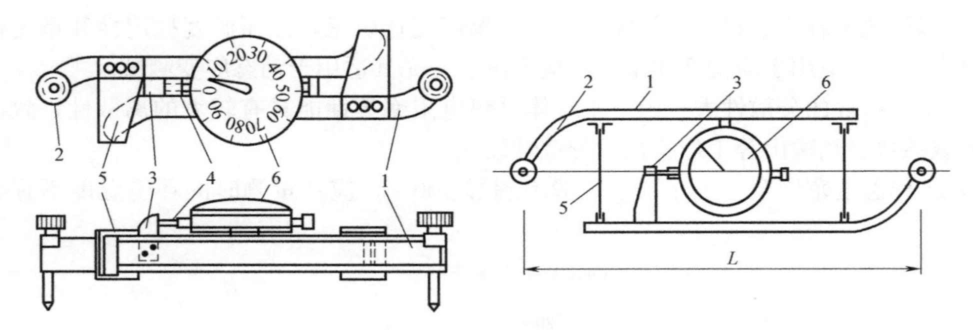

图 2.7　手持应变仪

1—刚性骨架；2—插轴；3—骨架外凸缘；4—千分表插杆；5—薄钢片；6—千分表

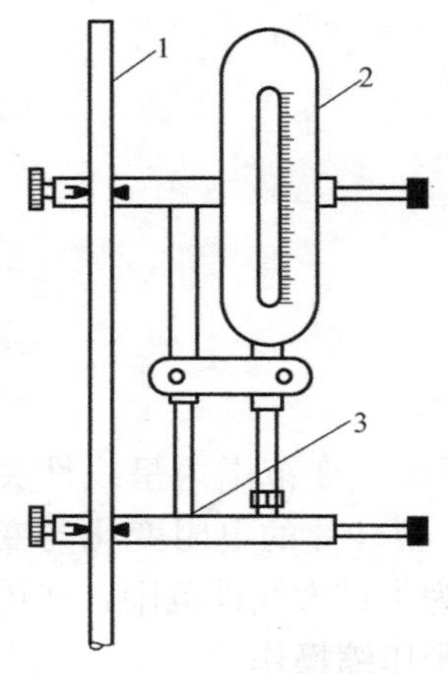

图 2.8　电子百分表量测装置示意图

1—杆件；2—电子百分表；3—夹具

2.3.4　应变光测法

除上述方法外，光测法也是土木工程测试中常被用于测量应变的技术手段，主要包括云纹法、焦散线法、光弹法，以及数字图像相关性法等，较多应用于节点或构件的局部应力分析。

云纹法，也称叠栅干涉法、莫尔纹法。通过测定云纹并对其进行分析以确定构件位移场或应变场的一种实验测试法。其原理是，当栅板与栅片重叠时，因栅片牢固地粘贴在构件表面而随之发生协同变形，遂使栅板和栅片上的栅线因几何干涉而产生条纹，即云纹。云纹法可用于获得待测对象表面的等高线，以及板壳的挠度分布等。

平面云纹法用来量测构件平面内的应变值。采用等间距平行线栅，一块粘贴或刻画在试件表面，跟随构件协同形变，另一块不受外力，设置为参考栅，两栅重叠在一起形成云纹（图 2.9）。

若试件受拉伸产生拉应变，$\varepsilon=\dfrac{a}{f-a}\approx\dfrac{a}{f}$；

若试件受压缩产生压应变，$\varepsilon=\dfrac{a}{a+f}\approx\dfrac{a}{f}$。

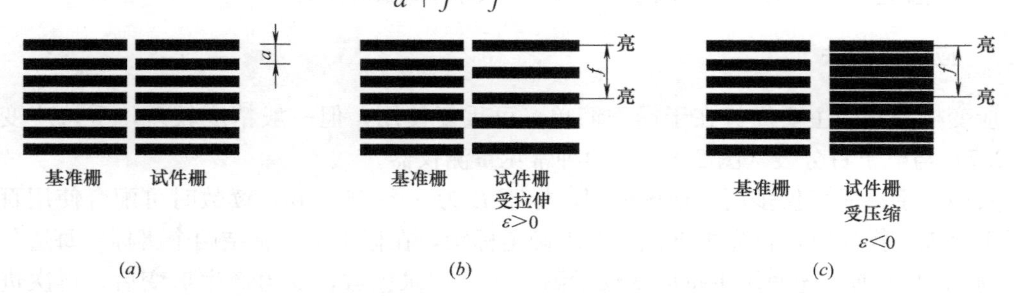

图 2.9　云纹法工作原理

(*a*) 试件尚未受力；(*b*) 试件受拉伸；(*c*) 试件受压缩

另外几种常见光测法将在本书的第 7 章展开详细论述。

2.4　电阻应变量测技术

2.4.1　电阻应变片工作原理

由物理学相关知识可知，金属丝电阻 R 与长度 L 和截面积 S 具有如下关系：

$$R=\rho\frac{L}{S} \tag{2.1}$$

上式中 ρ 是金属的电阻率，也称电阻系数。当金属丝由于受拉力而伸长时，长度增大且横截面积减小，其电阻值增大；反之，如金属丝因受压力而缩短，即长度减小且截面增大时，则电阻值减小。这种金属丝电阻值随其机械变形发生变化的物理特性称为应变电阻效应（图 2.10）。电阻应变片的工作原理就是以金属导体的“应变电阻效应”为基础建立的。

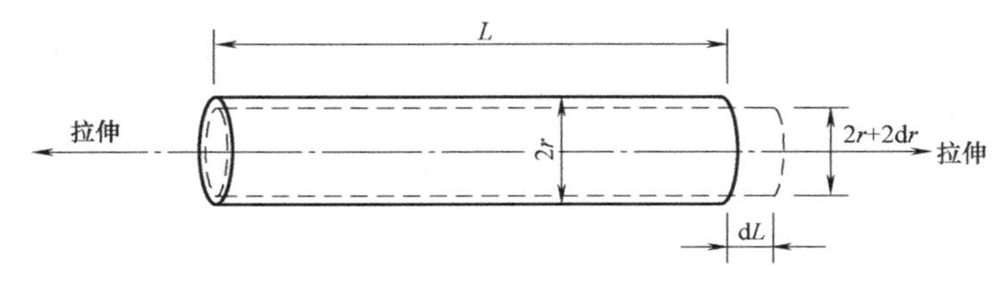

图 2.10　金属丝伸长后几何尺寸发生变化

为探究其内在规律性，需从数学推演着手，先将式（2.1）转化为对数形式，得到：

$$\ln R=\ln\rho+\ln L-\ln S$$

再对上式的等式两边进行微分处理，得到：

$$\frac{\mathrm{d}R}{R}=\frac{\mathrm{d}\rho}{\rho}+\frac{\mathrm{d}L}{L}-\frac{\mathrm{d}S}{S} \tag{2.2}$$

式中　$\frac{\mathrm{d}R}{R}$——电阻的相对变化；

$\frac{\mathrm{d}\rho}{\rho}$——电阻率的相对变化；

$\frac{\mathrm{d}L}{L}$——金属丝长度的相对变化，即金属丝的应变量，用 ε 表示，$\varepsilon=\frac{\mathrm{d}L}{L}$，也称金属丝长度方向的应变或轴向应变；

$\frac{\mathrm{d}S}{S}$——横截面的相对变化，因 $S=\pi r^2$，r 为金属丝半径，则 $\mathrm{d}S=2\pi r\mathrm{d}r$，$\frac{\mathrm{d}S}{S}=2\frac{\mathrm{d}r}{r}$，$\frac{\mathrm{d}r}{r}$是金属丝半径的相对变化，即径向应变 ε_{r}。

由材料力学可知：弹性范围内，金属丝沿长度方向延伸时，径向（横向）尺寸随之缩小，反之亦然，即轴向应变 ε 与径向应变 ε_{r} 有如下关系：

$$\varepsilon_{\mathrm{r}}=-\mu\varepsilon$$

此外，金属丝电阻率的相对变化与其体积相对变化存在以下关系：

$$\frac{\mathrm{d}\rho}{\rho}=c\,\frac{\mathrm{d}V}{V} \tag{2.3}$$

式中　c——金属丝的某个常数，例如康铜丝（铜镍合金的一种），$c\approx1$；

$\frac{dV}{V}$——体积相对变化，$\frac{dV}{V}$与应变ε、ε_r之间有下列关系：

$$V=S\cdot L$$

$$\frac{dV}{V}=\frac{dS}{S}+\frac{dL}{L}=2\varepsilon_r+\varepsilon=-2\mu\varepsilon+\varepsilon=(1-2\mu)\varepsilon \tag{2.4}$$

由此得到：

$$\frac{d\rho}{\rho}=c\frac{dV}{V}=c(1-2\mu)\varepsilon \tag{2.5}$$

将式（2.4）、式（2.5）代入式（2.2）整理得到：

$$\begin{aligned}\frac{dR}{R}&=c(1-2\mu)\varepsilon+\varepsilon+2\mu\varepsilon\\&=[(1+2\mu)+c(1-2\mu)]\varepsilon\\&=K_s\varepsilon\end{aligned} \tag{2.6}$$

式中的K_s对于一种金属材料在一定应变范围内是一个常数，将微分 dR、dL 改写为 ΔR、ΔL，可写成下列公式：

$$\frac{\Delta R}{R}=K_s\frac{\Delta L}{L}=K_s\varepsilon \tag{2.7}$$

即金属丝电阻的相对变化与金属丝伸长或缩短之间存在比例关系，比例系数K_s称为金属丝的灵敏系数，其物理意义是单位应变引起的电阻相对变化。由式（2.6）可知，K_s受到两个因素影响：第一项为（$1+2\mu$），是由电阻丝几何尺寸改变所引起的，选定金属丝材料后，泊松比μ为常数，例如一般金属的泊松比μ在0.3左右，因此（$1+2\mu$）$\approx$1.6；第二项是由电阻丝发生单位应变引起的电阻率的改变，与金属本身材质特性有关，例如康铜$c\approx1.0$。在应变测试中，由于敏感栅几何形状的改变和粘胶、基底等的影响，灵敏系数与单丝有所不同，一般由产品分批抽样实际测定，通常取$K_s=2.0$左右。

实际应用中，将金属丝加工成电阻应变片，用胶粘剂牢固地粘贴在被测试件的确定位置上。随着被测试件受力变形，应变片中的金属丝也随之发生协同变形，从而引起电阻值的改变，且电阻值的变化与被测试件产生的应变成正比。

基于上述工作原理，借助一定的测量电路，将这种电阻变化转换为电压或电流的变化，并配合显示记录仪将其记录下来，即可获得被测试件应变量的大小。

2.4.2　电阻应变片典型构造

电阻应变片的构造是在拷贝纸或薄胶膜等基底与覆盖层之间粘贴合金敏感栅，敏感栅的两端焊上引出线（图2.11），其主要技术指标如下：

1）电阻值（Ω）：由于应变仪的电阻值一般按120Ω设计，所以应变片的电阻值一般也是120Ω，但也有部分例外，选用时，应考虑与应变仪配合。

2）标距（L）：用应变片测得的应变值是整个标距范围内的平均应变，测量时应根据试件测点的应变梯度的大小来选择应变片的标距。

3）灵敏系数（K_s）：表示单位应变引起应变片的电阻变化。应使应变片的灵敏系数与应变仪的灵敏系数设置相协调。

丝式电阻应变片出现较早，其典型构造如图2.11所示，主要包括以下四个基本组成部分：

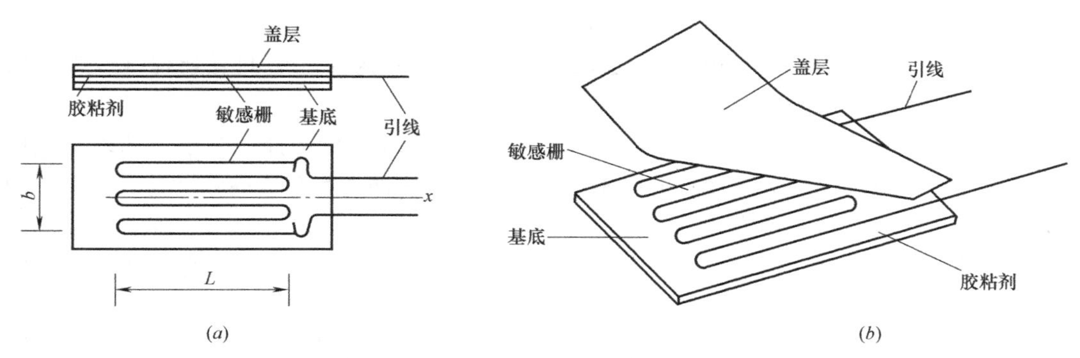

图 2.11　电阻应变片的典型构造

(*a*) 平面展开图；(*b*) 立体构造图

1. 敏感栅

敏感栅是电阻应变片较为重要的组成部分，它由某种金属丝绕成栅形（或用金属箔腐蚀成栅形），与直丝相比，栅形可显著减小应变片的长度。一般地，用于制造应变片的金属丝直径在 0.015～0.05mm 之间。敏感栅的纵向轴线称为应变片的轴线，即图 2.11（*a*）中的 x 轴线。敏感栅在纵轴方向的长度称为栅长，对于图 2.11 中所示带有圆弧端的敏感栅，栅长指两端圆弧内侧之间的最大距离，图中用 L 表示。在与应变片轴线相垂直的方向上，敏感栅外侧之间的距离称为栅宽，图中用 b 表示。应变片栅长大小关系到所测量应变的准确度，应变片所测出的应变实际是栅长和栅宽所在面积内平均的轴向应变。栅长大的可达 100mm、200mm，小的仅为 1mm、0.5mm、0.2mm，分别适用于不同用途。

2. 基底与盖层

基底用于保持敏感栅、引线的几何形状与相对位置；盖层既具备基底的功能，同时还能保护敏感栅。最早的基底和盖层使用薄纸制成，后期常采用各种胶粘剂与有机树脂薄膜制作，前者称为纸基，后者称为胶基，基底厚度一般为 0.02～0.04mm。

3. 胶粘剂

胶粘剂用于敏感栅的固定，以及基底与盖层的粘结。使用应变片时，也需使用胶粘剂将应变片基底粘贴在构件表面的待测位置上，以便将构件受外力作用后的表面应变传递给应变片的基底和敏感栅。

4. 引线

引线是应变片从敏感栅引出的金属丝，直径约 0.1～0.15mm 的镀锡铜线较为常见，也有使用扁带形的其他金属材质制作的。

随着工程技术与科学研究的发展，电阻应变片的种类与规格均得到很大程度的丰富，但基本都是由上述几部分组成的。

2.4.3　电阻应变片选用技术

电阻应变的种类繁多，在不同的使用场合，适用条件悬殊较大。例如，某些应变片主要用于量测构件的静态应力，而有部分应变片则主要针对动态应力的量测；就测试环境温度而言，不仅有常温、中温、高温与低温之分，还有缓慢升（或降）温与快速升（或降）温的不同，需选取相应类型的电阻应变片，量测结果更为准确可靠；电阻应变片的量程也存在差异，有些应变片采集的应变量范围较小，而有些则需用于量测 2%（2 万微应变）以上的大应变。此外，在进行电阻应变片选用时，对待测构件外形的复杂程度、规格大小、测点位置以及周围介质等因素，均需进行综合考量，主要涉及：

1）应变性质：一般根据静态、动态、测量等特殊要求进行选择。对于长期动荷载作用下的应变测量就选用疲劳寿命长的电阻片，如箔片。对冲击荷载或高频动荷载作用下的应变测量应考虑电阻片的频率响应。

一般基长愈短愈好，当要测量塑性范围应变时，则应选用机械应变值极高的电阻应变片。

2）应力状态：若是一维应力，选用单轴电阻应变片，纯扭转的圆轴或高压容器筒壁，虽是二维应力问题，可主应力已知，所以可以使用垂直应变花。若主应力未知，就必须作用三栅或四栅应变花。

3）根据应力分布：对于应力梯度较大、材质均匀的构件，应选用基长较小的电阻应变片，若材质不均匀，而强度不等（如混凝土类）或应力变化缓慢的构件，应选用基长较大的电阻应变片。

4）量测环境：应根据构件的工作环境温度选择合适的应变片，使得在给定的试验温度范围内，应变片能正常工作。潮湿对电阻应变片的性能影响显著，会出现绝缘电阻降低、粘结强度下降等现象，严重时将无法进行量测。

为此，在潮湿环境中，应选用防潮性能好的胶膜电阻应变片，如酚醛—缩醛、聚酯胶膜应变片等，并采取有效的防潮措施。

5）敏感栅材料：在强磁场作用下，敏感栅会伸长或缩短，使电阻应变片产生微应变输出。因此，敏感栅材料应采用磁致伸缩效应较小的镍铬合金或铂钨合金。

6）测量精度：一般认为，以胶膜为基底、以铜镍合金和镍铬合金材料为敏感栅的电阻应变片性能较好，具有精度高、长期稳定性好以及防潮性能好等优点。

2.4.4 电阻应变片动态响应

电阻应变片的动态响应特性，即敏感栅长度与动态频率的关系。

在静态应变和应变的变化频率较低时，通常认为应变对构件的机械应变是立即响应的，故基本不考虑响应时间问题。当应变变化频率较高时，则需充分考虑应变片对构件应变的响应问题。由于应变片的基底和胶层很薄，机械应变从构件传到敏感栅的时间约为 0.2μs，可认为是立即响应的，故问题集中在机械应变沿栅长方向传播时，电阻应变片的动态响应时间。

例如，机械波在环氧树脂中的传播速度约 2000m/s，传过厚度为 0.2mm 的基底，响应用时 0.1μs，可认为是立即响应，其对应变数据采集影响可忽略不计。

但是，与基底厚度相较，电阻应变片的敏感栅都有一定长度。当被测应变波的波长较短，或者应变片的基长较长时，同一瞬时，在应变片基长不同的位置，所测得的应变存在差异，而实际得到的应变是敏感栅面积上应变的平均值，这和被测点的应变瞬时值相差较多，致使误差产生。因此，为提高量测精度，电阻应变片基长愈短，愈能反映出被测点的真实变形。

1. 动态应变片基长选择

即应变波在敏感栅长度方向上传播时，当且仅当应变波通过敏感栅全部长度后，应变片才能获得应变的最大值。应变片所反映的应变波形是敏感栅长度内所捕获应变量的平均值，与真实应变波形存在偏差，这种偏差随应变片敏感栅长的增加而加大。敏感栅长度是应变片动态响应的重要参数，作超动态应变量测时，须慎重选取。

设应变波的波长为 λ，应变片的基长为 L，动态响应偏差与它们的比值 $n(\lambda/L)$ 有关，n 值越大，偏差越小。一般 n 值取 10～20，偏差范围大约为 0.4%～1.6%。

分析如下：$n=C_P/f=nL$

式中　C_P——应变波传播速度；

f——应变波的频率或应变片的可测频率。

因此，$f=C_P/nL$。

根据上式，对于岩石材料，$C_P=3500\mathrm{m/s}$，如取 $n=10$，则不同基长的应变片所对应的最高工作频率见表 2.1。

不同基长应变片的最高工作频率　　　　表 2.1

应变片基长(mm)	1	2	3	5	10	15	20
最高工作频率(kHz)	350	175	116	70	35	23	17

2. 应变片动态响应的误差

设频率为 f 的正弦应变波以速度 V 在构件中沿应变栅长方向传播，在某一时刻应变沿构件表面的分布如图 2.12 所示。

为计算方便，将图中横坐标用弧度角代换长度 x：

$$\theta=\frac{2\pi}{\lambda}x \tag{2.8}$$

式中　λ——应变波的波长，$\lambda=\nu/f$。

令应变片栅长为 L，相当于弧度角 2φ，代入式（2.8）得：

$$2\varphi=\frac{2\pi}{\lambda}L \tag{2.9}$$

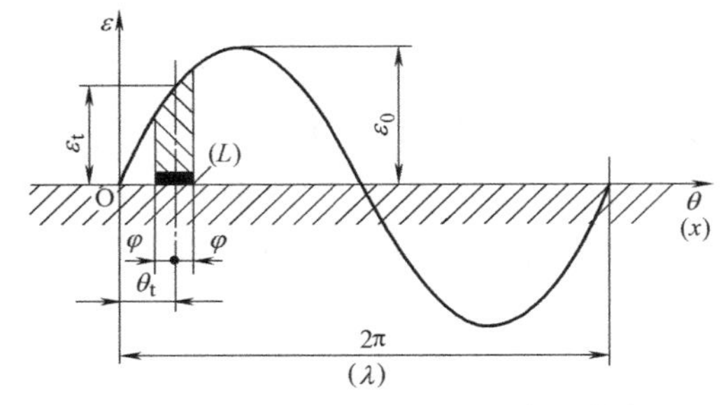

图 2.12　电阻应变片对应变波的响应

在图 2.12 设定的瞬时 t，应变波沿构件表面的分布为 $\varepsilon(\theta)=\varepsilon_o\sin\theta$ （2.10）

而应变片中点的应变为 $\varepsilon_t=\varepsilon_o\sin\theta_t$ （2.11）

上式中，脚标 t 是为表明应变片栅长中点处的应变，是随时间的变化量。此时，由应变片测得的应变是栅长范围内的平均应变 ε_a，它等于横坐标从（$\theta-\varphi$）到（$\theta+\varphi$）之间、应变波曲线 $\varepsilon(\theta)$ 之下的面积除以应变片栅长，即

$$\varepsilon_a=\frac{1}{2\varphi}\int_{\theta_t-\varphi}^{\theta_t+\varphi}\varepsilon_o\sin\theta\mathrm{d}\theta=\varepsilon_o\sin\theta_t\frac{\sin\varphi}{\varphi} \tag{2.12}$$

平均应变 ε_a 与应变片中点应变 ε_t 的相对误差为：

$$e=\frac{\varepsilon_t-\varepsilon_a}{\varepsilon_t}=1-\frac{\varepsilon_a}{\varepsilon_t}=1-\frac{\sin\varphi}{\varphi} \tag{2.13}$$

当 φ 较小时（亦即应变片栅长 L 相对应变波波长 λ 为较小），函数可用其级数展开式的前两项近似代替，即：

$$\frac{\sin\varphi}{\varphi}\approx 1-\frac{\varphi^2}{6} \tag{2.14}$$

将式（2.14）代入式（2.13），得到 $e\approx\frac{\varphi^2}{6}$ （2.15）

将式（2.9）代入式（2.13），并注意到 $\lambda=\frac{\nu}{f}$，$2\varphi=\frac{2\pi}{\lambda}L$，获得

$$e=\frac{1}{6}\left(\frac{\pi L f}{c}\right)^2 \tag{2.16}$$

算例：应变波在某种材料中的传播速度 V 是常数（对于钢材 $V\approx5000\text{m/s}$），所以式（2.16）决定了 e、L 与 f 三者之间的关系。当给定容许相对误差 e 和欲测应变的最高频率 $f_{\max}$ 后，可据此式算出应变片的允许最大基长 $L_{\max}$。或者在给定的 e 和 L 时，可用式（2.16）核算该应变片允许的极限工作频率［f］。例如当 $e=\pm0.5\%$，$L=5\text{mm}$ 时，允许极限工作频率为：

$$f=(6\times0.01)^{1/2}\times\frac{5\times10^6}{3.14\times1}=390\text{kHz}$$

2.4.5 电阻应变片粘贴技术

作为量测中的感受元件，电阻应变片粘贴是否妥当，对量测结果影响明显，技术要求较为严格。为尽量确保应变数据准确可靠，一般要求测点基底平整、清洁且干燥；选用电绝缘、化学性能稳定的胶粘剂；测点位置选定后，需预先进行清洗打磨，并打底划线定位；上胶后，需压实应变片，确保方位准确，基底不含气泡；待胶粘剂干燥后，检查应变片电阻值与绝缘度；最后焊接导线，配合防潮防护处理。粘贴的具体方法步骤见图 2.13 和表 2.2。

若电阻应变片粘贴欠妥当，使用中可能出现以下不良现象：

1. 机械滞后

指恒定温度环境中，电阻应变片在加载和卸载过程中，同一载荷下指示应变的最大差数。如胶粘剂选择不当、固化不良、粘结技术欠佳、敏感栅部分脱落或粘结层过厚，均可能引发机械滞后。为减小机械滞后给测量结果带来的误差，可对新粘贴应变片的构件实施反复加、卸载 3～5 次。

2. 零点漂移

指对于已布设完毕的电阻应变片，在温度一定且不承受机械应变时，其指示应变随时间变化而变化的现象。因胶粘剂电绝缘性较差，通过电流而产生热量等原因导致。

3. 蠕变

指温度一定，电阻应变片在承受恒定机械应变时，指示应变值随时间变化而发生变化的现象。该现象主要由胶结层引起，如胶粘剂种类选择不当，粘贴层较厚或固化不充分，以及在胶粘剂接近软化温度下开展量测等。

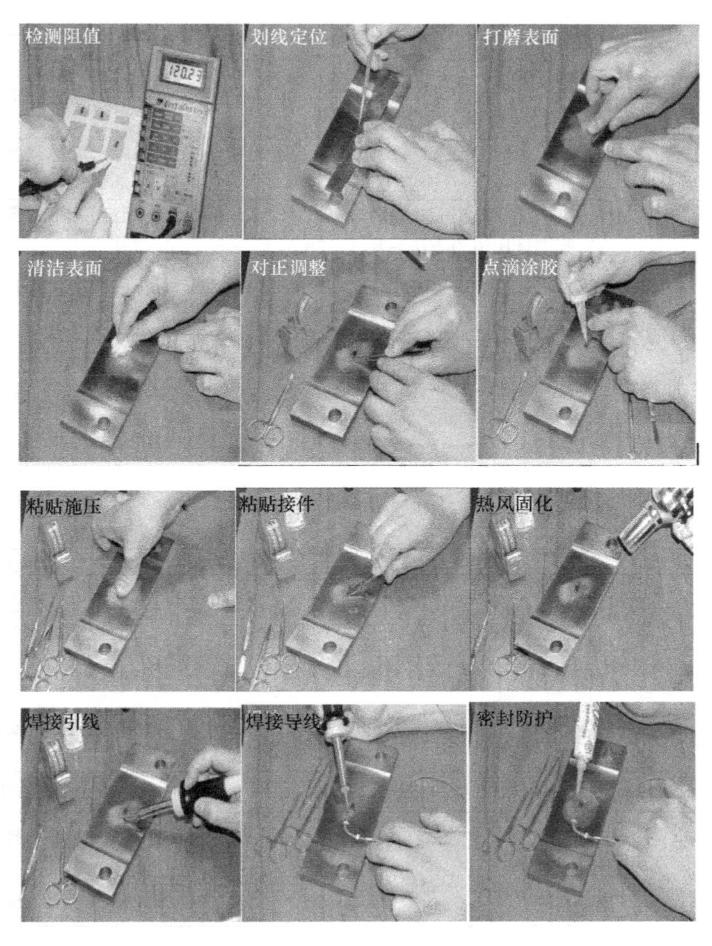

图 2.13　电阻应变片粘贴技术

电阻应变片粘贴技术　　　　**表 2.2**

步骤	工作内容		方　法	要　求
1	应变片检查分选	外观检查	借助放大镜肉眼检查	应变片应无气泡、霉斑、锈点，栅极应平直、整齐、均匀
		阻值检查	用万用电表检查	应无短路或断路
			用单臂电桥量测电阻值并分组	同一测区应用阻值基本一致的应变片，相差不大于 0.5%
2	测点处理	测点检查	检查测点处表面状况	测点应平整，无缺陷、裂缝等
		打磨	用 1 号砂纸或磨光机打磨	平整、无锈、无浮浆等，并不使断面减小
		清洗	用棉花蘸丙酮或酒精等清洗	棉花干擦时无污染
		打底	用环氧树脂：邻苯二甲酸二丁酯：乙二胺=8～10：100：10～15 或环氧树脂:聚酰胺=100:90～110	胶层厚度 0.05～0.1mm，硬化后用 0 号砂布磨平
		测线定位	用铅笔等在测点上划出纵横中心线	纵线应与应变方向一致

续表

步骤	工作内容		方法	要求
3	应变片粘贴	上胶	用镊子夹应变片引出线，在背面上一层薄胶，将片对准放好	测点上十字中心线与应变片上的标志对准
		挤压	应变片上盖一小片玻璃，用手指沿一个方向滚压，挤出多余胶水	胶层应尽量薄，并注意应变片不滑动
		加压	快干胶粘贴，用手指轻压 1～2min，其他胶则选用适当方法轻压 1～2h	胶层应尽量薄，并注意应变片不滑动
4	固化处理	自然干燥	在室温 15℃以上，湿度 60%以下 1～2d	胶强度达到要求
		人工固化	气温低、湿度大，则在自然干燥 12h 后，用人工加温（红外线灯照射或电吹热风）	加热温度不超过 50℃，受热应均匀
5	粘贴质量检查	外观检查	借助放大镜肉眼检查	应变片应无气泡、粘贴牢固、方位准确
		阻值检查	用万用电表检应变片	无短路和断路
			用单臂电桥量应变片	电阻值应与步骤 1 中的电阻量测值基本相同
		绝缘度检查	用兆欧表检查应变片与试件绝缘度	量测应在 50MΩ 以上，恶劣环境或长期量测应大于 500MΩ
			或接入应变仪观察零点漂移	不大于 2με/15min
6	导线连接	引出线绝缘	应变片引出线底下贴胶布或胶纸	保证引出线不与试件形成短路
		固定点设置	用胶固定端子或用胶布固定电线	保证电线轻微拉动时，引出线不断
		导线焊接	用电烙铁把引出线与导线焊接	焊点应圆滑、丰满、无虚焊等
7	防潮防护		根据环境条件，贴片检查合格接线后，加防潮、防护处理。防护一般用胶类防潮剂浇筑或加布带绑扎	防潮剂必须敷盖整个应变片并稍大 5mm 左右。 防护应能防机械损坏

2.5 电阻应变量测电路

电阻应变片可以把试件的应变量转换成电阻变化，但在一般情况下试件的应变量较小，由此引起的电阻变化也非常微弱，难以进行直接测量。

采用应变量测电路，能够把电阻变化信号转换为电压或电流的变化信号，并使信号得以放大，还可以解决测量值的温度补偿问题。以下重点介绍惠斯通电桥与温度补偿原理。

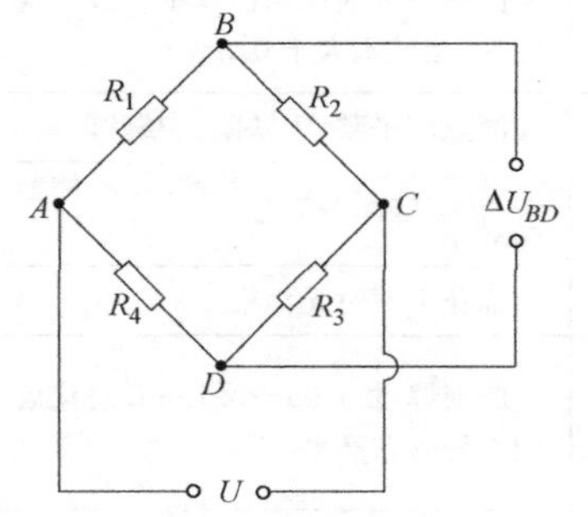

图 2.14 惠斯通电桥

2.5.1 惠斯通电桥

电阻应变仪主要由测量电桥和放大电路组成，一般地，应变仪的量测电桥是惠斯通电桥，如图 2.14 所示。在四个桥臂上分别接入电阻 R_1、R_2、R_3、R_4，在 A、C 端接入电源，B、D 端为输出端。

根据基尔霍夫第一定律，输出电压 U_{BD} 与输入电压 U

的关系如下：

$$U_{BD}=U\cdot\frac{R_1R_3-R_2R_4}{(R_1+R_2)(R_3+R_4)} \tag{2.17}$$

当桥路中四个电阻的阻值达到某种关系时，电桥的输出电压 $\Delta U=0$，即 $R_1=R_2=R_3=R_4$ 称为等臂电桥。

若桥臂电阻发生变化，电桥将失去平衡，输出电压 $U_{BD}\neq0$。设电阻 R_1 变化 ΔR_1，其他电阻均保持不变，则有

输出电压：

$$U_{BD}=U\cdot\frac{R_2R_4}{(R_1+R_2)(R_3+R_4)}\cdot\frac{\Delta R_1}{R_1} \tag{2.18}$$

量测应变时，根据电桥不同的接法，则分别有 1/4 桥、半桥和全桥。若只接入一枚应变片（R_1 为应变片），称为半桥接法；或接入两枚应变片（R_1 和 R_2 为应变片），称为半桥接法；或接入四枚应变片（R_1、R_2、R_3 和 R_4 均为应变片），称为全桥接法。

1. 全桥

测量桥的桥臂由四个应变片组成的连接方式，称为全桥（图 2.15）。全桥法可以提高量测精度，相邻桥臂上的电阻应变片亦可兼具温度补偿作用，自动完成温度补偿，主要用于由应变片作为敏感元件的各种传感器上。

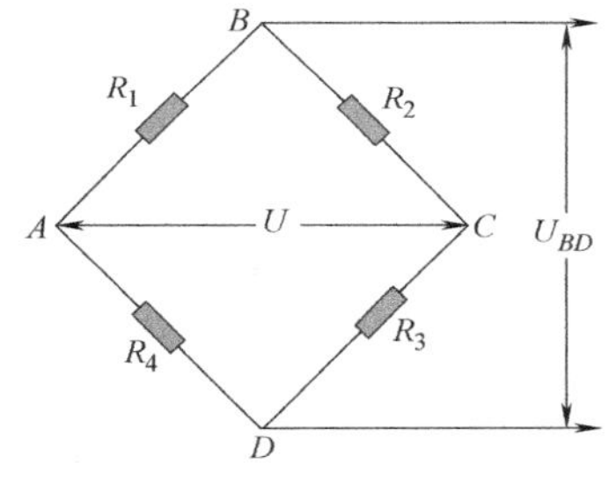

图 2.15　全桥法电路图

根据基尔霍夫定律有：

$$U_{BD}=\frac{R_1R_3-R_2R_4}{(R_1+R_2)(R_3+R_4)}U \tag{2.19}$$

当 $R_1/R_2=R_3/R_4$ 时，$U_{BD}=0$，称为电桥平衡。若桥臂电阻发生变化，分别变为 ΔR_1、ΔR_2、ΔR_3 和 ΔR_4，则有：

$$U_{BD}=\frac{(R_1+\Delta R_1)(R_3+\Delta R_3)-(R_2+\Delta R_2)(R_4+\Delta R_4)}{(R_1+\Delta R_1+R_2+\Delta R_2)(R_3+\Delta R_3+R_4+\Delta R_4)}U \tag{2.20}$$

$$U_{BD}\approx\frac{(R_1\Delta R_3+R_3\Delta R_1-R_2\Delta R_4-R_4\Delta R_2)}{(R_1+R_2)(R_3+R_4)}U \tag{2.21}$$

$$U_{BD}=\frac{R_1R_3}{(R_1+R_2)(R_3+R_4)}\left(\frac{\Delta R_1}{R_1}-\frac{R_2\Delta R_4}{R_1R_3}+\frac{\Delta R_3}{R_3}-\frac{R_2\Delta R_4}{R_1R_3}\right)U \tag{2.22}$$

若四枚应变片规格相同，即 $R_1=R_2=R_3=R_4=R$，$K_1=K_2=K_3=K_4=K$，则有：

$$U_{BD}=\frac{U}{4}\left(\frac{\Delta R_1}{R_1}-\frac{\Delta R_2}{R_2}+\frac{\Delta R_3}{R_3}-\frac{\Delta R_4}{R_4}\right) \tag{2.23}$$

当四枚应变片的灵敏系数 K 相等，则有：

$$U_{BD}=\frac{KU}{4}(\varepsilon_1-\varepsilon_2+\varepsilon_3-\varepsilon_4) \tag{2.24}$$

式（2.24）是电阻应变量测中最重要的关系式，表达了各桥臂上应变的关系，相邻桥臂上的应变对输出的贡献相反；而相对桥臂上的应变对输出的贡献相同。因此，全桥测量时，应变仪显示的量测应变值应为：

$$\varepsilon=\varepsilon_1-\varepsilon_2+\varepsilon_3-\varepsilon_4 \tag{2.25}$$

以下将举例说明全桥法惠斯通电桥的实际应用：

1）量测构件轴向应变

由图 2.16（a）可知，欲测得测点处截面的轴向应变，需将电阻应变片 R_1 与 R_3 沿构件轴向粘贴，R_2 与 R_4 垂直于轴向粘贴，其惠斯通电桥连接方式如图 2.16（b）所示，工作应变片亦可作为温度补偿片，自动完成温度补偿。根据式（2.25）可得，应变仪显示的应变值应为：

$$\begin{aligned}\varepsilon_{输出} &= \varepsilon_1 - \varepsilon_2 + \varepsilon_3 - \varepsilon_4 \\ &= (+\varepsilon) - (-\mu\varepsilon) + (+\varepsilon) - (-\mu\varepsilon) = 2(1+\mu)\varepsilon \end{aligned} \tag{2.26}$$

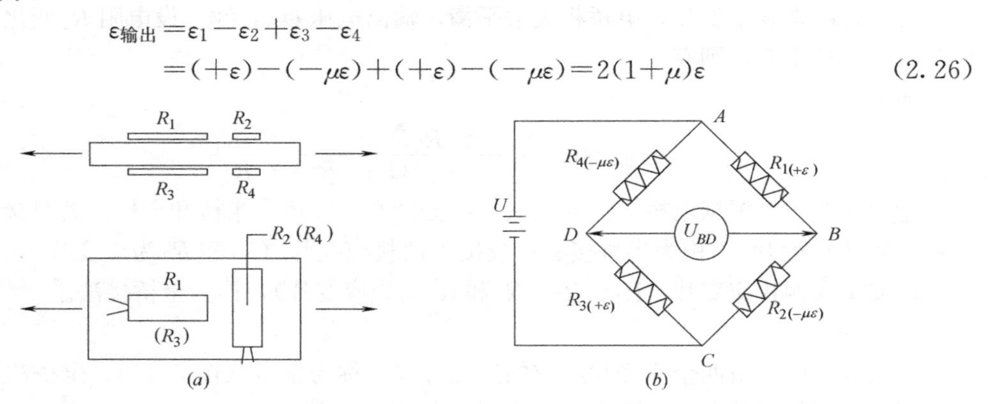

图 2.16　全桥轴向应变量测电路

（a）电阻应变片粘贴方式；（b）惠斯通电桥连接方式

因此，全桥法惠斯通电桥在设计时，利用桥臂间特性，将输出信号放大了 $2(1+\mu)$ 倍，有效提高了量测灵敏度。

2）量测构件弯曲应变

由图 2.17（a）可知，欲测得测点处截面的弯曲应变，电阻应变片 R_1 与 R_3 受拉伸，发生拉应变，相对的，电阻应变片 R_2 与 R_4 受压缩，产生压应变，其惠斯通电桥连接方式如图 2.17（b）所示。

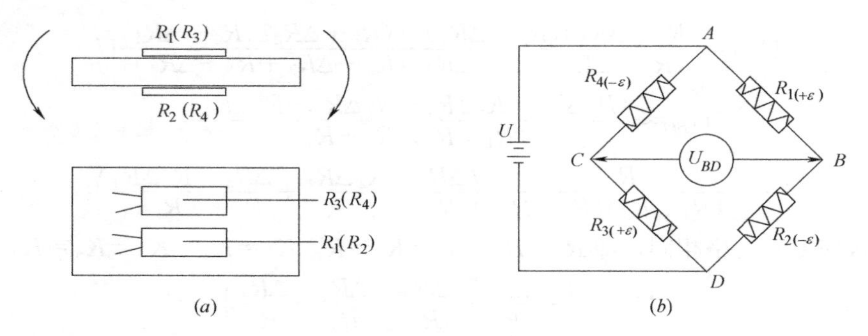

图 2.17　全桥弯曲应变量测电路

（a）电阻应变片粘贴方式；（b）惠斯通电桥连接方式

工作应变片亦可作为温度补偿片，自动完成温度补偿。根据式（2.25）可得，应变仪显示的应变值应为：

$$\varepsilon_{输出} = \varepsilon_1 - \varepsilon_2 + \varepsilon_3 - \varepsilon_4 = (+\varepsilon) - (-\varepsilon) + (+\varepsilon) - (-\varepsilon) = 4\varepsilon \tag{2.27}$$

因此，全桥法惠斯通电桥输出的应变为四个应变的绝对值之和，当四个应变的绝对值相等时，可使量测灵敏度提高 4 倍。

2. 半桥

测量桥的桥臂由两个电阻应变片和仪器内部的两个固定电阻组成的连接方式，称为半桥接法（图 2.18）。半桥法可使量测灵敏度提高，自动完成温度补偿。

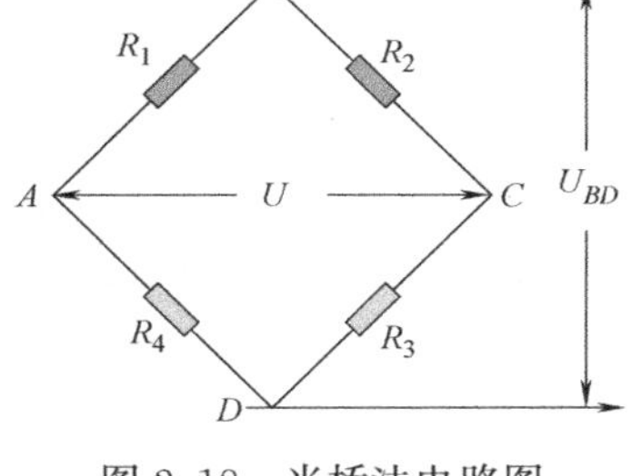

图 2.18　半桥法电路图

进行半桥法测量时，惠斯通电桥桥臂上仅 R_1 和 R_2 是应变片，而 R_3 和 R_4 是应变仪的内部电阻，其桥路输出为：

$$U_{BD}=\frac{KU}{4}(\varepsilon_1-\varepsilon_2) \tag{2.28}$$

半桥法测量时，应变仪显示的测量应变值为：

$$\varepsilon=\varepsilon_1-\varepsilon_2 \tag{2.29}$$

以下将举例说明半桥法惠斯通电桥的实际应用：

1）量测构件轴向应变

由图 2.19（a）可知，欲使用半桥法电路获得测点截面处的轴向应变，需将电阻应变片 R_1 沿构件轴向粘贴，R_2 垂直于轴向粘贴，R_3 与 R_4 是仪器内部的两个定值电阻，没有实际量测作用，其惠斯通电桥连接方式如图 2.19（b）所示，工作应变片亦可作为温度补偿片，自动完成温度补偿。根据式（2.25）可得，应变仪显示的应变值应为：

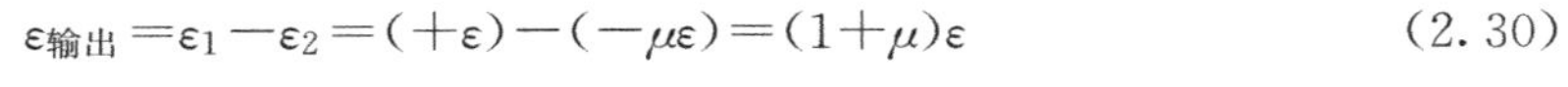

$$\varepsilon_{输出}=\varepsilon_1-\varepsilon_2=(+\varepsilon)-(-\mu\varepsilon)=(1+\mu)\varepsilon \tag{2.30}$$

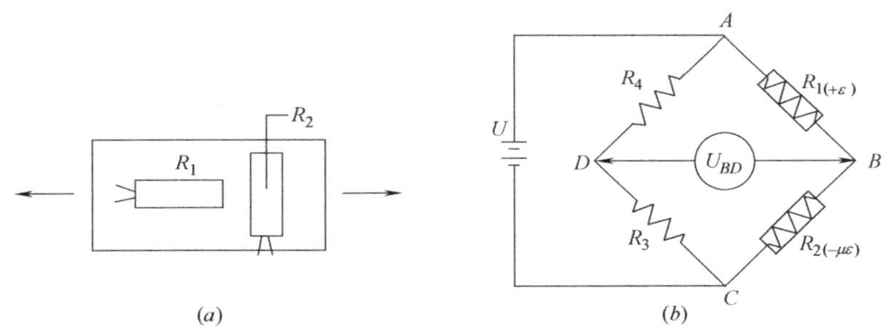

(a)　　(b)

图 2.19　半桥轴向应变量测电路

（a）电阻应变片粘贴方式；（b）惠斯通电桥连接方式

因此，利用半桥法惠斯通电桥量测轴向应变时，可将量测灵敏度提高（$1+\mu$）倍。

2）量测构件弯曲应变

由图 2.20（a）可知，欲测得测点处截面的弯曲应变，电阻应变片 R_1 拉伸，发生拉

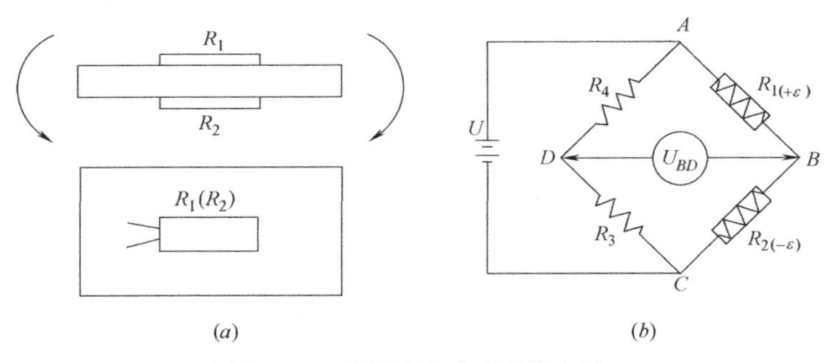

(a)　　(b)

图 2.20　半桥弯曲应变量测电路

（a）电阻应变片粘贴方式；（b）惠斯通电桥连接方式

应变；相对的，电阻应变片 R_2 受压缩，产生压应变，R_3 与 R_4 是仪器内部的两个定值电阻，不具有实际量测作用，其惠斯通电桥连接方式如图 2.20（*b*）所示。工作应变片亦可作为温度补偿片，自动完成温度补偿。根据式（2.25）可得，应变仪显示的应变值应为：

$$\varepsilon_{输出}=\varepsilon_1-\varepsilon_2=(+\varepsilon)-(-\varepsilon)=2\varepsilon \tag{2.31}$$

因此，半桥惠斯通电路输出的应变为两个应变的绝对值之和，当两个应变的绝对值相等时，可使量测灵敏度提高 2 倍。

3. 1/4 桥

测量桥的桥臂由单一电阻应变片、温度补偿片与仪器内部两个固定电阻组成的连接方式，称为 1/4 桥接法（图 2.21），使用半桥法可有效节省应变片数量。

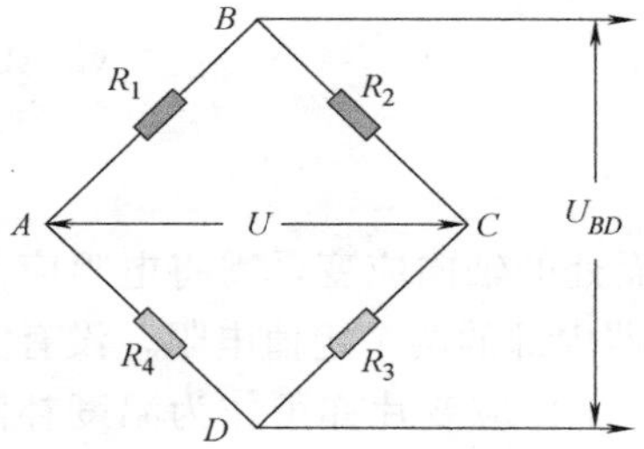

图 2.21　1/4 桥法电路图

在桥臂 AB 上接入电阻应变片 R_1，桥臂 BC 上接入温度补偿片 R_2，另外两个桥臂分别接入仪器内置的两枚定值电阻，根据基尔霍夫定律，输出电压为：

$$U_{BD}=\frac{KU}{4}\varepsilon_1 \tag{2.32}$$

以下将举例说明 1/4 桥法惠斯通电桥的实际应用：

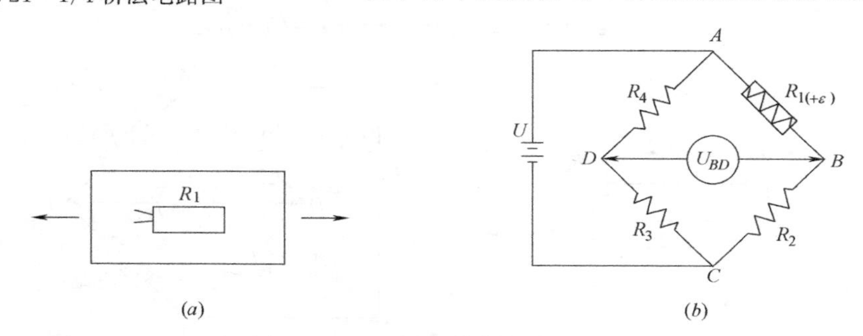

图 2.22　1/4 桥弯曲应变量测电路

（*a*）电阻应变片粘贴方式；（*b*）惠斯通电桥连接方式

由图 2.22（*a*）可知，拟使用 1/4 桥电路获得测点截面处的轴向应变，需将电阻应变片 R_1 沿构件轴向粘贴，R_2 为温度补偿片，R_3 与 R_4 是仪器内部的两个定值电阻，惠斯通电桥连接方式如图 2.22（*b*）所示。与全桥、半桥不同，1/4 桥路中的工作应变片不可兼顾温度补偿作用，需另外布设温度补偿片。设计桥路时，每枚应变片对应一个测点，不存在相互影响。

2.5.2　温度补偿原理

温度变化时，电阻应变片会产生热应变，为了消除温度变化引起的测量应变误差，可利用惠斯通电桥的特性进行温度补偿。温度使应变片的电阻值发生变化的主要原因有两个：一是电阻丝温度改变 Δt℃时，电阻将随之改变；二是构件材料与应变片电阻丝的线膨胀系数不相等，但两者粘贴在一起，这样，构件温度改变 Δt℃时，应变片中产生了温度应变，引起一个附加电阻变化。总应变效应为两者之和，可用电阻增量 ΔR_t 表示。根据桥路输出公式可得：

$$U_{BD}=\frac{U}{4}\frac{\Delta R_{t}}{R}=\frac{U}{4}K\varepsilon_{t} \tag{2.33}$$

ε_t称视应变。当应变片的电阻丝为镍铬合金丝时，温度变动1℃，将产生相当于钢材（$U=2.1\times10^5$）应力为14.7N/mm²的示值变动，这个量值不能忽视，必须设法加以消除，消除温度效应的方法称为温度补偿。

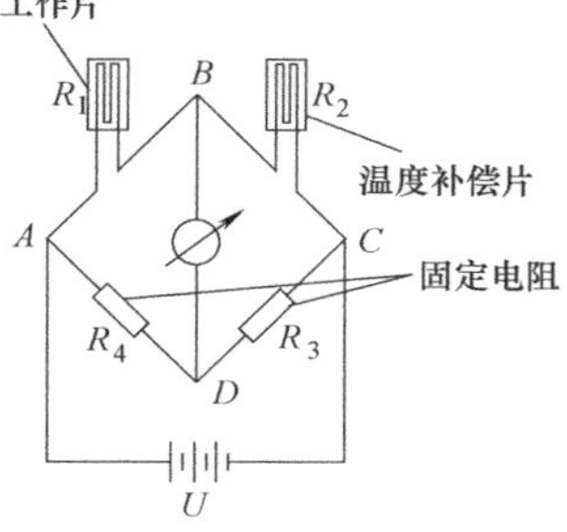

图2.23　温度补偿原理图

温度补偿的具体方法是在桥臂BC上接入一枚与工作片R_1相同阻值的应变片R_2，R_2为温度补偿片。R_1粘贴在构件的受力部分，既受外力作用产生应变，又受温度作用，故而ΔR_1由两部分组成，$\Delta R_f+\Delta R_t$；温度补偿片R_2粘贴在构件不受力部分，因R_2与R_1粘贴位置接近，因此，R_2只受温度作用，发生ΔR_t的变化（图2.23）。

根据式（2.23）可得：

$$U_{BD}=\frac{U}{4}\frac{\Delta R_f+\Delta R_t-\Delta R_t}{R}=\frac{U}{4}\frac{\Delta R_f}{R}=\frac{U}{4}K\varepsilon_1 \tag{2.34}$$

由式（2.34）可知，量测结果仅含有构件受外力作用后产生的应变值，温度产生的电阻增量（或视应变）自动得到消除。但需注意，图示接法不适用于混凝土等非均质材料的应用实例中。

当找不到一个适当位置布设温度补偿片，或工作片与补偿片的温度变动不相等时，应采用温度自补偿片。温度自补偿片是一种单元片，它可由两个单元组成［图2.24（a）］，两个单元的相应效应可以通过改变外电路来调整，如图2.24（b）所示。其中，R_G和R_T互为工作片与补偿片，R_{LG}与R_{LT}为各自的导线电阻，加以调节可给出预定的最小视应变。

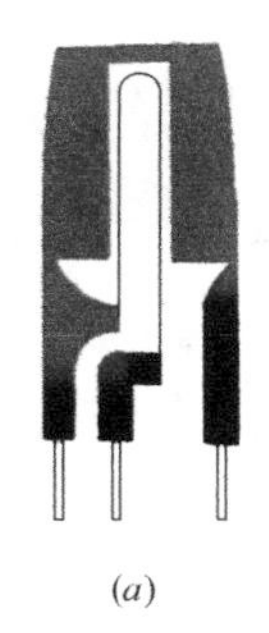
(a)

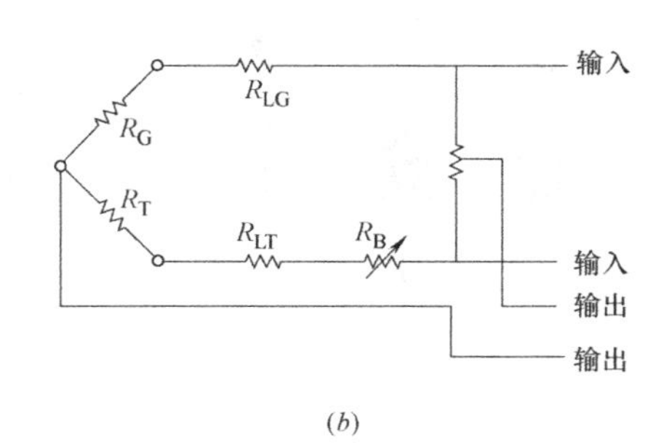

(b)

图2.24　温度自补偿电路

（a）温度自补偿片；（b）电路图

为进一步阐明温度补偿原理在实际应变量测中的应用，以下针对两个实例展开讨论：

1. *双臂半桥接线法*

双臂半桥接线法利用了惠斯通电桥特性，在实际构件的应变量测中，实现温度自补偿。应用时，将工作片R_1、R_2分别接入邻臂电桥AB与BC中，另外两个桥臂接入仪器内置的定值电阻（图2.25）。粘贴有两枚工作片的构件，在外力F的作用下发生应变ε，量测环境温度的变化致使ε_t产生，两枚工作片的应变分别为：

$$\varepsilon_1=\varepsilon+\varepsilon_t \qquad \varepsilon_2=-\varepsilon+\varepsilon_t \tag{2.35}$$

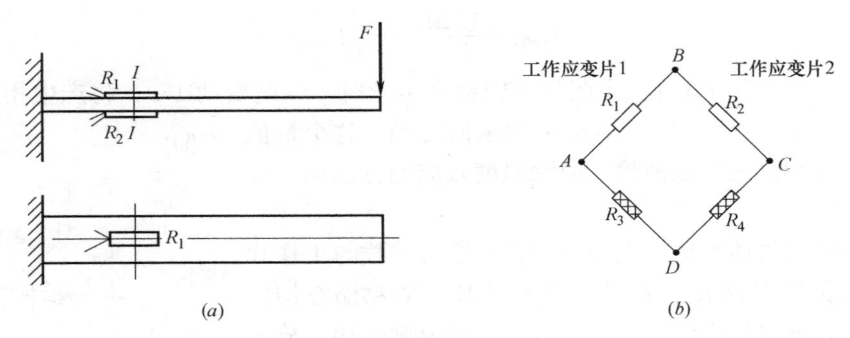

图 2.25　温度自补偿电路

(a) 温度自补偿片；(b) 电路图

根据式（2.25）可得，应变仪显示的应变值应为：

$$\varepsilon_{输出}=\varepsilon_1-\varepsilon_2=(\varepsilon+\varepsilon_t)-(-\varepsilon+\varepsilon_t)=2\varepsilon \tag{2.36}$$

可见，双臂半桥接线法，消除了环境温度变化引起的误差，将输出的应变信号放大 2 倍，提高了量测灵敏度。

2. 对臂全桥接线法

对臂全桥接线法在应用时，将工作片 R_1、R_4 分别接入对臂电桥 AB 与 CD 中，另一组对臂桥臂接入温度补偿片 R_2、R_3（图 2.26）。利用惠斯通电桥特性，在提高量测灵敏度的同时，还可实现温度自补偿。

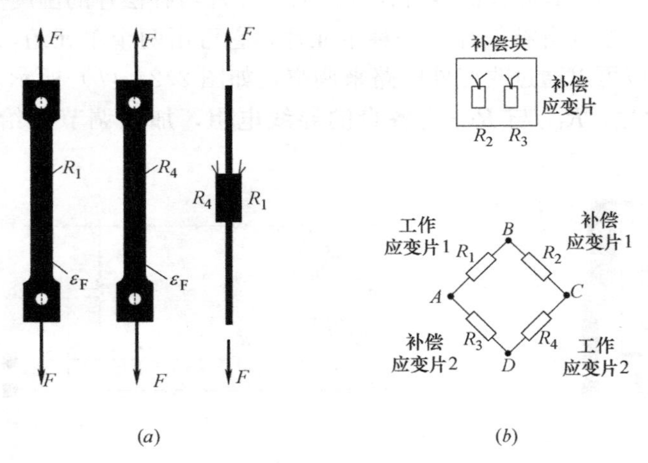

图 2.26　温度自补偿电路

(a) 温度自补偿片；(b) 电路图

粘贴有两枚工作片的构件，在外力 F 的作用下发生应变 ε_F，量测环境温度的变化致使 ε_t 产生，四桥臂应变片感受的应变分别为：

$$\varepsilon_1=\varepsilon_4=\varepsilon_F+\varepsilon_t \qquad \varepsilon_2=\varepsilon_3=\varepsilon_t \tag{2.37}$$

根据式（2.25）可得，应变仪显示的应变值应为：

$$\varepsilon_{输出}=\varepsilon_1-\varepsilon_2-\varepsilon_3+\varepsilon_4=(\varepsilon_F+\varepsilon_t)-\varepsilon_t-\varepsilon_t+(\varepsilon_F+\varepsilon_t)=2\varepsilon_F \tag{2.38}$$

可见，用对臂全桥接线法组成的量测电路，同样消除了环境温度变化引起的误差，且将输出的应变信号放大 2 倍，提高了量测灵敏度。

2.5.3 实用电桥及应用

为进一步加深对惠斯通电桥工作原理的理解，提升桥路设计技巧，本节将列举部分应用实例，以应变量测作为工程背景，结合实际构件的受力情况，确定电阻应变片粘贴位置与方向，探讨具体的桥路接线方式。

例题：平板试件受偏心拉伸作用（图 2.27），现测其拉力 P 及偏心距 e（试件尺寸已知，弹性模量为 E，抗弯截面系数为 W，$M=PL=Ew\varepsilon_{弯}$）。

根据材料力学原理可将偏心拉伸简化成中心受拉力 P 的作用并叠加一个偏心弯矩 M（图 2.28）。偏心弯矩 M 可用下式计算：$M=Pe$。

图 2.27 平板受偏心拉伸作用示意图

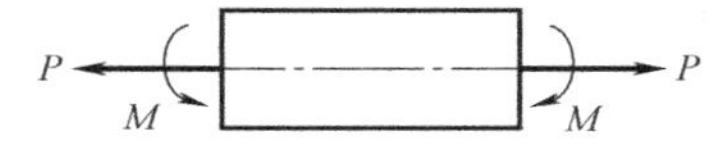

图 2.28 偏心拉伸受力示意图

1. 测量拉力 P

这里阐述两个方案：

方案一：在构件的中性轴上，沿轴线方向贴一枚电阻片［图 2.29（a）］，接成单臂测量电桥，测出其应变 $\varepsilon_{拉}$［图 2.29（b）］，即可根据以下公式计算出力 P：

$$P=EF\cdot\varepsilon_{拉} \tag{2.39}$$

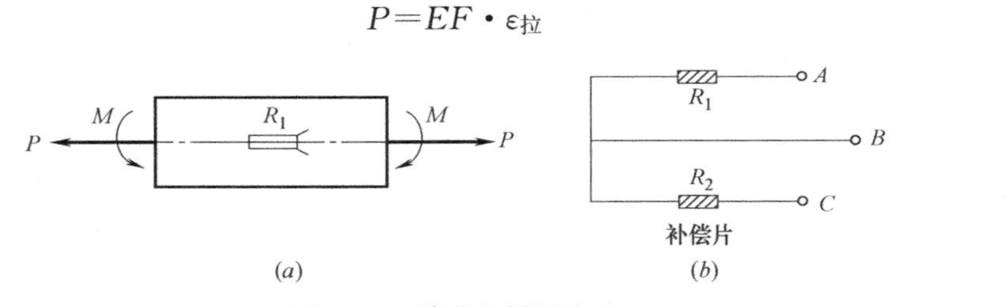

图 2.29 单臂电桥测力法

（a）电阻应变片粘贴；（b）电路图

方案二：在构件上下表面沿轴线方向各贴一枚电阻片 R_1 和 R_2［图 2.30（a）］，接成相对臂测量电桥［图 2.30（b）］。

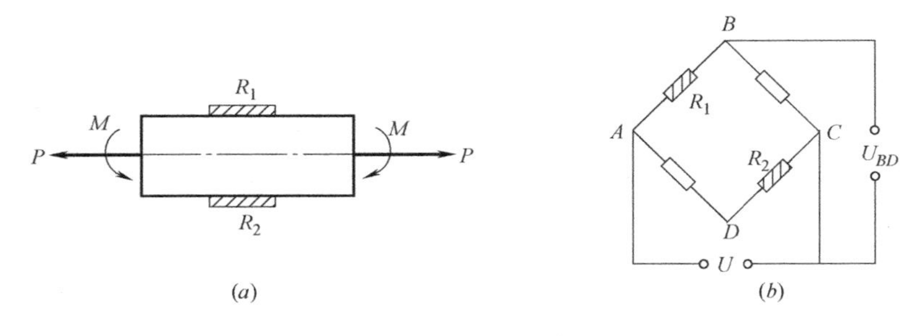

图 2.30 对臂电桥测力法

（a）电阻应变片粘贴；（b）电路图

此时两枚电阻应变片不但感受力 P 作用产生拉应变 $\varepsilon_{拉}$，同时受弯矩 M 作用而产生应变 $\varepsilon_{弯}$。由 R_1 感受的是拉应变，记为 $+\varepsilon_{弯}$，R_2 感受的是压应变，记为 $-\varepsilon_{弯}$。根据式（2.40）：

电阻应变片布设及桥路设计 **表 2.3**

序号	受力状态及其简图		工作片数	电桥型式	桥路设计	温度补偿	量测电桥输出	量测项目及应变值	特　点
1	轴向拉（压）	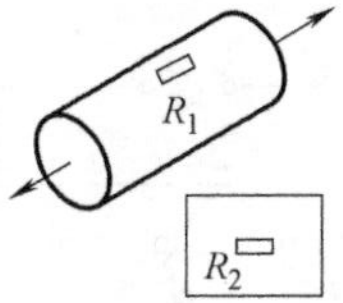	1	半桥	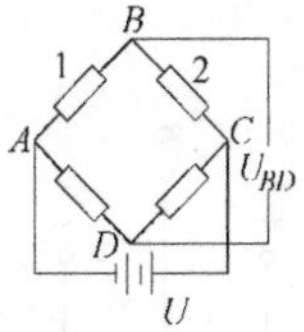	另设补偿片	$U_{BD}=\frac{1}{4}UK\varepsilon$	拉(压)应变 $\varepsilon_r=\varepsilon$	不易消除偏心作用引起的弯曲影响
2	轴向拉（压）	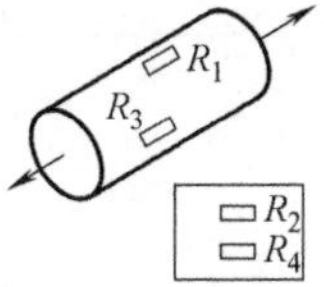	2	全桥	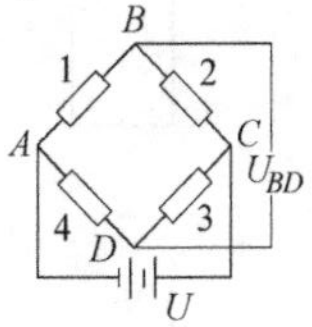	另设补偿片	$U_{BD}=\frac{1}{2}UK\varepsilon$	拉(压)应变 $\varepsilon_r=2\varepsilon$	输出电压提高 1 倍，可消除弯曲影响
3	轴向拉（压）	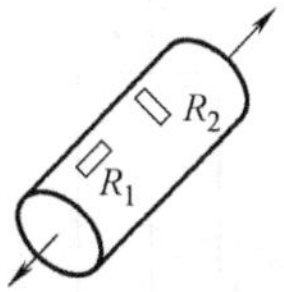	2	半桥	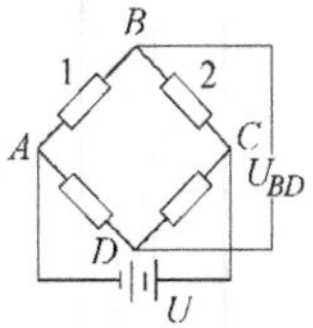	互为补偿	$U_{BD}=\frac{1}{4}UK\varepsilon(1+\mu)$	拉(压)应变 $\varepsilon_r=(1+\mu)\varepsilon$	输出电压提高到 $(1+\mu)$ 倍，不能消除弯曲影响
4	轴向拉（压）	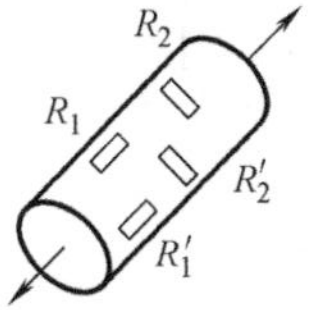	4	半桥	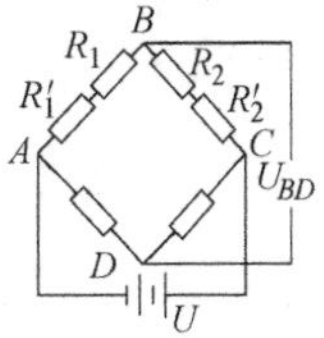	互为补偿	$U_{BD}=\frac{1}{4}UK\varepsilon(1+\mu)$	拉(压)应变 $\varepsilon_r=(1+\mu)\varepsilon$	输出电压提高到 $(1+\mu)$ 倍，可消除弯曲影响且可提高供桥电压

续表

序号	受力状态及其简图		工作片数	电桥型式	桥路设计	温度补偿	量测电桥输出	量测项目及应变值	特点
5	轴向拉(压)	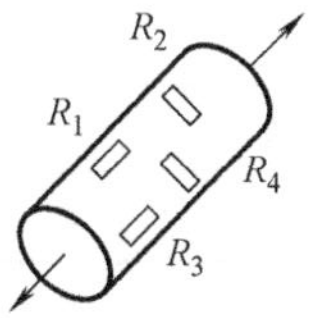	4	全桥	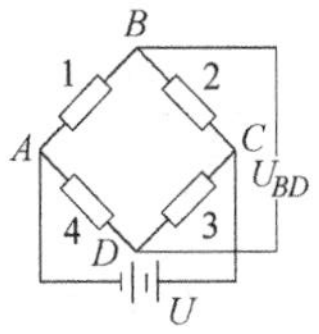	互为补偿	$U_{BD}=\frac{1}{2}UK\varepsilon(1+\mu)$	拉(压)应变 $\varepsilon_r=2(1+\mu)\varepsilon$	输出电压提高到2(1+μ)倍且能消除弯曲影响
6	拉伸	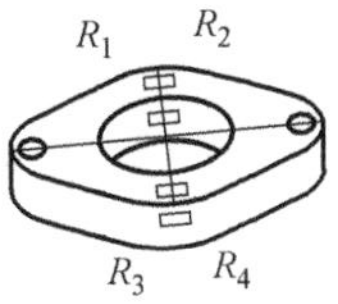	4	全桥	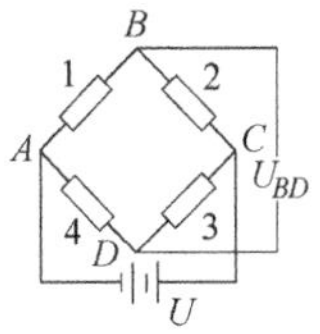	互为补偿	$U_{BD}=UK\varepsilon$	拉应变 $\varepsilon_r=4\varepsilon$	输出电压提高到4倍
7	弯曲	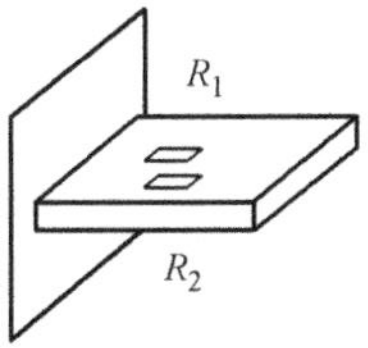	2	半桥	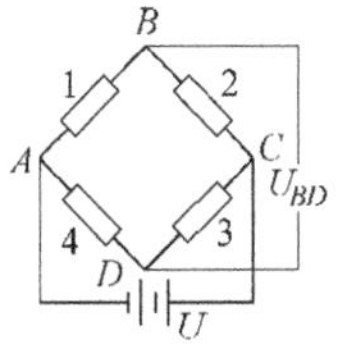	互为补偿	$U_{BD}=\frac{1}{2}UK\varepsilon$	弯曲应变 $\varepsilon_r=2\varepsilon$	输出电压提高1倍,且能消除轴向拉(压)影响
8	弯曲	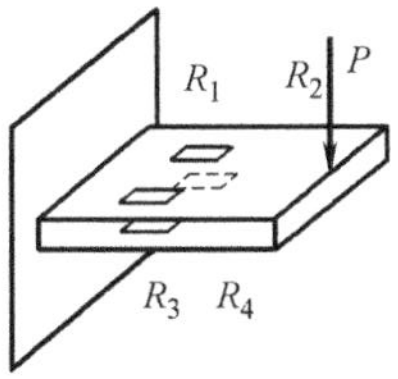	4	全桥	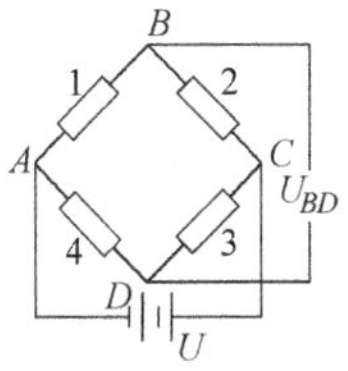	互为补偿	$U_{BD}=UK\varepsilon$	弯曲应变 $\varepsilon_r=4\varepsilon$	输出电压提高4倍,且能消除轴向拉(压)影响

续表

序号	受力状态及其简图		工作片数	电桥型式	桥路设计	温度补偿	量测电桥输出	量测项目及应变值	特　　点
9	弯曲	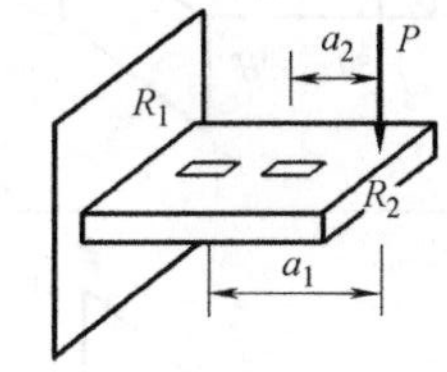 R_1 a_2 P R_2 a_1	2	半桥	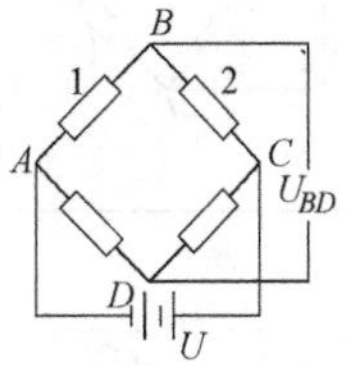 B 1 2 A C U_{BD} D U	互为补偿	$U_{BD}=\frac{1}{4}UK$ $(\varepsilon_1-\varepsilon_2)$	两处弯曲应变之差 $\varepsilon_r=\varepsilon_1-\varepsilon_2$	可测出横向剪力 V 值 $V=\frac{EW}{a_1-a_2}\varepsilon_r$
10	扭转	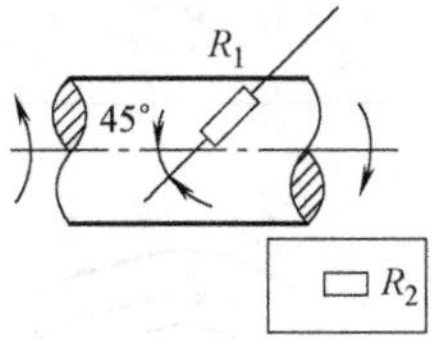 R_1 45° R_2	1	半桥	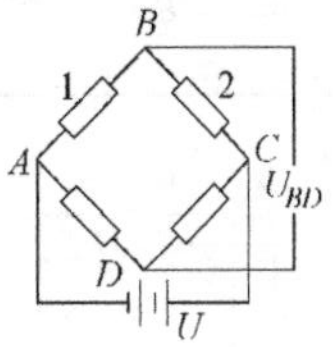 B 1 2 A C U_{BD} D U	另设补偿片	$U_{BD}=\frac{1}{4}UK\varepsilon$	扭转应变 $\varepsilon_r=\varepsilon$	可测出扭矩 M_t 值 $M_t=W_t\frac{E}{1+\mu}\varepsilon_r$
11	扭转	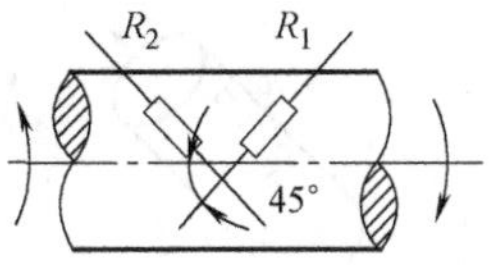 R_2 R_1 45°	2	半桥	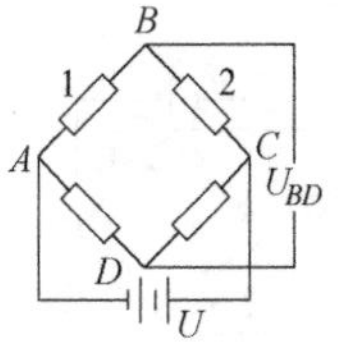 B 1 2 A C U_{BD} D U	互为补偿	$U_{BD}=\frac{1}{2}UK\varepsilon$	扭转应变 $\varepsilon_r=2\varepsilon$	输出电压提高 1 倍，可测剪应变 $\gamma=\varepsilon_r$

$$U_{BD}=AK[(\varepsilon_{拉}+\varepsilon_{弯})+(\varepsilon_{拉}-\varepsilon_{弯})]=2AK\varepsilon_{拉} \tag{2.40}$$

上式表明，对臂电桥测力法将输出的拉伸应变信号放大2倍，该方法不但可以消除弯矩影响而测出拉力，并且提高了输出电压，具有一定的实际应用价值。

2. 测量偏心距 e

利用前面方案二中测力 P 的两枚电阻片 R_1 和 R_2，接成半桥量测电路（图2.31），可以测出偏心距 e，根据式（2.41）获得电桥输出。

$$U_{BD}=AK[(\varepsilon_{拉}+\varepsilon_{弯})-(\varepsilon_{拉}-\varepsilon_{弯})]$$
$$=2AK\varepsilon_{弯} \tag{2.41}$$

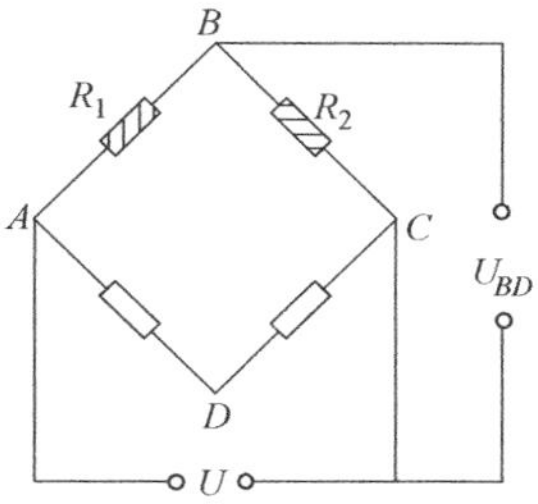

上式表明，邻臂电桥量测法测出的应变是实际弯矩引起应变的2倍，而且消除拉力 P 对应变结果的影响。测得 $\varepsilon_{弯}$，可以算出 $M=Pe=Ew\varepsilon_{弯}$，再根据前面测出的拉力 P，即可计算出偏心距 e 的大小：

$$e=\frac{M}{P}=\frac{Ew\varepsilon_{弯}}{EF\varepsilon_{拉}}=\frac{w\varepsilon_{弯}}{F\varepsilon_{拉}} \tag{2.42}$$

图2.31 邻臂电桥测偏心距 e

除上述情形外，还可根据具体情况进行惠斯通电桥设计，构件实际受力状态及桥路形式见表2.3。

2.6 常见传感器分类与应用

2.6.1 测位移传感器

土木工程结构位移可以直观反映建（构）筑物承受载荷后的变形特性，是反映工程体工作情况的重要参数。通过各类位移传感器测得的载荷—位移曲线，能够客观表征工程局部区域内的屈服程度、变形特征以及破坏范围，可见，位移的准确测定在分析工程性能时不可或缺。总结来说，位移量测主要包括工程体的形变、挠度、侧移、转角、滑移等参数，常用仪器仪表涉及机械式、电子式以及光电式等多种，在土木工程位移测试中，接触式位移传感器、振弦式位移传感器以及应变梁式位移传感器等应用较为广泛。

1. 接触式位移传感器

接触式位移传感器是主要由测杆、齿轮、指针和弹簧等配件组成的机械式仪表，其中，测杆用于感受试件变形；齿轮可将感受到的变形进行放大或方向转换；弹簧可使测杆紧随构件的变形，并使指针自动返回原位；扇形齿轮和螺旋弹簧可使齿轮之间只发生单面接触，以消除齿隙搭接过程中的无效行程。接触式位移传感器根据刻度盘上最小刻度值所代表的量分为百分表（刻度值为0.01mm）、千分表（刻度值为0.001mm）和挠度计（刻度值为0.05mm或0.1mm）。其量度性能指标有刻度值、量程和允许误差。一般百分表的量程为5mm、10mm、30mm，允许误差0.01mm。千分表的量程为1mm，允许误差0.001mm。挠度计量程为50mm、100mm、300mm，允许误差0.05mm（图2.32）。

使用时，将位移传感器安置在磁性表架上，用表架横杆上的颈箍夹住传感器的颈轴，并将测杆顶住测点，使测杆与测面保持垂直。表架的表座应放在一个固定点上，并开启表座的磁性开关，加以妥善固定。

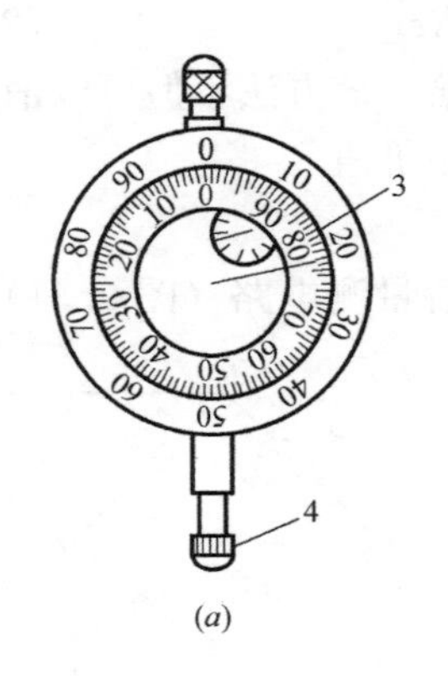

(a)

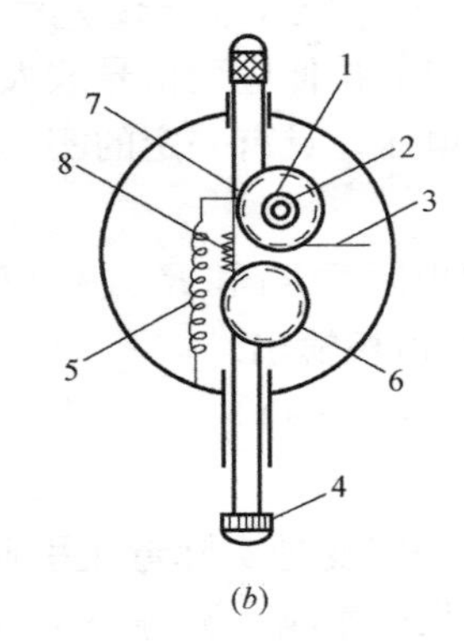

(b)

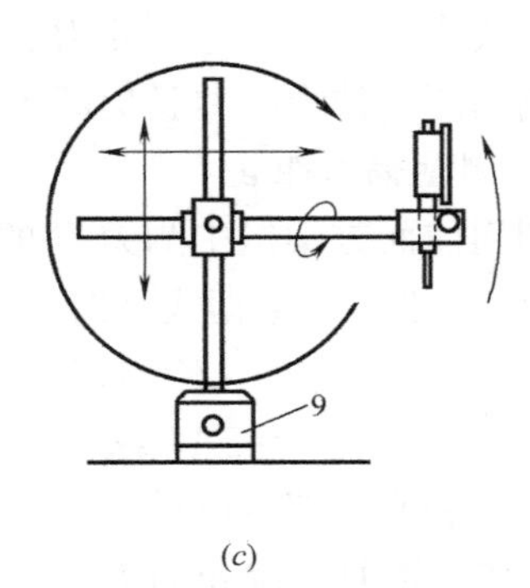

(c)

图 2.32　接触式位移传感器

(a) 外形；(b) 构造；(c) 磁性表座

1—短针；2—齿轮弹簧；3—长针；4—测杆；5—测杆弹簧；6、7、8—齿轮；9—表座

2. 振弦式位移传感器

振弦式位移传感器是以被拉紧的钢弦作为转换元件，钢弦的长度确定以后其振动频率仅与拉力有关（图 2.33）。其工作原理是当被测工程体内部的应力发生变化时，传感器同步感受变形，变形通过前、后端座传递给振弦，转变成振弦应力的变化，从而改变振弦的振动频率。电磁线圈激振振弦并测量其振动频率，频率信号经电缆传输至读数装置，即可测出被测工程体内部的变形量。同时，可同步测出埋设点的温度值。

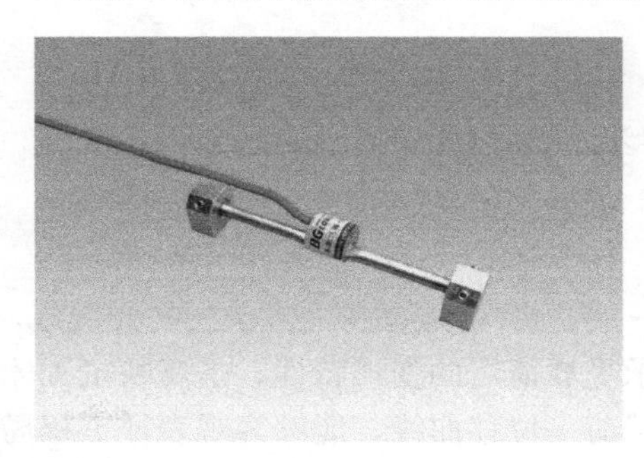

图 2.33　振弦式位移传感器

此类位移传感器的量测仪器是频率计，由于测量的信号是电流信号，所以频率的测量不受长距离导线的影响，而且抗干扰能力较强，对测试环境要求较低，因此，特别适用于长期检测和现场测量。缺点是这类位移传感器较复杂，温度变化对量测结果存在一定影响。

3. 应变梁式位移传感器

应变梁式位移传感器的主要元件是一块固定在仪器设备外壳上、弹性好、强度高的铍青铜悬臂弹性簧片［图 2.33 (b)］，在弹簧固定端粘贴四片应变片，以半桥或全桥的形式连接，另一端固定有拉簧，拉簧与指针固定，当测杆随位移移动时，传力弹簧使簧片发生挠曲变形，即簧片固定端产生应变，通过电阻应变仪即可测得应变与构件位移间的关系。

应变梁式位移传感器量程为 30～150mm，读数分辨率可达 0.01mm，由材料力学可知，位移传感器的位移量 δ 为：

$$\delta=\varepsilon \cdot C \tag{2.43}$$

式中　ε——铍青铜悬臂上的应变，由应变仪测定；

C——与簧片尺寸及拉簧材料性能有关的刚度系数。

悬臂上的四片应变片，按图示贴片位置与接线方式，取 $\varepsilon_1=\varepsilon_3=\varepsilon$；$\varepsilon_2=\varepsilon_4=-\varepsilon$，则桥路的输出电压为：

$$U_{BD}=\frac{U}{4}K(\varepsilon_1-\varepsilon_2+\varepsilon_3-\varepsilon_4)=\frac{U}{4}K\varepsilon\cdot 4 \tag{2.44}$$

可见，采用全桥法连接桥路时，应变信号放大 4 倍，输出电压灵敏度最高。

2.6.2 测力传感器

测力传感器也分为机械式与电测式两种，鉴于电测式仪器常具备体积小、反应快、适应性强以及自动化程度高等优势，应用更为广泛。

1. 荷载测定传感器

荷载测定传感器主要用于量测荷载、反力以及其他类型外力，结合荷载性质的差异，荷载传感器类型主要有拉伸型、压缩型与通用型。荷载传感器的外形大致相同，其核心元件为一个厚壁圆筒［图 2.35（a）］，圆筒横截面规格取决于材料允许的最高应力值，筒壁上粘贴电阻应变片，以便将机械变形转换为电信号，为尽量避免应变片在存储、运输或试验期间发生损坏，另设外罩加以保护。筒壁两端加工有螺纹，方便连接设备或工程构件。一般地，荷载传感器的负荷能力可达 1000kN，甚至更高。

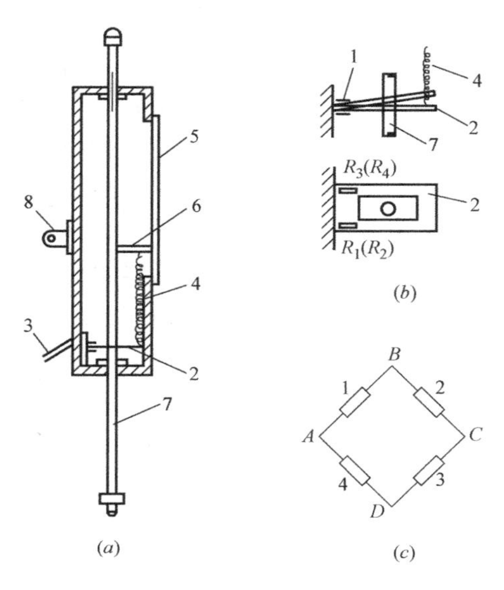

图 2.34　接触式位移传感器

（a）传感器；（b）悬臂贴片形式；（c）桥路设计

1—应变片；2—悬臂梁；3—引线；4—拉簧；5—标尺；6—标尺指针；7—测杆；8—固定环

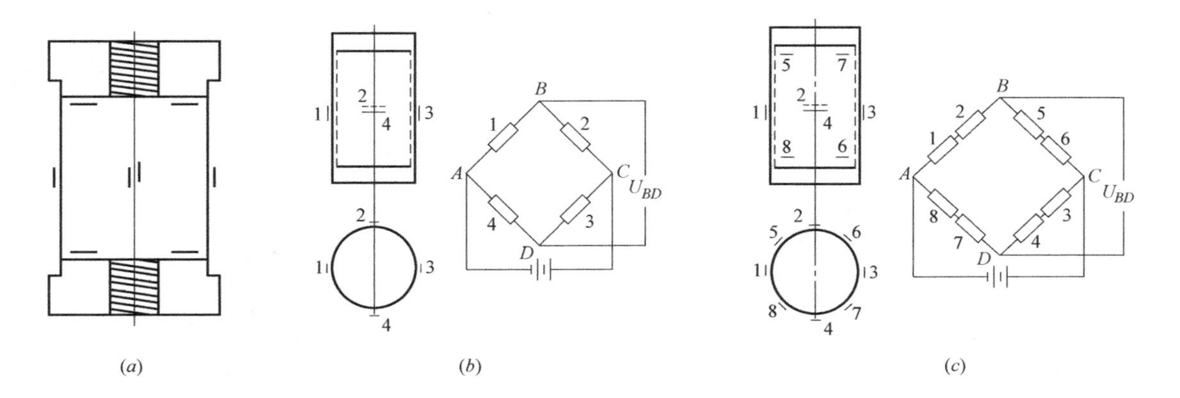

图 2.35　荷载测定传感器

（a）厚壁圆筒；（b）桥路设计；（c）桥路设计

编号 1～8 为电阻应变片

如图 2.35（b）、2.35（c）所示，在厚壁圆筒的轴向与横向布设电阻应变片，并依照全桥法设计接线，根据惠斯通电桥输出特性可知，$U_{BD}=U/4\cdot K\varepsilon(1+\mu)\cdot 2$，其中 $2(1+\mu)=A$，A 为电桥输出放大系数，可提高量测灵敏度。

荷载传感器灵敏度可表达为每单位载荷下的应变，因此灵敏度与设计的最大应力成正比，而与荷载传感器的最大负荷能力成反比。即灵敏度 K°为：

$$K^{\circ}=\frac{\varepsilon A}{P}=\frac{\sigma A}{PE} \tag{2.45}$$

式中 P、σ——荷载传感器的设计荷载和设计应力；

A——桥臂放大系数；

E——荷载传感器材料的弹性模量。

可见，对于一个给定的设计荷载与设计应力，传感器的最佳灵敏度由桥臂系数 A 的最大值与 E 的最小值确定。

综上所述，荷载测定传感器的构造相对简单，使用者可根据工程实际情况与要求，自行设计改装，但须留意厚壁圆筒的制作材料，以力学性能较为稳定为佳，此外，需配合使用工作性能良好的应变片与化学性质稳定的胶粘剂。传感器投入使用后应当定期标定，以检查其荷载应变的线性性能和标定常数。

2. 拉力与压力测定传感器

在土木工程测试中，拉力与压力测定传感器的种类也有许多。总体来讲，测力传感器的基本原理是利用钢制弹簧、环箍或簧片在受力后产生弹性变形，将其变形通过机械放大后，用指针度盘来表示或借助位移传感器反映力的数值。弹簧式拉力传感器是设计最为简单的拉力传感器，可直接由螺旋形弹簧的变形求出拉力值。拉力与变形的关系需预先进行标定，并标识在刻度尺上。

在工程测试试验中，用于量测张拉钢丝或钢丝绳拉力的环箍式拉力传感器（图2.36）。它由两片弓形钢板组成一个环箍，拉力引发环箍产生变形，通过一套机械传动放大系统带动指针转动，指针在度盘上的示值即为外力值。

图 2.37 是另一种箍环式测力传感器，利用粗钢环作为“弹簧”，钢环在拉、压力作用下的变形，经过杠杆放大后推动位移传感器工作，位移示值与环箍变形关系应预先标定，主要用于测定压力。

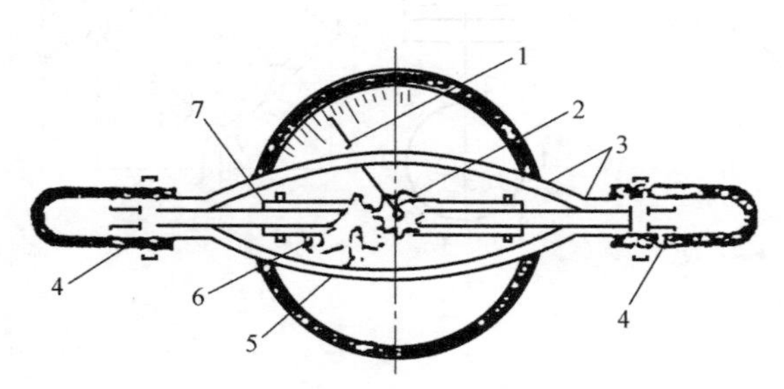

图 2.36 环箍式拉力传感器

1—指针；2—中央齿轮；3—弓形弹簧；4—耳环；5—连杆；6—扇形齿轮；7—可动接板

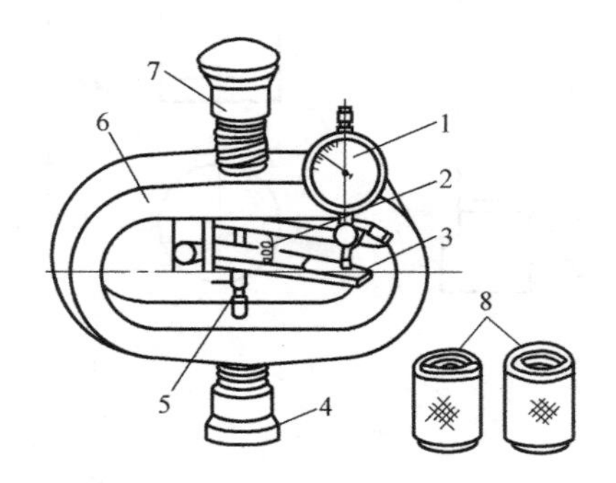

图 2.37 环箍式拉、压传感器

1—位移计；2—弹簧；3—杠杆；4、7—下、上压头；5—立柱；6—钢环；8—拉力夹头

3. 内部应力测定传感器

在土木工程试验中，当需要测定结构内部混凝土或钢筋的应力时，可采用埋入式应力传感器。图 2.38 为美国学者 Brownie 和 Mcurich 研制的埋入式应力传感器，由混凝土或

砂浆制成，埋入构件后可置换同等体积的混凝土。在应力传感器上粘贴两片电阻应变片，传感器与混凝土的应力应变关系借助虎克定律可得：

$$\begin{cases}\sigma_c = E_c \varepsilon_c \\ \sigma_m = E_m \varepsilon_m\end{cases} \tag{2.46}$$

由此可得：

$$\sigma_m = \sigma_c (1 + C_s); \varepsilon_m = \varepsilon_c (1 + C_\varepsilon) \tag{2.47}$$

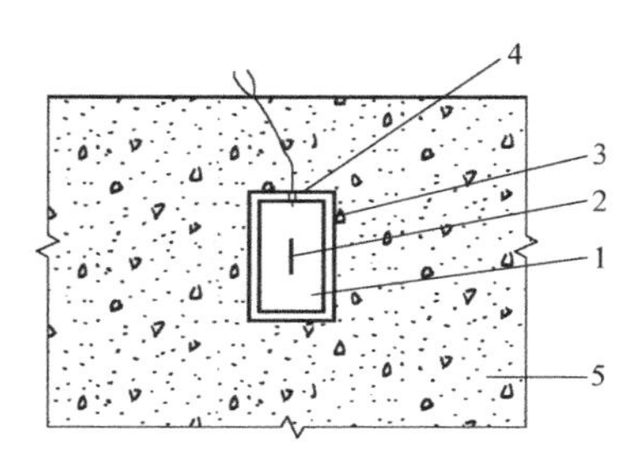

图 2.38　内埋式传感器

1—与构件同材质的应力传感器；2—应变片；3—防水层；4—引出线；5—构件

式中的 C_s、C_ε 为应力传感器的应力集中和应力增大系数。对于特定的应力传感器，C_s、C_ε 为常数，但由于混凝土与应力传感器的物理性质不能完全匹配，因此，基本上增大系数属于在测量结果中引入的误差，例如弹性模量、泊松比与热膨胀系数的差异所产生的误差。通过适当的标定方法和尽可能减少不匹配因素，可使误差降低至最低。实践证明，最小误差可控制在 0.5%以下，室温下，一年内的漂移量很小，可忽略不计。

2.6.3　测温传感器

大体积混凝土入模后的内部温度、预应力混凝土反应堆容器的内部温度等都是较为关键的物理参数，由于温度值难以计算，工程中常采用实测法加以确定。

量测混凝土内部温度的方法，通常是使用热电偶或热敏电阻，热电偶的基本原理如图 2.39 所示，它由两种导体 A 与 B 组成闭合回路，并使结点 1 和结点 2 处于不同温度 T 与 T_o，例如测温时将结点 1 置于被测温度场中（结点 1 称为工作端），使结点 2 处于某一恒定温度状态（结点 2 称为参考端）。由于互相接触的两种金属导体内自由电子的密度不同，在 A、B 接触处将发生电子扩散，可测得毫安级（mA）电流。电子扩散的速率和自由电子的密度与金属所处的温度成正比。假设金属 A 和 B 的自由电子密度分别为 N_A 和 N_B，且 $N_A > N_B$，在单位时间内由金属 A 扩散到金属 B 的电子数，比从金属 B 扩散到金属 A 的电子数要多。这样，金属 A 因失去电子而带正电，金属 B 因得到电子而带负点，于是在接触点处便形成了电位差，从而建立电势与温度的关系，即可测得温度。根据理论推演，回路的总电势与温度的关系为：

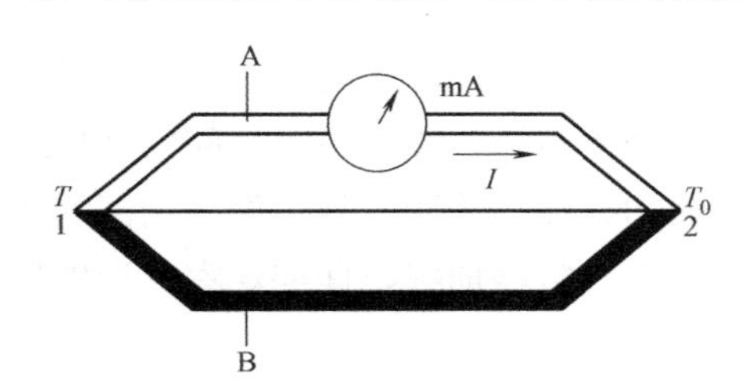

图 2.39　热电偶工作原理

$$E_{AB} = E_{AB}(T) - E_{AB}(T_o) = \frac{k}{e}(T - T_o)\ln\frac{N_A}{N_B} \tag{2.48}$$

式中　T、T_o——A、B 两种材料接触点处的绝对温度；

N_A、N_B——金属 A、B 的自由电子密度；

e——电子的电荷量，等于 4.802×10^{-10}；

k——波尔兹曼常数，等于 1.38×10^{-16}。

第3章　土木工程静力加载测试技术

3.1　概　　述

3.1.1　静力加载测试概述

静力加载测试是采用一定荷载控制或变形控制对试件进行低周反复加载，使试件从弹性阶段直至破坏的一种测试。它包含两层意思，一指它的加载速率低，应变速率对实验结果的影响可以忽略不计。另一是它包括单调加载和循环加载测试。土木工程中，静力荷载往往起主导作用，因此，静力加载测试是土木工程测试中最基本和最大量的测试类型。相对动力加载测试而言，静载测试所需的技术与设备也相对简单，较易实现，这也是静力加载测试被经常应用的原因之一。

根据测试观察时间的长短，静力加载测试可分为短期测试与长期测试。为了尽快取得测试结果，实际工程中通常采用短期测试。但短期测试存在荷载作用和变形发展的时间效应问题。例如，混凝土与预应力混凝土结构的徐变和预应力损失、裂缝开展等问题，时间效应就比较明显，有时需依照测试目的选择开展长期观察测试。

静力加载测试中较为常见的是单调性加载静力测试，即短时期内对测试对象进行平稳地一次连续施加荷载，荷载从“零”开始一直加到工程结构破坏，或是在短时间内平稳地施加若干次预定的重复荷载后，再连续增加荷载直至结构破坏。故而，静力加载测试的优势体现在，加载设备相对简单，荷载可逐步施加，还可随时暂停加载，仔细观察变形破坏的演化与发展，展示出较为明确且清晰的破坏过程。

静力加载测试主要研究的问题主要涵盖以下几方面：对于混凝土构件尚有荷载与开裂的相关关系及反映结构构件变形与时间关系的徐变问题；对于钢结构构件则还有局部或整体失稳问题；对于框架、屋架、壳体、桥梁、涵洞等由若干基本构件组成的扩大件，在实际工程中除了有必要研究与基本件相类似的问题外，尚有构件间相互作用的次应力、内力重分布问题；对于整体结构通过单调加载静力测试能够揭示结构空间工作、整体刚度、非承重构件和某些薄弱环节对工程整体工作的影响等方面的相关规律。

3.1.2　静力加载特性参数

根据标定曲线便可以分析静力加载测试系统的静态特性。描述测试系统静态特性的参数主要有量测精度、稳定性、量测范围（量程）、分辨率、灵敏度、线性度（直线度）以及回程误差（滞迟性）等，熟悉上述特性参数，是经济合理地选择测试仪器与元件的要领。

1. 量测精度

精度指测试系统给出的指示值与被测量的真值的接近程度，也称精确度。精度是以量测误差的大小进行评价的，因此，精度与误差是同一概念的两种不同表示方法。通常，测试系统的精度越高，其误差越低，反之，精度越低，则误差越大。实际中，常用测试系统绝对误差、相对误差与引用误差来表示其精度的高低。

1）绝对误差

即量测值 X 与真值 μ 之差为绝对误差，它说明测定结果的可靠性，用误差值来量度，记为：$d=X-\mu$。

绝对误差越小，说明量测结果越接近被测值的真值。实际上，真值是难以准确量测的，上式只有理论意义，因此，常用更高精度的仪器测得的值代替真值（称约定真值），由于真值一般难以求得，《国际计量学词汇——通用、基本概念和相关术语》（VIM）将测量误差定义为“测得量值减去参考量值”。新定义中使用“参考量值”这个词取代了以往的“约定真值”，体现出实际量测过程中的可操作性。

在土木工程测试技术中，数据的分布较多服从正态分布规律，所以通常采用多次量测的算术平均值$\overline{X}$作为参考量。因为没有与被量测对象联系起来，绝对误差不能完全地说明测定的准确度，假设被量测的位移值分别为 1m 和 0.1m，测量的绝对误差同样是 0.0001m，则其含义就不同了，故量测结果的准确度常用相对误差表示。

2）相对误差

反映了误差在真实值中所占的比例，衡量某一量测值的准确程度，一般用相对误差来表示。绝对误差 d 与被测量真值 μ 的百分比值称为实际相对误差，记为：

$$\delta_A=\mu/d\times100\% \tag{3.1}$$

以仪器的示值 X 代替真值 μ 的相对误差称为示值相对误差，记为：

$$\delta_x=d/X\times100\% \tag{3.2}$$

一般地，除了某些理论分析外，用示值相对误差来比较在各种情况下测定结果的准确度比较合理。

3）引用误差

为了计算和划分仪表精确度等级，提出引用误差概念。其定义为仪表示值的绝对误差与量程范围之比：

$$\delta_A=\frac{X-\mu}{A}\times100\%=\frac{d}{A}\times100\% \tag{3.3}$$

式中　d——示值绝对误差；

　　A——仪器量测上限。

比较相对误差和引用误差的公式可知，引用误差是相对误差的一种特殊形式。通常情况下仪器最主要的质量指标就是引用误差，它能可靠地表明仪器的测量精确度。

相对误差可用来比较同一仪器不同量测结果的准确程度，但不能用来衡量不同仪表的质量好坏，或不能用来衡量同一仪器不同量程时的质量。因为对同一仪器在整个量程内，其相对误差是一个变值，随着被测量量值的减少，相对误差增大，则精度随之降低。当被量测值接近起始零点时，相对误差趋于无限大。

引用误差是仪表中常用的一种误差表示方法，它是相对于仪器满量程的一种误差。比较相对误差和引用误差的公式可知，引用误差是相对误差的一种特殊形式。实际中，常以引用误差来划分仪表的精度等级，可以较全面地衡量量测精度。在使用引用误差表示测试仪器的精度时，应尽量避免仪器在靠近 1/3 量程的量测下限内工作，以免产生较大的相对误差。

2. 稳定性

仪器示值的稳定性有两种指标，一是时间上稳定性，以稳定度表示；二是仪器外部环境和工作条件变化所引起的示值不稳定性，以各种影响系数表示。

1）稳定度

它是由于仪器中随机性变动、周期性变动、漂移等引起的示值变化。一般用精密度的数值和时间长短同时表示。例如每 8h 内引起电压的波动为 1.6mV，则写成稳定度为 $\delta_s=$ 1.6 mV/8h。

2）环境影响

指仪器工程场所的环境条件，诸如室温、大气压、振动等外部状态以及电源电压、频率和腐蚀气体等因素对仪器精度的影响，统称环境影响，用影响系数表示。例如周围环境温度变化所引起的示值变化，可以用温度系数 β_r（示值变化/温度变化）来表示。电源电压变化所引起的示值变化，可以用电源电压系数 β_u（示值变化/电压变化率）来表示。如 $\beta_u=0.02mA/10\%$，表示电压每变化 10%引起示值变化 0.02mA。

3. 测量范围

系统在正常工作时所能量测的最大量值范围，称为测量范围，或称量程。在动态测量时，还需同时考虑仪器的工作频率范围。

4. 分辨率

分辨率是指系统能够检测到的被量测的最小变化值，也叫灵敏阈。若某一位移测试系统的分辨率是 0.5μm，则当被测的位移小于 0.5μm 时，该位移测试系统将没有反应。通常要求测定仪器在零点和 90%满量程点的分辨率，一般来说，分辨率的数值越小越好，但与之对应的量测成本也越高。

5. 灵敏度

对测试系统输入一个变化量 Δx，就会相应地输出另一个变化量 Δy，则静力加载测试系统的灵敏度为：

$$S=\Delta y/\Delta x \tag{3.4}$$

对于线性系统，由式 $y=(a_o/b_o)x=Sx$ 可得：$S=a_o/b_o$，即线性系统的灵敏度为常数。无论是线性系统还是非线性系统，灵敏度 S 都是系统特性曲线的斜率。若测试系统的输出和输入的量纲相同，则常用“放大倍数”代替“灵敏度”，此时，灵敏度 S 无量纲。但一般情况输出与输入是具有不同量纲的。例如某位移传感器的位移变化 1mm 时，输出电压的变化有 300mV，则其灵敏度 $S=300mV/mm$。

6. 线性度

标定曲线与理想直线的接近程度称为静力加载测试系统的线性度［图 3.1（*b*）］，即系统的输出与输入之前是否保持理想系统那样的线性关系的一种量度，或称直线度。由于系统的理想直线无法获得，在实际中，通常用一条反映标定数据的一般趋势而误差绝对值为最小的直线作为参考理想直线代替理想直线。

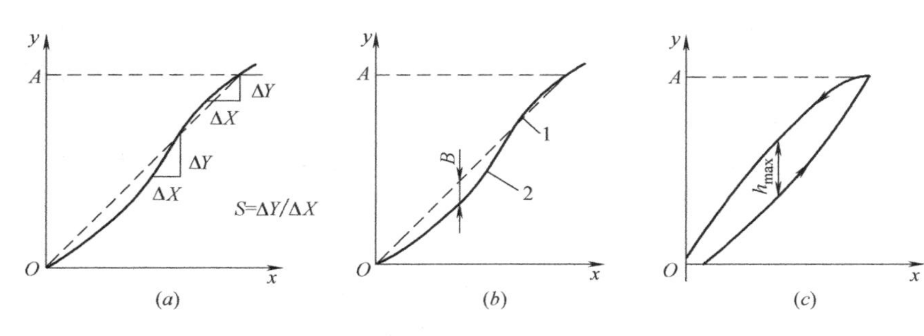

图 3.1 主要静态特性参数图分析

(*a*) 灵敏度；(*b*) 线性度；(*c*) 回程误差

注：1—参考理想曲线；2—标定曲线

若在系统的标称输出范围（全量程）A 内，标定曲线与参考理想直线的最大偏差为 B，则线性度 δ_f 可用下式表示：

$$\delta_f=(B/A)\times100\% \tag{3.5}$$

参考理想直线的确定方法目前尚无统一的标准，通常的做法是：取过原点，与标定曲线间的偏差的均方值为最小的直线，即最小二乘拟合直线为参考理想直线，以该直线的斜率的倒数作为名义标定因子。

7. 回程误差

回程误差系指在相同测试条件下和全量程范围 A 内，当输入由小增大再由大减小的行程中［图 3.1（*c*）］，对于同一输入值所得到的两个输出值之间的最大差值 h_{max} 与量程 A 的比值的百分率，即：

$$\delta_h=\frac{h_{max}}{A}\times100\% \tag{3.6}$$

回程误差，也称滞迟性，是由滞后现象和系统的不工作区（即死区）引起的，前者在磁性材料的磁化过程和材料受力变形的过程中产生，后者是指输入变化时输出无相应变化的范围，机械摩擦和间隙是产生不工作区的主要原因。

3.1.3 静力测试加载方案设计

加载方案的确定，是一个比较复杂的问题，涉及的技术因素很多。试件的结构形式、荷载的作用图式、加载设备的类型、加载制度的技术要求、场地的大小，以及测试经费等都会影响加载方案的确定。一般要求，在满足测试目的的前提下，应尽可能做到测试技术合理、成本可控与操作安全。

静力测试的加载程序指的是测试进行期间荷载与时间的关系。加载程序可以有多种，应根据测试对象的类型及测试目的与要求不同而选择，一般的静力测试加载程序分为预载、标准荷载（正常使用荷载）、破坏荷载三个阶段。图 3.2即为钢筋混凝土构件一种典型的静载测试加载程序（加载谱）。有的测试只

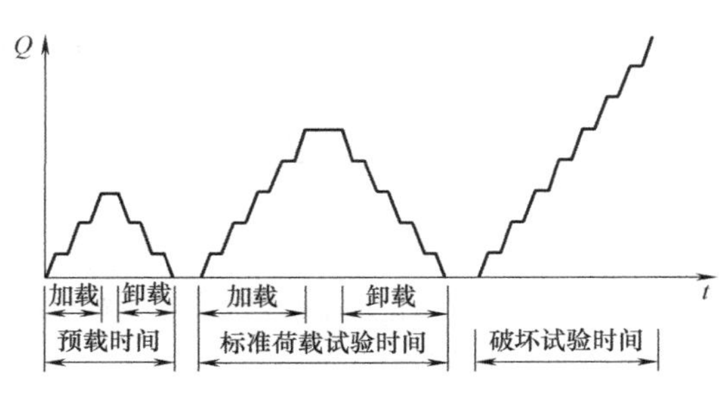

图 3.2 静载测试加载程序

加至标准荷载即正常使用荷载，测试后试件还可以使用，工程现场结构或构件的检验性测试多属此类。对于研究性测试，当加载到标准荷载后，一般不卸载而须继续加载直至试件进入破坏阶段。

分级加（卸）载的目的，一是便于控制加（卸）载速度，二是方便观察和分析结构变形情况，三是利于各点加载统一步调。

1. 预载

预载的目的在于：使试件各部位接触良好，进入正常工作状态，荷载与变形关系趋于稳定；检验全部测试装置的可靠性；检验全部观测仪表工作是否正常；检查工程现场组织工作和人员的工作情况，起演习作用。即在全面开展正式测试之前，预载测试能够暴露出某些潜在问题，经处理解决后，对保证测试工作顺利实施推进具有一定意义。

预载一般分为三级进行，每级取标准荷载值的 20%。然后分级卸载，2～3 级卸完。加（卸）一级，停歇 10min。混凝土等试件，预载值应小于计算开裂荷载值。

2. 正式加载

1）荷载分级

标准荷载之前，每级加载值不应大于标准荷载的 20%，一般分五级加至标准荷载；标准荷载之后，每级不宜大于标准荷载的 10%；当荷载加至计算破坏荷载的 90%后，为了求得精确的破坏荷载值，每级应取不大于标准荷载的 5%；需要做抗裂检测的结构，加载到计算开裂荷载的 90%后，也应改为不大于标准荷载的 5%施加，直至第一条裂缝出现。

柱子加载，一般按计算破坏荷载的 1/15～1/10 分级，接近开裂或破坏荷载时，应减至原来的 1/3～1/2 施加。

砌体抗压测试，对不需要测试形变量的，按预期破坏荷载的 10%分级，每级 1～1.5min 内加完，恒载 1～2min。加至预期破坏荷载的 80%后，不分级直接加至破坏。

为了使结构在荷载作用下的变形得到充分发挥和达到基本稳定，每级荷载加完后应有一定的级间停留时间，钢结构一般不少于 10min；钢筋混凝土和木结构应不少于 15min。

应该注意，当测试结构同时还需要施加水平荷载时，为保证每级荷载下竖向荷载与水平荷载的比例不变，测试开始时首先应施加与试件自重成比例的水平荷载，然后再按规定的比例同步施加竖向和水平荷载。

2）满载时间

对需要进行变形和裂缝宽度测试的工程结构，在标准短期荷载作用的持续时间，对钢结构和钢筋混凝土结构不应少于 30min；木结构不应少于 30min 的 2 倍，拱或砌体为 30min 的 6 倍；对预应力混凝土构件，满载 30min 后加至开裂，在开裂荷载再持续 30min（检验性构件不受此限制）。

对于采用新材料、新工艺、新结构形式的工程结构，跨度较大（大于 12m）的屋架、桁架等结构构件，为了确保使用期间的安全，要求在使用状态短期荷载作用下的持续时间不宜少于 12h，在这段时间内变形继续不断增长而无稳定趋势时，还应延长持续时间直至变形发展稳定为止。如果荷载达到开裂测试荷载计算值时，测试结构已经出现裂缝则开裂测试荷载可不必持续作用。

3）空载时间

受载结构卸载后到下一次重新开始受载之间的间歇时间称为空载时间。空载对于研究性测试是完全必要的。因为观测结构经受荷载作用后的残余变形和变形的恢复情况均可说明工作结构的工作性能。要使残余变形得到充分发展要有相当长的空载时间，有关测试标准规定：对于一般的钢筋混凝土结构空载时间取 45min；对于较重要的结构构件和跨度大于 12m 的结构取 18h（即为满载时间的 1.5 倍）；对于钢结构不应少于 30min。为了解变形恢复过程，必须在空载期间定期观察和记录变形值。

3. 卸载

凡间断性加载测试，或仅做刚度、抗裂和裂缝宽度检验的结构与构件，以及测定残余变形的测试及预载之后，均须卸载，让结构、构件有恢复弹性变形的时间。卸载一般可按加载级距，也可放大 1 倍或分 2 次卸完。

3.1.4 静力测试量测方案设计

制定静力测试量测方案要考虑的主要问题是：根据测试的目的和要求，确定观测项目，选择量测区段，布置测点位置；按照确定的量测项目，选择合适的仪表；确定静力测试的观测方法。

1. 确定观测项目

工程结构在测试荷载及其他模拟条件作用下的变形可以分为两类：一类反映工程结构整体工作状况，如梁的最大挠度及整体挠曲曲线；拱式结构和框架结构的最大垂直和水平位移及整体变形曲线；杆塔结构的整体水平位移及基础转角等。另一类反映工程结构局部工作状况，如局部纤维变形、裂缝以及局部挤压变形等。

在确定测试的观测项目时，首先应该考虑整体变形，因为工程结构的整体变形最能概括其工作全貌。结构任何部位的异常变形或局部破坏都能在整体变形中得到反映。如通过对钢筋混凝土简支梁控制横截面内力与挠度曲线的量测（图 3.3），不仅可以知道工程结构刚度的变化，而且可以了解结构体开裂、屈服、极限承载力、极限变形能力以及其他方面的弹性和非弹性性质。对于检验性测试，按照工程结构设计规范关于结构构件的变形时，则结构构件的测试，也应量测结构构件的整体变形。转角和曲率的量测也是实测分析中的重要内容，特别是在静定结构中应用较多。

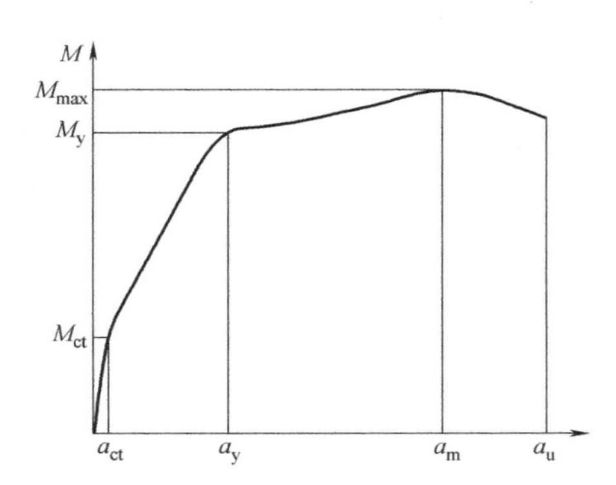

图 3.3 钢筋混凝土简支梁弯矩-挠度曲线

在缺乏量测仪器的情况下，对于一般的生产稳定性测试，只测定最大挠度一项也能作出基本的定量分析。但对易于生产脆性破坏的工程结构构件，挠度的不正常发展与破坏将同时发生，变形曲线上没有十分明显的预告，故量测中的安全工作要引起足够的重视。

其次是局部变形测试。如钢筋混凝土结构的裂缝出现直接说明其抗裂性能，而控制截面上的应变大小和方向则可推断截面应力状态，验证设计与计算方法是否合理正确。在非破坏性测试中，实测应变又是推断结构应力和极限承载力的主要指标。在工程结构处于弹塑性阶段时，应变、曲率、转角或位移的量测和描绘，也是判定结构工作状态的需要。

2. 测点的选择与布置

用仪器对结构或构件进行内力和变形等参数的量测时，测点的选择与布置有以下几条原则：

1）在满足测试目的的前提下，测点宜少不宜多，以简化测试内容，节约经费开支，并重点观测项目突出。

2）测点的位置必须有代表性，以便能够测取最关键的数据，便于对测试结果分析和计算。

3）为了保证量测数据的可靠性，应该布置一定数量的校核性测点。这是因为在测试过程中，由于偶然因素会使部分仪器或仪表工作不正常或发生故障，影响量测数据的可靠性，因此不仅在需要量测的部位设置测点，也应在已知参数的位置上布置校核性测点，以便判别量测数据的可靠程度。

4）测点的布置对测试工作的进行应该是方便、安全的。安装在结构上的附着式仪表在达到正常使用荷载的 1.2～1.5 倍时应该拆除，以免工程结构突然破坏而使仪表受损。为了测读方便，减少观测人员，测点的布置尚宜适当集中，便于一人管理多台仪器。控制部位的测点大多处于比较危险的位置，应妥善考虑安全措施，必要时应选择特殊的仪器仪表或特殊的测定方法来满足量测要求。

3. 仪器选择与测读原则

从观测的角度讲，选用仪器应考虑如下问题：

1）选用的仪器仪表，必须能满足测试所需的精度与量程要求，如果能够选择简单的仪器仪表，就尽量不要选用精密度高的设备。因为，精密量测仪器的使用要求有比较良好的环境与条件，选用时，既要注意条件，又要避免盲目追求精度。测试中若仪器量程不够，中途调整必然会增大量测误差，应尽量避免。

2）现场测试，由于仪器所处条件与环境复杂，影响因素较多，电测仪器的适应性将稍逊于机械式仪表，但测点较多时，机械式仪表却不如电测仪器灵活、方便，选用时应作具体分析和技术比较。

3）测试结果的变形与时间因素有关，测读时间应有一定限制，必须遵守有关测试方法标准的规定，仪器的选择应尽可能测读方便、省时，当测试结果进入弹塑性阶段时，变形增加较快，应尽可能使用自动记录仪表。

4）为了避免误差和方便工作，量测仪器的型号、规格应尽可能一致，种类愈少愈好。有时为了控制测试观测结果的准确性，常在控制测点或校核性测点上同时使用两种类型的仪器，以便于比较。

仪器的测读，应该按一定的时间间隔进行，全部测点读数时间应基本相等，只有同时测得的数据联合起来才能说明工程结构在某一承载力状态下的实际情况。

测读仪器的时间，一般选择在测试荷载过程中的恒载间歇时间内。若荷载分级较细，某些仪表的读数变化非常小，对于这些仪表或其他一些次要仪表，可以每两级测读一次。

当恒载时间较长时，按测试工程结构的要求，应测取恒载下变形随时间的变化。当空载时，也应测取变形随时间的恢复情况。

每次记录仪表读数时，应该同时记下周围环境的气象资料如温度、湿度等。

对重要数据，应一边记录，一边初步整理，标出每级测试荷载下的读数差，并与预计的理论值进行比较。

3.2 静力加载模拟与支承装置

静力加载测试除极少数是在实际荷载下进行实测外，绝大多数是在模拟荷载条件下进行的。工程结构测试的荷载模拟即是通过一定的设备与仪器，以最接近真实的模拟荷载再现各种荷载对工程结构的作用。荷载模拟技术是工程结构测试最基本的技术之一。

结构测试中荷载模拟的方法也有多样。就静载测试而言，有重物、液压、气压、机械和电液伺服加载系统以及和它们相互配合的各类测试装置。其中，同步异荷液压加载及与计算机连接的电液伺服加载则代表了加载技术的最新进展。在具体测试中，应根据试件的结构特点、测试目的、测试环境以及经费开支等进行综合选择。荷载模拟设备无论采用何种方法，加载设备应满足以下基本要求：

1）应符合实际荷载作用的传递方式，能使被测试结构、构件再现其实际工作状态的边界条件，使截面或部位产生的内力与设计计算等效。

2）产生的荷载值应当明确，满足测试的精确度，荷载量的相对误差不超过5%。

3）加载设备本身应有足够的承载力与刚度，并保证有足够的储备，保证使用安全可靠。

4）加载设备不应参与工程结构工作，以致改变结构的受力状态或使结构产生次应力。

5）应能方便调节和分级加（卸）载，易于控制加（卸）载速率，分级值应能满足精度要求。

6）尽量采用先进技术，满足自动化要求，减轻劳动强度，方便加载，提高测试效率与质量。

3.2.1 静力测试加载模拟

1. *重力加载法*

1）直接施加法

重力加载法是利用物体本身的重量施加于工程结构作为荷载。在实验室内，可以利用的重物有专门浇铸的标准铸铁砝码、混凝土立方试块、水箱等；在现场，就地取材，经常用普通的砂、石、砖块等建筑材料，或是钢锭、铸铁、废构件等。

图3.4为重物直接放在工程结构表面（如板壳等试件）上形成的均布荷载。为防止荷载本身的起拱作用引起工程结构局部卸载，可用砖石、铸铁块等块材加载，但需分堆堆放整齐，每堆重物的宽度、间隙应符合图中的要求。对于屋架、梁等试件，也可将重物置于荷载盘上，通过吊盘形成几种荷载（图3.5）；也可借助钢索和滑轮导向，对结构施加水平荷载（图3.6）。松散材料作重物时，应装入袋内使用。对吸水性强或水分蒸发量大的重物应考虑其含水量对重量的影响。

对于大面积平板结构（如楼面、平屋顶等），采用水作静力加载测试荷载较为合适，一般采用图3.7所示装置作为均布荷载加于结构物表面。用水作为重力荷载既简便又经济，每施加1000N/m^{2}的荷载只需要100mm的水。加载时可用水管进水，大大减轻了运输及加载的劳动强度。在现场测试的水塔、水池及油库等特种结构时，水更是理想的静力测试载荷，不仅符合工程结构的实际使用条件，且能检验结构物的抗裂与抗渗性能。

图 3.4　预应力钢-混凝土组合梁长期荷载测试

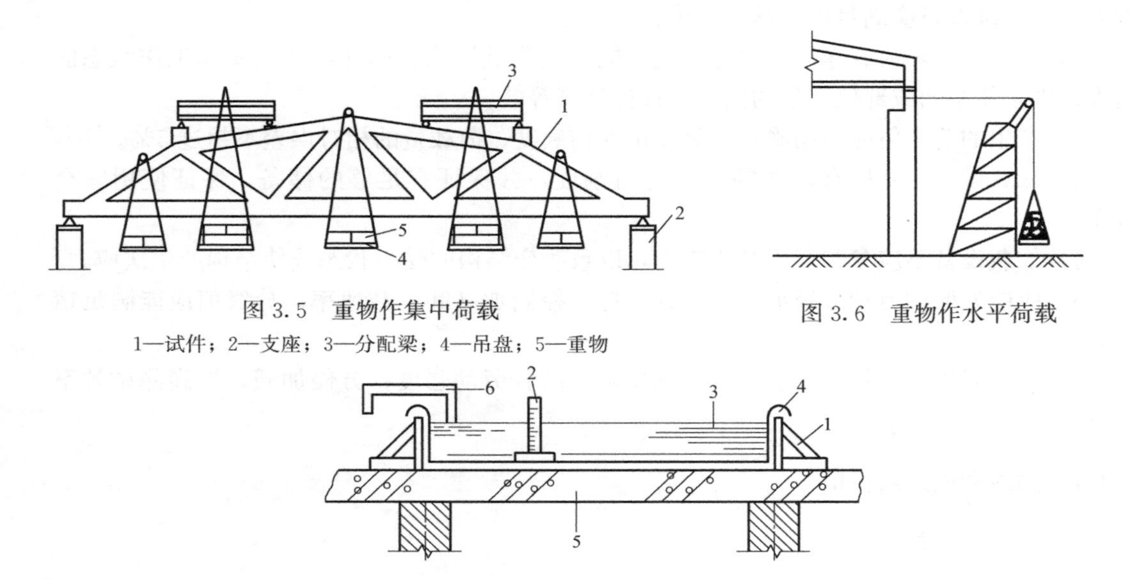

图 3.5　重物作集中荷载

1—试件；2—支座；3—分配梁；4—吊盘；5—重物

图 3.6　重物作水平荷载

图 3.7　用水作均布荷载施加装置示意图

1—侧向支撑；2—标尺；3—水；4—防水胶布或塑料布；5—试件；6—水管

2）间接施加法

即杠杆-重力荷载施加法。利用重物做集中荷载，经常会受到荷载量的限制。这时可以利用杠杆将荷载放大后作用在工程结构上，这不仅能扩大重力荷载的使用范围而且可减轻加载的劳动强度。图 3.8 为常用的几种杠杆加载示意图。在使用过程中应注意使杠杆的三个着力点在同一水平线上，以免因结构变形使杠杆倾斜而改变原有的放大倍率。

重力加载的优点是设备简单，取材方便，荷载恒定，加载形式灵活。采用杠杆间接重力加载，对持久荷载测试，以及进行刚度与裂缝的研究尤为合适。因为荷载是否恒定，对裂缝的开展与闭合有直接影响。

重力加载的缺点是荷载量不能很大，操作笨重而费工。此外，当采用重力加载方式测试时，一旦工程结构达到极限承载能力，因荷载不能随结构变形而自动卸载，易使结构产生过大变形而倒塌。因此，安全保护措施应当足够重视。

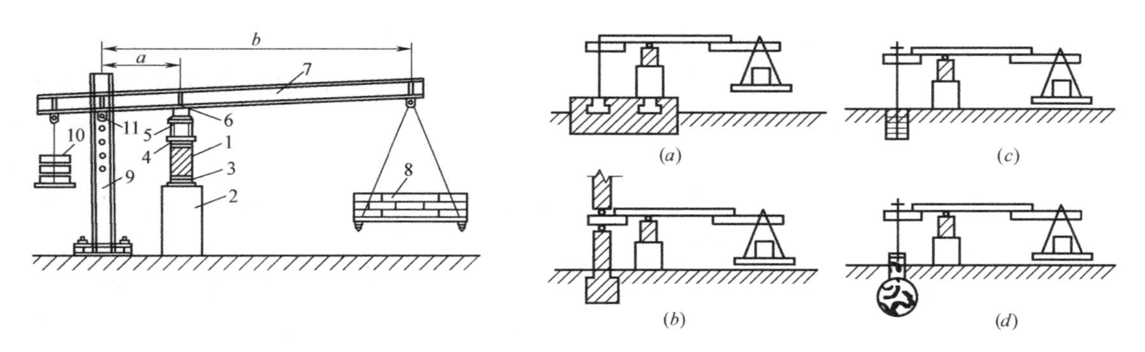

图 3.8　几种常用杠杆加载装置示意图

(a) 利用试验台座；(b) 利用墙身；(c) 利用平衡重量；(d) 利用桩

1—试件；2—支墩；3—试件铰支座；4—分配梁铰支座；5—分配梁；6—加载点；7—杠杆；8—加载重物；9—杠杆拉杆；10—平衡重；11—钢销（支点）

2. 机械力加载法

常用的机械加载机具有绞车、卷扬机、倒链、花篮螺栓、螺旋千斤顶及弹簧等。绞车、卷扬机、倒链等主要适用于通过绳索距离对高耸结构等施加水平拉力（图 3.9）。连接滑轮组可以改变作用力的方向或提高加载能力，其拉力的大小可通过拉力测力计测定。按测力计量程不同，可有两种不同装置。当测力计量程大于最大加载值时可用图 3.9 (*a*) 所示的串联方式，直接从测力计上测出绳索拉力。当测力计量程大于最大加载值时可用图 3.9 (*b*) 方式连接，此时作用在结构上的实际拉力按式 (3.7) 计算。

$$P=\varphi nkp \tag{3.7}$$

式中　P——拉力测力计读数；

φ——滑轮摩擦系数（对普通涂有良好润滑剂的滑轮可取 0.96～0.98）；

n——滑轮组的滑轮数；

k——滑轮组的机械效率。

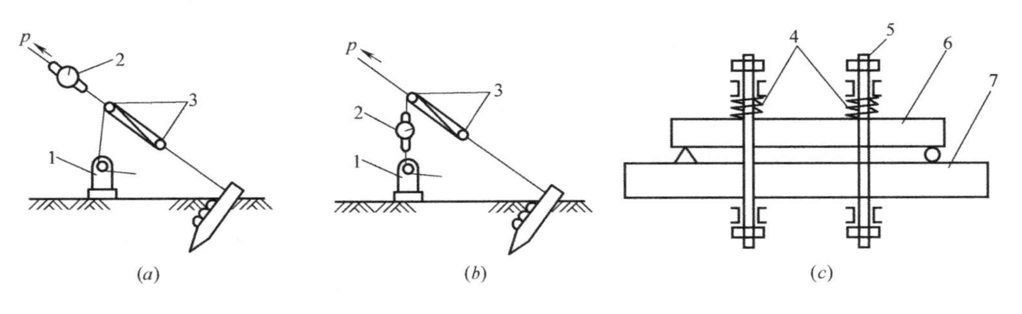

图 3.9　机械机具加载示意图

(*a*) 测力计量程大于最大拉力值；(*b*) 测力计量程小于最大拉力值；(*c*) 弹簧加载

1—绞车或卷扬机；2—测力计；3—滑轮；4—弹簧；5—螺杆；6—试件；7—台座或反弯梁

当加载值较小时（如小比例模型测试），用花篮螺栓加载更为方便。

弹簧与螺旋千斤顶均较适用于施加长期测试荷载，如图 3.9 (*c*) 所示，弹簧可直接旋紧螺母，或先用千斤顶加压后旋紧螺母，靠其弹力加压，用百分表测其压缩变形可确定荷载值。当工程结构发生徐变时，会产生卸载现象，应及时拧紧螺母以调整压力。

螺旋千斤顶是利用蜗轮蜗杆机构传动原理制成。使用时，需由测力计来测定其加载值，适用于对工程结构施加等变形荷载。机械力加载的优点是设备简单，当采用索具加载时很容易改变荷载的方向，其缺点是加载值不可能很大。

3. 气压加载法

气压加载有两种，一种是用空气压缩机对气包充气，给试件施加均匀荷载（图3.10）。为提高气包耐压能力，四周可加边框，这样最大压力可达 180kN/m^2。压力用不低于 1.5 级的压力表量测。此法适用于板、壳测试，但当气包为脆性破坏时，气包可能爆炸，要加强安全防范。有效方法一是当监视位移计示值不停地急剧增加时，立即打开泄气阀卸载；二是试件下方架设承托架，承力架与承托架间用垫块调节，随时使垫块与承力架横梁保持微小间隙，以备工程结构破坏时搁住，避免因气包卸载而爆炸。

另一种加载方法是用真空泵抽出试件与台座围成的封闭空间的空气，形成大气压力差对工程结构施加均匀荷载（图 3.11）。最大压力可达 80～100kN/m^2，压力值用真空表（计）量测。保持恒载由封闭空间与外界相连接的短管与调节阀控制。试件与围壁间缝隙可用薄钢板、塑料薄膜等涂黄油粘贴密封。试件表面必要时可热刷薄层石蜡，一可堵住试件微孔，防止漏气；二可突出裂缝出现后的光线反差，用照相机可明显地拍下照片。此法安全可靠，试件表面又无加载设备，便于观测。特别适用于不能从板顶面加载的板或斜面、曲面的板壳等施加垂直均布荷载。

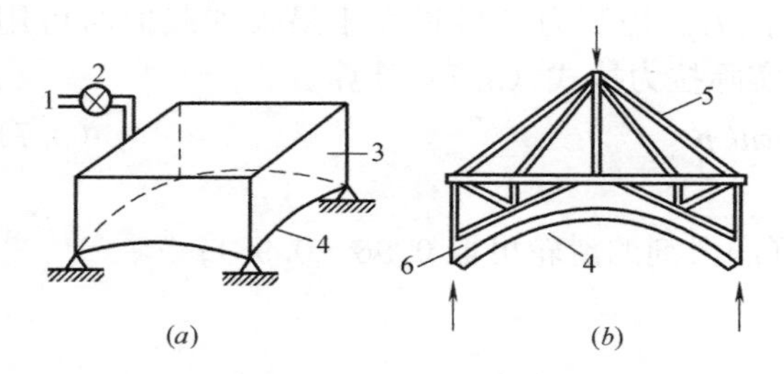

图 3.10　压缩空气加载示意图

1—压缩空气；2—阀门；3—容器；4—试件；5—支承装置；6—气囊

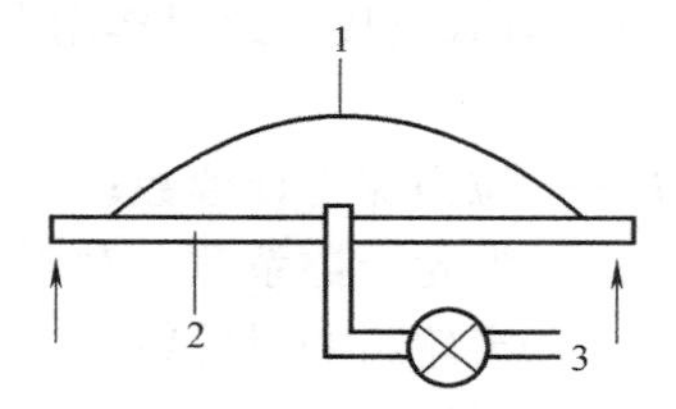

图 3.11　大气压差荷载

1—试验结构；2—支承装置；3—接真空泵

气压加载的优点是加、卸载方便，荷载稳定，安全，构件破坏时能自动卸载，构件外表面便于观察与安装仪表。其缺点是内表面无法直接观察。

4. 液压加载法

液压加载一般为油压加载，适用于静力荷载测试，由于其诸多优点，是目前工程结构测试中最常用的荷载系统。该加载系统由液压千斤顶（加载器）、操纵台和反力架（承力架）等组成（图 3.12）。当采用千斤顶加载系统时，为提高加载精度，对加载量应进行直接测定。只有在条件受到限制时，才允许用油压表来测定加载量。

此时应满足：

1）油压表精度不应低于 1.5 级（量测误差在 1.5%内）。

2）使用前应对配套的油压千斤顶进行标定，利用绘制的标定曲线确定加载量。

绘制标定曲线时至少应在千斤顶不同行程位置上重复三次，取其平均值，任一次的量

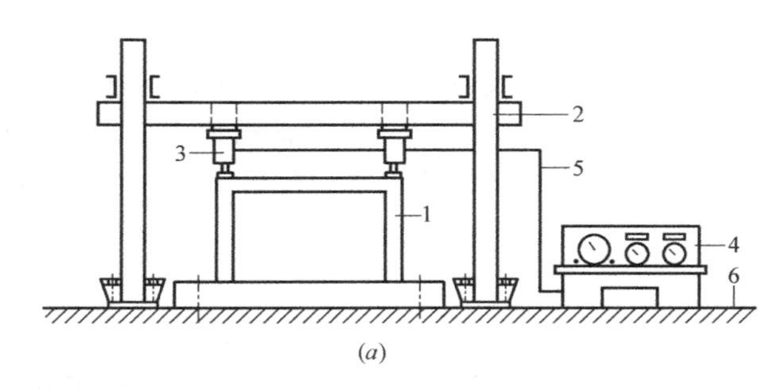

(*a*)

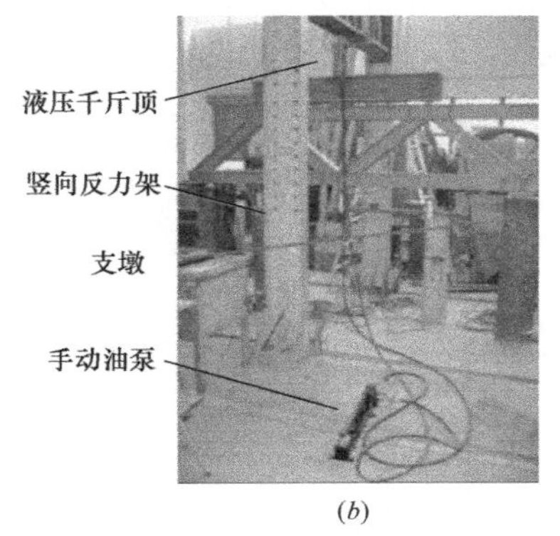

(*b*)

(*c*)

图 3.12 液压加载系统

(*a*) 液压加载系统示意图；(*b*) 5M 钢桁架结构静力加载测试；(*c*) 平面静力液压加载模型测试系统

1—试件；2—承力架；3—液压加载器；4—操纵台；5—管路；6—台座

测值与标定曲线对应的偏差不应超过±5%。

当采用试验机加载时，应满足以下要求：

1）万能试验机、拉力试验机、压力试验机的精度不应低于 2 级。

2）结构疲劳试验机静态测力误差应在±2%以内。

3）电伺服结构测试系统的荷载，位移量测误差应在±1.5%*F. S.*（满量程）以内。

1）手动液压千斤顶加载

手动液压千斤顶含手动油泵与液压加载器两部分，其工作原理如图 3.13 所示。当手柄 6 带动油泵活塞 5 向上运动时，油液从储油箱 3 经单向阀 11 被抽到油泵油缸 4 中。当手柄 6 带动油泵活塞 5 向下运动时，油泵油缸 4 中的油经单向阀 11 压出到工作油缸 2 内。手柄不断地上下运动，油被不断地压入工作油缸，从而使工作活塞受阻，则油压作用力将反作用于底座 10。测试时千斤顶底座放在加载点上，从而使结构受载。卸载时只要打开阀门 9，使油从工作油箱 2 流回储油箱 3 即可。

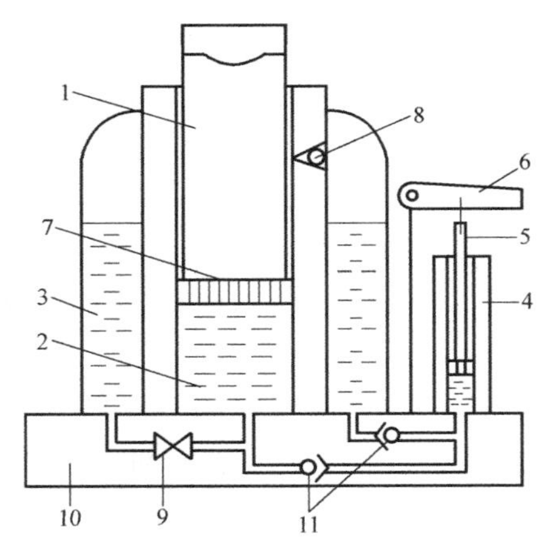

图 3.13 手动液压千斤顶

1—工作活塞；2—工作油缸；3—储油箱；4—油泵油缸；5—油泵活塞；6—手柄；7—油封；8—安全阀；9—泄油阀；10—底座；11—单向阀

手动油泵一般能产生 40N/mm²或更大的液体压力。为了确定实际的荷载值，可在千斤顶活塞顶上安装一个荷重传感器，或在工作油缸中引出紫铜管，安装油压表。根据油压表测得的液体压力（N/mm²）和活塞面积即可算出荷载值。千斤顶活塞冲程在 200mm 左右，通常可满足工程结构测试的要求。其缺点是一台千斤顶需一人操作，多点加载时难以同步。

2）同步液压加载

同步液压加载系统采用的单向加荷千斤顶与普通手动千斤顶的主要区别是：储油缸、油泵和阀门等不附在千斤顶上。千斤顶部分只由活塞和工作油缸构成，所以又称液压加荷器或液压缸。其活塞行程大，顶端装有球铰，能灵活倾角 15°。目前常用的有以下两种：

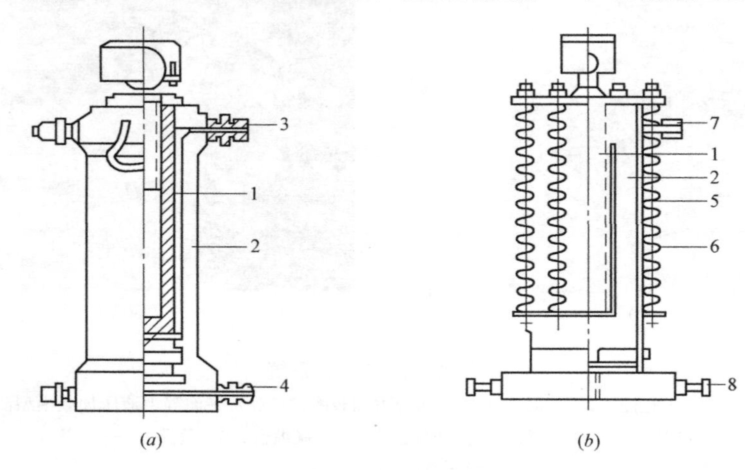

图 3.14　液压油缸（液压加荷器）

（*a*）双油路加荷千斤顶；（*b*）间隙密封加荷千斤顶

1—活塞；2—油缸；3—上油路接口；4—下油路接口；5—丝杠；6—拉簧；7—油管接头；8—吊杆

一是双油路千斤顶，又称同步液压缸［图 3.14（*a*）］。其中上油路用来回缩活塞，下油路用来加荷。这种千斤顶自重轻，但活塞与油缸的摩阻力较大。

二是间隙密封千斤顶，是靠弹簧进行活塞复位的千斤顶，如图 3.14（*b*）所示。这种千斤顶活塞与油缸的摩擦力小，使用稳定，但加工精度高。

利用同步液压加载系统可以做各种土木结构（屋架、柱、桥梁、板等）静力加载测试，尤其对大吨位、大挠度、大跨度的工程结构测试更为适用。它不受加荷点数量与加荷点距离的限制，并能适应对称与非对称加荷的需要。

3）双向液压加载

双向液压加载系统用于对工程结构施加低周反复荷载测试。它由拉压双向液压千斤顶（或称双作用千斤顶）、高压油泵和荷载架等组成（图 3.15）。工作时，先打开高压油泵 10，向上搬动换向阀 11，油压经过油管 3 进入工作油缸 1 推动活塞 8 前进（这时对构件施加压力）。同时，工作油缸 1 中的油经油管 7 被压入油箱 12；若要反向加载，此时只要再次向下搬动换向阀 11，油泵里的高压油经油管 7 进入工作油缸，同时油缸 1 中的油被推出，经油管 3 回到油箱 12。

为了测定拉力或压力值，可以在千斤顶活塞杆端安装拉压传感器直接用电子秤或应变仪量测，或将信号送入记录仪记录。

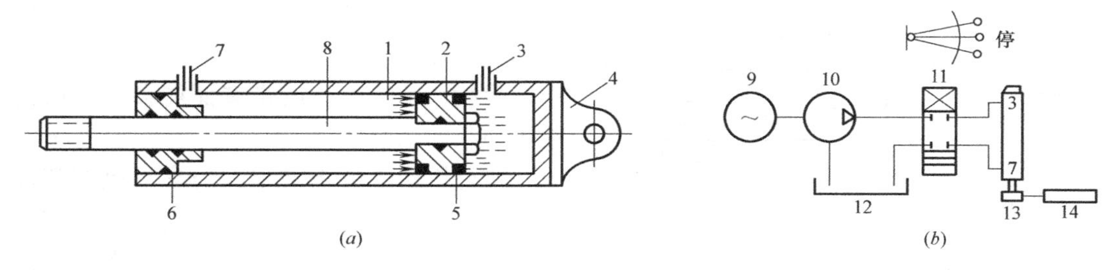

图 3.15　双作用千斤顶

(a) 双向作用千斤顶构造示意；(b) 换向阀工作原理

1—工作油缸；2—活塞；3、7—油管接头；4—固定环；5—油封；6—端盖；8—活塞杆；9—电源；10—油泵；11—三位四通换向阀；12—油箱；13—荷重传感器；14—电子秤（应变仪）

双作用千斤顶的最大优点，是可以方便地做水平方向的反复加载测试。在抗震测试中，虽然这种加载方式与实际动力作用不尽相同，但它在一定程度上反映了结构或构件抗震的重要性能，且为实现数据自动采集、自动记录创造了条件，是一种较为理想的加荷设备，目前在抗震测试中应用甚广（图 3.16）。

4）电液伺服液压加载

电液伺服液压加载系统是一种先进的液压加载设备，综合了电气和液压两方面的优点，具有控制精度高、响应速度快、输出功率大、信号处理灵活、易于实现各种参量的反馈等优点。因此，在负载质量大又要求响应速度快的场合最为适合。20世纪 70 年代，电液伺服系统首先用在材料试验机上，以后迅速应用在工程结构测试的其他加载系统上。电液伺服液压系统采用闭环控制，其主要组成有：电液伺服加载器、控制系统和液压源等三大部分，它能将荷载、应变、位移等物理量直接作为控制参数，实行自动控制。目前，电液伺服液压系统大多数与计算机配合使用，从而使整个系统由程序控制，图 3.17 为其主要组成及控制原理框图。

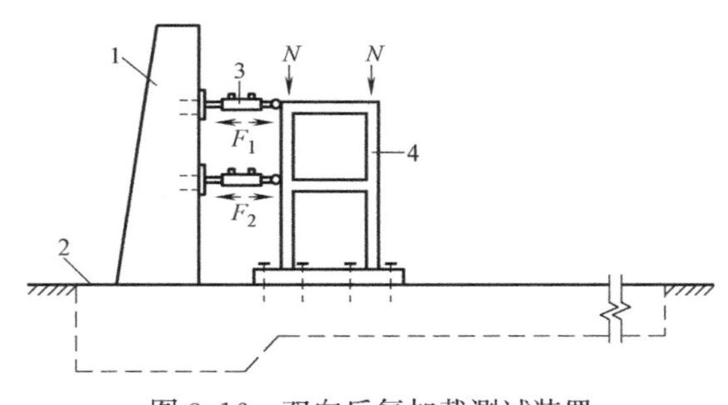

图 3.16　双向反复加载测试装置

1—反力墙；2—试验台座；3—推拉加载器；4—试件

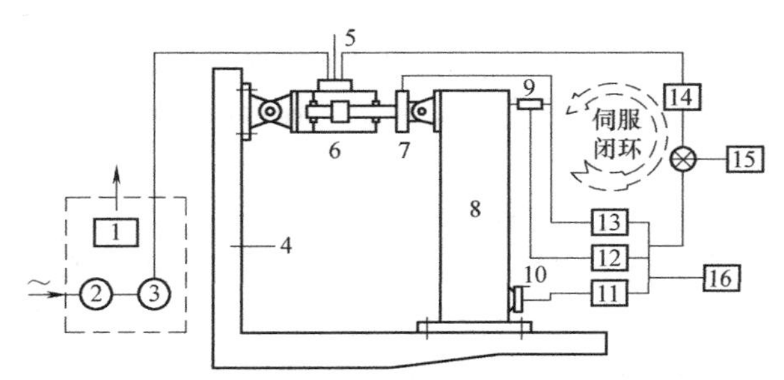

图 3.17　电伺服加载系统及其闭环控制原理框图

1—冷却器；2—电动机；3—油泵；4—支承机构；5—伺服阀；6—加载器；7—荷载传感器；8—试件；9—位移传感器；10—应变传感器；11—应变调节器；12—位移调节器；13—荷载调节器；14—伺服控制器；15—指令发生器；16—记录显示器

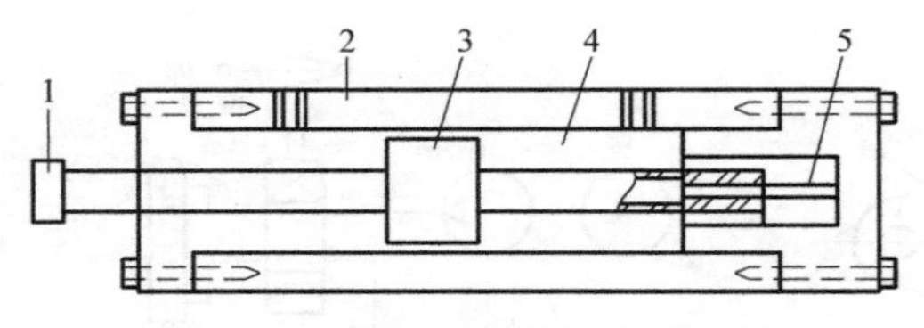

图 3.18　液压激振器构造示意图
1—荷载传感器；2—缸体；3—活塞；4—油腔；5—位移传感器

供油系统，又称泵站，输出高压油，通过伺服阀控制，进出加载器的两个油腔产生推拉荷载，系统中一般带有储能器，以保证油压加载的稳定性。

执行机构是由刚度很大的支承机构和加载器组成。加载器，又称液压激振器或作动器，其基本构造如图 3.18 所示，为单缸双油腔结构，刚度很大，内摩擦很小，适应快速反应要求，尾座内腔和活塞前端分别装有位移和荷载传感器，能自动记量和发出反馈信号，分别实行按位移、应变或荷载自动控制加载。两端头均做成铰连接形式。规格有 1～3000kN，行程±50～±350mm，活塞运行速度有 2mm/s 和 35mm/s 等多种。

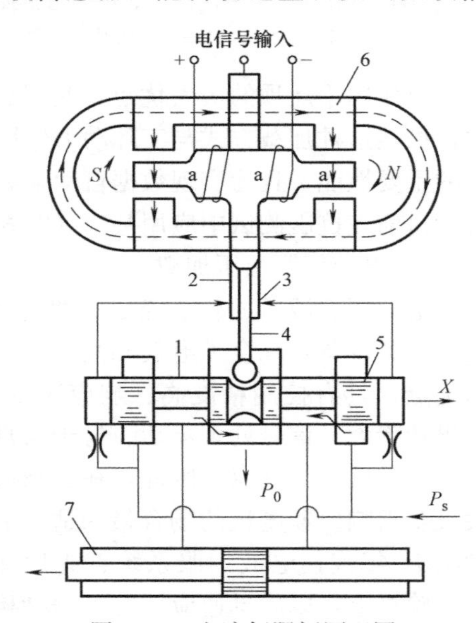

图 3.19　电液伺服阀原理图
1—阀套；2—挡板；3—喷嘴；4—反馈杆；5—阀芯；6—永久磁铁；7—加载器

电液伺服阀是电液伺服系统的关键部位，电液信号转换和控制主要靠它实现。按放大级数可分为单级、双级和三级，双级被较多采用。其构造原理如图 3.19 所示，由力矩电动机、喷嘴、挡板、反馈杆、阀芯和阀套等组成。当电信号输入线圈时，衔铁偏转，带动一挡板偏移，使两边喷油嘴的流量失去平衡，压力改变，推动滑阀滑移，高压油进入加载器的油腔使活塞工作。滑阀的移动，又带动反馈杆偏移，使另一挡板开始上述动作。如此反复运动，使加载器产生静荷载。由于高压油流量与方向随输入电信号而改变，再加上闭环回路的控制，便形成了电液伺服工作系统。三级阀就是二级阀的滑阀与加载器间再经一次滑阀功率放大。

伺服控制器接受指令发生器送来的信号，控制伺服阀对液压加载器供油工作，给试件加载。试件所受的荷载及所发生的应变和位移，通过传感器可以输入记录器进行记录、显示，同时也可以分别送到比较器与指令信号进行比较，校正差值信号由伺服控制器输给伺服阀调节加载器工作。指令信号由函数发生器提供或外部输入，能完成信号所提供的正弦波、方波、梯形波、三角波荷载，称为模拟信号控制，亦称小闭环控制系统。

若连接电子计算机，则组成程序控制电液伺服系统，称为微机控制电液伺服加载系统，又称计算机-试验机系统或大闭环控制系统。可开展数值计算与荷载测试相组合的静力学测试，实现多个系统的大闭环同步控制，进行多点加载，完成模拟控制系统所不能实现的随机波荷载测试。其中，岩石力学三轴压力试验机是微机伺服加载控制应用的代表测试系统之一（图 3.20），即岩石试件受三向压应力作用，且 $\sigma_1>\sigma_2=\sigma_3$，即两个较小的主应力相等。与单轴压缩测试相比，三轴压力测试系统的优势体现在：

（1）增加了围压。在围压作用下，岩石的强度显著提高，因此进行岩石常规三轴测

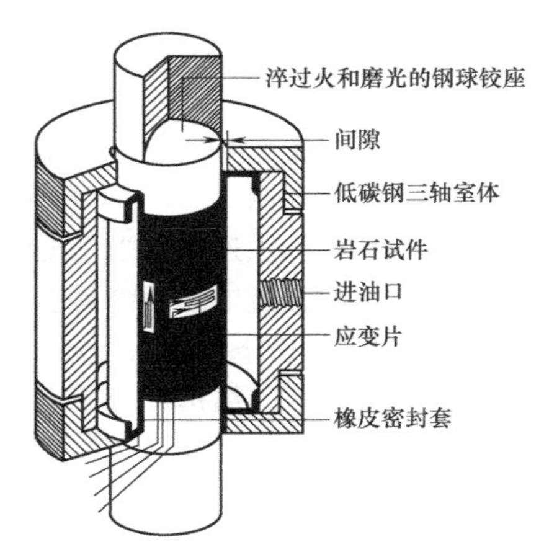

图 3.20 微机控制电液伺服刚性压力试验机

试，需要辅助提供三轴压力室和大吨位的压力试验机。

（2）能够获得全应力-应变曲线。正确选择反馈信号与闭合回路的时间（即发现误差与校正之间所经历的时间），对于能否成功获得测试试件的全应力-应变曲线至关重要。若该用时偏大，则在峰值压力减少之前，测试试件已出现大范围裂隙，并伴随不断扩展、延伸，这将不利于测定试件的全应力-应变曲线；常见的微机伺服控制测试系统的感应时间约为 5ms，若选取适当的反馈过程信号，则在短时间内，试件出现的裂隙不会大范围扩散，从而控制了裂隙的不稳定传播，使测试试件发生稳定破坏。

电液伺服加载系统，具有响应快、灵敏度高、量测与控制精度好、出力大、波形多、频带宽，可以与计算机联机等优点，使测试新技术开发逐渐由硬件技术转向软件技术，在工程结构测试中应用愈来愈广泛。

5）结构试验机加载

大型结构试验机是结构实验室内进行大型结构测试的专门设备，比较典型的试验机有结构长柱试验机（图 3.21）、材料万能试验机和结构疲劳试验机等。试验机加荷系统由液压操纵台、大吨位液压加载器和机架等部分组成，主要用来进行柱、墙板、砌体、节点与梁的受压与受弯测试。目前国内普遍使用的长柱试验机的最大吨位是 10000kN，最大高

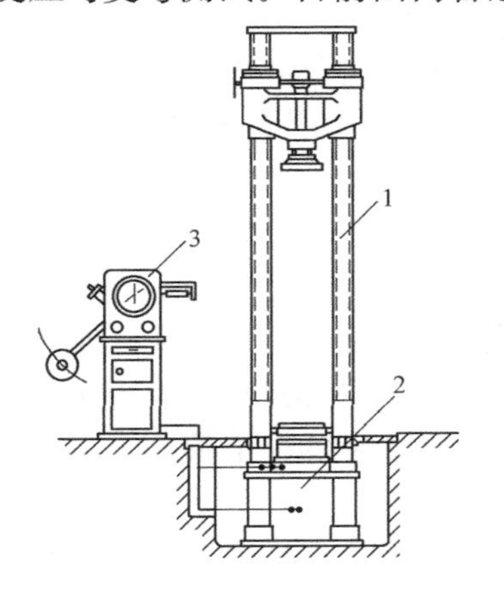

图 3.21 结构长柱试验机

1—试验机架；2—液压加载器；3—操纵台

度为 3m。在国外，日本大型结构构件万能试验机的最大压缩荷载为 30000kN，最大抗拉荷载为 10000kN，高度达 22.5m，可进行 15m 构件受压测试。

结构疲劳试验机（图 3.22）主要由脉动发生系统、控制系统和千斤顶工作系统三部分组成。脉动工作原理如图 3.22（*b*）所示，从高压油泵打出的高压油经脉动器与工作千斤顶和控制系统中的油压表连通，当飞轮带动曲柄动作时，即使脉动器活塞上下移动而产生脉动油压。脉动频率通过电磁无级调速电机控制飞轮转速进行调整。国产 PME-50A 疲劳试验机，测试频率为 100～500 次/min。疲劳次数由计数器自动记录，计数至预定次数或试件破坏时即自动停机。结构疲劳试验机可做正弦波形荷载的疲劳测试，也可做静载测试和长期静力加载测试等。

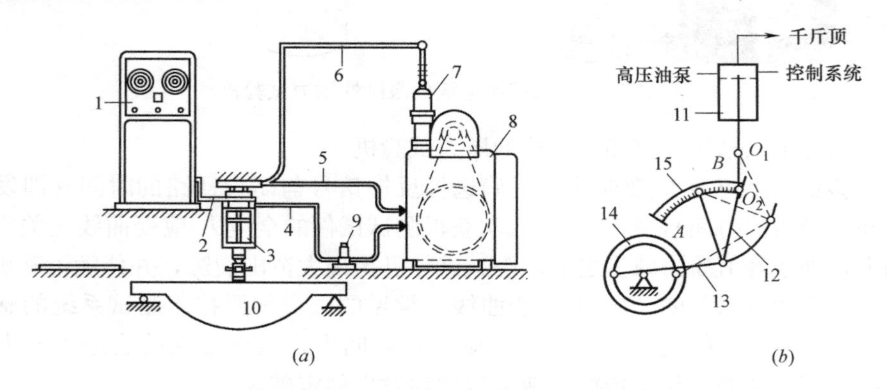

图 3.22　结构疲劳试验机

（*a*）结构疲劳试验；（*b*）疲劳试验机脉动工作原理

1—控制系统；2—校准管；3—脉动千斤顶；4—回油管；5—喷油管；6—输油管；7—分油头；8—脉动发生系统；9—卸油泵；10—吊车梁；11—脉动器；12—顶杆；13—曲柄；14—飞轮；15—脉动调节器

疲劳试验机使用方便，安全可靠。目前国内使用的除国产 PME-50A 型外，同类型的还有瑞士 Amsler 机等，多用于测定工程结构构件的开裂荷载；量测裂缝宽度、间距、分布形态及随荷载重复次数的变化情况；测量结构构件的变化规律；测定破坏荷载、疲劳寿命及破坏特征。测试对象以梁、板和屋架为主，其中测试最多的是吊车梁和预应力混凝土结构中的锚具。使用疲劳试验机开展静力加载测试时需注意，由于千斤顶惯性力的影响，测试过程中将产生一个附加力，作用在工程构件上，该值在测力仪表中并未被测出，应在测试中予以扣除。图 3.23 为国产疲劳试验机在进行梁、柱构件疲劳性测试。

3.2.2　静力测试支承装置

1. 支座与支墩

土木工程结构测试中的支座与支墩是测试装置中模拟工程受力和边界条件的重要组成部分，对于不同的工程结构形式、不同的测试要求，要求有不同形式和构造的支座、支墩与之适应，这也是土木工程结构测试设计中需要着重考虑和研究的一个重要问题。

1）支座

支座按作用方式不同，有滚动铰支座、固定铰支座、球铰支座和刀口支座（为固定铰支座的一种特殊形式）几种。一般为钢制，常见构造有以下几种（图 3.24）。

（1）简支构件与连续梁支座

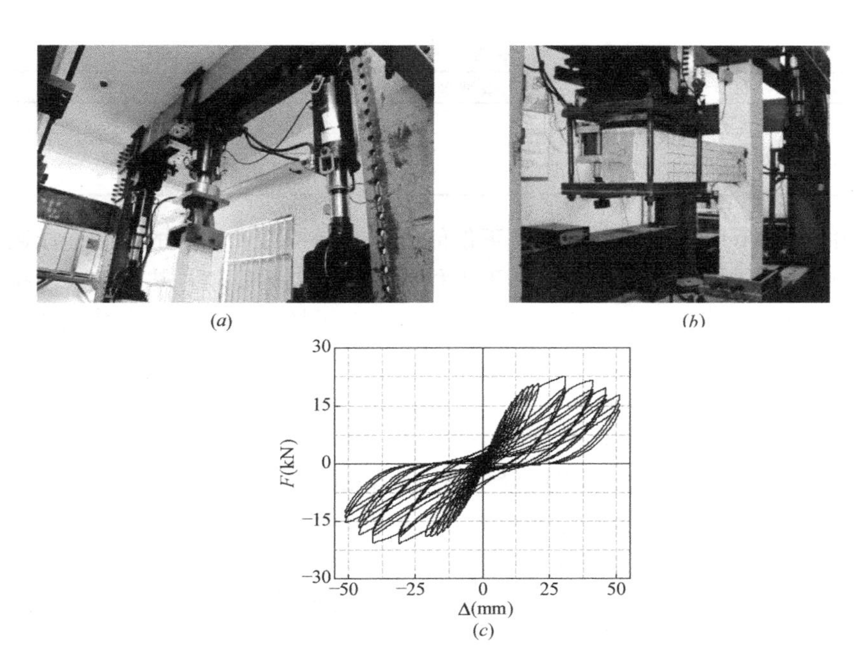

图 3.23　梁、柱构件疲劳性测试

（a）梁构件疲劳性测试；（b）柱构件疲劳性测试；（c）滞回曲线

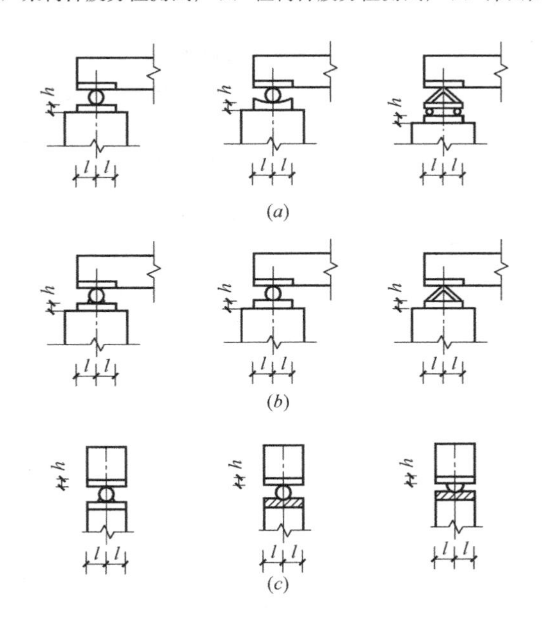

图 3.24　常见铰支座形式

（a）活动铰支座；（b）固定铰支座；（c）球铰支座

这类构件一般一端为固定铰支座，其他为滚动支座。安装时各支座轴线应彼此平行并垂直于测试构件的纵轴线，各支座间的距离取为构件的计算跨度。为了减少滚动摩擦力，钢滚轴的直径宜按荷载大小根据表 3.1 进行选用。但在任何情况下，滚轴直径不应小于 50mm。

滚轴直径选用表 **表 3.1**

滚轴荷载(kN/mm)	钢滚轴直径(mm)	备注
<2.0	50	
2～4	60～80	
4～6	80～100	

钢滚轴的上、下应设置垫板，这样不仅能防止工程构件和支墩的局部受压破坏，并能减小滚动摩擦力。垫板的宽度一般不小于工程构件支承处的宽度，垫板的长度按构件挤压强度计算且不小于构件实际支承长度。垫板的厚度 h 可按受三角形分布荷载作用的悬臂梁计算且不小于 6mm，即：

$$h=\sqrt{\frac{2f_{cu}l^2}{[f_y]}} \tag{3.8}$$

式中 f_{cu}——混凝土立方体抗压强度设计值（N/mm²）；

l——滚轴轴线至垫板边缘的距离（mm）；

f_y——垫板材料的计算强度设计值（N/mm²）。

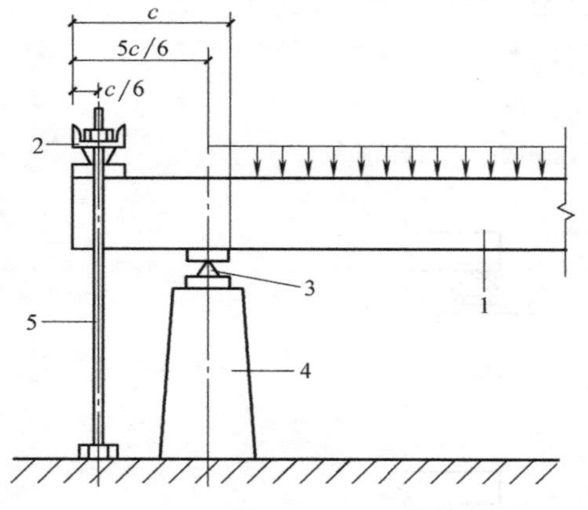

图 3.25 嵌固端支座构造

1—试件；2—上支座刀口；3—下支座刀口；4—支墩；5—拉杆

当需要模拟梁的嵌固端支座时，在实验室内，可利用试验台座用拉杆锚固（图 3.25），只要保证支座与拉杆间的嵌固长度，即可满足测试要求。

（2）四角支承板与四边支承板支座

在配置四角支承板支座时应安放一个固定滚珠，对四边支承板，滚珠间距不宜过大，宜取板在支承处厚度的 3～5 倍。此外，对于四边简支板的支座应注意四个角部的处理，当四边支承板无边梁时，加载后四角会翘起，因此，角部应安置能受拉的支座。板、壳支座的布置方式如图 3.26 所示。

（3）受扭构件两端的支座

对于梁式受扭构件测试，为保证试件在受扭平面内自由转动，支座形式如图 3.27 所示，试件

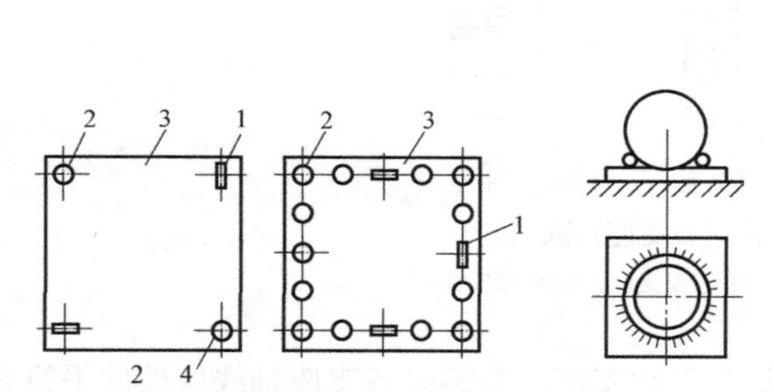

图 3.26 板、壳结构的支座布置方式

1—滚轴；2—钢球；3—试件；4—固定球铰

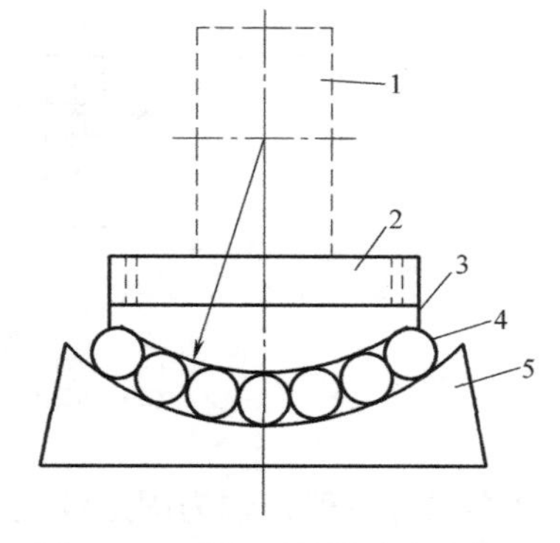

图 3.27 受扭测试转动支座构造

1—受扭测试构件；2—垫板；3—转动支座盖板；4—滚轴；5—转动支座

两端架设在两个能自由转动的支座上，支座转动中心与试件转动中心重合，两支座的转动平面应相互平衡，并应与试件的扭轴相垂直。

(4) 受压构件两端的支座

进行柱与压杆测试时，构件两端应分别设置球形支座或双层正交刀口支座（图 3.24、图 3.28、图 3.29）。球铰中心应与加载点重合，双层刀口的交点应落在加载点上。目前测试柱的对中方法有两种：几何对中法和物理对中法。从理论上讲物理对中法比较好，但实际上不可能做到整个测试过程中永远处于物理对中状态。因此，较为实用的方法是，以柱控制截面处（一般等截面柱为柱高度的中心）的形心线作为对中线，或计算出测试时的偏心距，按偏心线对中。进行柱或压杆偏心受压测试时，对于刀口支座，可以通过调节螺栓来调整刀口与试件几何中心的距离，以满足不同偏心距的要求。

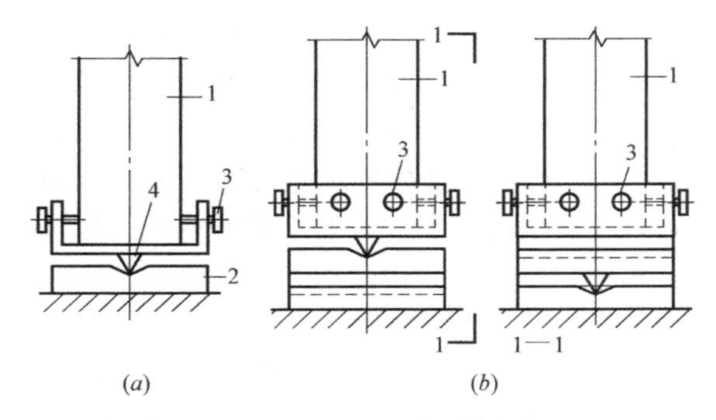

图 3.28 柱与压杆测试的铰支座

(a) 单向铰支座；(b) 双向铰支座

1—试件；2—铰支座；3—调整螺栓；4—刀口

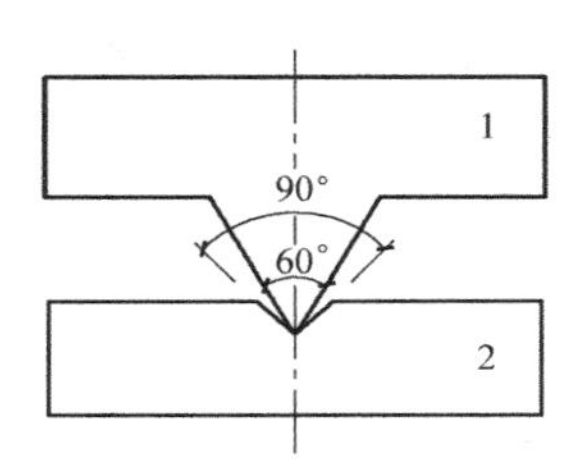

图 3.29 刀口支座

1—刀口；2—刀口座

在试验机中做短柱抗压承载力测试时，由于短柱破坏时不发生纵向挠曲，短柱两端面不发生相对转动，因此，当试验机上下压板之一已有球铰时，短柱两端可不另加设刀口。这样处理较为合理，且能与混凝土棱柱强度测试方法一致。

2) 支墩

支墩常用钢或钢筋混凝土制作，现场测试多临时用砖砌成，高度应一致，并应方便观测和安装量测仪表。支墩上部应有足够大的平整的支承面，在制作时最好辅以钢板。

(1) 为了使用灵敏度高的位移量测仪表量测工程结构的挠度，提高测试精度，要求支墩和地基有足够的刚度与承载力，在测试荷载下的总压缩变形不宜超过测试构件挠度的 1/10。

当测试需要使用两个以上的支墩，如对连续梁、四角支承板和四边支承板等，为了防止支墩不均匀沉降及避免测试结构产生附加应力而破坏，要求各支墩应具有相同的刚度。

(2) 单向简支测试构件的两个铰支座的高差应符合工程结构构件的设计要求，其偏差不宜大于测试构件跨度的 1/50。因为过大的高差会在工程结构中产生附加应力，改变结构的工作机制。

双向板支墩在两个跨度方向的高差和偏差也应满足上述要求。

连续梁各中间支墩应采用可调式支墩，必要时还应安装测力计，按支座反力的大小调节支墩高度，因为支墩高度对连续梁的内力有很大影响。

2. 反力装置

在进行工程结构静力加载测试时，液压加载器（千斤顶）的活塞只有在其行程受到约束时，才会对构件产生推力。利用杠杆加载时，也必须有一个支承点支承支点的上拔力。故进行静力加载时除了前述各种加载设备外，还须有一套荷载支承设备，才能满足静力加载测试要求。

1）竖向反力装置

竖向反力装置主要由垂直加载架、千斤顶连接件以及试验台座等组成。

（1）加载架

加载架又称反力架，它是整个加载系统的载荷机构，加载架的形式较多，典型的有：组合式加载架与移动式加载架。

图 3.30 是与电液伺服程控结构试验机配套的组合式加载架。该加载架由立柱、横梁、大梁、地脚锚栓等组成。柱脚设计为单向与双向两种形式，柱分为三种规格，大梁及横梁有不同型号；为了安装方便，地脚锚栓与槽式试验台配合设计成卡扣式。该加载架可满足高度为 11m 以下的砖混住宅、框架、剪力墙、大比例模型及特种结构等测试需要。该加载架承载力大（4000kN），使用灵活，但进行大型测试时，加载架的组装需耗费一定的人力物力，必要时还需配合进行吊装工作。

移动式加载架承载能力较大，千斤顶可挂在横梁上，横梁可上下移动，架子底部设置有四个滚轮，可自由行走。这种新型加载架，在槽道式静力测试台上使用，有很大的灵活性。测试时，只要把地脚螺栓固紧，即可进行加载。但设备成本较高，且由于不便组合故使用受到一定限制。

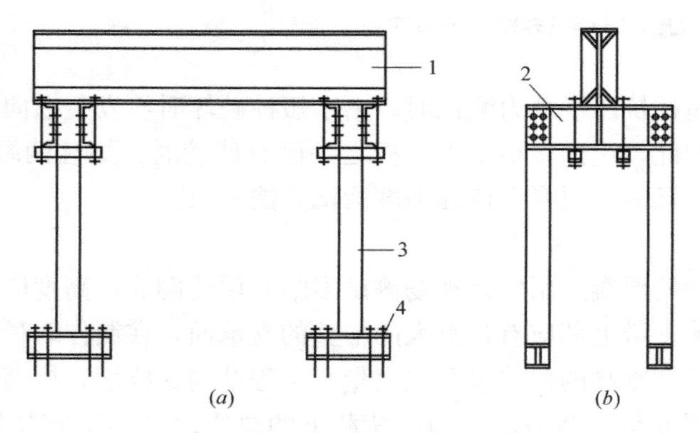

图 3.30　组合式加载架示意图

（a）主视图；（b）左视图

1—大梁；2—横梁；3—立柱；4—地脚锚栓

（2）试验台座

在室内的结构试验台座是永久性的固定设备，用以平衡施加在测试结构物上的荷载所产生的反力。

试验台的台面一般与试验室地坪标高一致，这样可以充分利用试验室的地坪面积，使室内水平运输搬运物件比较方便，但测试活动易受干扰。也可以高出地平面，使之成为独立体系，这样测试区划分比较明确，不受周边活动及水平交通运行的影响。

试验台的长度可以从十几米到几十米，宽度也可达十余米，台座的承载能力一般在 200～1000kN/m^2。台座的刚度极大，所以受力后形变量甚小，这样就允许在台面上同时进行几个结构测试，且不考虑相互的影响。台座设计时其纵向与横向均应按各种测试组合可能产生的最不利受力情况进行验算与配筋，以保证具有足够的强度和整体刚度，故而，测试可沿台座的纵向或横向进行。

目前国内外常见的试验台座，按结构构造的不同可分为以下几种形式：

① 槽式试验台座

槽式试验台座是目前国内应用较多的一种比较典型的静力加载测试试验台座，其构造特殊是沿台座纵向全长布置几条槽轨，该槽轨是用型钢制成的纵向框架式结构，埋置在台座的混凝土内（图 3.31）。槽轨的作用在于锚固加载支架，用以平衡结构物上的荷载所产生的反力。若加载架立柱为圆钢制成，则直接可利用两个螺母固定于槽内；若加载架立柱由型钢制成，则需将其底部设计成钢结构柱脚构造，利用脚螺栓固定在槽内。在开展静力加载测试时，立柱受向上的拉力，故要求槽轨的构造应与台座的混凝土部分有良好的联系，不致被拔出。

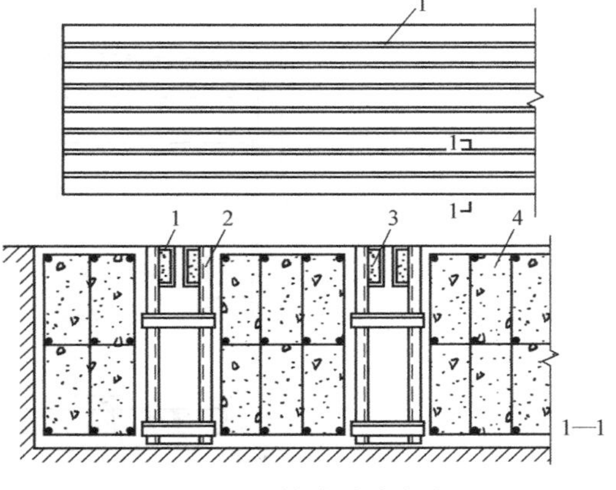

图 3.31 槽式试验台座

1—槽轨；2—型钢骨架；3—高强度等级混凝土；4—混凝土

② 地锚式试验台座

这种台座在台面上每隔一定间距设置一个地脚螺栓，螺栓下端锚固在混凝土内，顶端伸出到台座表面特制的地槽内，并略低于台座表面标高（图 3.32）。

使用时，通过套筒螺母与加载架立柱连接。平时用盖板将地槽盖住，以保护螺栓端部，并防止杂物落入空穴。这种台座的缺点是螺栓受损后修理困难。此外，由于螺栓位置是固定的，所以安装试件的位置受到限制，不如槽式台座方便。

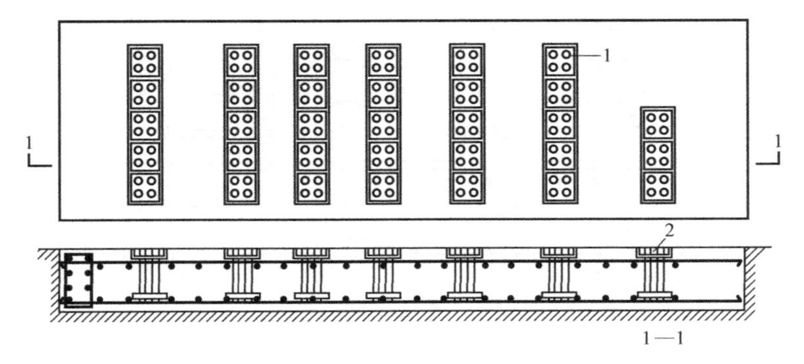

图 3.32 地锚式试验台座

1—地脚螺栓；2—台座地槽

③ 箱形试验台座

这种台座本身就是一个刚度很大的箱形结构，台座顶板沿纵、横两个方向按一定间距留有竖向贯穿的孔洞，以固定立柱或梁式槽轨。台座配备有短的梁式活动槽轨，便于沿孔洞连线的任意位置加载，即先将槽轨固定在相邻的两孔间，将立柱（或拉杆）按加载的位置固定在槽轨中。测试量测与加载工作可在台座上面，也可在箱形结构内部进行，所以台座结构本身也即实验室的地下室，可供进行长期荷载测试或特种测试使用（图 3.33）。

这种台座的加载点位置可沿台座纵向任意变动，其缺点为型钢用量大，槽轨施工精度要求较高，由于地脚螺栓容易松动，故不适用于动力测试。

更大型的箱形试验台座同时还可兼作为实验室房屋的基础。因而场地的空间利用率高，加载器设备管路易布置，台面整洁不乱。主要缺点是安装和移动设备较困难。

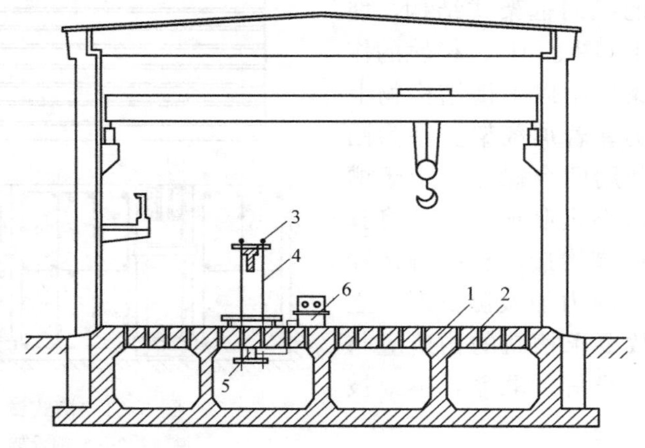

图 3.33　箱式结构试验台座

1—箱形台座；2—顶板上的孔洞；3—试件；4—加载架；5—液压加载器；6—液压操纵台

④ 槽、锚式试验台座

这种台座兼有槽式及地脚螺栓式台座的特点（图 3.34）。

在预制构件厂和小型结构实验室中，当缺少大型试验台座时，也可以采用抗弯大梁式或空间桁架式台座来满足中小型构件测试或混凝土制品检验的要求。

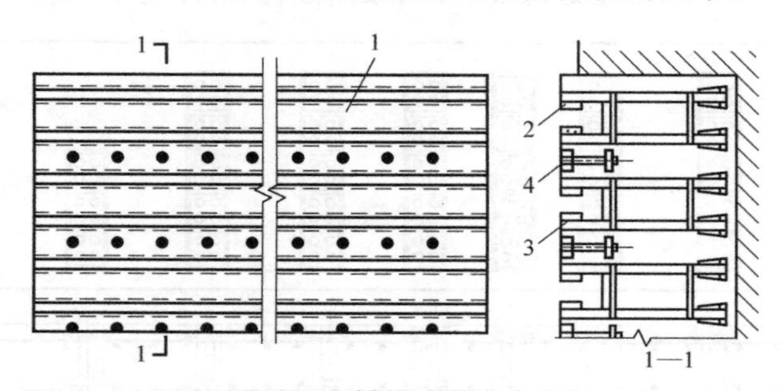

图 3.34　槽锚式试验台座

1—滑槽；2—高强度混凝土；3—槽钢；4—锚栓

抗弯大梁台座本身是一刚度极大的钢梁或钢筋混凝土大梁，其构造如图 3.35 所示，当用液压加载器和分配梁加载时，产生的反作用力通过门形加载架传至大梁，测试结构的支座反力也由台座大梁承受，使之保持平衡。

抗弯大梁式台座由于受大梁本身抗弯强度与刚度的限制，一般只能测试跨度在 7m 以下、宽度在 1.2m 以下的板和梁。

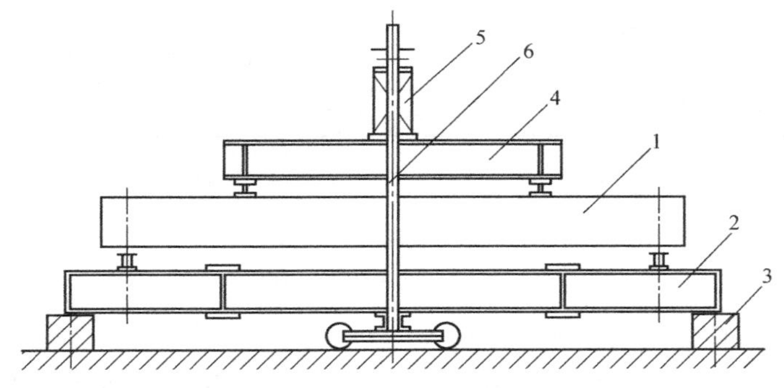

图 3.35 抗弯大梁台座的荷载测试装置

1—试件；2—抗弯大梁；3—支墩；4—分配梁；5—液压加载器；6—荷载加荷架

空间桁架台座是由型钢制成的专门加载架，一般用以测试中等跨度的桁架及屋面大梁。施加为数不多的集中荷载，液压加载器的反作用力由空间桁架自身平衡（图 3.36)。

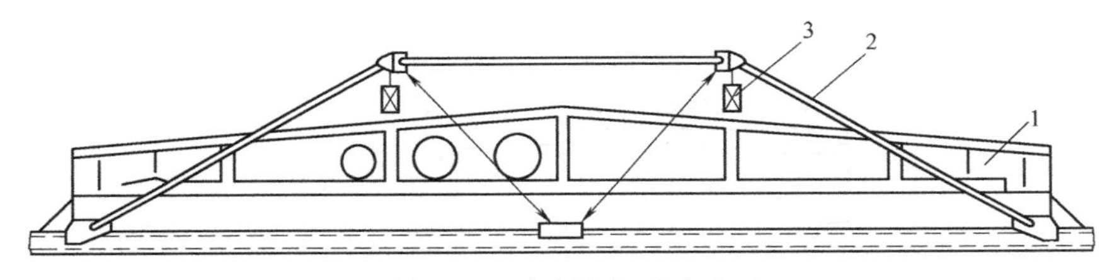

图 3.36 空间桁架式台座

1—试件（屋面大梁）；2—空间桁架式台座；3—液压加载器

(3) 加载器（千斤顶）与加载架连接件

进行静力加载测试时，连接件能够使千斤顶、试件以及加载架之间保持稳定。

2) 水平反力装置

水平反力装置主要由反力墙（反力架）及千斤顶水平连接件等组成。

(1) 反力墙（反力架）

反力墙一般均为固定式，而反力架则分为固定式与移动式两种。

固定反力墙在国内外多采用混凝土结构（钢筋混凝土或预应力混凝土)，而且和试验台座刚性连接以减少自身的变形。在混凝土反力墙上，按一定距离设有孔洞，以便用螺栓锚住加载器的底板（图 3.37)。

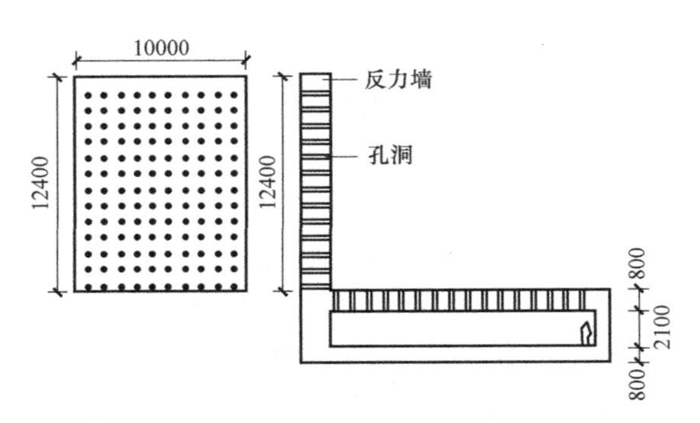

图 3.37 钢筋混凝土固定式反力墙

移动式反力墙一般采用钢结构（图 3.38)，通过螺栓与试验台座的槽轨锚固。这种反力墙（或反力架）加载方便，使用灵活。钢反力墙可以做成单片式或多片式，均为板梁式构件，可重复使用也可分别采用。移动式反力墙可以满足双向施加水平力的要求。但其反力支架承载力较小。

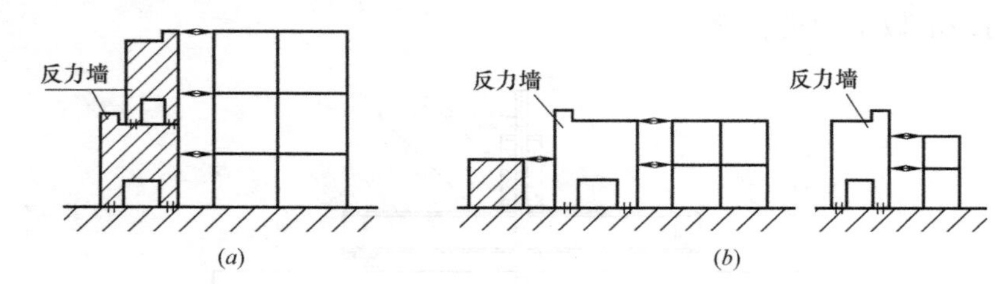

图 3.38　移动式反力墙

(a) 装配使用示意图；(b) 单片使用示意图

(2) 加载器（千斤顶）与反力墙连接件

目前使用的剪力墙与千斤顶连接方式大致分为三种：纵向滑轨式锚栓连接、螺孔式锚栓连接、纵横向滑轨式锚栓连接。图 3.39 为水平加载装置连接件，它由铸钢铸造而成，抗弯刚度很大，加载器可在反力墙上纵横滑动以满足任意点加载的需要。

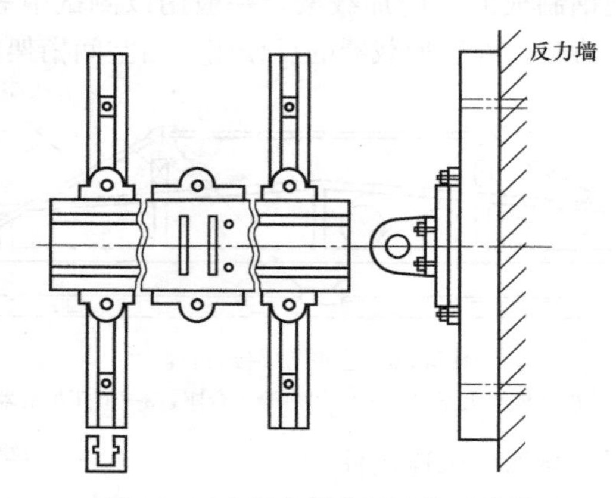

图 3.39　水平加载装置连接示意图

3.3　静力加载室内测试应用

3.3.1　工程材料性能静力测试

工程材料的物理力学性能指标，对结构性能有直接的影响，是结构计算的重要依据。测试中的荷载分级，测试结构的承载力和工作状况的判断与估计，测试后数据处理与分析等都需要在正式测试前，对工程材料的实际物理力学性能进行测定。测定项目通常有强度、变形性能、弹性模量、泊松比、应力应变关系等。

测定方法有直接测定法与间接测定法两种。

直接测定法是指在制作工程结构或构件时留下小试件，按有关标准方法在工程材料试验机上测定，以下就混凝土的全应力-应变曲线的测定方法作简单介绍。

混凝土是土木工程中常用的一种弹塑性材料，应力-应变关系比较复杂，标准棱柱体抗压的全应力-应变曲线（图 3.40），对混凝土结构的某些方面研究，如长期强度、延性和疲劳强度测试等都具有十分重要的意义。

如图 3.40 所示，混凝土单轴受压变形过程的全应力-应变曲线的形状有一定特征，图中采用无量纲坐标。

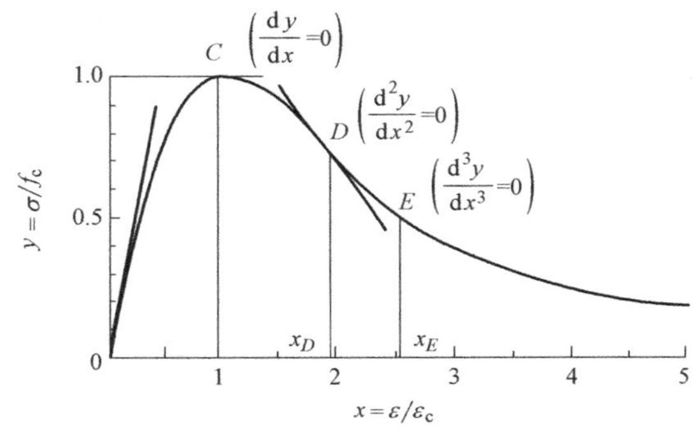

图 3.40　混凝土轴压 σ-ε 曲线

$$x=\varepsilon/\varepsilon_c,\ y=\sigma/f_c,\ N=E_o/E_s$$

式中　f_c——混凝土抗压强度；

ε_c——与 f_c 对应的峰值应变；

E_o——混凝土的初始弹性模量；

E_s——峰值应力处的割线模量。

此典型曲线的几何特性可用数学条件描述如下：

1）$x=0$，$y=0$。

2）$0\leqslant x<1$，$d_y^2/d_x^2<0$，即上升段曲线 d_y/d_x 单调减小，无拐点。

3）C 点 $x=1$ 处，$d_y/d_x=0$ 和 $y=1.0$，曲线单峰。

4）D 点 $d_y^2/d_x^2=0$ 处坐标 $x_D>1.0$，即下降段曲线上有一拐点。

5）E 点 $d_y^3/d_x^3=0$ 处坐标 $x_E\geqslant x_D$，为下降段曲线上曲率最大点。

6）当 $x\rightarrow\infty$，$y\rightarrow 0$ 时，$d_y/d_x\rightarrow 0$。

7）全部曲线 $x\geqslant 0$，$0\leqslant y\leqslant 1.0$。

这些几何特征与混凝土的受压变形和破坏过程完全对应，具有明确的物理意义（图 3.41）。

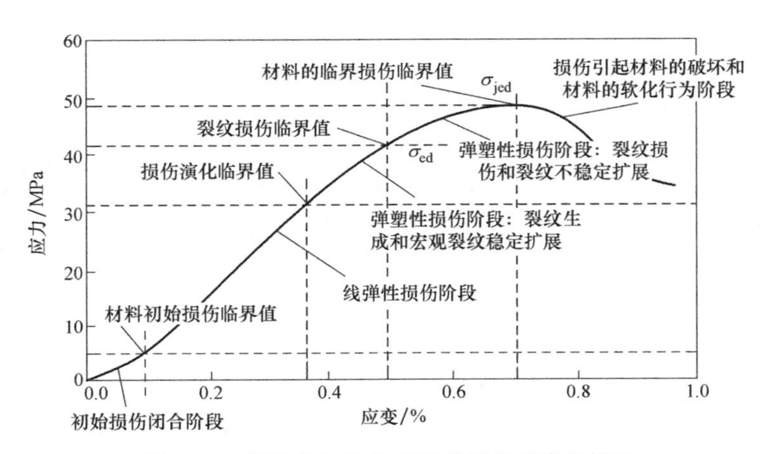

图 3.41　混凝土全应力-应变曲线物理意义描述

测定全应力-应变曲线的必要条件是，试验机应有足够的刚度，使试验机加载后所释放的弹性应变能产生的动力效应，会将试件击碎，曲线只能测至 C 点，在普通试验机上就是这样。

目前，最有效的方法是采用出力足够大的电液式伺服试验机，以等应变控制方法加载，系统原理图如图 3.42 所示。若在普通液压试验机上测试，则应增设刚性装置，以吸收试验机所释放的动力效应能。刚性元件要求刚度常数大，一般大于 100～200kN/mm；容许变形大，能适应混凝土曲线下降段巨大应变［$(6\sim30)\times10^3$］。增设刚性装置后，测试后期荷载仍不应超过试验机的最大加载能力。刚性装置可用弹簧或同步液压加载器等（图 3.43）。

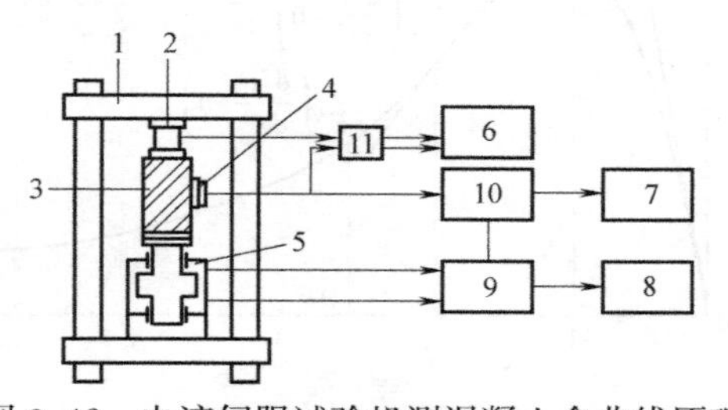

图 3.42　电液伺服试验机测混凝土全曲线原理

1—机架；2—荷重传感器；3—试件；4—应变传感器；5—加载器；6—X-Y 记录仪；7—信号发生器；8—油泵；9—伺服阀；10—伺服控制器；11—变换器

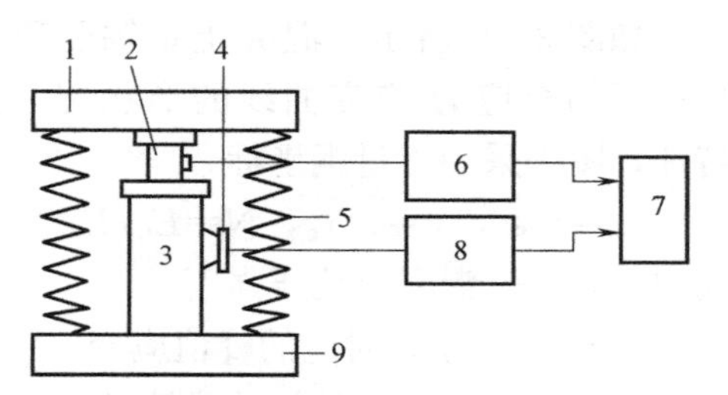

图 3.43　普通试验机测混凝土全曲线装置原理

1—试验机上压板；2—荷载传感器；3—试件；4—应变传感器；5—弹性元件；6—力变换器；7—X-Y 仪；8—应变变换器；9—试验机下压板

另外，混凝土在大厚度和大体积结构中，或浇在其他物体内，实际上是处在复合应力状态下工作。当它在三面受压工作时，主应力比、强度、极限变形等也将大大改变。为了正确认识这些性能，还需要测定其三向应力下的工作性质。三向应力通常在三轴应力试验机上进行。试验机有两个油压系统，一个施加水平二轴压力，一个施加垂直轴向压力。试验机技术要求与其他压力试验机基本相同。

间接测定法，通常采用非破损测试法，即用专门仪器对结构或构件进行测试，测定与工程材料有关的物理量推算出材料性质参数，而不破坏结构、构件。

3.3.2　常见工程结构静力测试

1. *梁与板的静力加载测试*

1）测试构件安装与加载方法

梁与单向板是土木工程中的基本承重构件，也是受弯构件中的典型构件。预制板和梁等受弯构件一般都是简支的，多采用正位测试，其一端采用铰支承，另一端采用滚动支承。为了保证构件与支承面的紧密接触，在支墩与钢板、钢板与构件之间应用砂浆找平，对于板一类宽度较大的构件，需防止支承面产生翘曲。

梁与板一般承受均布荷载，测试加载时应将荷载均匀施加图 3.44（*a*）。梁所受的荷载较大，当施加集中荷载时可以用杠杆重力加载，更多的则采用液压加载器通过分配梁加载，或用液压加载系统控制多台加载器直接加载。

构件测试时的荷载图示应符合设计规定和实际受载情况。为了测试加载的方便或受加载条件限制时，可以采用等效加载图示，使测试构件的内力图形与实际内力图形相等或接近，并使两者最大受力截面的内力值相等。

在受弯构件测试中经常利用几个集中荷载代替均布荷载，如图 3.44（*b*）所示，采用在跨度的四分点加两个集中荷载的方式来代替均布荷载，并取测试梁的跨中弯矩等于设计弯矩时的荷载作为梁的测试荷载，这时支座截面的最大剪力也可以达到均布荷载梁的剪力设计数值。如能采用四个集中荷载进行测试，则会得到更为满意的结果，如图 3.44（*c*）所示。

采用上列等效荷载测试能够较好地满足 M 与 V 值的等效，但构件的变形（刚度）不一定满足等效条件，应考虑修正。

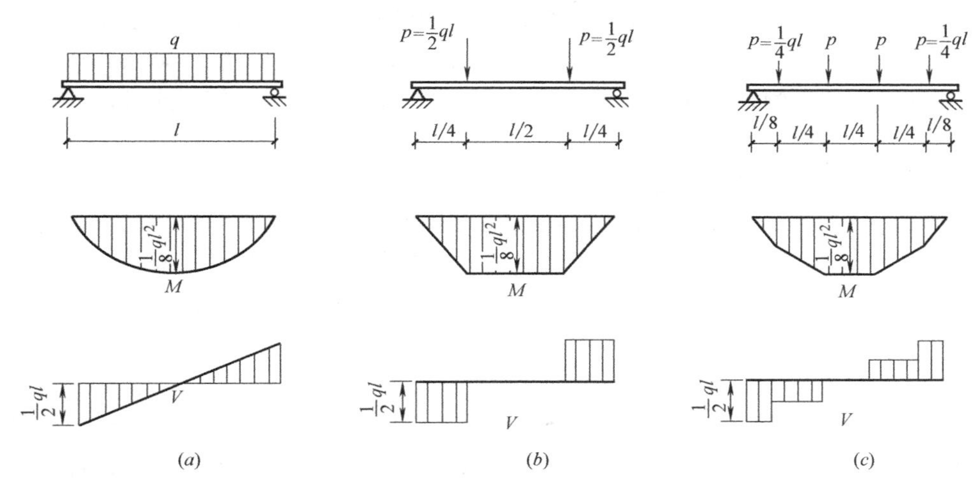

图 3.44　简支梁测试等效荷载加载图示

对于吊车梁的测试，由于主要荷载是吊车轮压所产生的集中荷载，测试加载图示要按抗弯抗剪最不利组合来决定集中荷载的作用位置，并分别进行测试。

2）测试项目与测点布置

钢筋混凝土梁板构件的生产鉴定性测试一般只测定构件的承载力、抗裂度和各级荷载作用下的挠度及裂缝开展情况。

对于科学研究性测试，除了承载力、抗裂度、挠度和裂缝观测外，还需量测构件某些部位的应变，以分析构件中应力的分布规律。

（1）挠度的量测

梁的挠度值是量测数据中最能反映其综合性能的一项指标，其中最主要的是测定梁跨中最大挠度值 f_{max} 及弹性挠度曲线。

为了求得梁的真正挠度 f_{max}，测试者必须注意支座沉陷的影响。对于图 3.45（*a*）所示的梁，测试时由于荷载的作用，其两个端点处支座常常会有沉陷，以致使梁产生刚性位移，因此，如果跨度中的挠度是相对地面进行测定的话，则同时还必须测定梁两端支承面相对同一地面的沉陷值，所以最少要布置三个测点。

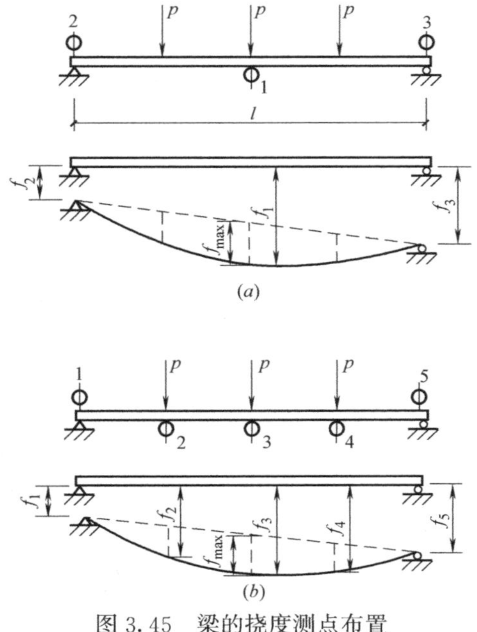

图 3.45　梁的挠度测点布置

值得注意的是，支座下的巨大作用力可能或多或少地引起周围地基的局部沉陷，因此，安装仪器的表架必须离开支座墩子有一定距离。只有在永久性的钢筋混凝土台座上进行测试时，上述地基沉陷才可以不予考虑。但此时两端部的测点可以量测梁端相对于支座的压缩变形，从而可以比较正确地测得梁跨中的最大挠度 f_{max}。

对于跨度较大（大于 6000mm）的梁，为了保证量测结构的可靠性，并求得梁在变形后的弹性挠度曲线，测点应增加至 5～7 个，并沿梁的跨间对称布置，如图 3.45（*b*）所示。对于宽度较大的（大于 600mm）梁，必要时应考虑在截面的两侧布置测点，所需仪器的数量也就需要增加一倍，此时，各截面的挠度取两侧仪器读数的平均值。

如欲测定梁的水平挠曲值也可按上述原则进行布点。

对于宽度较大的单向板，一般均需在板宽的两侧布点，当有纵肋的情况下，挠度测点可按量测挠度的原则布置于肋下。对于肋形板的局部挠度，则可相对于板肋进行测定。

对于预应力混凝土受弯构件，量测结构整体变形时，尚需考虑构件在预应力作用下的反拱值。

（2）应变量测

梁是受弯构件，测试时要量测由于弯曲产生的应变，一般在梁承受正负弯矩最大的截面或弯矩有突变的截面上布置测点。对于变截面梁，有时也需在截面突变处设置测点。

如果只要求量测弯矩引起的最大应力，则只需在截面上下边缘纤维出处安装应变计即可。为了减少误差，上下纤维上的仪表应设在梁截面的对称轴上［图 3.46（*a*）］或是在对称轴的两侧各设一个仪表，取其平均应变量。

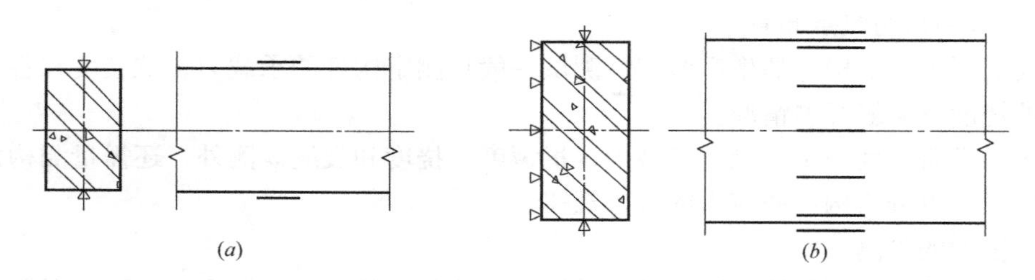

图 3.46　梁的挠度测点布置

（*a*）测量截面最大纤维应变；（*b*）测量中和轴的位置与应变分布规律

对于钢筋混凝土梁，由于材料的非弹性性质，梁截面上的应力分布往往是不规则的。为了求得截面上应力分布的规律和确定中和轴的位置，就需要增加一定数量的应变测点，一般情况下沿截面高度至少需要布置五个测点，如果梁的截面高度较大时，尚需增加测点数量。测点愈多，则中和轴位置确定愈准确，截面上应力分布的规律也愈清楚。应变测点沿截面高度的布置可以是等距的，也可以是不等距而外密里疏，以便比较准确地测得截面上较大的应变［图 3.46（*b*）］。对于布置在靠近中和轴位置处的仪表，由于应变读数值较小，相对误差可能较大，以致不起效用。但是，在受拉区混凝土开裂以后，经常可以通过该测点读数值的变化来观测中和轴位置的上升与变动。

① 单向应力量测

在梁的纯弯曲区域内，梁截面上仅有正应力，在该处截面上可仅布置单向的应变测点，如图 3.47 截面 1—1 所示。

钢筋混凝土梁受拉区混凝土开裂以后，由于该处截面上混凝土部分退出工作，此时布置在混凝土受拉区的仪表就丧失其量测的作用。为了进一步探求截面的受拉性能，常常在受拉区的钢筋上也布置测点以便量测钢筋的应变。由此可获得梁截面上内力重分布的规律。

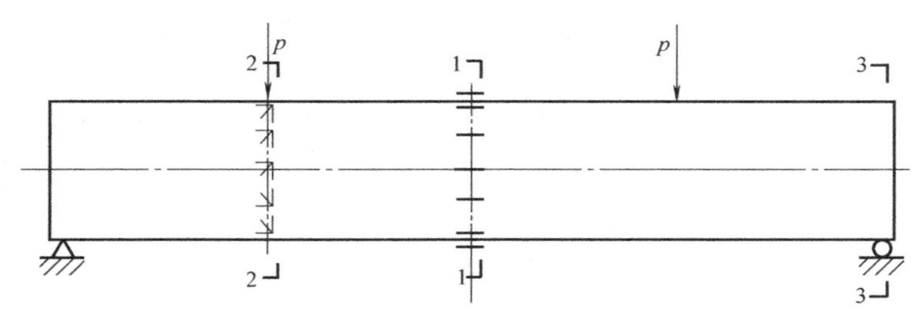

图 3.47　钢筋混凝土梁量测应变的测点布置图

截面 1—1：测量纯弯曲区域内正应力的单向应变测点；截面 2—2：测量剪应力与主应力的应变网络测点（平面应变）；截面 3—3：梁端零应力区校核测点

② 平面应力量测

在荷载作用下的梁截面 2—2 上（图 3.47）既有弯矩作用，又有剪力作用，为平面应力状态，为了求得该截面上的最大主应力及剪应力的分布规律，需要布置直角应变网络，通过三个方向上应变的测定，求得最大主应力的数值及作用方向。

抗剪测点应设在剪应力较大的部位。对于薄壁截面的简支梁，除支座附近的中和轴处剪应力较大外，还可能在腹板与翼缘的交接处产生较大的剪应力或主应力，这些部位宜布置测点。当要求量测梁沿长度方向的剪应力或主应力的变化规律时，则在梁长度方向宜分布较多的剪应力测点。有时为测定沿截面高度方向剪应力的变化，则需沿截面高度方向设置测点。

③ 钢箍与弯筋的应力量测

对于钢筋混凝土梁来说，为研究梁斜截面的抗剪机理，除了混凝土表面需要布置测点外，通常在梁的弯起钢筋或箍筋上布置应变测点（图 3.48）。这里较多的是用预埋或试件表面开槽的方法来解决设点的问题。

④ 翼缘与孔边应力量测

对于翼缘较宽较薄的 T 形梁，其翼缘部分受力不一定均匀，以致不能全部参加工作，这时应该沿翼缘宽度布设测点，测定翼缘上应力分布情况（图 3.49）。

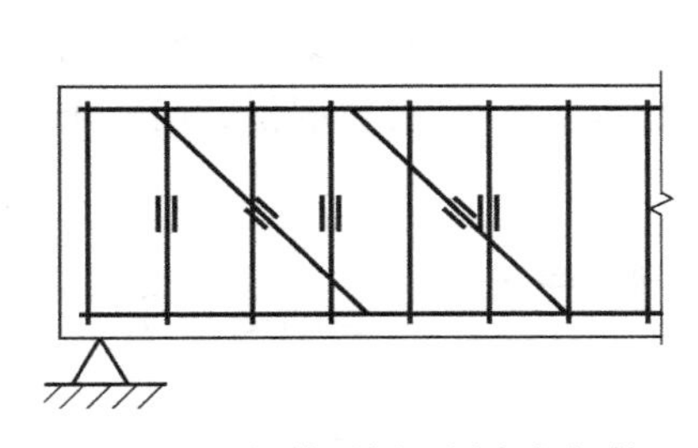

图 3.48　钢筋混凝土梁弯起钢筋和箍筋的应变测点

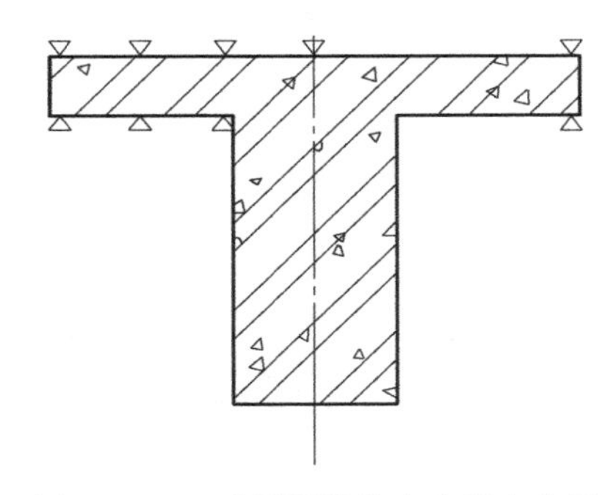

图 3.49　T 形梁翼缘的应变测点布置

为了减轻结构自重，有时需要在梁的腹板上开孔，众所周知，孔边应力集中现象比较严重，而且往往应力梯度较大，严重影响结构的承载力，因此须注意孔边的应力量测。以图 3.50 空腹梁为例，可以利用应变计沿圆孔周边连续量测几个相邻点的应变，通过各点

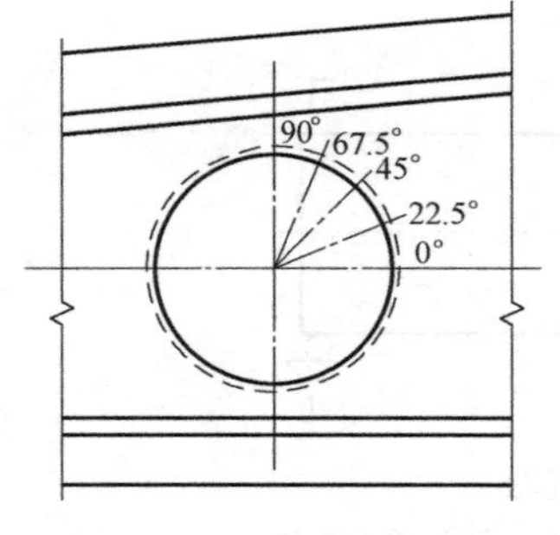

图 3.50　梁腹板圆孔周边的应变测点布置

应变迹线求得孔边应力分布情况。经常是将圆孔分为 4 个象限，每个象限的周界上连续均匀布置 5 个测点，即每隔 22.5°有一测点。如果能够估计出最大应力在某一象限区内，则其他区内的应变测点可减少到三点。因为孔边的主应力方向已知，故只需布置单向测点。

⑤ 校核测点

为了校核测试结果的正确性及便于整理时进行误差修正，经常在梁的端部凸角上的零应力处设置少量测点，如图 3.47 截面 3—3 所示，以检验整个量测过程是否正常。

2. 柱与压杆的静力加载测试

柱也是工程结构中的基本承重构件，在实际工程中钢筋混凝土柱大多数属偏心受压构件。

1）测试构件安装与加载方法

对于柱与压杆测试可以采用正位或卧位测试的安装加载方案。有大型结构试验机条件时，试件可在长柱试验机上进行测试，也可以利用静力加载测试试验台座上的大型荷载支承设备和液压加载系统配合进行测试。但对高大的柱子正位测试时安装和观测均较为费力，这时改用卧位测试方案则比较安全，但安装就位和加载装置往往又比较复杂，同时在测试中需考虑卧位时结构自重所产生的影响。

在进行柱与压杆纵向弯曲系数的测试时，构件两端均应采用比较灵活的可动铰支座形式。一般采用构造简单、效果较好的刀口支座［图 3.28（*a*）］。如果构件在两个方向有可能产生屈曲时，应采用双刀口铰支座［图 3.28（*b*）］。也可采用圆球形铰支座，但制作较为困难。

中心受压柱安装时一般先对构件进行几何对中，将构件轴线对准作用力的中心线。几何对中后再进行物理对中，即加载达 20%～40%的测试荷载时，量测构件中央截面两侧或四个面的应变，并调整作用力的轴线，以达到各点应变均匀为止。对于偏压构件，也应在物理对中后，沿加力中线量出偏心距离，再把加载点移至偏心距的位置上进行测试。对钢筋混凝土结构由于材质的不均匀性，物理对中一般比较难于满足，因此实际测试中仅需保证几何对中。

要求模拟实际工程中柱子的计算图示及受载情况时，测试试件安装与加载装置将更为复杂，如图 3.51 所示为跨度 36m、柱距 12m、柱顶标高 27m 具有双层桥式吊车重型厂房

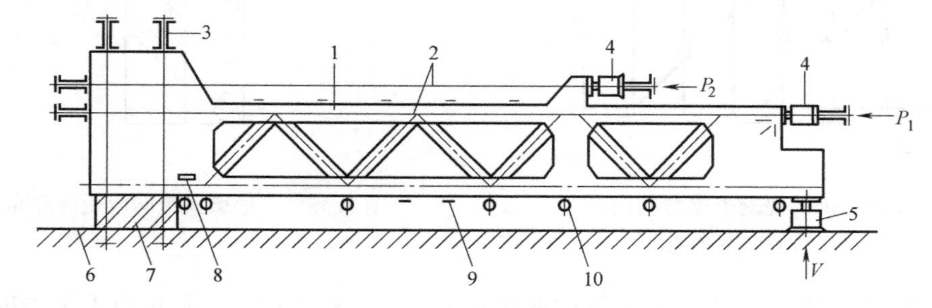

图 3.51　双肢柱卧位测试

1—试件；2—水平荷载支承架；3—竖向支承架；4—水平加载器；5—垂直加载器；6—试验台座；7—垫块；8—倾角仪；9—电阻应变计；10—挠度计

斜腹杆双肢柱的1/3模型测试装置。柱的顶端为自由端，柱底端用两组垂直螺杆与静力加载测试试验台座固定，以模拟实际柱底固接的边界条件。上下层吊车轮产生的作用力P_1、P_2作用于牛腿，通过大型液压加载器（1000～2000kN的油压千斤顶）和水平荷载支承架进行加载。在柱端用液压加载器及竖向荷载支承架对柱子施加侧向力。在正式测试前先施加一定数量的侧向力，用以平衡和抵消测试试件卧位后的自重加载设备重量产生的影响。

2）测试项目与测点布置

压柱与柱的测试一般观测其破坏载荷、各级载荷下的侧向挠度值及变形曲线、控制截面或区域的应力变化规律以及裂缝开展情况。图3.52为偏心受压短柱测试时的测点布置。试件的挠度由布置在受拉边的百分表或挠度计进行量测，与受弯构件相似，除了量测中点最大挠度值外，可用侧向五点布置法量测挠度曲线。对于正位测试的长柱其侧向变位可用经纬仪量测。

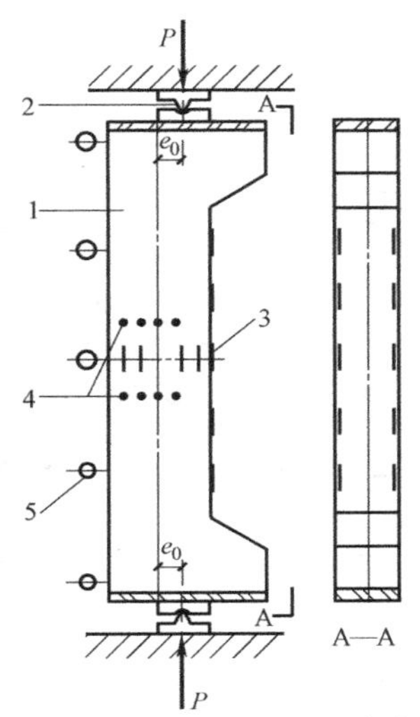

图3.52　偏压短柱测试测点布置

1—试件；2—铰支座；3—应变计；4—应变仪测点；5—挠度计

受压区边缘布置应变测点，可以单排布点于测试试件侧面的对称轴线上或在受压区截面的边缘两排对称布点。为验证构件平截面变形的性质，沿压杆截面高度布置5～7个应变测点。受拉区钢筋应变同样可用内部电测方法进行。

为了研究偏心受压构件的实际压区应力图形，可以利用环氧水泥-铝板测力块组成的测力板进行直接测定（图3.53）。测力板用环氧水泥块模拟有规律的“石子”组成。它由四个测力块和八个填块用1∶1水泥砂浆嵌缝做成，尺寸100mm×100mm×200mm。测力块是由厚度为1mm的Ⅱ型铝板浇筑在掺有石英砂的环氧水泥中制成，尺寸22mm×25mm×30mm，事先在Ⅱ型铝板的两侧粘贴2mm×6mm规格的应变计两片，相距13mm，焊好引出线。填充块的尺寸、材料与制作方法与测力块相同，但内部无应变计。

测力板先在100mm×100mm×300mm的轴心受压棱柱体中进行加载标定，得出每个测力块的应力-应变关系，然后从标定测试试件中取出，将其重新浇筑在偏压试件内部，量测中部截面压区应力分布图形。

3. *屋架的静力加载测试*

屋架是土木工程中常见的一种承重结构，其特点是跨度较大，但只能在自身平面内承受荷载，而出平面的刚度很小。在建筑物中要依靠侧向支撑体系相互联系，形成足够的空间刚度。屋架主要承受作用于节点的集中荷载，因此大部分杆件受轴力作用。当屋架上弦有节间荷载作用时，上弦杆受压弯作用。对于跨度较大的屋架，下弦一般采用预应力拉杆，因而屋架在施工阶段就必须考虑到测试的要求，配合预应力施工张拉进行量测。

1）测试构件安装与加载方法

屋架测试一般采用正位法测试，即在正常安装位置情况下支承及加载。由于屋架出平面刚度较弱，安装时须采取专门措施，设置侧向支撑，以保证屋架上弦的侧向稳定。侧向支撑点的位置应根据设计要求确定，支撑点间距应不大于上弦杆出平面的设计计算长度，同时，侧向支撑应不妨碍屋架在其平面内的竖向位移。

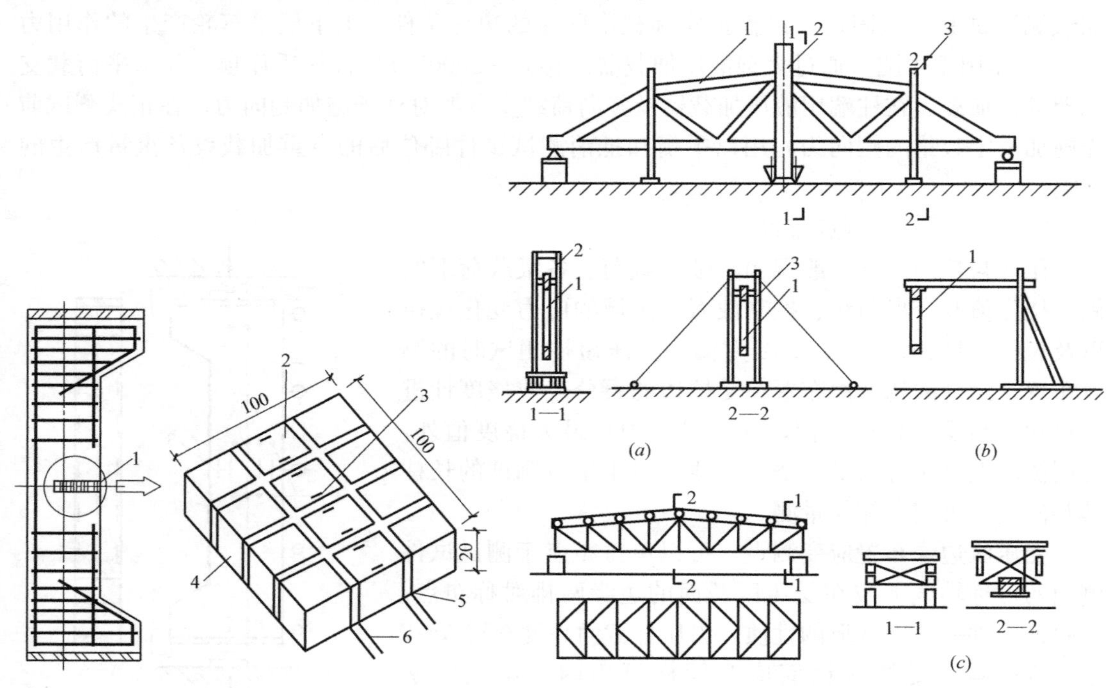

图 3.53　量测压区应力图形的测力板

1—测力板；2—测力块；3—贴有应变计的铝板；4—填充块；5—水泥砂浆；6—应变计引出线

图 3.54　屋架测试的侧向支撑

1—测试试件；2—荷载支撑架；3—拉杆式侧向支撑

图 3.54（a）是一般采用的屋架侧向支撑方式。支撑立柱可以用刚性很大的荷载支承架，或者在立柱安装后用拉杆与测试试验台座固定，支撑立柱与屋架上弦杆之间设置轴承，以便于屋架受载后能在竖向自由变位。

图 3.54（b）是另一种设置侧向支撑的方法，其水平支撑杆应有适当长度，并能够承受一定压力，以保证屋架能竖向自由变位。

在施工现场进行屋架测试时可以采用两榀屋架对顶的卧位测试。此时，屋架的侧面应垫平并设有相当数量的滚动支承，以减少屋架受载后产生变形时的摩擦力，保证屋架在平面内自由变形。有时为了获得满意的测试效果，必须对用做支承平衡的一榀屋架做适当的加固，使其在强度与刚度方面大于被测试的屋架。卧位测试可以避免测试时高空作业和便于解决上弦杆的侧向稳定问题，但自重影响无法消除，同时屋架贴近地面的侧面观测困难。

屋架进行非破坏性测试试验时，在现场也可采用两榀同时进行测试的方案，这时出平面稳定问题可用图 3.54（c）的 K 形水平支撑体系来解决。当然也可以用大型屋面板做水平支撑，但要注意不能将屋面板三个角焊死，防止屋面板参加工作。成对屋架测试时可以在屋架上铺设屋面板后直接堆放重物。

屋架测试时支承方式与梁测试相同，但屋架端节点支承中心线的位置对屋架节点局部受力影响较大，应特别注意。由于屋架受载后下弦变形伸长较大，以致滚动支座的水平位移往往较大，所以支座上的支承垫板应留有充分余地。

屋架测试的加载方式可以采用重力直接加载（当两榀屋架成对正位测试时），由于屋架大多是节点承受集中荷载，一般借助杠杆重力加载。为使屋架对称受力，施加杠杆吊篮应使相邻节点荷载相同地悬挂在屋架受载平面前后两侧（图 3.55）。由于屋架受载后的挠度较大（特别当下弦钢筋应力达到屈服时），因此在安装和测试过程中应特别注意，以免杠杆倾斜太大产生对屋架的水平推力和吊篮着地而影响测试的继续进行。在屋架测试中由于施加多点集中荷载，所以采用同步液压加载是最理想的方案，但也需要液压加载器活塞有足够的有效行程，适应结构挠度变形的需要。

当屋架的测试荷载不能与设计图示相符时，同样可以采用等效荷载的原则代替，但应使需要测试的主要受力构件或部位的内力接近设计情况，并应注意荷载改变后可能引起的局部影响，防止产生局部破坏。近年来，由于同步异荷液压加载系统的研制成功，对于屋架测试中要加几组不同集中荷载的要求，已可以实现。

有些屋架有时还需要做半跨荷载的测试，这时对于某些杆件可能比全跨荷载作用时更为不利。

2）测试项目与测点布置

屋架测试的内容，应根据测试要求及结构形式而定。对于常用的各种预应力钢筋混凝土屋架测试，一般测试的量测项目有：屋架上下弦杆的挠度；屋架主要杆件的内力；屋架的抗裂度及承载能力；屋架节点的变形及节点刚度对屋架杆件次应力的影响；屋架端节点的应力分布；预应力钢筋张拉应力和对相关部位混凝土的预应力；屋架下弦预应力钢筋对屋架的反拱作用；预应力锚头工作性能。

其中，有的项目在屋架施工过程中即应配合进行量测，如量测预应力钢筋张拉应力及对混凝土的预压应力值、预应力反拱值、锚头工作性能等，这就要求测试根据预应力施工工艺的特点作出周密的考虑，以期获得比较完整的数据来分析屋架的实际工作。

（1）屋架挠度与节点位移量测

屋架跨度较大，量测其挠度的测点宜适当增加。如屋架只承受节点荷载时，测定上下弦挠度的测点只要布置在相应的节点之下；对于跨度较大的屋架，其弦杆的节间往往很大，在载荷作用下可能使弦杆承受局部弯曲，此时还应量测该杆件中点相对其两端节点的最大位移。当屋架的挠度值较大时，需用大量程的挠度计或者用米厘纸制成标尺通过水准仪进行观测。与测量梁的挠度一样，须注意到支座的沉陷与局部受压引起的变位。如果需要量测屋架端节点的水平位移及屋架上弦平面外的侧向水平位移，这些都可以通过水平方向的百分表或挠度计进行量测，图 3.55 为挠度测点布置。

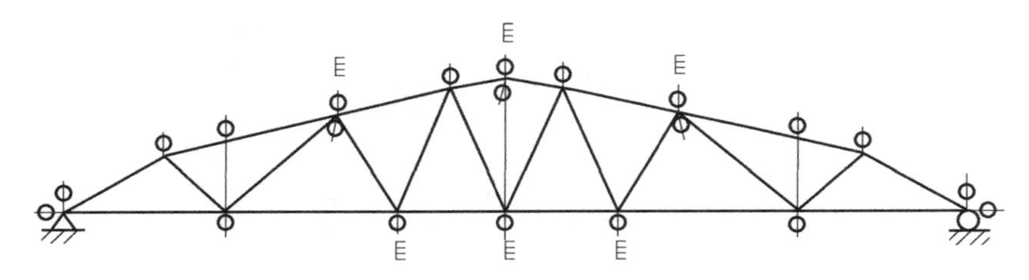

图 3.55　挠度测点布设位置

Φ—测量屋架上下弦节点挠度及端节点水平位移的百分表或挠度计；Φ—测量屋架上弦杆出平面水平位移的百分表或挠度计；E—钢尺或米厘纸尺，当挠度或变位较大以及拆除挠度计后用以量测挠度

(2) 屋架杆件内力量测

当研究屋架实际工作性能时，常常需要了解屋架杆件的受力情况，因此要求在屋架杆件上布置应变测点来确定杆件的内力值。一般情况，在一个截面上引起法向应力的内力最多是三个，即轴向力 N、弯矩 M_x 及 M_y，对于薄壁杆件则可能有四个，再增加扭矩。

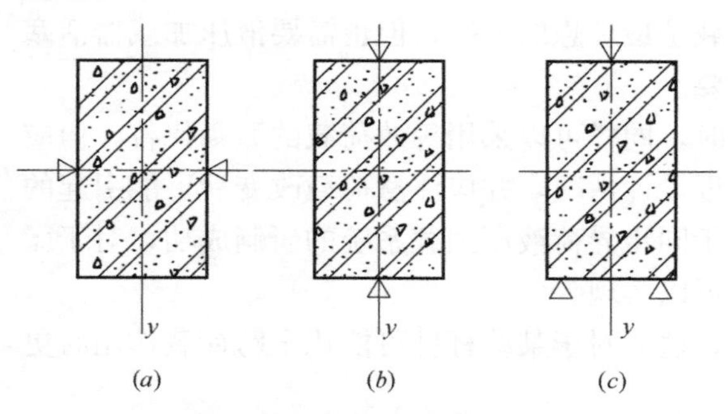

图 3.56　屋架杆件截面上应变测点布置方式

(a) 只有轴力 N 作用；(b) 有轴力 N 和弯矩 M_x 作用；(c) 有轴力 N 和弯矩 M_x、M_y 作用

分析内力时，一般只考虑结构的弹性工作。这时，在一个截面上布置的应变测点数量只要等于未知内力数，就可以用材料力学的公式求出全部未知内力数值。应变测点在杆件截面上的布置位置如图 3.56 所示。

一般钢筋混凝土屋架上弦杆直接承受荷载，除轴向力外，还可能有弯矩作用，属压弯构件，截面内力主要是轴向力 N 和弯矩 M 组合。为了量测这两项内力，一般按图 3.56 (b) 在截面对称轴上下纤维处各布置一个测点。屋架下弦主要为轴力 N 作用，一般只需在杆件表面布置一个测点，但为了便于核对和使所测结果更为精确，经常在截面的中和轴 [图 3.56 (a)] 位置上成对布点，取其平均值计算内力 N。屋架的腹杆，主要承受轴力作用，布点可与下弦一样。

如果用电阻应变计量测弹性匀质杆件或钢筋混凝土杆件开裂前的内力，除了可按上述方法求得全部内力值外，还可以利用电阻应变仪量测电桥的特性及电阻应变计与电桥连接方式不同，使量测结果直接等于某一个内力所引起的应变。

为了正确求得杆件内力，测点所在截面位置应经过选择，屋架节点在设计理论上均假定为铰接，但钢筋混凝土整体浇捣的屋架，其节点实际上是刚接的，由于节点的刚度，以致在杆件中临近节点处还有弯矩作用，并由此在杆件截面上产生应力。因此，如果仅需求得屋架在承受轴力或轴力与弯矩组合影响下的应力并避免节点刚度影响时，测点所在截面要尽量离节点远。反之，假如要求测定由节点刚度引起的次弯矩，则应该把应变测点布置在紧靠节点处的杆件截面上。图 3.57 为 9m 柱距、24m 跨度的预应力混凝土屋架测试过程中，杆件内力的测点布置。

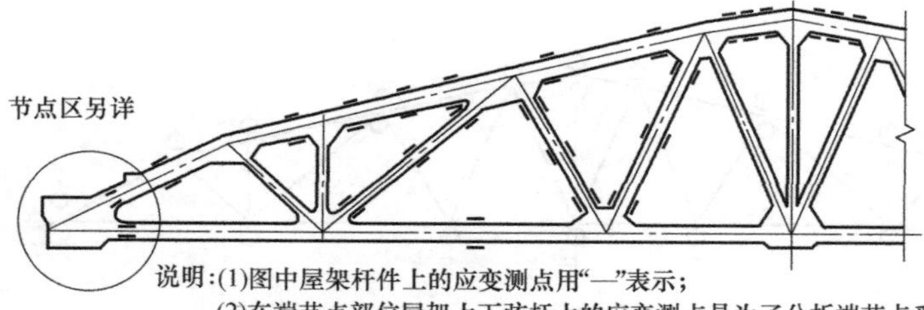

图 3.57　9m 柱距、24m 跨度预应力混凝土屋架测试测量杆件内力测点布置

应该注意，在布置屋架杆件的应变测点时，决不可将测点布置在节点上，因为该处截面的作用面积不明确。图 3.58 所示屋架上弦节点中截面 1—1 的测点是量测上弦杆的内力；截面 2—2 是量测节点次应力的影响；比较两个截面的内力，即可求得次应力，而截面 3—3 为错误布置示意。

（3）屋架端节点的应力分析

屋架的端部节点，应力状态比较复杂，这里不仅是上下弦杆相交点，屋架支承反力也作用于此，对于预应力混凝土屋架下弦预应力钢筋的锚头也直接作用在节点端。更由于构造与施工过程中的原因，经常引起端节点的过早开裂或破坏，因此，往往需要通过测试来研究其实际工作状态。为了量测端节点的应力分布规律，要求布置较多的三向应变网络测点（图 3.59），一般用电阻应变计组成。从三向小应变网络各点测得的应变量，通过计算或图解法求得端节点的剪应力、正应力及主应力的数值与分布规律。为了量测上下弦杆交接处豁口应力情况，可沿豁口周边布置单向应变测点。

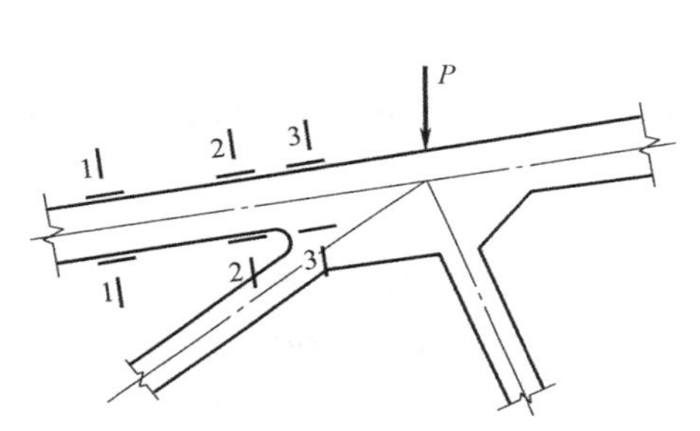

图 3.58　屋架上弦节点应变测点布设

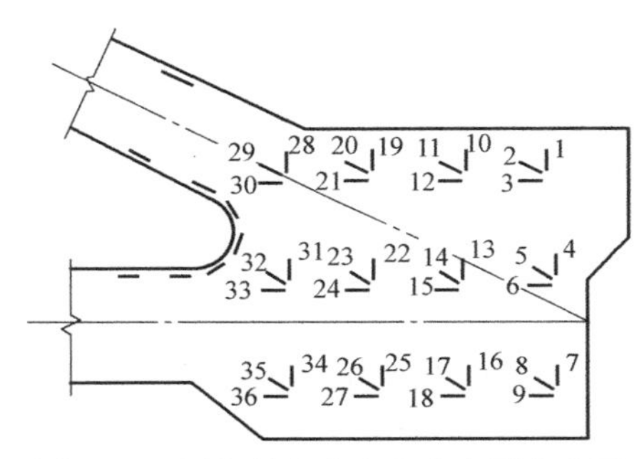

图 3.59　屋架端部节点上应变测点布置

（4）预应力锚头性能量测

对于预应力钢筋混凝土屋架，有时还需要研究预应力锚头的实际工作和锚头在传递预应力时对端节点的受力影响。特别是采用后张自锚预应力工艺时，为检验自锚头的锚固性能与锚头对端节点外框混凝土的作用，在屋架端节点的混凝土表面沿自锚头长度方向布置若干应变测点，量测自锚头部位端节点混凝土的横向受拉变形，如图 3.60 所示的横向应变测点。如果按图示布置纵向应变测点时，则同时可以测得锚头对外框混凝土的压缩变形。

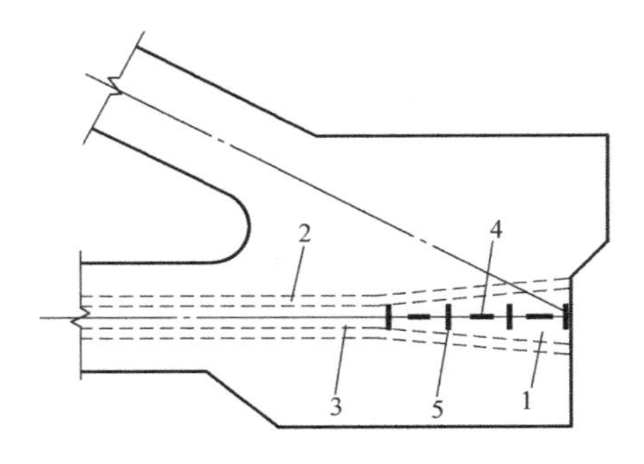

图 3.60　屋架端节点自锚头部位测点位置

1—混凝土自锚锚头；2—屋架下弦预应力钢筋预留孔；3—预应力钢筋；4—纵向应变测点；5—横向应变测点

（5）屋架下弦预应力钢筋张拉应力量测

为量测屋架下弦的预应力钢筋在施工张拉和测试过程中的应力值以及预应力的损失情况，需在预应力钢筋上布置应变测点；测点位置通常布置在屋架跨中及两端部位；如屋架跨度较大时，则在 1/4 跨度的截面上可增加测点；如有需要时，预应力钢筋上测点位置可与屋架下弦杆上的测点部位相一致。在预应力钢筋上经常是用事先粘贴电阻应变计的方法进行量测其应力变化，但须注意防止电阻应变计受损。比较理想的做法是在成束钢筋中部放置一段短钢管使贴片的钢筋位置相互固定，这样便可将连接应变计的导线束通过钢筋束中断续布置的短钢管从锚头端部引出。有时为了减少导线在预应力孔道内的埋设长度，可从测点就近部位的杆件预留孔将导线束引出。

如屋架预应力钢筋采用先张法施工时，则上述量测准备工作均需在施工张拉前到预制构件厂或施工现场就地进行。

（6）裂缝量测

预应力钢筋混凝土屋架的裂缝量测，通常要实测预应力杆件的开裂荷载值；量测使用状态测试荷载值作用下的最大裂缝宽度及各级荷载作用下的主要裂缝宽度。在屋架中由于端节点的构造与受力复杂，经常会产生斜裂缝，应引起注意。此外，腹杆与下弦拉杆以及节点的交汇之处，将会较早开裂。

在屋架测试的观测设计中，利用结构与荷载对称性特点，经常在半榀屋架上考虑测点布置与安装主要仪表，而在另半榀屋架上仅布置若干对称测点，作为校核之用。

3.3.3 岩石力学性能静力测试

岩石力学静力加载测试，其目的主要是借助相关静力加载装置，确定岩石试件各向物理力学特性，即岩石变形（deformation）特征与岩石强度（strength）。测试项目主要包括点荷载测试、岩石单轴抗压测试以及巴西劈裂测试，以下将展开详细阐述。

1. *点荷载测试*

点荷载测试是利用几何不规则试件获得岩石强度的一种实用手段。根据数学统计学的观点，如果在有效测试次数足够多的情形下，通过分析一定数量的测试结果，也可以在一定程度上，归纳出客观规律。该方法的实质是以降低对试件的加工要求，但需增加测试数量的办法，达到近似测定岩石性质的目的。

点荷载测试是将具有一定尺寸和形状系数的岩石试件，置于点荷载仪的上下两个加荷锥之间，通过机械装置施加集中荷载直至试件破坏，然后根据试件的破坏荷载和加荷点间距，计算试件材料的强度指数，进而换算获得岩石试件的单轴抗压强度。

该方法具有两个优点：一为通过球端圆台对试件加载，接触面积较小，使得试件破坏所需要的总载荷，比常规抗压测试所需的小很多，故而可采用小型轻便的静力加载测试试验机，便于携带，适用于工程现场实地测试（图 3.61）；二是可以利用几何不规则试件、一定长度的钻探岩芯，以及从基岩上取下来的岩块，用锤子略加修整后，都可直接用于测试。这样既可以降低测试成本，又能够缩短测试时间，同时解决了用常规测试无法开展的软弱和严重风化的岩石强度测定问题。

尽管，采用点荷载测试法测得的岩石强度值具有一定的离散性，且该值一般会高于常规方法的测定值。实践证明，点荷载测试方法可用增加试件数量取得数学统计值的方法提高其测试精度；另一方面，即使测试精度比用常规方法稍低，但对实际工程应用来说，采用点荷载测试法获得的岩石强度值也还是可以基本满足使用要求的。

理论依据：当测定某种岩石性质指标时，如果共测定 n 次，则取每次测定值 V_i 与 n 次算术平均值 V 之比（百分数）为横坐标，而取该比例的出现频率为纵坐标，可绘出如图 3.62 所示的曲线。该曲线称为高斯频率分布曲线，其表明接近算术平均值的测定值，出现频率总是最高的。曲线 1、2、3 的不同之处在于频率分布不一致，曲线愈陡峭，说明接近算术平均值的测定值愈多，测试精确率也愈高；反之，测试精确度愈低。

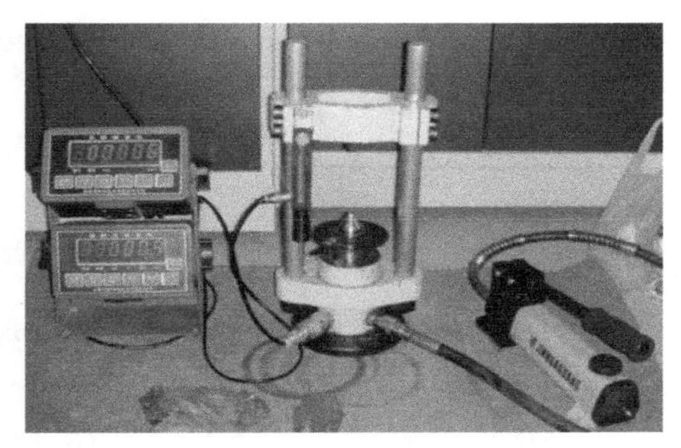

图 3.61　点荷载测试仪

（注：仪器最大测试力为 100kN，最大供油压力为 63MPa，允许工作压力为 55MPa。）

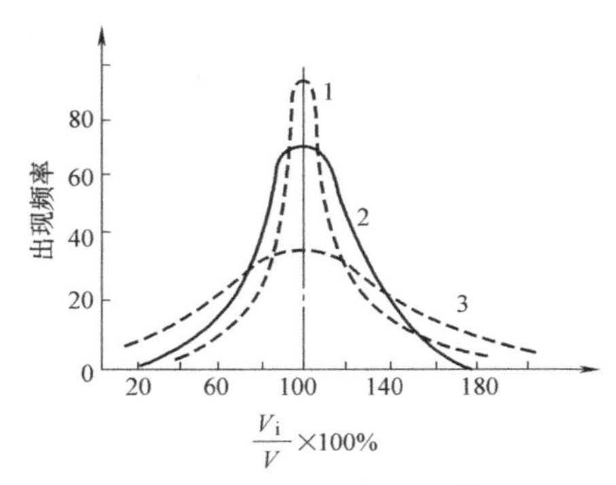

图 3.62　高斯频率分布曲线

用几何不规则试件来测定岩石强度，也能获得类似的频率分布曲线，只是不如规则试件的分布曲线形状陡峭，说明点荷载测试法精度稍低，但也能够表明，通过几何不规则试件测定的平均值，一定程度上可反映岩石强度特性。

几何不规则试件的测试数量需要 15～25 块（图 3.63），加荷两点的间距为 30～50mm，加荷两点的间距与加荷处的平均宽度之比为 0.3～1.0。

图 3.63　几何不规则试件

1）原始强度指数

$$I_s=10P/D^2 \tag{3.9}$$

式中　I_s——原始强度指数（MPa）；

P——破坏荷载（kN）；

D——试件加荷点间距（cm）；

10——单位换算常数。

2）基准强度指数

（1）尺寸效应修正系数

$$K_{d(50)}=1.2828(\lg d)^{0.6954} \tag{3.10}$$

式中　$K_{d(50)}$——试件尺寸效应的修正系数。

（2）形状系数效应修正系数

$$K_f=0.3161e^{[2.3034(D/d+\lg D/d)/2]} \tag{3.11}$$

式中　K_f——形状系数效应的修正系数；

D——试件加荷点间距（cm）；

d——试件平均宽度（cm）；

D/d——试件形状系数；

e——2.7183。

3）试件的极限单轴抗压强度

基准强度指数计算公式：

$$I_{s(50)}=I_s K_{d(50)} K_f=4.055\times(\lg d)^{0.6954}\times e^{2.3034(D/d+\lg D/d)/2}\times P/D^2 \quad (3.12)$$

按下式计算试件的极限单轴抗压强度：

$$R_c=22.82\times I_{s(50)}{}^{0.75} \quad (3.13)$$

式中 R_c——单轴抗压强度（MPa）；

$I_{s(50)}$——试件基准强度指数（MPa）。

2. *岩石单轴抗压测试*

1）试件端面磨平

观察岩石试件（图 3.64），若两端面存在明显不平整，采用锉刀垂直于试件轴线进行往复打磨至其两端面平整（图 3.65）。

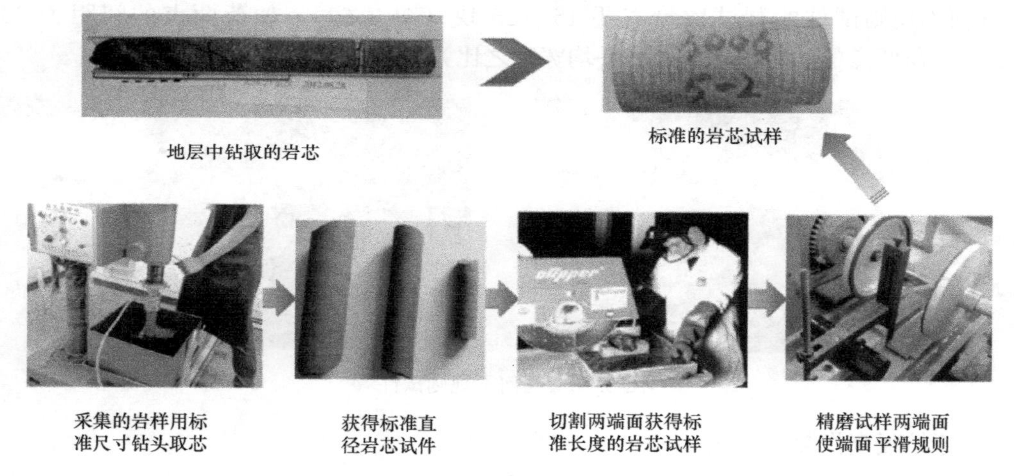

图 3.64 单轴抗压测试岩石试件制作

2）测试件尺寸测量

测试采用圆柱体作为标准试样，直径为 25mm，允许变化范围为 23～28mm，高度为 50mm，允许变化范围为 48～54mm。试样的尺寸要求高径之比为 2.0～2.5。试样制作精度：

① 在试样整个高度上，直径误差不得超过 0.3mm。

② 端面的不平行度，最大不超过 0.3mm。

③ 试样的两端面应垂直于试样轴线。

（1）试件端面垂直度测量

检测方法如图 3.66 所示，将试样放在水平检测台上，用直角尺紧贴试样垂直边，转动试样两者之间无明显缝隙。对于不合格试样，使用锉刀打磨，直至符合要求。

（2）试件平行度测量

检测方法如图 3.67 所示，将百分表架与百分表固定于材料试验机平台上，放置试样于百分表触头下方，在平台上缓慢前后、左右平移试样，观察百分表指针的摆动幅度小于0.3mm（30格），则判定合格。对于不合格试样，使用锉刀打磨，直至符合要求。

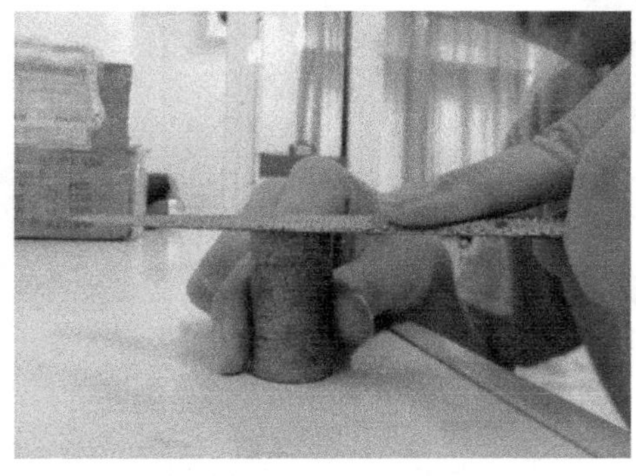

图 3.65　岩石试件端面磨平

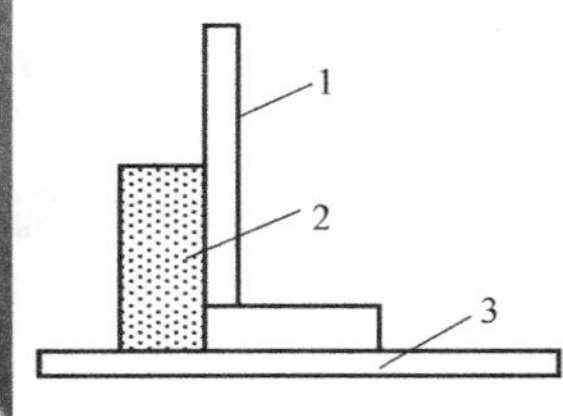

图 3.66　岩石试件端面垂直度测量

1—直角尺；2—试件；3—实验台

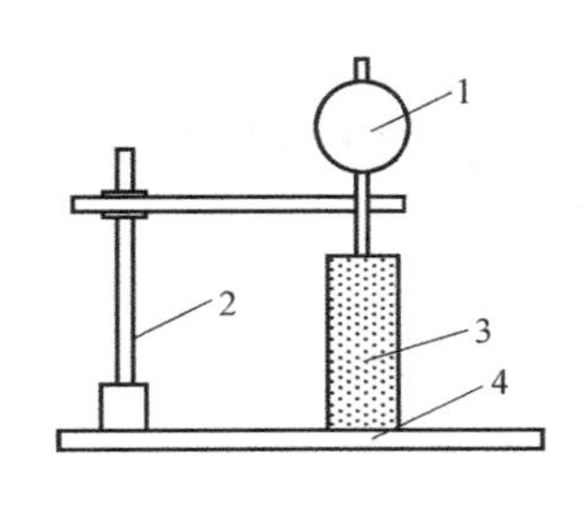

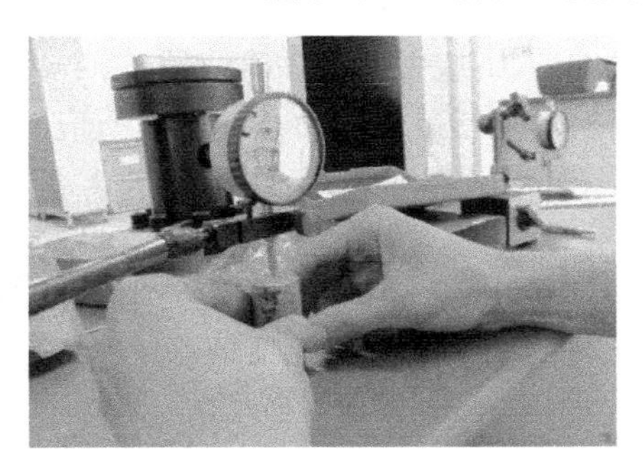

图 3.67　岩石试件平行度测量

1—百分表；2—百分表架；3—试件；4—实验台

（3）试件直径测量

如图 3.68 所示，取岩石试件上中下三断面测量位置，采用游标卡尺分别测量垂直于中轴线且互成 90°方位的试件直径，填入试样尺寸记录表中，并分析直径误差。

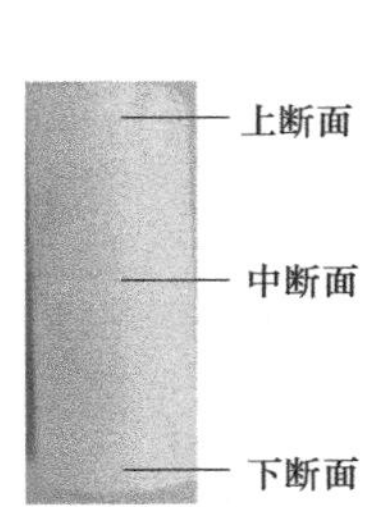

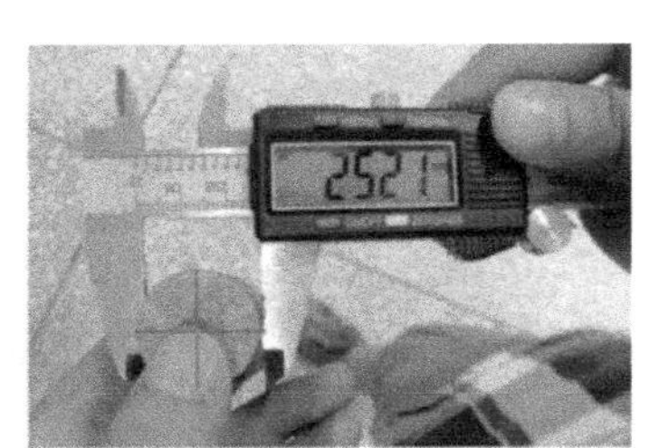

图 3.68　岩石试件直径测量

（4）试件长度测量

将试样断面分为相互垂直的 4 个方位，采用游标卡尺分别测量不同方位的试件尺寸，填入试样尺寸记录表中，并分析高度误差（图 3.69）。

当岩石试样在无侧限压力条件下，岩石在纵向压力作用下出现压缩破坏时，单位面积上缩承受的载荷称为岩石的单轴抗压强度（图 3.70）。计算公式为：

$$R_c = P/A \tag{3.14}$$

式中　R_c——试件单轴抗压强度（MPa）；

P——试件破坏荷载（N）；

A——试件初始截面积（mm^2）。

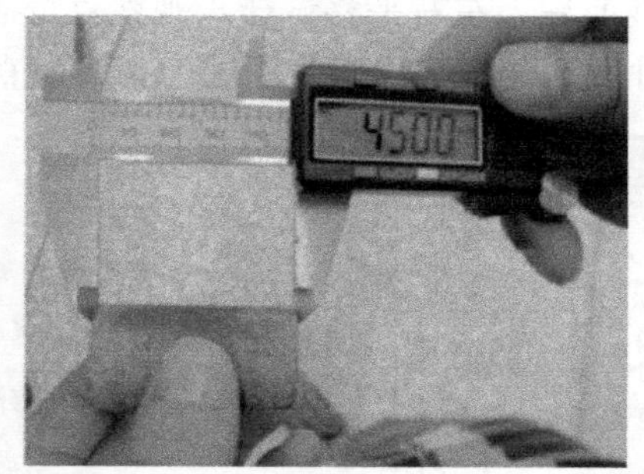

图 3.69　岩石试件长度测量

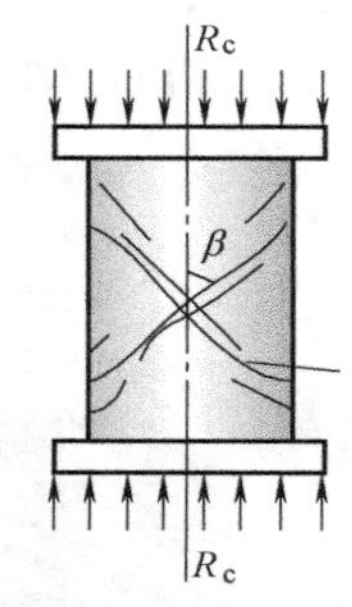

图 3.70　无侧限岩石试件单轴抗压强度测试

岩石的弹性模量是指岩石在弹性变形阶段其应力与应变变化值之比（图 3.71）：

$$E_r = \Delta\sigma / \Delta\varepsilon \tag{3.15}$$

式中　$\Delta\sigma$——轴向应力-应变曲线中直线段的轴向应力增量（MPa）；

$\Delta\varepsilon$——轴向应力-应力曲线中直线段的轴向应变增量。

岩石的割线模量是指单向受力条件下岩石应力-应变曲线上相应于50%抗压强度的点与原点连线的斜率（图 3.72）：

$$E_{50} = \Delta\sigma_{50} / \Delta\varepsilon_{50} \tag{3.16}$$

式中　σ_{50}——单向抗压强度的50%的应力值（MPa）；

ε_{50}——试件与对应的轴向应变值。

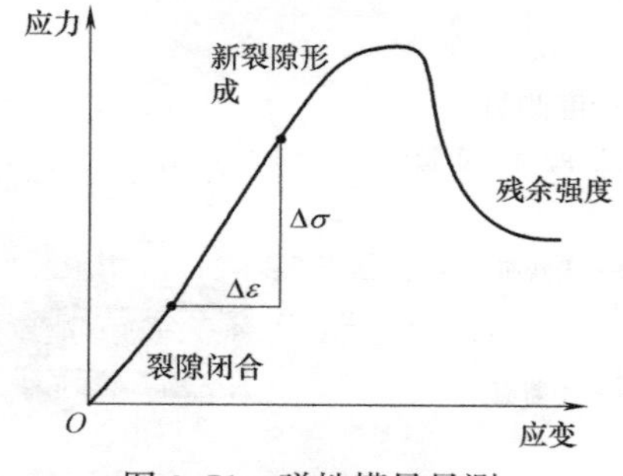

图 3.71　弹性模量量测

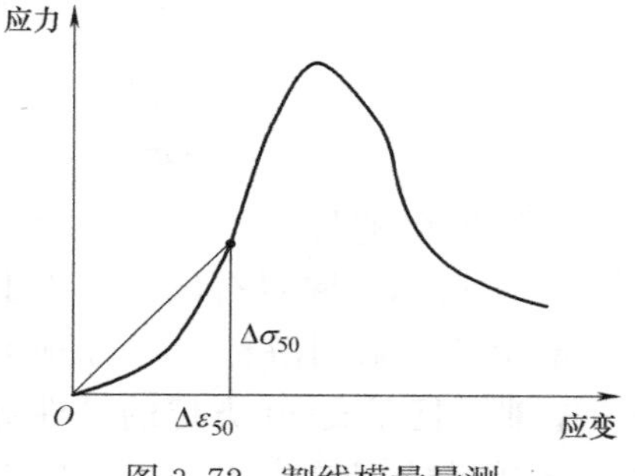

图 3.72　割线模量量测

根据相关定义：应力-应变在屈服应力以下任一点的切线斜率称为切线弹性模量；在屈服应力以下，直线段起点和终点连线的斜率被称为岩石的平均弹性模量；某一点的应力到曲线起点的连线的斜率称为岩石割线弹性模量。

在实际的工程中，岩石的平均弹性模量和岩石的割线弹性模量（通常用岩石单轴抗压强度值的一半求割线模量），以及与其各自相对应的泊松比应用最多。在某些特殊的条件下，也可按不同的应力水平确定其弹性模量和泊松比。

测试完毕后，将岩石单轴抗压强度测定结果填入表 3.2 中，根据式（3.14）计算出岩石的单轴抗压强度。

测试结束后检查每一组的测试结果，废弃可疑数据。将单轴压缩测试记录与计算结果填入表 3.3，然后利用 Excel 软件，以纵向应力为纵坐标，以轴向应变为横坐标绘制出岩石试样单轴压缩测试的应力-应变曲线（图 3.73）。

岩石单轴抗压强度测试原始记录表　　　　表 3.2

小组编号			仪器编号			测试日期
试件编号	试件尺寸			破坏最大载荷（kN）	单轴抗压强度（MPa）	平均单轴抗压强度（MPa）
	平均直径（mm）	平均高度（mm）	横截面积（m^2）			
1						
2						
试件描述						
1						
2						
测试者		计算者		校核者		

岩石单轴压缩变形测定记录表　　　　表 3.3

试样编号	载荷(kN)／项目	20	40	60	80	100	120	140	160	180	200
1	轴向应力 σ(MPa)										
	轴向应变 ε_1(%)										
2	轴向应力 σ(MPa)										
	轴向应变 ε_1(%)										

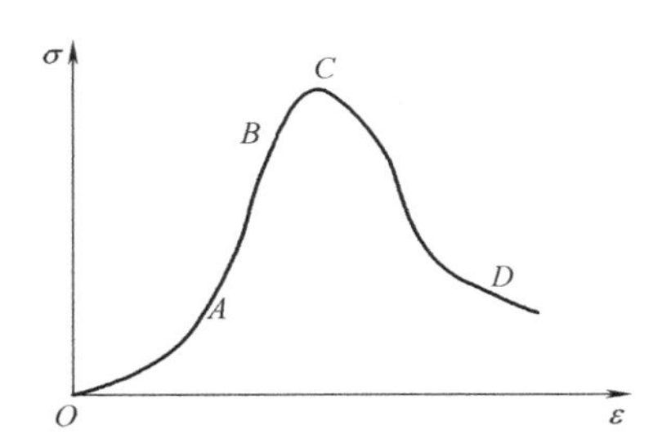

图 3.73　岩石单轴压缩应力应变曲线

根据岩石单轴压缩测试的应力—应变曲线计算变形参数，利用式（3.15）、式（3.16）计算岩石的杨氏弹性模量与割线模量，填入表 3.4 中。

岩石杨氏弹性模量与割线模量测定结果　　　　表 3.4

试样编号	弹性模量(GPa)		割线模量(GPa)	
	计算值	平均值	计算值	平均值
1				
2				

以凝灰岩试件为例，阐述单轴压缩测试实操步骤（图 3.74）。

（1）单轴抗压强度计算公式

$$\sigma_c = P_{max}/A \tag{3.17}$$

式中　σ_c——岩石试件单轴抗压强度（MPa）；

P_{max}——岩石试件最大破坏载荷（N）；

A——岩石试件受压面积（mm^2）。

图 3.74　凝灰岩试件常见破坏形态

（2）弹性模量 E、泊松比 μ 计算公式

$$E=\sigma_{c(50)}/\varepsilon_{h(50)}$$
$$\mu=\varepsilon_{d(50)}/\varepsilon_{h(50)} \tag{3.18}$$

式中　E——岩石试件弹性模量（GPa）；

μ——泊松比；

$\sigma_{c(50)}$——岩石试件单轴抗压强度的 50%（MPa）；

$\varepsilon_{h(50)}$、$\varepsilon_{d(50)}$——$\sigma_{c(50)}$处对应的轴向压缩应变和径向拉伸应变。

岩石试件采用底面直径 50mm、高 100mm 的圆柱体，岩石单轴压缩及变形测试结果、试件破坏前后形态，凝灰岩岩石刚性单轴压缩全应力应变曲线如图 3.75 所示。

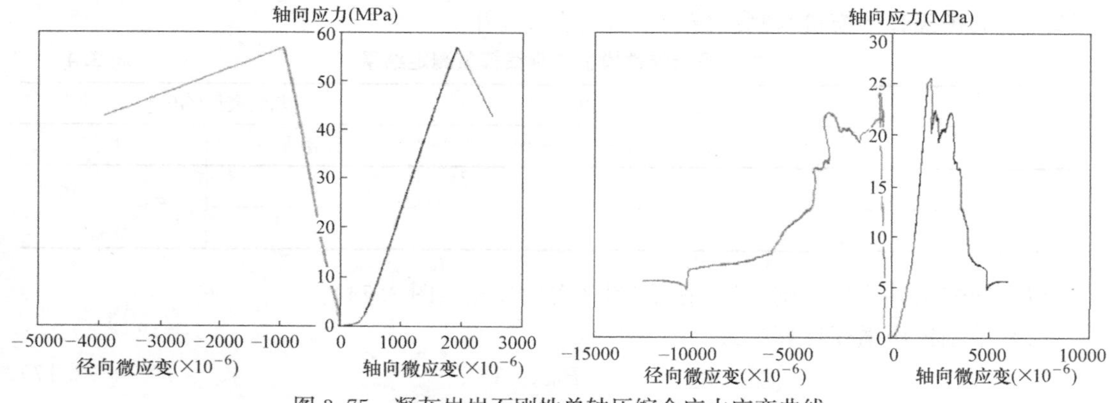

图 3.75　凝灰岩岩石刚性单轴压缩全应力应变曲线

3. *岩石巴西劈裂测试*

巴西劈裂法测定岩石抗拉强度是国际岩石力学学会标准推荐的方法，对称圆盘状试样

受集中载荷 P 作用，依据弹性理论得知，如图 3.76 所示，圆盘加载直径上任一点（0，y）的应力状态为：

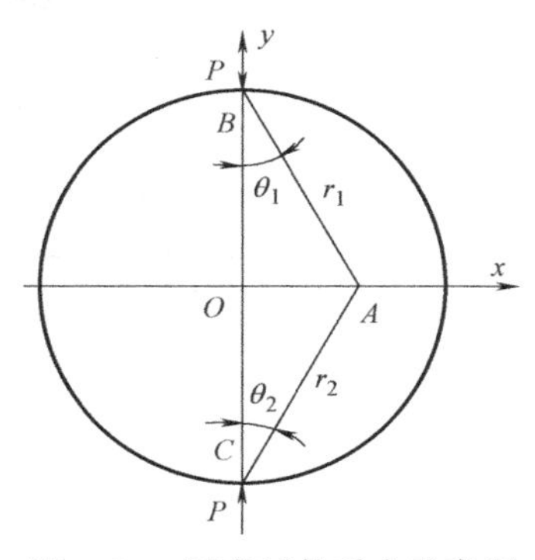

图 3.76　圆盘试件受力示意图

$$\left.\begin{aligned}\sigma_x&=-\frac{2P}{\pi DL}\\ \sigma_y&=\frac{2P}{\pi DL}\left(\frac{4D^2}{D^2-4y^2}-1\right)\end{aligned}\right\}\tag{3.19}$$

式中　P——载荷（kN）；

D——试件直径（cm）；

L——试件高度（cm）。

试样中心处（$y=0$）的应力为：

$$\left.\begin{aligned}\sigma_{x_o}&=-\frac{2P}{\pi DL}\\ \sigma_{y_o}&=\frac{6P}{\pi DL}\end{aligned}\right\}\tag{3.20}$$

由上式得出，圆盘试样中心处压应力是拉应力的 3 倍，但由于岩石抗拉强度远低于抗压强度，一旦拉应力达到试样的抗拉强度时中心发生破坏，通常认为拉应力对破裂起主导作用。

巴西劈裂法测定岩石抗拉强度需使用游标卡尺（精度 0.02mm）、直角尺、水平检测台、百分表及百分表架、锉刀、劈裂压模（压模圆弧直径为试样直径的 1.5 倍）以及 WDW-200 型微机控制电子万能测试仪，具体实操步骤为：

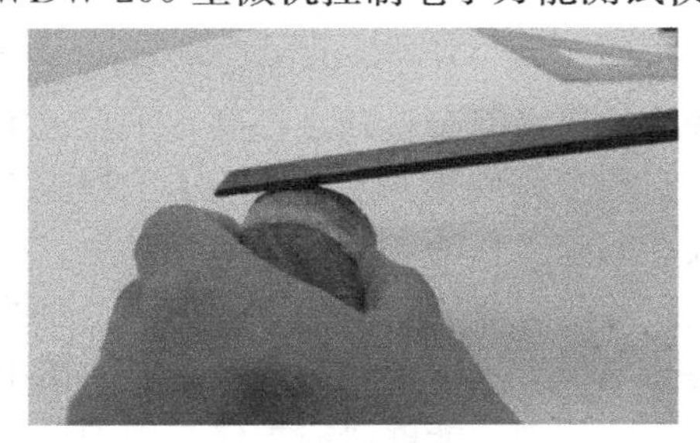
图 3.77　锉刀打磨圆盘试件

1）测试试件端面磨平

观察岩石试件，若圆周有毛刺，采用锉刀打磨光滑（图 3.77）。

2）测试件尺寸测量

测试采用圆柱体作为标准试样，直径为 50mm，允许变化范围为 47～53mm，高度为 25mm，允许变化范围为 23～27mm。试样的尺寸要求高径之比为 0.5～1.0。

试件直径量测：取岩石试件中部测量，采用游标卡尺分别测量垂直于中轴线且互成 90°方位的试件直径，填入表 3.5 中，并分析直径误差。

试件高度量测：将试样断面分为相互垂直的 4 个方位，分别测量不同方位的试件尺寸，填入表 3.5 中，并分析试件的断面不平整度。

相关测试方法与岩石单轴压缩测试试件的量测方法相同。

3）试件加载

将试件放置于劈裂夹具上，并放置劈裂夹具于试验机下承压板上，使用 50mm/min 速度调节试验机横梁，使上承压板与劈裂压模相距约 5mm，转换成 5mm/min 速度调节试验机横梁，使上承压板

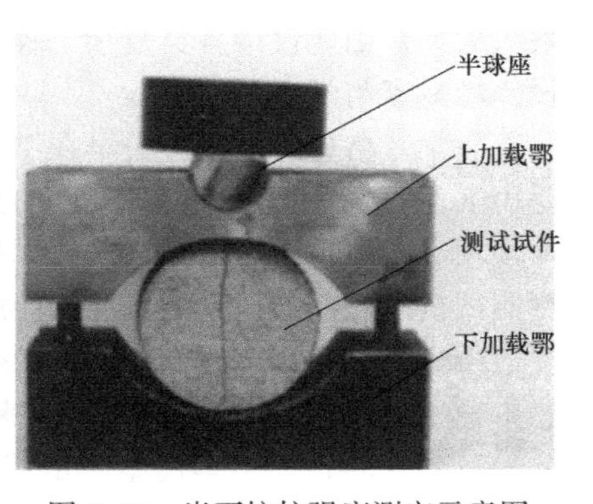

图 3.78　岩石抗拉强度测定示意图

与劈裂压模接触（图 3.78）。

设置测试试验机采集软件：设定试件尺寸、测试日期、测试人员等数据，选择测试加载方式为应力控制方式，加载速率 0.2mm/min。

开始测试：启动试验机，观察软件采集的数据，同时查看试件的变形情况。

结束测试：当试件破坏，材料试验机自动停止，保存测试数据。选择高速挡向上调节材料试验机压板，使之与劈裂压模脱离。

破坏试样描述：拍照记录测试后试件的破坏形态，并对破坏试件进行描述。将岩石巴西劈裂测定结果填入表 3.5，根据式（3.19）计算出岩石的抗拉强度。

岩石单轴抗拉强度测试（劈裂法）原始记录表 **表 3.5**

小组编号			仪器编号		测试日期	
试件编号	试件尺寸			破坏最大载荷（kN）	抗拉强度（MPa）	平均抗压强度（MPa）
	平均直径（mm）	平均高度（mm）	横截面积（m^2）			
1						
2						
	试件描述					
1						
2						
测试者		计算者		校核者		

3.3.4 地质力学模型静力测试

1. 地质力学模型测试概述

随着地下工程领域研究对象埋深不断加大，工程地质环境复杂性随之提高，工程灾害类型呈现多样性，主要表现为围岩大变形、岩爆与突水等多种现象并发，影响了工程施工进度与施工人员安全。为实现地下工程“安全、高效”的施工目的，有效预防和避免各种灾害的发生，地质力学模型测试、数值模拟及工程类比等研究手段不断引入，相较于后两者，地质力学模型测试具有独创性优势：首先，地质力学模型测试可较为全面地反映矿山岩体复杂特性，如对断层、节理、层理及裂隙等结构面的重现，能够研究主体与周围环境岩体间相互作用关系定性、定量地表达；其次，地质力学模型测试支持各种关键信息采集，通过总结监测数据，归纳出研究主体受力变形特性，可较好地规避理论推演过程中，因过分简化实际模型而导致理论结果难以解决实际问题，因此，地质力学模型测试常被作为解决大型矿山建设中各类复杂工程力学问题的重要研究手段，受到越来越多国内外矿山建设领域专家与学者的关注。

苏联学者格恩库兹涅佐夫早在 1963 年已提出了相似模拟概念，地质力学模型测试方法是由 E. Fumagalli 在 1967 年举行的国际岩石力学学会上被首次提出，初期主要用于解决大坝坝肩、硐室围岩以及边坡岩体稳定性问题，获得了多项研究成果，推动了地质力学模型测试技术及相似理论的发展。而后，英国、美国、南斯拉夫以及奥地利等国家也陆续开展地质力学模型测试研究：Kulatilake 利用地质力学模型测试机，针对含节理岩体进行取芯单轴压缩分析，揭示了围压水平对含不同倾角的节理岩体破坏形态的影响特性；Khosrow 首次将地质力学模型测试用于含节理岩体的爆破动载响应研究；Castro 将地质力学模型测试应用于矿井分块崩塌开采的相关问题；Jone 和 Meguid 利用地质力学模型测试手段，对复杂地质条件隧道开挖稳定性问题进行了较为深入的探讨。

中国在地质力学模型测试研究方面起步较晚，借鉴国外先进研究成果，各高校、研究院陆续研制出各具特色、工程针对性较强的模型测试系统，早期主要以二维平面模型为主：中国矿业大学建立了平面应变模型测试系统，用于模拟采场顶板位移及地表沉陷问题[图 3.79（*a*）]；北京科技大学设计了二维岩体位移模拟试验台，主要用于研究采场岩体移动规律、深井采场上覆岩层运动发展规律及煤岩层应力演化规律[图 3.79（*b*）]；中国矿业大学（北京）国家重点实验室研发出 YDM-C 型岩体工程与地质灾害模拟测试装置，平面应力加载模式，用于模拟洞室分步开挖与锚固支护，以及平面条件下的边坡模型测试[图 3.79（*c*）]；同济大学开发出一套隧道开挖平面应力模型测试系统，主要用于研究模拟隧道开挖关键过程及隧道支护效果[图 3.79（*d*）]。

(*a*)

(*b*)

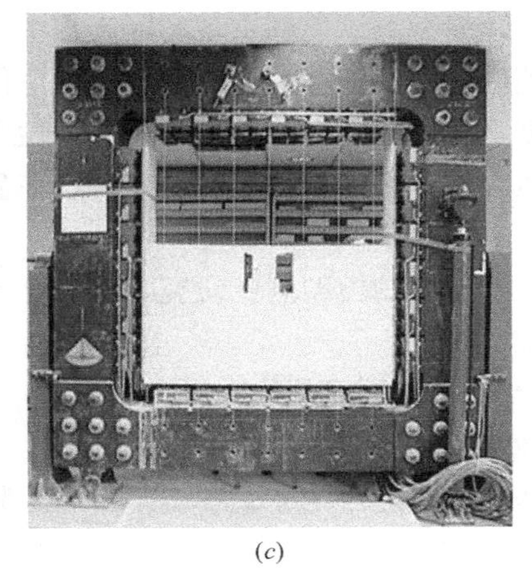

(*c*)

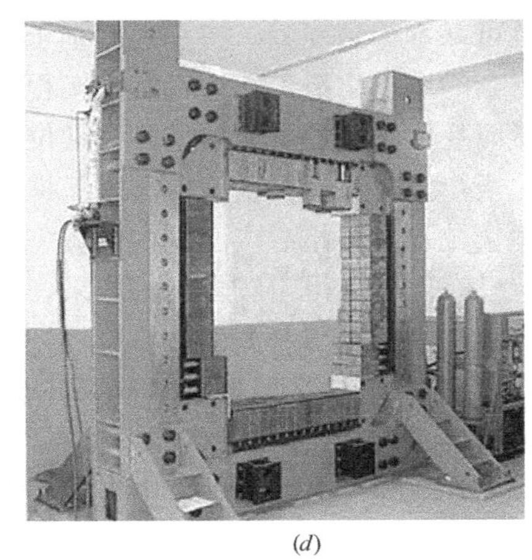

(*d*)

图 3.79　二维平面地质力学模型测试装置

（*a*）采场平面模型加载系统；（*b*）二维岩体位移模拟试验台；
（*c*）YDM-C 型岩体工程模测试系统；（*d*）隧道开挖平面模型试验机

随着采掘深度不断加大，巷道所处地应力环境愈发复杂，水平构造应力逐渐占主导，工程结构处于三向不均匀受力状态，最大主应力由竖直方向逐渐向水平方向演化，进行深部硐室围岩结构稳定性、力学特性及工程响应问题研究时，中间主应力作用难以忽略，针对这一变化，国内大型模型测试系统的研发向真三轴、多功能方向发展：山东大学张强勇团队开发了组合式三维地质力学模型试验台，装置规格可根据工程实际需求灵活调整，系统额定加载值为31.5MPa［图3.80（*a*）］；中国矿业大学（北京）建立了城市地下工程模型测试系统，仿真模拟各类地铁隧道、基础工程与人防工程建设，可实现承压水对地下工程影响的模拟测试研究，系统箱体尺寸2m×2m×2m，额定工作油压15MPa［图3.80（*b*）］；清华大学自主研制出一套离散化三维多主应力面加载试验机，加载架尺寸6200mm×1020mm×4700mm，其规模在国内外同类型模型试验机中处领先地位。

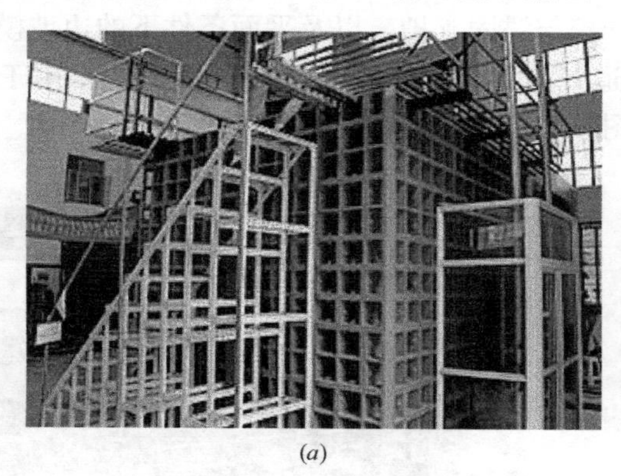

(*a*)

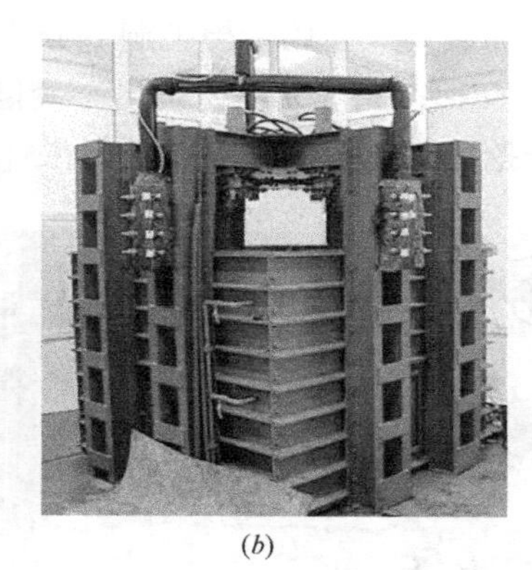

(*b*)

图3.80　三维地质力学模型测试系统

（*a*）组合式三维地质力学模型试验台；（*b*）城市地下工程模型测试系统

地质力学模型测试以相似理论为依托，高仿真再现工程结构，可较为真实地反映研究主体与地质环境的空间关系，配合使用测试系统加载装置，具体的施工过程及介质变形特性也可基本得到复刻，特别地，基于几何缩尺相似原理，模型测试能够重现实际工程中较为复杂的地质构造，能够观察到工程结构由弹性转为塑性，直至破坏的受力变形过程，借助微应变传感元件采集模型体关键位置的受力变形数据，归纳研究主体的力学响应特性及演化规律，为实际工程设计与施工提供参考依据。地质力学模型测试技术日臻完善，在静力学领域的应用相对广泛。

已有研究取得了较丰硕的成果，初步实现了实际工程原型的模型测试研究，但仍存不足之处，主要涵盖两方面：

1）控制系统精度有限，难以有效实现模型边界均布载荷的稳定施加。

2）模型边界有效加载区域较小，测试结果受尺寸效应与边界条件影响程度大。

为有效弥补上述不足，中国矿业大学（北京）深部岩土力学与地下工程国家重点实验室自主研发了一套新型地质力学模型测试系统（图3.81）。模型边界载荷极度可达5MPa，采用280个独立液压作动器实现对模型体进行4个方向、3个维度主动加载，实现了高仿真模拟地下工程围岩应力场的目的，并以某矿煤巷掘进期间围岩变形演化特征研究为依托，通过测试结果与现场实测结果对比，验证了测试系统的可行性与可靠性，为地下工程围岩稳定性研究提供了良好途径。

2. 地质力学模型测试系统研制

新系统主要包含四部分：加载架、液压加载装置、伺服控制系统和数据采集系统。组合式加载框架高强稳固，加载空间灵活调整；液压作动器组紧密排布，可协同或独立工

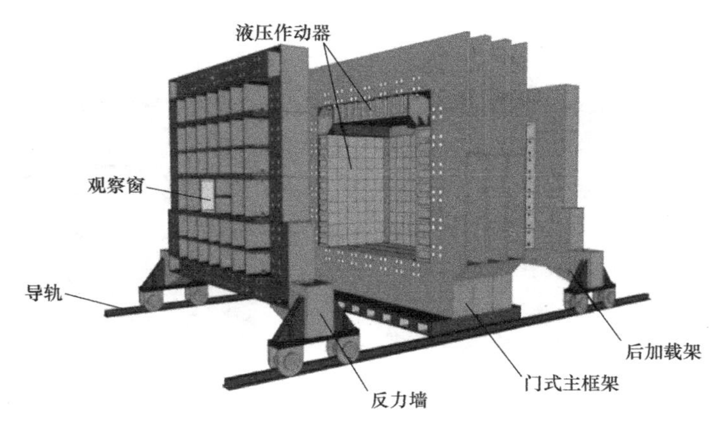

图 3.81　三维地质力学模型测试系统

作；伺服控制系统内置自反馈模式，稳定控制液压加载值；数据采集系统实时记录数据且屏幕直显，方便观察。

1）加载架

分体式加载架主要包括反力墙、门式主框架及后加载架，各部分使用丝杠连接，由特质螺母固定。加载架架体由 Q450 高强钢材制成，可承受 5MPa 均布静载荷与一定范围内的爆炸动载荷。有效加载区域大，降低了尺寸效应及边界条件对测试精度的影响程度。

反力墙由四部分钢梁通过高强螺栓组成。当模型体（模型材料）处于三维加载状态时，为模型体后部实现主动加载提供反力支撑，反力墙前部设置加劲肋，以预防因长期受力而产生挠曲变形。该系统独创性地设计了方形观察窗（400mm×400mm），位于反力墙中部，一方面为系统内、外部连接提供了有效通道，另一方面便于实时观察试验过程中模型体重点研究区域的变形破坏情况，如：模型巷道（隧道）开挖后，围岩宏观变形破坏区域演化特征。系统处于二维平面应力模型试验状态时，模型体后方不施加均布载荷，反力墙通过下部配备的轮式结构及实心钢轨，移出测试区；进行三维模型试验时，通过加载架闭合，使系统处于封闭状态，还原真三轴应力环境。

门式主框架位于加载架中部，空置部分是有效加载区（2300mm × 2300mm × 1200mm），用于砌筑模型体。主框架还是安装作动器的主体结构，180 个液压作动器分三组，每组 60 个，均匀分布于框架内部：垂直上作动器组位于框架顶梁，由 60 个紧密排布的液压作动器组成，提供上覆岩土体自重应力 σ_v；左、右两侧立柱各配有 60 个作动器，构成水平左与水平右作动器组，负责提供水平方向主应力 σ_h 加载。上述为 2D 平面应力加载模式［图 3.82（*a*）］。

随着埋深增大，水平构造应力对地下结构破坏作用机理逐渐复杂，将水平应力 σ_h 简化为自重应力 σ_v 与侧向压力系数 k 乘积的形式不再可行。为真实重现原岩应力场，最大水平主应力 σ_{h1} 与最小水平主应力 σ_{h2} 均须反映在模型体受力中。为此，后加载架布设 100 个液压作动器组成水平后作动器组，支持模型体第三维度加载［图 3.82（*b*）］。另有反力墙及加载架底座提供的反力支撑，模型体六面受荷，高度还原原岩应力场，测试结果较为真实可靠。

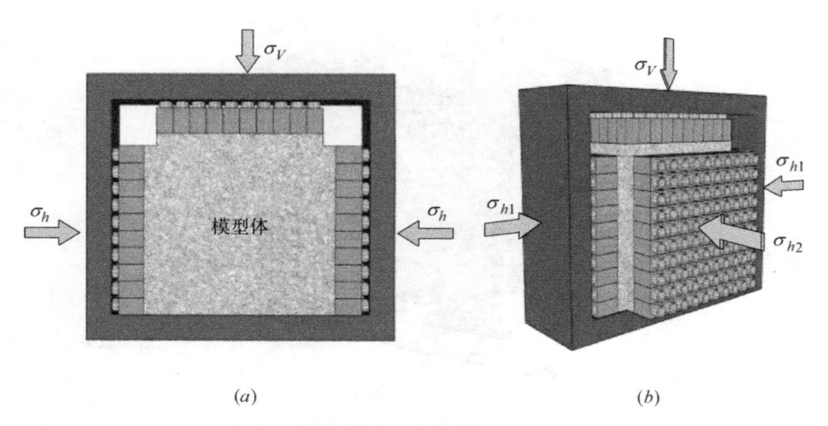

图 3.82　模型测试加载模式示意图

(*a*) 2D 测试加载模式；(*b*) 3D 测试加载模式

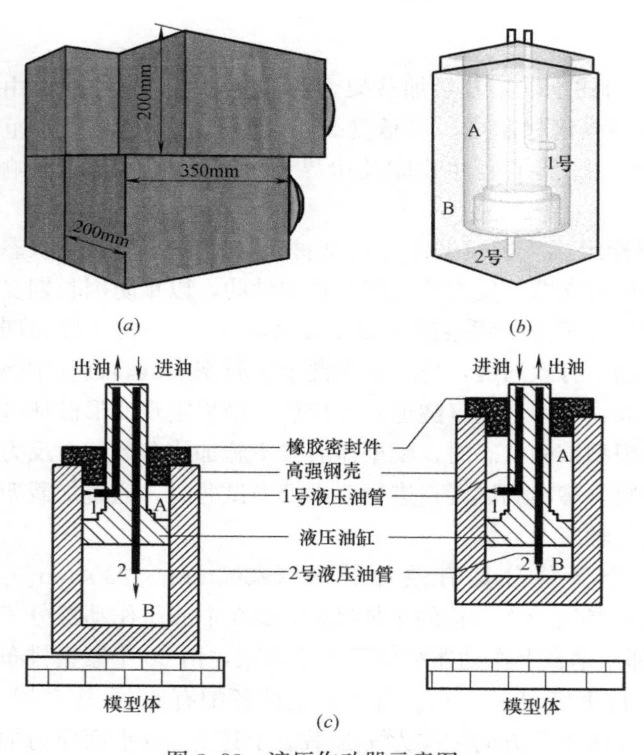

图 3.83　液压作动器示意图

(*a*) 作动器外部结构；(*b*) 作动器内器结构；(*c*) 作动器工作原理

2）液压作动器

区别于传统模型测试系统加载方式（利用加载枕及千斤顶实现加载），该系统通过引入 280 个液压作动器，即在液压油缸外部加设高强钢壳，将内部空间分隔成 A、B 两个腔室，每个作动器均配备独立开关与油管，按分布位置共划分四组（垂直上、水平左、水平右及水平后）执行加载操作，且具有独立性与协同性的双重加载特性；系统作动器加载头由圆形优化为方形，以提高加载头紧密排布性，避免不均匀应力区的产生［图 3.83（*a*）、图 3.83（*b*）］。

执行加载操作时，2 号油管进油，B 腔体积增大，加载头推向模型体，油缸上移，挤压 A 腔体，多余液压油经 1 号管回流油箱；卸载时，液压油经 1 号油管进入 A 腔室，增大 A 腔体积，推动油缸向下移动，B 腔室体积压缩，B 腔液压油经 2 号油管回流油箱，加载头向上移动，远离模型体，实施卸载操作［图 3.83（*c*）］。

该测试系统通过增设水冷机单元，以预防因试验持续时间过长，液压油油温过高，降低作动器密封效果（密封构件多为橡胶制品）；油温超过预设值时，水冷机自动开启循环水降温，直至油温降至正常范围，水冷机停止工作。

3）伺服控制系统

伺服控制系统包括自主研发的计算机控制程序、EDC 数字控制器、伺服液压油阀及液压传感器，实现对作动器组精确稳定控制。

计算机控制软件内设两种程式：一种是现存系统常用的手动程式，需人为主观判断加卸载起止时机，加载精度低；另一种是伺服自反馈程式，四台 EDC 数控器分别控制对应方向的作动器组，并结合液压传感器实时反馈的油压值，自动分析判断是否加载完毕。

将四个方向目标加载值及加载速率输进软件界面对应区域［图 3.84（a）］。经 EDC 数控器计算处理后，将电信号传输至伺服液压阀，调整阀开口方向与大小。正向开口为加载，反向开口为卸载，开口越大，加卸载速率越快。液压传感器安装在伺服阀上，实时监测流经阀口处的油压值，并将压力信号反馈回 EDC 进行判断。若油压值与目标值近似一致，则停止加卸载操作，稳定油压；若不一致，油阀根据 EDC 指令对阀开口进行再调整，信息反馈循环进行，直至达到设计要求［图 3.84（b）］。

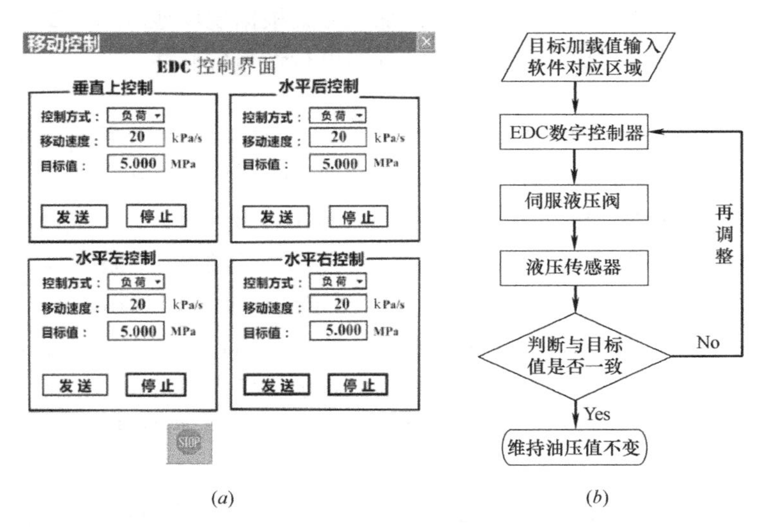

图 3.84　伺服控制软件及自反馈工作原理

（a）软件界面；（b）自反馈循环

4）数据采集系统

该系统独创性地引入光电编码器监测模型体表面位移量，测量精度可达 2/100mm［图 3.85（a）］。类似拉线式位移计，编码器安装在作动器内部，油缸上下移动牵引拉线，引发位移值变化，测得位移值可直显于屏幕［图 3.85（b）］。因作动器数量多且排布紧密，为节省成本及数据存储空间，相邻每四个作动器中随机安装一枚光电编码器，测得位移值近似视为小范围监测区域内的位移，缩短数据采集时间。例如，垂直上方向共有 60 个作动器，则按上述随机分布规定，配备 15 枚编码器作为位移值样本。对应四方向作动器组分布形式，位移值也分区域显示。系统每 1s 更新一次位移监测数据，屏幕实时显示且自动保存。

该系统支持使用外接传感器，例如应变片、土压力盒及位移计等，补充模型内部关键位置应力与变形信息。

(a)

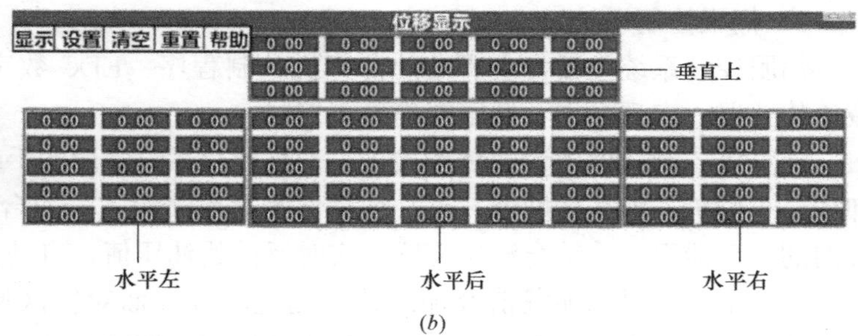

(b)

图 3.85 光电编码器与位移显示界面

(a) 光电编码器；(b) 分区位移显示

3. 地质力学模型测试系统应用

为验证该套系统性能，以某煤矿回采巷道掘进为工程背景展开地质力学模拟测试研究。相似材料严格依照相似准则配置，测试加载方案根据现场地应力测试结果确定，通过测试结果与现场实测结果对比，验证测试系统的可行性与可靠性。

1) 工程概况

某煤矿回采巷道位于 3 号煤层，埋深 360m，煤质较软，矩形断面尺寸：4.8m × 3.0m（高×宽），采用锚网索联合支护形式。根据 14 个地应力测站结果，矿区最大水平主应力方向位于 N8E-N56W，垂直主应力 9.0MPa，水平最大、最小主应力分别为 10.8MPa 与 6.82MPa。综合考虑原型巷道规模与系统有效加载区范围，将几何缩尺 C_L 设定为 15。依据煤岩样成分分析结果、力学参数测定结果及地勘资料，围岩主要成分为中细砂岩及砂质泥岩，强度相对较低、密度较小。测试使用石膏纤维板（GFB）模拟层状围岩，将石膏粉量、水泥掺合量、纤维添加量及拌合水量作为因素设计正交试验。根据相似准则，在近 60 组试验数据中选取符合原型煤岩体物理力学参数配比值。

2) 模型体建立

将石膏纤维板按照设计配合比预先浇筑［图 3.86（a）］。依据实际层位分布特征自下而上进行铺设，喷涂同颜色便于识别［图 3.86（c）］。应变片、压力盒及位移计经几何缩

(a) (b)

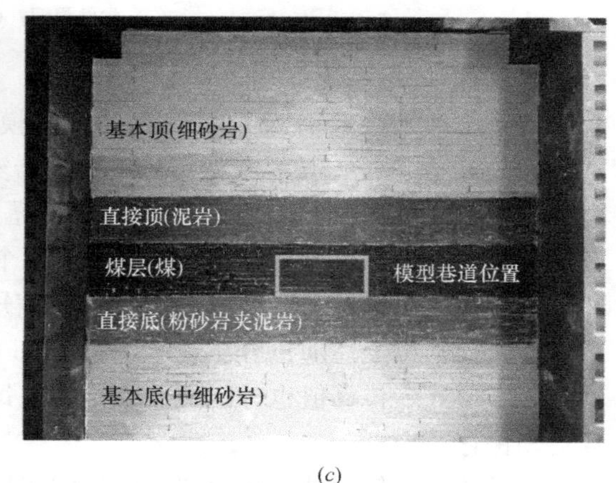

(c)

图 3.86 模型体建立与开挖

(a) 预制石膏纤维板；(b) 开挖支护模型巷道；(c) 模型体铺设完成

尺计算后，结合实际测点布置情况，预埋于模型体相应位置（图 3.87）。于模型体边界铺设聚四氟乙烯薄膜 PTFE，作为隔层，分离模型体表面与加载架内壁，最大程度降低两者间的静摩擦力，降低加载损耗。

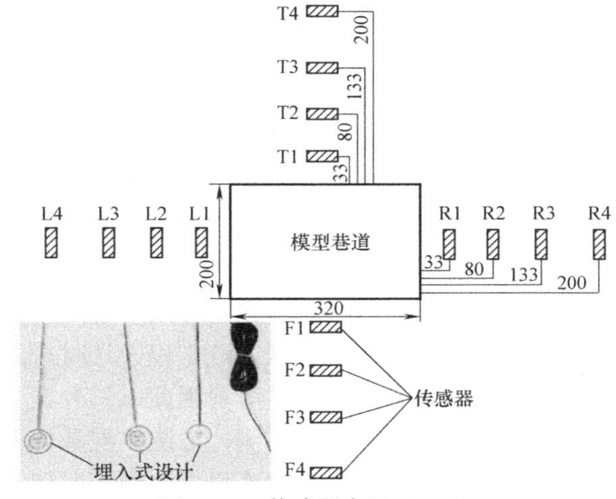

图 3.87　传感器布置（mm）

3）加载方案

测试加载方案共划分四个阶段：

第一阶段，模型体低围压预加载操作。预加载目的包括三方面：第一，实现模型体内部间隙闭合，增强整体性；第二，液压油得到充分预热，少量液压油进入作动器，达到润滑内外腔室的效果；第三，传感器及数据采集仪完成自检，确认通信信号正常，等待 EDC 数控器发出加载指令。

第二阶段，模型体原岩应力场加载操作。即从三个维度、四个不同方向采用对模型体进行分阶段逐级施加均布载荷至目标值，加载速率 50kPa/s，顶部施加垂直应力以模拟模型体上覆 360m 范围内岩土自重载荷，同时施加水平载荷模拟构造应力。这种柔性加载模式存在两方面优点：第一，最大限度降低模型体损伤程度；第二，有效避免因载荷突变，引发预埋传感器量程超限，丧失监测功能。

第三阶段，模型体稳压阶段。主要进行模型巷道开挖与支护。垂直与水平施加应力达到目标值后，EDC 伺服控制系统自动切换至稳压模式，模型体处于稳定原岩应力场后，依据实际支护方案进行模型巷道边开挖、边支护［图 3.86（*b*）］。

第四阶段，模型体超载阶段。为进一步验证测试系统的稳定性，设计超载阶段，即逐级增大垂直方向载荷，等效模拟上覆 400m、500m 及 600m 岩土层自重载荷，侧压力系数设定为 1.2。随着围压增大，模型巷道顶板局部微裂纹开始扩展，并向深部延伸，伴随有石膏板碎裂声。数据显示，系统在高油压下性能稳定，作动器受控良好，严格执行加载指令。

3.4　静力加载现场测试应用

3.4.1　基坑工程监测

随着近几年社会和经济的快速发展，由于城市用地价格越来越昂贵，为提高土地的空间利用率，城市建筑与交通快速向地下发展，为满足高层建筑抗震和抗风等结构要求，地下室由一层发展到多层，大规模城市地铁、过江隧道、地下综合管廊等市政工程中的基坑也占相当的比例，基坑深度已经达到 20m，甚至更深，基坑工程在数量、开挖深度、平面尺寸以及使用领域等方面都得到高度的发展。

1. 基坑监测的重要性

在深基坑开挖的施工过程中，基坑内外的土体将由原来的静止土压力状态向被动和主动土压力状态转变，应力状态的改变引起围岩结构承受荷载并导致围护结构和土体的变形，围护结构的内力和变形超过某个量值的范围，将造成基坑的失稳破坏或对周围环境造成不利影响，基坑工程往往在城市地上建筑物与地下构筑物密集区，基坑开挖所引起的土体变形将在一定程度上改变这些建（构）筑物的正常状态，甚至造成邻近结构和设施的失效或破坏。同时，基坑相邻的建筑物又相当于较重的集中载荷，基坑周围的管线常引起地表水的渗漏，这些因素又是导致土体变形加剧的原因。在基坑围护结构设计时，由于岩土力学性质的复杂性使得基坑围护体系所承受的土压力等荷载存在着较大的不确定性，而且，对地层和围护结构一般都作了较多的简化和假定，与工程实际有一定的差异；在基坑开挖与围护施筑过程中，存在着时间和空间上的延迟过程，以及降雨、地面堆载和挖机撞击等偶然因素的作用，使得基坑工程设计时对围护结构内力和变形、土体变形的计算结果与工程实际情况有较大的差异，因此，只有在基坑施工过程中对基坑围护结构、周围土体和相邻的建（构）筑物的监测，才能掌握基坑工程的安全性和对周围环境的影响程度，以确保基坑工程的顺利施工，或根据监测情况随时调整施工工艺或修改设计参数，或在出现异常情况时及时进行反馈，采取必要的工程应急措施。

基坑工程监测是通过信息反馈，达到如下三个目的：

1）确保基坑围护结构和相邻建（构）筑物的安全。

在基坑开挖与围护结构施筑过程中，必须要求围护结构及被支护土体是稳定的，在避免其极限状态和破坏发生的同时，不产生由于围护结构及被支护土体的过大变形而引起邻近管线的渗漏等。从理论上说，如果基坑围护工程的设计是合理可靠的，那么表征土体和支护系统力学形态特点的某几种或某一种物理量，其变化随时间而不是渐趋稳定，则可以断言土体和支护系统不稳定，支护必须加强或修改设计参数。在工程实际中，基坑在破坏前，往往会在基坑侧向的不同部位上出现较大的形变量，或变形速率明显增大。近几年来，随着工作经验的积累，由基坑工程失稳引起的工程事故已经越来越少，但由围护结构及被支护土体的过大变形而引起邻近建（构）筑物和管线破坏则仍然时有发生。事实上，大部分基坑围护工程的目的也就是出于保护邻近建（构）筑物。因此，基坑开挖过程中进行周密的监测，建（构）筑物的变形在正常的范围内时保证基坑的顺利施工，在建（构）筑物和管线的变形接近警戒值时，有利于及时对建（构）筑物采取保护措施，避免或减轻破坏的后果。

2）指导基坑开挖和围护结构的施工。

基坑工程设计尚处于半理论半经验的状态，还没有成熟的基坑围护结构上土压力、围护结构内力变形、土体变形的计算方法，使得理论计算结果与现场实测值有较大的差异，因此，需要在施工过程中进行现场监测以获得其现场实际的受力和变形情况。基坑施工总是从点到面，从上到下分工况局部实施，可以根据由局部和前一工况的开挖产生的受力和变形实测值与设计计算值的比较分析，验证原设计和施工方案合理性，同时可对基坑开挖到下一个施工工况时的受力和变形的数值及趋势进行预测，并根据受力和变形实测及预测结果与设计时采用的值进行比较，必要时对施工工艺参数和设计参数进行修正。

3）为基坑工程设计和施工的技术进步收集积累资料。

基坑围护结构上所承受的土压力及其分布，与地质条件、支护方式、支护结构设计参数、基坑平面几何形状、开挖深度、施工工艺等有关，并直接与围护结构的内力与变形、土体变形有关，同时与挖土的空间顺序、施工进度等时间和空间因素有复杂的关系，现行设计理论和计算方法尚未全面地考虑这些因素。基坑围护的设计和施工应该在充分借鉴现有成功经验和吸收失败教训的基础上，力求更趋成熟和有所创新。对于新设计的基坑工程，尤其是采用新的设计理论和计算方法、新支护方式和施工工艺或工程地质条件和周边环境特殊的基坑工程，在方案设计阶段需要参考同类工程的图纸和监测成果，在竣工完成后则为以后的基坑工程设计增添了一个工程实例。所以施工监测不仅确保了本基坑工程的安全，在某种意义上也是一次 1∶1 的实体测试，所取得的数据是结构和土层在工程施工过程中的真实反应，是各种复杂因素作用下基坑围护体系的综合体现，因而，也为基坑工程的技术进步收集积累了第一手资料。

2. 基坑监测的基本要求

1）计划性：监测工作必须是有计划的，应根据设计方提出的监测要求和业主下达的监测任务书制定详细的监测方案，计划性是监测数据完整性的保证，但计划性也必须与灵活性相结合，应该根据在施工过程中变化了的情况来修正原先的监测方案。

2）真实性：监测数据必须是可靠真实的，数据的可靠性由测试元件安装或埋设的可靠性、监测仪器的精度和可靠性以及监测人员的素质来保证，所有的数据必须是原始记录的，不得更改、删除，但按一定的数学规则进行剔除、滤波和光滑处理是允许的。

3）及时性：监测数据必须是及时的，监测数据需在现场及时计算处理，计算有问题可及时复测，以便及时发现隐患，及时采取措施。

4）匹配性：埋设于结构中的监测元件不应影响和妨碍监测对象的正常受力和使用，埋设于岩体介质中的水土压力计、测斜管和分层沉降管等回填时的回填土应注意与岩土介质的匹配，监测点应便于观测、埋设稳固、标识清晰，并应采取有效的保护措施。

5）多样性：监测点的布设位置和数量应满足反映工程结构与周边环境安全状态的要求，在同一断面或同一监测点，尽量施行多个项目和监测方法进行监测，通过对多个监测项目的连续监测资料进行综合分析，可以互相印证、互相检验，从而对监测结果有全面正确的把握。

6）警示性：对重要的监测项目，应按照工程具体情况预先设定报警值和报警制度，报警值应包括变形和内力累计值及其变化速率。

7）完整性：基坑监测应整理完整的监测记录表、数据报表、形象的图表和曲线，得出监测结果后整理出监测报告。

3. 基坑监测项目与仪器

基坑工程监测的对象分为围护结构本身、土层和相邻环境。围护结构中包括围护桩墙、围檩和圈梁、支撑或土层锚杆、立柱等，土层包括坑内土层及其地下水，相邻环境中包括相邻建筑物、地下管线、构筑物等，基坑工程现场监测内容具体见表 3.6。

基坑工程监测项目与仪器 **表 3.6**

序号	监测对象	监测项目	监测仪器
（一）	围护结构		
1	围护桩墙	围护墙（边坡）顶部水平位移	经纬仪或全站仪、激光测距仪
		围护墙（边坡）顶部竖向位移	水准仪或全站仪
		围护墙深层水平位移	测斜仪、测斜管
		围护墙侧向土压力	土压力计、频率计
		围护墙内力	钢筋应力计或应变计、频率计

续表

序号	监测对象	监测项目	监测仪器
2	支撑 土层锚杆	支撑内力	钢筋应力计或应变计、频率计
		锚杆、土钉拉力	钢筋应力计或应变计、锚杆测力计、频率计
3	立柱	立柱竖向位移	水准仪或全站仪
		立柱内力	钢筋应力计或应变计、频率计
（二）	土层		
4	坑底土层、 坑外土层	坑底隆起（回弹）	水准仪或全站仪
		土体深层水平位移	测斜仪、测斜管
		土体深层竖向位移	分层沉降仪
5	坑外地下水	孔隙水压力	孔隙水压力计、频率计
		坑外地下水位	水位管、卷尺或水位仪
6	地表	地表竖向位移	
（三）	相邻环境		
7	周围建（构） 筑物变形	竖向位移	水准仪或全站仪
		倾斜	经纬仪或全站仪
		水平位移	经纬仪或全站仪
		裂缝	裂缝监测仪
8	周围地下 管线变形	竖向位移	水准仪或经纬仪
		水平位移	经纬仪或全站仪

以下将对几类典型量测仪器展开详细论述：

1）测斜仪

使用测斜仪量测土层深层水平位移的原理是将测斜管埋设在土层中，当土体发生水平位移时认为土体中的测斜管随土体同步位移，用测斜仪沿深度逐段量测测斜探头与铅垂线之间倾角 θ，可以计算各量测段上的相对水平偏移量，通过逐点累加可以计算其不同深度处的水平位移（图 3.88）。

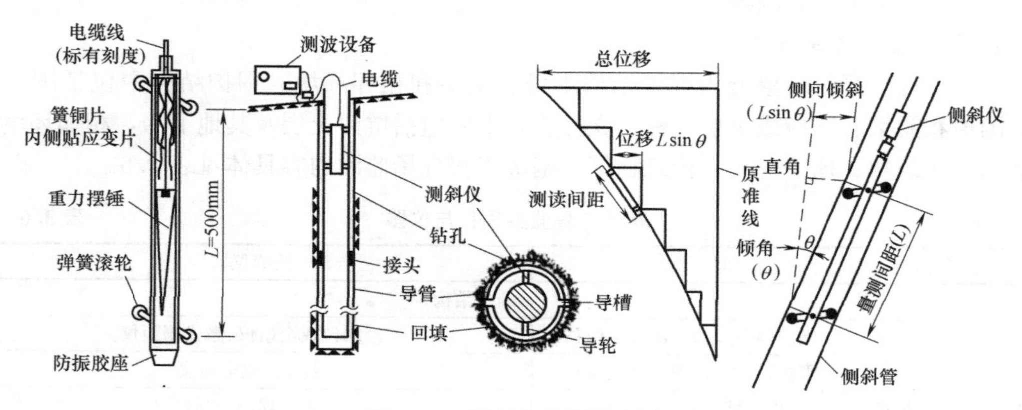

图 3.88　测斜仪量测原理图

各量测段上的相对水平偏移量为：

$$\Delta\delta_i = L_i \times \sin\theta_i \tag{3.21}$$

式中　$\Delta\delta_i$——第 i 测量段的水平偏差值（mm）；

L_i——第 i 测量段的长度（mm），通常取为 500mm、1000mm；

θ_i——第 i 测量段的倾角值（°）。

从管口下数第 k 量测段处的绝对水平偏差量为上面各量测段的相对水平偏移量之和：

$$\delta_k = d_o + \sum_{i=1}^{k} L \times \sin\theta_i \tag{3.22}$$

式中　d_o——实测起算点即测斜管管口的水平位移，用其他方法量测。

由于埋设好的测斜管的轴线并不是铅垂的，所以，各量测段第 j 次量测的水平位移 d_{jk} 应该是该段本次与第一次绝对水平偏差量之差值：

$$d_{jk} = \delta_{jk} - \delta_{1k} = d_{jo} + \sum_{i=1}^{k} L \times (\sin\theta_{ji} - \sin\theta_{1i}) \tag{3.23}$$

式中　δ_{jk}——第 j 次测量的第 k 量测段处的绝对水平偏差；

δ_{1k}——第 k 量测段处的绝对水平偏差的初始值；

d_{jo}——第 j 次量测的实测起算点即测斜管管口的水平位移；

θ_{ji}——第 j 次测量的第 k 量测段处的倾角；

θ_{1i}——第 k 量测段处的倾角初始值。

当测斜管埋设的足够深时，可以认为管底是不动点，可从管底向上计算各段的绝对水平偏差量，此时，$d_{jo}=0$，就不必再用其他方法量测测斜管管口的水平位移。无论是从管口还是从管底起算，起算点都记作 0 点，这样，水平位移测点与量测段的编号就会一致。

测斜仪按传感器元件不同，可分为滑动电阻式、电阻应变片式、钢弦式及伺服加速度式四种（图 3.89）。

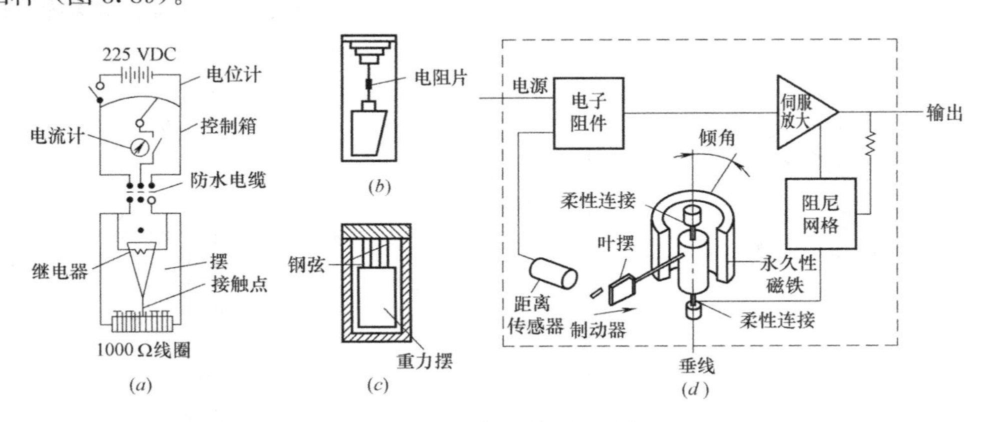

图 3.89　测斜仪工作原理示意图

（a）滑动电阻式；（b）电阻应变片式；（c）钢弦式；（d）伺服加速度式

滑动电阻式探头以悬吊摆为传感元件，在摆的活动端装一电刷，在探头壳体上装电位计，当摆相对于壳体倾斜时，电刷在电位计表面滑动，由电位计将摆相对于壳体的倾摆角位移变成电信号输出，用电桥测定电阻比的变化，根据标定结果就可进行倾斜测量。该探头的优点是坚固可靠，缺点是量测精度不高。

电阻应变片式探头是用弹性好的青铜弹簧片下挂摆锤，弹簧片两侧各贴两片电阻应变片，构成差动可变阻式传感器。弹簧片可设计成等应变梁，使之在弹性极限内探头的倾角与电阻应变读数呈线性关系。

钢弦式探头是通过在四个方向上十字形布置的四个钢弦式应变计测定重力摆运动的弹性变形，进而求得探头的倾角。可同时进行两个水平方向的测斜。

伺服加速度计式测斜探头是根据检测质量块因输入加速度而产生惯性力，并与地磁感应系统产生的反力相平衡，感应线圈的电流与此反力成正比，根据电压大小可测定倾角。该类测斜探头灵敏度和精度较高。

（1）测斜仪探头。它是倾角传感元件，其外观为细长金属鱼雷状探头，上、下近端部配有两对轮子，上端有与测读仪连接的电缆。

（2）测读仪。测读仪是测斜仪探头的二次仪表，是与测斜仪探头配套使用的，是提供电源、采集和变换信号、显示和记录数据的仪器核心部件。

（3）电缆。电缆的作用有四个：向探头供给电源、给测读仪传递量测信号、作为量测探头所在的量测点距孔口的深度尺、提升和下放探头的绳索。电缆需要很高的防水性能，而且作为深度尺，在提升和下放过程中不能有较大的伸缩，为此，电缆芯线中设有一根加强钢芯线。

（4）测斜管。测斜管一般由塑料（PVC）和铝合金材料制成，管节长度分为 2m 和 4m 两种规格，管节之间由外包接头管连接，管内有相互垂直的两对凹形导槽，管径有 60mm、70mm、90mm 等多种不同规格。铝合金管具有相当的韧性和柔度，较 PVC 管更适合于现场监测，但成本远大于后者。

2）磁性分层沉降仪量测

磁性分层沉降仪由对磁性材料敏感的探头、埋设于土层中的分层沉降管和钢环、带刻度标尺的导线以及电感探测装置组成（图 3.90）。分层沉降管由波纹状柔性塑料管制成，管外每隔一定距离安放一个钢环，地层沉降时带动钢环同步下沉。当探头从钻孔中缓慢下

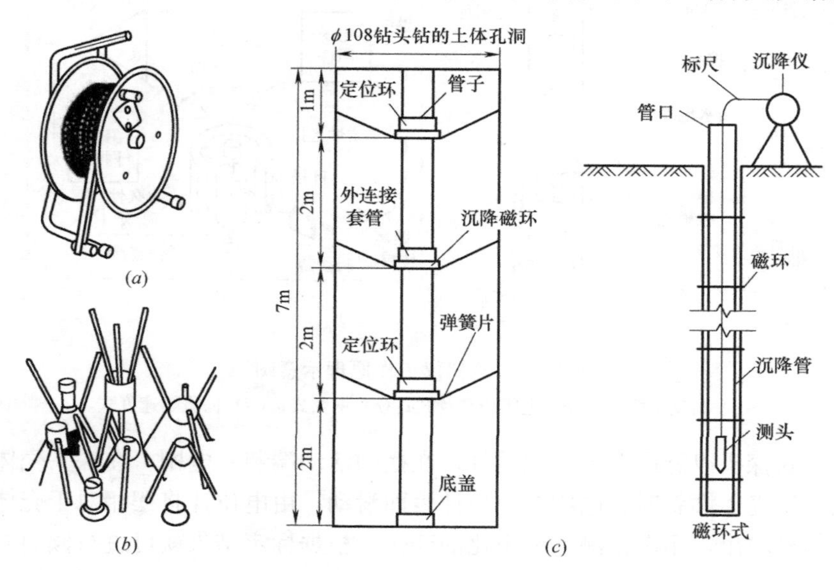

图 3.90　磁性分层沉降仪及埋设示意图

（*a*）磁性沉降仪；（*b*）磁性沉降标；（*c*）沉降标安装示意图

放遇到预埋在钻孔中的钢环时，电感探测装置上的蜂鸣器就发出叫声，这时根据量测导线上标尺在孔口的刻度以及孔口的标高，就可计算钢环所在位置的标高，量测精度可达1mm。在基坑开挖前预埋分层沉降管和钢环，并测读各钢环的起始标高，与其在基坑施工开挖过程中测得标高的差值即为各土层在施工工程中的沉降或隆起。土体分层竖向位移监测可获得土体中的竖向位移随深度的变化规律，沉降管上设置的钢环密度越高，所得到的分层沉降规律越是连贯与清晰。

量测方法有孔口标高法和孔底标高法两种：孔口标高法，以孔口标高作为基准点，孔口标高由测量仪器量测，通常采用该方法；孔底标高法，以孔底为基准点从下往上逐点测试，用该方法时沉降管应落在地下相对稳定点。

具体量测和计算方法如下：

分层沉降管埋设完成后，采用水准仪测出管口标高（或利用管口标高计算孔底标高），同时利用分层沉降仪测出各道钢环的初始深度。

基坑开挖后量测钢环的新深度。量测钢环位置时，要求缓慢上下移动伸入管内的电磁感应探头，当探头探测到土层中的磁环时，接收系统的音响器会发出蜂鸣声，此时读出钢尺电缆在管口处的深度尺寸，这样一点一点地量测到孔底，称为进程测读，用字母 J_i 表示，当在该导管内收回量测电缆时，也能通过土层中的磁环，接收到系统的音响仪器发出的音响，此时也须读写出量测电缆在管口处的深度尺寸，如此量测到孔口，称为回程测读，用字母 H_i 表示，该孔各磁环在土层中的实际深度的计算公式为：

$$S_i=(J_i+H_i)/2 \tag{3.24}$$

式中 i——某一测孔中测读的点数，即土层中磁环的个数；

S_i——测点 i 距管口的实际深度（mm）；

J_i——测点 i 在进程测读时距管口的深度（mm）；

H_i——测点 i 在回程测读时距管口的深度（mm）。

若采用孔口标高法，则各磁环的标高 h_i 以及磁环所在土层的沉降 Δh_i 为：

$$\begin{gathered} h_i=h_{\mathrm{p}}-S_i \\ \Delta h_i=h_i-h_{i\mathrm{o}} \end{gathered} \tag{3.25}$$

式中 h_{p}——管口标高；

$h_{i\mathrm{o}}$——测点 i 初始标高。

3）钢筋计

钢筋混凝土制作的地下连续墙、钻孔灌注围护桩、支承、围檩和圈梁等围护支挡构件，其内力监测通常是在钢筋混凝土内部埋设钢筋计，通过测定构件内受力钢筋的应力与应变，然后根据钢筋与混凝土共同工作、变形协调条件计算得到。

钢筋计有应力计和应变计两种，两种钢筋计的安装方法是不同的，轴力和弯矩等的计算方法也略有不同。钢筋应力计是用与主筋直径相等的钢筋计，与受力主筋串联连接，如图 3.91（*a*）所示，先把钢筋计安装位置的主筋截断，把钢筋计与安装杆组装后伸出钢筋计两边的安装杆与主筋焊接，焊接长度不小于 35 倍的主筋直径，由钢筋应力计测得的是主筋的拉压力值。而钢筋应变计一般采用远小于主筋直径的钢筋计，如 $\phi 6$ 或 $\phi 8$，安装时先将钢筋计与安装杆连接后，再把安装杆平行绑扎或焊接在主筋上或点焊在箍筋上，如图 3.91（*b*）所示，钢筋应变计测得的是钢筋计的拉压力值或应变值。在钢筋计焊接时要用潮毛巾包住焊缝与钢筋计安装杆，并在焊接的过程中不断地往潮毛巾上冲水降温，直至焊接结束，钢筋计温度降到60℃以下时方可停止冲水。

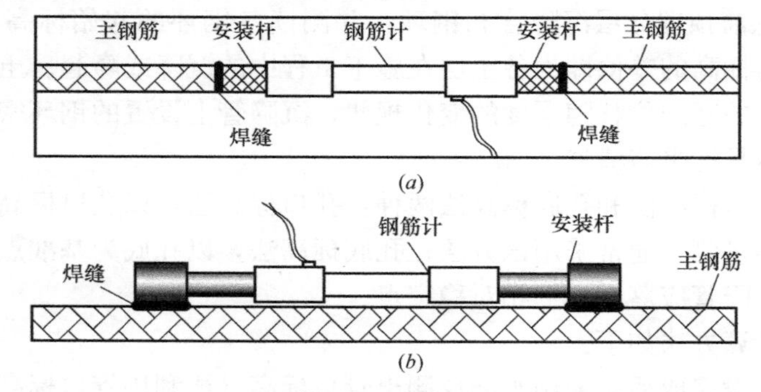

图 3.91　钢筋混凝土构件中钢筋计安装

(*a*) 钢筋计与主钢筋对焊串联连接；(*b*) 钢筋计与主钢筋并联连接

由于主钢筋一般沿混凝土构件截面周边布置，所以钢筋计应上下或左右对称布置，或在矩形截面的4个角点处布置（图 3.92）。

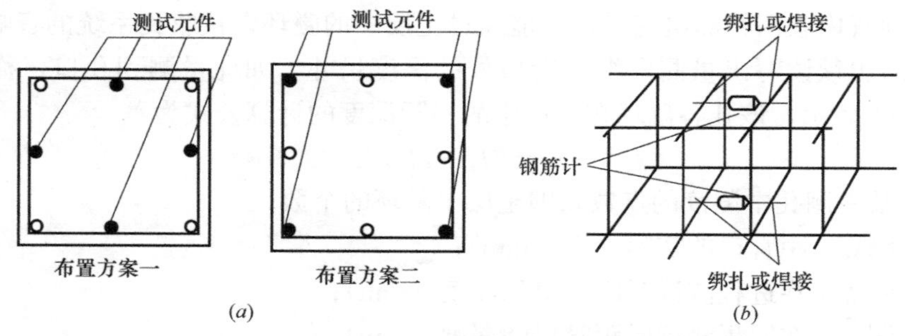

图 3.92　钢筋计在混凝土构件中的布置

(*a*) 钢筋应力计布置；(*b*) 钢筋应变计布置

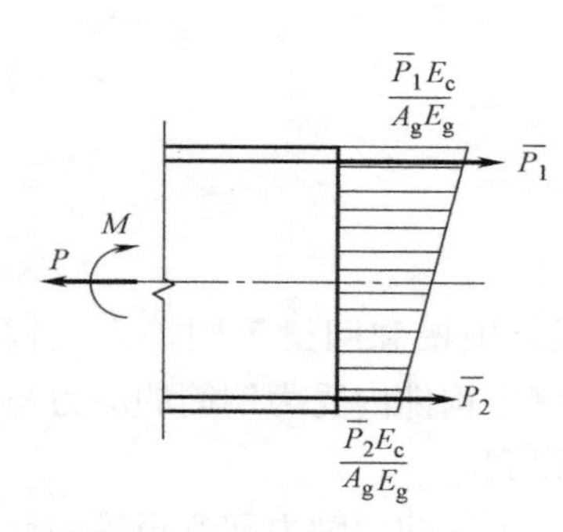

图 3.93　混凝土构件截面计算简图

下面介绍以钢筋混凝土构件中埋设钢筋应力计为例，根据钢筋与混凝土的变形协调原理，由钢筋应力计的拉力或压力计算构件内力的方法。

图 3.93 给出了混凝土构件截面计算简图，全部钢筋承受的轴力 P_g 为：

$$P_g=n(\overline{P_1}+\overline{P_2})/2 \tag{3.26}$$

式中　$\overline{P_1}$、$\overline{P_2}$——所测的上、下层钢筋应力计的平均拉压力值；

n——埋设钢筋应力计的整个截面上钢筋的受力主筋总根数。

根据钢筋与混凝土的变形协调原理，钢筋附近混凝土的应变与钢筋的应变相等，所以混凝土上、下层的应变分别为$\frac{\overline{P_1}}{A_gE_g}$、$\frac{\overline{P_2}}{A_gE_g}$，对应的应力值分别为$\frac{\overline{P_1}E_c}{A_gE_g}$、$\frac{\overline{P_2}E_c}{A_gE_g}$，其应力值在截面上的积分即为混凝土承受的轴力 P_c：

$$P_c=\frac{(\overline{P_1}+\overline{P_2})}{2A_g}\frac{E_c}{E_g}(A-nA_g) \tag{3.27}$$

式中　E_c、E_g——混凝土和钢筋的弹性模量（MPa）；

　　A、A_g——支撑截面面积和单根钢筋截面面积。

支撑轴力 P 等于钢筋所受轴力 P_g 叠加上混凝土所受轴力 P_c，给出支撑轴力 P 的表达式如下：

$$P=P_g+P_c=n\frac{(\overline{P_1}+\overline{P_2})}{2}+\frac{(\overline{P_1}+\overline{P_2})}{2A_g}\frac{E_c}{E_g}(A-nA_g) \tag{3.28}$$

上、下层（或内、外层）钢筋承受的轴力对截面中线取一次矩，可得到由钢筋引起的弯矩 M_g：

$$M_g=\frac{n}{4}(\overline{P_1}-\overline{P_2})h \tag{3.29}$$

式中　h——支撑高度或地下连续墙厚度（mm）。

混凝土应力值的截面积分对截面中线取一次矩，可得到由混凝土引起的弯矩 M_c：

$$M_c=(\overline{P_1}-\overline{P_2})\frac{E_c}{E_gA_g}\frac{I_z}{h} \tag{3.30}$$

式中　I_z——截面惯性矩（mm），矩形截面 $I_z=bh^3/12$；

　　b——支撑宽度（mm）。

支撑弯矩 M 等于钢筋轴力引起的弯矩 M_g 叠加上混凝土应力引起的弯矩 M_c，给出支撑弯矩 M 表达式如下：

$$M=M_g+M_c=(\overline{P_1}-\overline{P_2})\left(\frac{nh}{4}+\frac{E_c}{E_gA_g}\frac{I_z}{h}\right) \tag{3.31}$$

对于地下连续墙结构，一般计算单位延米的轴力和弯矩，即取宽度 b=1000mm。

4）钢支撑轴力计

对于H型钢、钢管等钢支撑轴力的监测，可通过串联安装钢支撑轴力计的方式来进行，钢支撑轴力计是直径约100mm、高度约200mm的圆柱状元件，安装要用专门的轴力计支架，轴力计支架是内径和高度分别小于轴力计约5mm、10mm的钢质圆柱筒，可以将轴力计放入其内并伸出约10mm，支架开有腰子眼以引出导线，支架的外面焊接有四块翼板以稳定支撑轴力计支架，轴力计支架焊接到钢支撑的法兰盘上，与钢支撑一起支撑到圈梁或围檩的预埋件上（图3.94）。

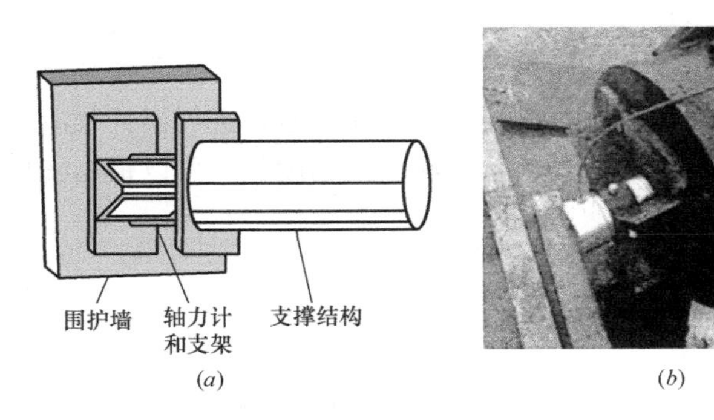

(a)　　(b)

图3.94　钢支撑轴力计安装图

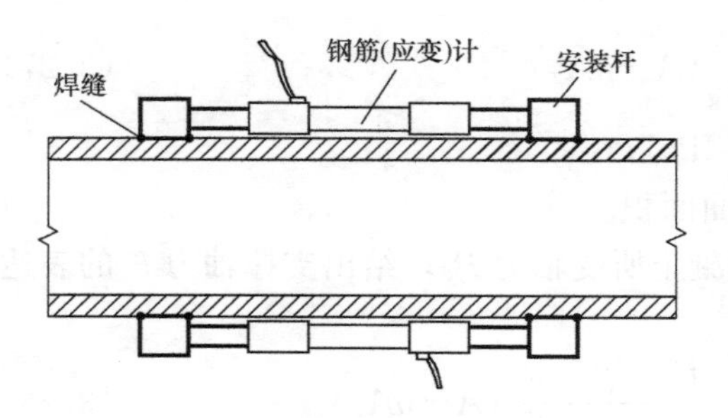

图 3.95 钢支撑轴力计安装图

由于轴力计是串联安装的，在施工单位配置钢支撑时就要与施工单位协调轴力计安装事宜，以合理配置钢支撑的长度、安装好支架，以免引起支撑失稳或滑脱。用支撑轴力计价格略高，但经过标定后可以重复使用，测试简单，测得的读数根据标定曲线可直接换算成轴力，数据比较可靠。

也可以在钢支撑表面焊接钢筋应力计（图 3.95）、粘贴表面应变计或电阻应变片等方法测试钢支撑的应变，或在钢支撑上直接粘贴底座并安装位移计、千分表来测试钢支撑变形，通过监测钢支撑架断面上的应变或某标距内的变形，再用弹性原理来计算支撑的轴力。

一般需在支撑的上、下、左、右 4 个部位布设监测元件，求其平均值。

$$P=E_{g}A_{g}\bar{\varepsilon}=E_{g}A_{g}\frac{\bar{\delta}}{L} \tag{3.32}$$

式中 P——钢支撑轴力（kN）；

A_{g}——钢支撑的钢截面面积；

$\bar{\varepsilon}$——监测断面处几支应变计测试应变值的平均值；

$\bar{\delta}$——监测断面处几支位移传感器测试形变量的平均值；

L——监测变形的标距。

5）锚杆测力计

土层锚杆由单根钢筋或钢管或若干根钢筋形成的钢筋束组成。在基坑开挖过程中，土层锚杆要在受力状态下工作数月，为了掌握其在整个施工期间是否按设计预定的方式起作用，需要对一定数量的锚杆进行监测。土层锚杆监测一般仅监测拉力的变化。

由单根钢筋或钢筋束组成的土层锚杆可采用钢筋应力计和应变计监测其拉力，与钢筋混凝土构件中的埋设和监测方法相类似。但钢筋束组成的土层锚杆必须每根钢筋上都安装监测元件，它们的拉力总和才是土层锚杆总拉力，而不能只测其中一根或两根钢筋的拉力求其平均值，再乘以钢筋总数来计算锚杆总拉力，因为由钢筋束组成的土层锚杆，各根钢筋的初始拉紧程度是不一样的，所测得的拉力与初始拉紧程度的关系很大。

单根钢筋和钢管的土层锚杆的拉力可采用专用的锚杆轴力计监测，其结构如图 3.96 所示，锚杆轴力计安装在承压板和锚头之间，锚杆轴力计监测中空结构锚杆从轴心穿过，腔体内沿周边安装有数根振弦或粘贴有数片应变皮组合成的量测系统。

锚杆钢筋计和锚杆轴力计安装好并锚杆施工完成后，进行锚杆预应力张拉时，在记录张拉千斤顶的读数时要同时记录土层锚杆监测元件的读数，可以根据张拉千斤顶的读数对监测元件的读数进行校核。

3.4.2 隧道工程监测

1. 隧道工程监测必要性

岩石隧道最早的设计理论是来自俄国的普氏理论，普氏理论认为在山岩中开挖隧道后，洞顶有一部分岩体因松动而可能坍落，坍落之后形成拱形，然后才能稳定，这块拱形

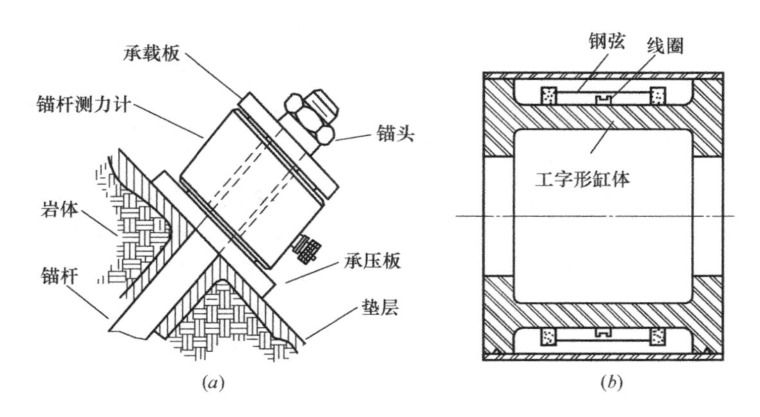

图 3.96　专用锚杆轴力计结构图

(a) 锚杆轴力计布置；(b) 锚杆轴力计结构

坍落体就是作用在衬砌顶上的围岩压力，然后按结构上能承受这些围岩压力来设计结构，这种方法与地面结构的设计方法相仿，归类为荷载结构法。经过较长时间的实践，发现这些方法只适合于明挖回填法施工的岩石隧道。随后，人们逐渐认识到了围岩对结构受力变形的约束作用，提出了假定抗力法和弹性地基梁法，这类方法对于覆盖层厚度不大的暗挖地下结构的设计计算是较为适合的。

另一方面，把岩石隧道与围岩看做一个整体，按连续介质力学理论计算隧道衬砌及围岩的应力分布内力。由于岩体介质本构关系研究的进步与数值方法和计算机技术的发展，连续介质方法已能求解各种洞型、多种支护形式的弹性、弹塑性、黏弹性和黏弹塑性解，已成为岩石隧道计算中较为完整的理论。但由于岩体介质和地质条件的复杂性，计算所需的输入量（初始地应力、弹性模量、泊松比等）都有很大的不确定性，因而大大地影响了其实用性。

2. 隧道工程监测发展概述

20 世纪 60 年代起，奥地利学者总结出了以尽可能不要恶化围岩中的应力分布为前提，在施工过程中密切监测围岩变形和应力等，通过调整支护措施来控制变形，从而达到最大限度地发展围岩本身自承能力的新奥法隧道施工技术。由于新奥法施工过程中最容易且可以直接监测到拱顶下沉和洞周收敛，而要控制的是隧道的变形量，因而，人们开始研究用位移监测资料来确定合理的支护结构形式及其设置时间的收敛限制法设计理论。

新奥法隧道施工技术的精髓是认为围岩有自承能力，新奥法隧道施工技术的三要素：光面爆破、锚喷支护、监控量测也是紧密围绕着围岩自承能力，光面爆破是在爆破中尽量少扰动围岩以保护围岩的自承能力，锚喷支护是通过对围岩的适当加固以提高围岩的自承能力，监控量测是根据监测结果选择合理的支护时机以便发挥围岩的自承能力。

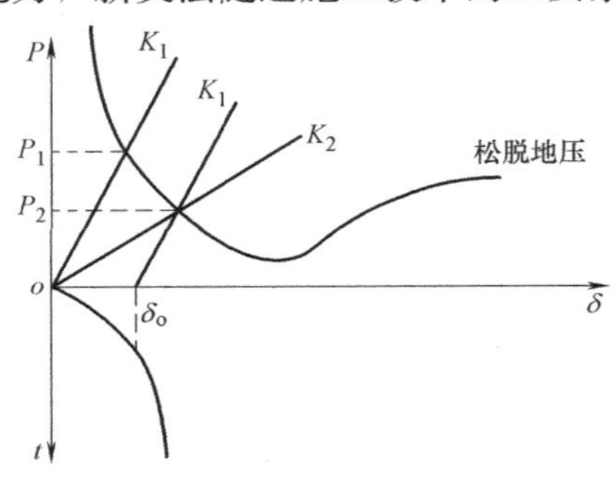

图 3.97　合理支护时机的确定

图 3.97 中围岩的支护力和变形曲线具有类似双曲线的形式，而衬砌的荷载-位移曲线是过原点直线，衬砌刚度越大其斜率越大。值得注意的是，

在给定围岩中的隧道，刚度大的衬砌，其上面的作用荷载也大，说明增大衬砌断面厚度以增加其刚度并不能增加衬砌的安全度，这是因为衬砌刚度增加了它就承担了更多的围岩压力。而围岩自身承担的围岩压力就减少了，也即没有充分发挥围岩的自承能力，本来围岩能自己承担的荷载转移到刚度增大的衬砌上了，所以其安全度并没有增加。另外，同样刚度的衬砌，在围岩发生一定的位移量后再支护（K_1曲线右移到δ_0），作用在衬砌上的荷载就减小了，说明延迟支护后围岩的自承能力得到发挥，衬砌的安全度提高了。但是当围岩的位移发展到一定程度时围岩就会松脱或坍塌，因此衬砌支护应该有一个合适的时机，能使围岩位移得到尽可能的发展以最大限度地发挥围岩的自承能力，但也不至于发生围岩松脱。这个合理时机的确定能通过监控量测得到围岩位移时程曲线，将位移时程曲线上位移快速发展段基本结束的点定为合理支护时机。

近 20 年来，我国隧道建设得到了迅猛的发展，隧道建设总里程已超过 10 万 km，数量超过 10 万座，并且穿越的地质条件也各种各样、复杂多变，公路隧道从单洞两车道发展到单洞四车道，隧道单洞跨度超过 20m，而且各种跨度的连拱隧道、小净距隧道等特殊隧道也越来越多，近几年随着交通流量的增大，各种形式隧道改扩建施工也越来越多。这 20 年来如此巨量的隧道施工，绝大多数隧道都进行了施工监测，隧道施工监测的方法有了一定的进步，但技术水平并没有明显的提高，监测数据质量和真实性越来越成为隧道施工监测中的问题，导致这么多隧道施工监测的海量数据并没有能总结出可指导隧道施工的经验成果，隧道的现场监控量测仍然是隧道施工过程中必须实施的工序。

岩体中的隧道工程由于地质条件的复杂多变，在隧道设计、施工和运营过程中，常常存在着很大的不确定性和高风险性，其设计和施工需要动态的信息反馈，即要采用隧道的信息化动态设计和施工方法，它是在隧道施工过程中采集围岩稳定性及支护的工作状态信息，如围岩和支护的变形、应力等，反馈于施工和设计决策，据以判断隧道围岩的稳定状态和支护的作用，以及所采用的支护设计参数及施工工艺参数的合理性，用以指导施工中的一个重要工序，应贯穿施工全工程，动态信息反馈过程也是随每次掘进开挖和支护的循环进行一次。隧道的信息化动态设计和施工方法是以力学计算的理论方法和以工程类比的经验方法为基础，结合施工监测动态信息反馈。根据地质调查和岩土力学性质测试结果用力学计算和工程类比对隧道进行预设计，初步确定设计支护参数和施工工艺参数，然后，根据在施工过程中监测所获得的关于围岩稳定性、支护系统力学和工作状态的信息，再采用力学计算和工程类比，对施工工艺参数和支护设计参数进行调整。这种方法并不排斥各种力学计算、模型实验及经验类比等设计方法，而是把它们最大限度地包含在内发挥各种方法特有的长处，图 3.98 是隧道的信息化动态设计和施工方法流程图。与上部建筑工程不同，在岩石隧道设计施工过程中，勘察、设计、施工等诸环节允许有同步、反复与渐进。

3. 隧道工程监测主要任务

岩石隧道施工监测的主要任务包括：

1）确保隧道结构、相邻隧道和建（构）筑物的安全。

2）信息反馈指导施工，确定支护的合理时机以发挥围岩自承能力，必要时调整施工工艺参数。

3）信息反馈指导设计，为修改支护参数和计算参数提供依据。

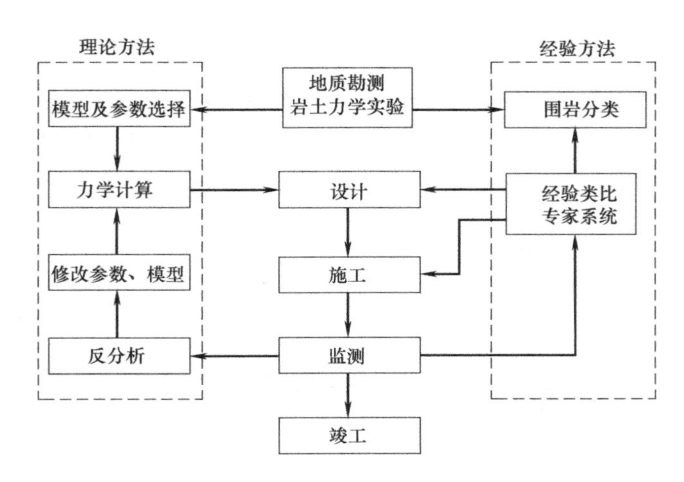

图 3.98　隧道的信息化动态设计和施工方法流程图

4）为验证和研究新的隧道类型、新的设计方法、新的施工工艺采集数据，为岩石隧道工程设计和施工的技术进步收集积累资料。

4. 隧道工程监测项目与仪器

岩石隧道工程监测的对象主要是围岩、衬砌、锚杆和钢拱架及其他支撑，监测的部位包括地表、围岩内、洞壁、衬砌内和衬砌内壁等，监测类型主要是位移和压力，有时也监测围岩松动圈和声发射等其他物理量。岩石隧道工程监测的项目与所用仪器见表 3.7。

岩石隧道监测的项目与所用仪器　　　　**表 3.7**

监测类型	监测项目	监测仪器与方法
位移	地表沉降	水准仪、全站仪
	拱顶下沉	水准仪、激光收敛仪、全站仪
	围岩体内位移(径向)	单点位移计、多点位移计、三维位移计
	围岩体内位移(水平)	测斜仪、三维位移计
	洞周收敛	收敛计、激光瘦脸仪、巴塞特系统、全站仪
	隧道周边三维位移	全站仪
压力	衬砌内力	钢筋应力计或应力计、频率计
	围岩压力	岩土压力计、压力枕
	两层支护间压力	压力盒、压力枕
	锚杆轴力	钢筋应力计或应力计、应变片、轴力计
	钢拱架压力和内力	钢筋应力计或应力计、应变片、轴力计
	地下水渗透压力	渗压计
其他物理量	围岩松动圈	声波仪、形变电阻法
	超前地质预报	超前钻、探地雷达、TSP2003
	爆破震动	测震仪
	声发射	声发射检测仪
	微震事件	微震检测

1）液压枕

液压枕（油枕应力计），可埋设在混凝土结构内、围岩内以及结构与围岩的接触面处，长期监测结构和围岩内的压力以及它们接触面的应力。其结构主要由枕壳、注油三通、紫铜管和压力表组成（图 3.99），为了安设时排净系统内空气，设有球式排气阀。液压枕需在室内组装，经高压密封性测试合格后才能埋设使用。

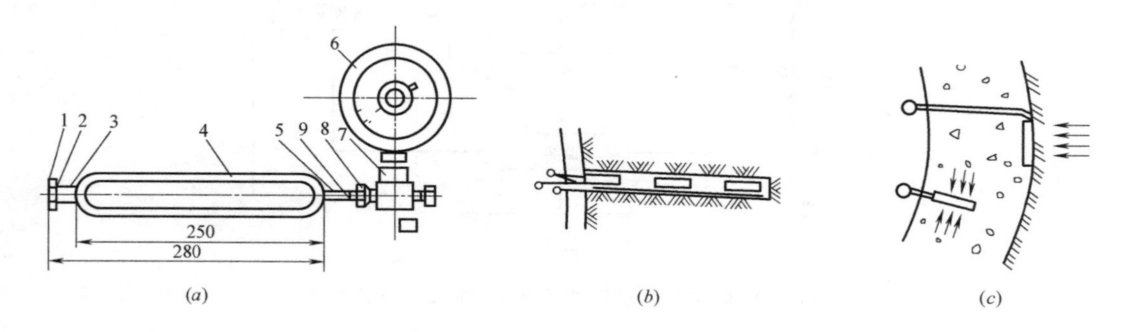

图 3.99 液压枕结构和埋设

（a）结构；（b）钻孔内埋设；（c）在混凝土层内和界面上埋设

1—放气螺钉；2—钢球；3—放气嘴；4—枕壳；5—紫铜管；6—压力表；7—注油三通；8—六角螺母；9—小管座

液压枕在埋设前用液压泵往枕壳内充油，排尽系统中空气，埋入测试点，待周围包裹的砂浆达到凝固强度后，即可打油施加初始压力，此后，压力表值经 24h 后的稳定读数定位该测试液压枕的初承力，而后将随地层附加应力变化而变化，定期观察和记录压力表上的数值，可归纳围岩压力或混凝土层总应力变化的规律。

在混凝土结构和混凝土与围岩的接触面上埋设，只需在浇筑混凝土前将其定位固定，待浇筑好混凝土后即可。在钻孔内埋设时，则需先在测试位置垂直于岩面钻预计测试深度的钻孔，孔径一般为 $\phi43\sim\phi45$，埋设前用高压风水将孔内岩粉冲洗干净，然后把液压枕放入，按需要分别布置在孔底、中间和孔口。液压枕常要紧跟工作面埋设，对外露的压力表应加罩保护，以防爆破或其他人为因素损坏。在钻孔内埋设液压枕［图 3.99（b）］，得到的是围岩内不同深度处的环向应力。在混凝土结构内和在界面上埋设液压枕［图 3.99（c）］，分别得到结构内的环向应力和径向应力。

液压枕测试具有直观可靠、结构简单、防潮防振、不受干扰、稳定性好、读数方便、成本低、不要电源，能在有瓦斯的隧道工程中使用等优点，故是现场测试常用的手段。

2）压力盒

压力盒用于量测围岩与初衬之间、初衬与二衬之间的接触应力。分别有钢弦频率式压力盒、油腔压力盒等类型。

埋设围岩与初衬之间、初衬与二衬之间的压力盒时，可采取如下几种方式：先用水泥砂浆或石膏将压力盒固定在岩面或初衬表面上，使混凝土与土压力盒之间不要有间隙以保证其均匀受压，并避免压力膜受到粗颗粒、高硬度的回填材料的不良影响。但在拱顶处埋设土压力盒会掉下来，采取先采用电动打磨机对测点处岩面进行打磨，然后在打磨处垫一层无纺布，最后采用射钉枪将压力盒固定在岩石表面。最多采用的方法是先用锤子将测点处岩面锤击平整，再用水泥砂浆抹平，待水泥砂浆达到一定强度后（约 4h），用钻机在所

需位置钻孔并将 ϕ14 钢筋固定在钻孔中，最后用钢丝将压力盒绑扎在钻孔钢筋上。埋设初衬与二衬之间的压盒时，还可以紧贴防水板将压力盒绑扎在二衬钢筋上。为了使围岩和初衬的压力能更好地传递到压力盒上，最好在围岩或初衬与压力盒的感应膜之间放一个直径大于压力盒的钢膜油囊。

3）锚杆轴力监测

锚杆轴力监测是为了掌握锚杆的实际受力状态，为修正锚杆的设计参数提供依据。

锚杆轴力可以采用在锚杆上串联焊接钢筋应力计或并联焊接钢筋应力计的方法监测。只监测锚杆总轴力时，也可以采用锚杆尾部安设环式锚杆轴力计的方法监测。全长粘结锚杆是为了监测锚杆轴力沿锚杆长度的分布，通常在一根锚杆上布置 3～4 个测点。锚杆轴力也可以采用粘贴应变片的方法监测，对粘贴应变片的部位要经过特殊的加工，粘贴应变片后要做防潮处理，并加密封保护罩。这种方法价格低廉，使用灵活，精度高，但由于防潮要求高，抗干扰能力低，大大限制了它的使用范围。

钢管式锚杆可以采用在钢管上焊接钢表面应变计或粘贴应变片的方法监测其轴力。

4）钢拱架和衬砌内力监测

隧道内钢拱架主要属于受弯构件，其稳定性主要取决于最大弯矩是否超出了其承载力。钢拱架压力监测的目的是监控围岩的稳定性和钢支撑自身的安全性，并为二次衬砌结构的设计提供反馈信息。

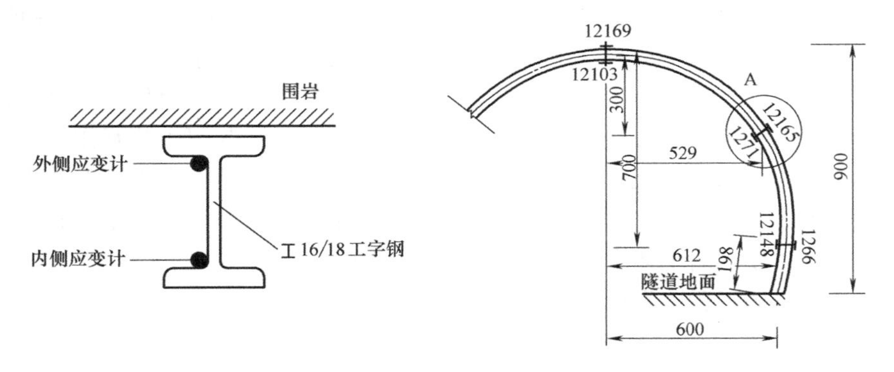

图 3.100　钢拱架压力计埋设示意图（cm）

钢拱架分型钢钢拱架和格栅钢拱架，型钢拱架内力采用钢应变计、电阻应变片监测。型钢钢拱架上的钢应变计埋设如图 3.100 所示。根据型钢钢拱架内两侧监测得到的应变值，按压弯构件的应变计算方式（图 3.101），可按式（3.33）计算其轴力与弯矩：

$$N=\frac{\varepsilon_1+\varepsilon_2}{2}E_oA_o$$

$$M=\pm\frac{(\varepsilon_1-\varepsilon_2)E_oI_o}{b} \tag{3.33}$$

式中　A_o——型钢的面积；

E_o——钢拱架弹性模量；

I_o——惯性矩。

记应变受拉为正，受压为负。

钢拱架内力监测结果分析时，可在隧道横断面上按一定的比例将轴力、弯矩值点画在

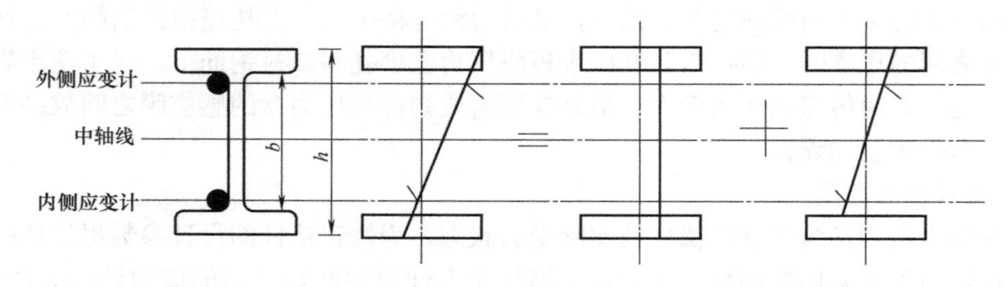

图 3.101　型钢钢架内力转化示意图

各测点的位置，并将各点连接形成隧道钢拱架轴力及弯矩分布图。

格栅钢拱架由钢筋制作而成，其内力可以采用钢筋计（钢筋应变计或钢筋应力计）监测，具体的监测和计算方法参考混凝土结构的情况。

衬砌内力可以采用钢筋计（钢筋应变计或钢筋应力计）监测，具体的监测和计算方法与地下连续墙内力监测相类似，一般也是计算每延米的轴力与弯矩。

3.4.3　锚杆拉拔检测

1. 锚杆在岩土锚固工程中的作用

锚杆是将拉力传递到稳定岩层或土层的锚固体系。它通常包括杆体（由钢筋、特制钢管、钢绞线等筋材组成）、注浆体、锚具、套管和可能使用的连接器。当采用钢绞线或高强度钢丝束作杆体材料时可称锚索。在岩土锚固中通常将锚杆和锚索统称为锚杆。

岩土锚固工程中，锚杆作为埋设于岩土体中的受拉杆件，其主要作用是将结构物的拉应力传递给深部的稳定地层或加固不稳定的岩土体，形成拉杆与岩土相互作用、共同工作的体系。锚杆的作用从表面上看是限制了部分岩土脱离原体，从力学观点上看主要是提高了岩土体的黏聚力 C 和内摩擦角 φ，实质上是位于岩土体内锚杆与岩土体形成一个新的复合体，这个复合体使得岩土体自身的承载能力大大增强。

锚杆在岩土锚固工程中发挥效用须满足以下三个条件：

① 锚杆杆体的抗拉强度高于岩土体。

② 锚杆内部的一端可以和岩土体紧密接触形成摩擦（或粘结）阻力。

③ 锚杆外部的一端能够形成对岩土体的径向阻力。

岩土锚固技术在矿山、交通、建筑、水利水电、军事人防等工程中的应用越来越广泛。按锚固的对象不同，岩土锚固技术有边坡锚固、隧道锚固、大坝锚固、抗浮锚固等。

1）锚杆的组成

锚杆主要由锚头、锚固段、自由段（也称非锚固段）以及相关配件组成，如图 3.102 所示。

（1）锚头：锚杆外端用于锚固或锁定锚杆拉力的部件，由台座、垫板、锚具、保护帽和外端锚筋组成。

（2）锚固段：是指水泥浆体将预应力筋与土层粘结的区域，L_m 长度依照每根锚杆需承受多大的抗拔力而定。其功能是将锚固体与土层的粘结摩擦作用增大，增加锚固体的承压作用，将自由段的拉力传至土体深处。

（3）自由段：是指将锚头处的拉力传至锚固体的区域，L_f 长度按照支护结构与稳定土

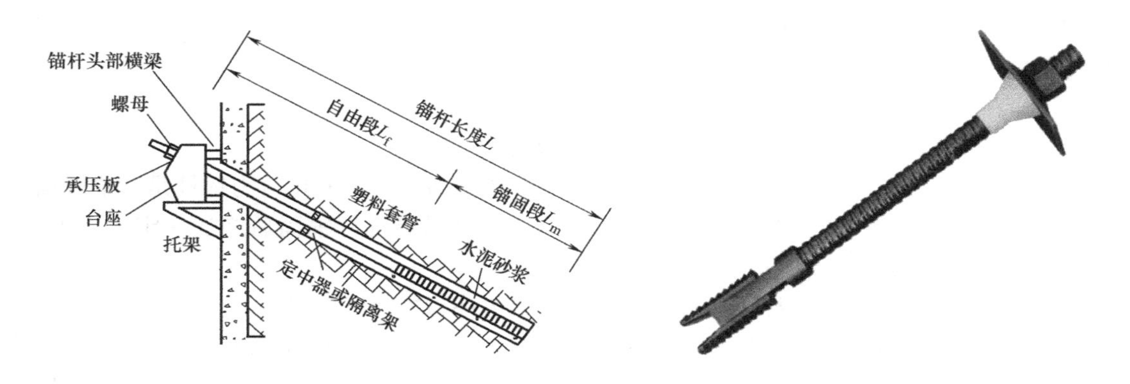

图 3.102 锚杆示意图

层间的实际距离而定，其功能是传递拉力。

（4）锚杆配件：定位支架、导向帽、架线环、束线环、注浆塞等。

锚杆的主要组成部分包括杆体、垫板、螺母、锚头与锚固剂等（图 3.103）。以下分别展开介绍：

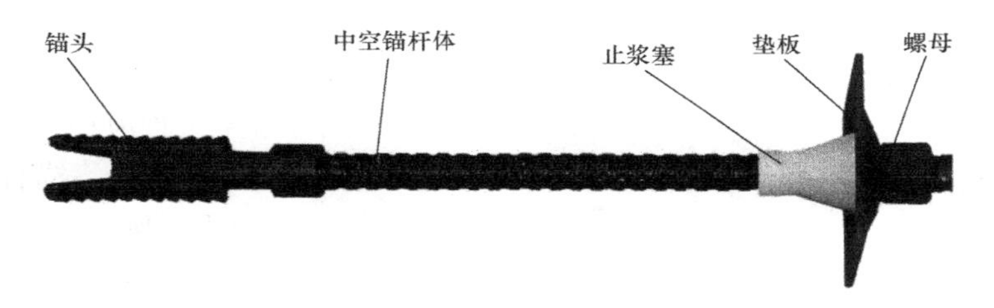

图 3.103 锚杆主要组成部分

① 杆体

管材是制作缝管式锚杆、楔管式锚杆、内注浆锚杆等杆件的主要材料。

圆钢或螺纹钢、钢丝或钢绞线是制作各种普通锚杆拉杆的主要材料，包括楔缝式锚杆、倒楔式锚杆、涨壳式锚杆、涨圈式锚杆、砂浆锚杆、树脂锚杆、螺纹钢锚杆等均采用圆钢或螺纹钢作为锚杆杆件材料。

② 垫板

也称托板，是锚杆的重要组成部件，即使是砂浆锚杆也应重视采用垫板。钢板、铸铁板和竹胶板，均可用做垫板。

③ 螺母

如果杆体采用粗钢筋，则用螺母或专用的连接器、焊螺栓端杆等。

④ 锚头

当杆体采用钢丝或钢绞线时，锚杆端部可由锚盘及锚片组成，锚盘的锚孔孔径设计，根据钢绞线的使用量确定，也可采用公锥及锚销等零件。

⑤ 锚固剂

常用锚固剂有树脂类锚固剂与快硬水泥类锚固剂两类：树脂类锚固剂根据凝固固化时间分为超快、快速、中速以及慢速四种；快硬水泥类锚固剂主要以普通水泥或特种水泥

(大多是早强水泥、爽快水泥）为原料，添加专用外加剂（如早强速凝剂、阻锈剂、干砂等）构成。

2）锚杆的分类

由于分类标准不同，锚杆被分为以下不同种类：

（1）按是否预先施加应力分为预应力锚杆和非预应力锚杆。非预应力锚杆是指锚杆锚固后不施加外力，锚杆处于被动受载状态；预应力锚杆是指锚杆锚固后施加一定的外力，使锚杆处于主动受载状态。

（2）按锚固形态分为圆柱形锚杆、端部扩大型锚杆与连续球形锚杆。

（3）按锚固机理可分为有粘结锚杆、摩擦型锚杆、端头锚固型锚杆以及混合型锚杆。

（4）按使用部位分为基坑支护锚杆、边坡支护锚杆、抗浮锚杆与抗倾覆锚杆等。支护锚杆设计角度正常为15°～30°，抗浮锚杆、抗倾覆锚杆设计角度为90°。

（5）根据锚杆设计使用年限分为临时性锚杆和永久性锚杆。使用年限超过2年的边坡为永久性边坡，否则为临时性边坡。

（6）根据锚杆周围岩土层性质分为土层锚杆和岩层锚杆。

（7）根据材质不同分为注浆型锚杆和机械预应力锚杆。

（8）按受力方式分为压力型锚杆和拉力型锚杆。

工程应用中需要进行拉拔质量检测的主要是拉力型锚杆。

图3.104　排桩式锚杆挡墙

3）锚杆常见工程应用

在岩土锚固工程中，锚杆通常与其他支挡结构联合使用，例如：

（1）锚杆与钢筋混凝土桩联合使用，构成钢筋混凝土排桩式锚杆挡墙。排桩可以是钻孔桩、挖孔桩或劲性混凝土桩，锚杆可以是预应力或非预应力锚杆（图3.104）。

（2）锚杆与钢筋混凝土格架联合使用形成钢筋混凝土格架式锚杆挡墙，锚杆锚点设在格架结点上，锚杆可以是预应力锚杆或非预应力锚杆，如图3.105所示。

图3.105　钢筋混凝土格架式锚杆挡墙

(3) 锚杆与钢筋混凝土板肋联合使用形成钢筋混凝土板肋式锚杆挡墙，这种结构主要用于直立开挖的Ⅲ、Ⅳ类岩石边坡或土质边坡支护，一般采用自上而下的逆作法施工，如图 3.106 所示。

图 3.106　钢筋混凝土板肋式锚杆挡墙

(4) 锚杆与钢筋混凝土板肋、锚定板联合使用形成锚定板挡土墙，这种结构主要用于填方形成的直立土质边坡（图 3.107）。

(5) 锚杆与钢筋混凝土面板联合使用形成锚板支护结构，适用于岩石边坡。锚板可根据岩石类别采用现浇板或挂网喷射混凝土层。

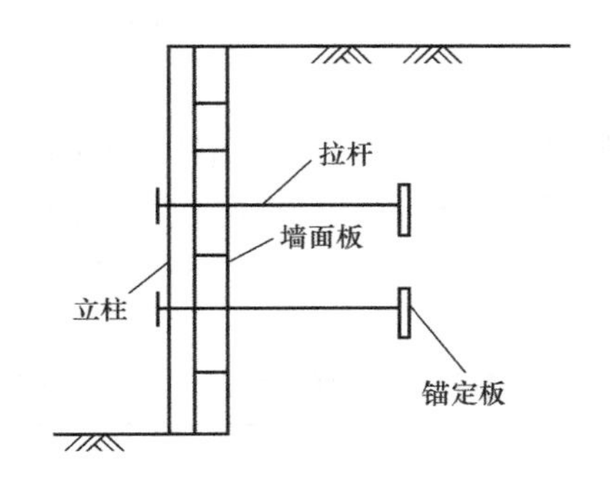

图 3.107　锚定板挡土墙

(6) 预应力锚索与抗滑桩联合使用形成预应力锚索抗滑桩结构。

2. 锚杆拉拔检测

锚杆拉拔检测属于传统的锚杆锚固质量静力法检测，根据不同检测目的，可分为基本试验、蠕变试验与验收试验。

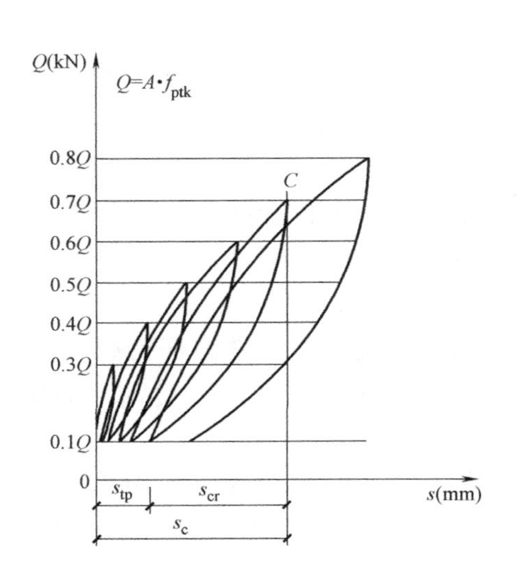

图 3.108　锚杆测试荷载-位移曲线

进行拉拔检测时，将液压千斤顶放在托板和螺母之间，拧紧螺母，施加一定的预应力，然后用手动液压泵加压，同时记录液压表和位移计上的对应度数，当压力或者位移读数达到预定值时，或者当压力计读数下降而位移计读数迅速增大时，停止加压，测试后可整理出锚杆的荷载-位移曲线（图 3.108），进而分析得出锚杆的锚固质量。

检测时须严格遵守下列基本规定：

① 锚杆锚固段浆体强度达到 15MPa 或达到设计强度等级的 75%时可进行锚杆试验。

② 加载装置（千斤顶、油泵）的额定压力必须大于试验压力，且试验前应进行标定。

③ 加荷反力装置的承载力和刚度应满足最大试验荷载要求。

④ 计量仪表（测力计、位移计）等应满足测试要求的精度。

⑤ 基本试验和蠕变试验锚杆数量不应少于 3 根，且试验锚杆材料尺寸及施工工艺应与工程锚杆相同。

⑥ 验收试验锚杆的数量应取锚杆总数的 3%，且不得少于 3 根。

锚杆测力计是进行拉拔试验，以及对锚杆施加预应力的主要工具。

1）基本试验

基本试验，又称为破坏性试验，是锚固工程开工前，为了检验设计锚杆性能所进行的破坏性抗拔试验，其目的是为了确定锚杆极限承载力，检验锚杆在超过设计拉力并接近极限拉力条件下的工作性能和安全程度，及时发现锚索设计施工中的缺陷，以便在正式使用锚杆前调整锚杆结构参数或改进锚杆制作工艺。

值得注意的是，基本试验最大试验荷载不应小于预估破坏荷载，且最大试验荷载下锚杆杆体应力不应超过杆体极限强度标准值的 0.8 倍。为得出锚固体的极限抗拔力，必要时可加大杆体的截面面积。

锚杆基本试验宜采用循环加、卸荷载法，其目的是为明确区分出锚杆在不同荷载作用下的弹性位移与塑性位移，以判断锚杆参数的合理性，判定锚杆的极限拉力。设计允许时也可采用逐级加载法。加、卸荷前后均应立即测读变形量。岩层、砂类土、硬黏土中的基本试验加载分级与锚头位移观测时间应按表 3.8 确定。

基本试验循环加、卸荷等级与锚头位移观测间隔时间表 **表 3.8**

循环数 \ 加荷标准	加荷量/预估破坏荷载（%）								
第一循环	10	—	—	—	30	—	—	—	10
第二循环	10	30	—	—	50	—	—	30	10
第三循环	10	30	50	—	70	—	50	30	10
第四循环	10	30	50	70	80	70	50	30	10
第五循环	10	30	50	80	90	80	50	30	10
第六循环	10	30	50	90	100	90	50	30	10
观测时间(min)	5	5	5	5	10	5	5	5	5

注：1. 在每级加荷等级观测时间内，测读锚头位移不应少于 3 次。

2. 在每级加荷等级观测时间内，锚头位移小于 0.1mm 时，可施加下一级荷载，否则应延长观测时间，直至锚头位移增量在 2 h 内小于 2.0mm 时，方可施加下一级荷载。

锚杆破坏可参考下述标准，满足其中任一情形，即可判定锚杆已发生破坏，终止基本试验检测：后一级荷载产生的锚头位移增量达到或超过前一级荷载产生位移增量的 2 倍时；锚头位移不稳定；锚杆杆体拉断。

试验结果宜按循环荷载与对应的锚头位移读数列表整理，并绘制锚杆荷载—位移（Q-S）曲线、锚杆荷载—弹性位移（Q-S_e）曲线以及锚杆荷载—塑性位移（Q-S_p）曲线。

2）蠕变试验

岩土锚杆的蠕变是导致锚杆预应力损失的主要因素之一。工程实践表明，塑性指数大于 17 的土层、极度风化的泥质岩层，或节理裂隙发育张开且充填有黏性土的岩层对蠕变较为敏感，因而在该类地层中设计锚杆时，应充分了解锚杆的蠕变特性，以便合理地确定锚杆的设计参数和荷载水平，并在施工中采取适当的措施，控制蠕变量，从而有效控制预应力损失。

相关研究资料指出，荷载水平对锚杆蠕变性能有显著的影响，即荷载水平越高，蠕变量越大，趋于收敛的时间也越长。因此，蠕变试验的加荷等级和观测时间须满足表 3.9 中的规定，且在观测时间内，荷载必须保持恒定。

蠕变试验加载分级与锚头位移观测时间表 **表 3.9**

加载分级	0.50 N_k	0.75 N_k	1.00 N_k	1.20 N_k	1.50 N_k
观测时间 t_2(min)	10	30	60	90	120
观测时间 t_1(min)	5	15	30	45	60

注：表中 N_k为锚杆轴向拉力标准值。

在每级荷载下按时间间隔 1min、5min、10min、15min、30min、45min、60min、90min、120min 记录蠕变量。试验结果宜按荷载-时间-蠕变量整理，并绘制蠕变量-时间对数（S-lg$t$）曲线（图 3.109）。

蠕变系数是锚杆蠕变特性的一个主要参数。它表明蠕变的变化趋势，由此可判断锚杆的长期工作性能。蠕变系数是每级荷载作用下，观察周期内最终时刻蠕变曲线的斜率。例如，最大试验荷载下，锚杆的蠕变率为 2.0mm/对数周期，则意味着在 30min 至 50 年内，锚杆蠕变量将达到 12mm。蠕变系数由下式计算：

$$K_s=\frac{S_2-S_1}{\lg t_2-\lg t_1} \tag{3.34}$$

式中 K_s——某一级荷载下的蠕变系数；

S_1——t_1时刻的蠕变量；

S_2——t_2时刻的蠕变量。

需留意，锚杆蠕变试验中，在最后一级荷载对应的最终一段观测时间内，蠕变系数不应大于 2.0mm。

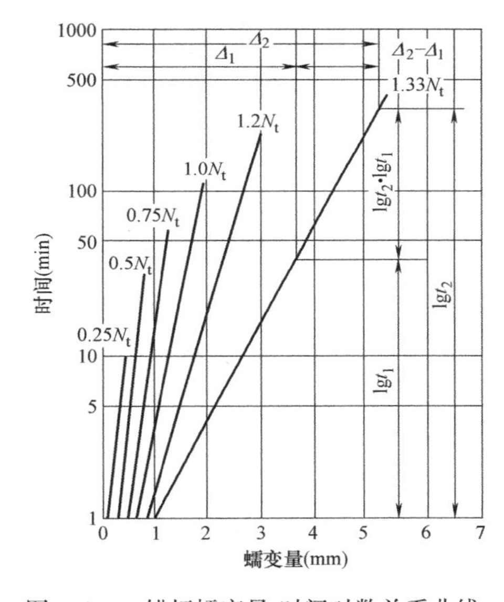

图 3.109 锚杆蠕变量-时间对数关系曲线

3）验收试验

锚杆验收试验是在锚固工程完工后，为检验所施工的锚杆是否达到设计要求而进行的检验性抗拔试验，试验中对锚杆施加大于轴向拉力设计值的短期荷载，以验证工程锚杆是否具有与设计要求相近的安全系数。验收试验目的是为了及时发现工程设计、施工中存在的缺陷，以便采取相应措施加以解决，确保锚杆锚固质量和工程安全。

验收锚杆数量不得少于锚杆总数的 5%，且同一场地同一土层中不得少于 3 根。对有特殊要求的工程，可按设计要求增加验收锚杆的数量。

结合支护结构的安全等级，按表 3.10 确定抗拔承载力检测值。

锚杆验收试验抗拔承载力检测值 **表 3.10**

支护结构的安全等级	抗拔承载力检测值与轴向拉力标准值的比值
一级	≥1.4
二级	≥1.3
三级	≥1.2

锚杆验收试验采用单循环加载法，其加载分级和锚头位移观测时间应按表 3.11 确定。

验收试验循环加、卸荷等级与锚头位移观测间隔时间表　　表 3.11

最大试验荷载		分级荷载与锚杆轴向拉力标准值 N_k 的百分比(%)						
$1.4N_k$	加载	10	40	60	80	100	120	140
	卸载	10	30	50	80	100	120	—
$1.3N_k$	加载	10	40	60	80	100	120	130
	卸载	10	30	50	80	100	120	—
$1.2N_k$	加载	10	40	60	80	100	—	120
	卸载	10	30	50	80	100	—	—
观测时间(min)		5	5	5	5	5	5	10

注：1. 初始荷载下，应测读锚头位移基准值 3 次，当每间隔 5min 的读数相同时，方可作为锚头位移基准值。
2. 每级加、卸载稳定后，在观测时间内测读锚头位移不应少于 3 次。
3. 当观测时间内锚头位移增量不大于 1.0mm 时，可视为位移收敛；否则，观测时间应延长至 60min，并应每隔 10min 测读锚头位移 1 次；当该 60min 内锚头位移增量小于 2.0mm 时，可视为锚头位移收敛，否则视为不收敛。

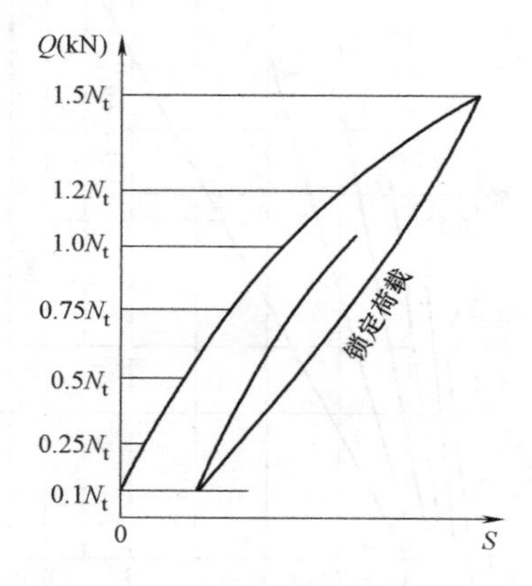

图 3.110　锚杆验收试验荷载-位移曲线

验收试验中遇到下列情况之一时，应终止加载：

① 从第二级加载开始，后一级荷载产生的锚头位移增量大于前一级荷载产生位移增量的 2 倍；

② 锚头位移不收敛（锚头位移持续增长）；

③ 锚杆杆体破坏；

④ 锚头总位移超过设计允许的位移值。

验收试验完成后，建议列表整理单循环加载试验数据，并绘制荷载-位移（Q-S）曲线（图 3.110）。验收试验合格标准为：在抗拔承载力检测值下，锚杆位移稳定或收敛；在抗拔承载力标准值下，测得的弹性位移量大于杆体自由段长度理论弹性伸长量的 80%。

第4章 土木工程动力加载测试技术

4.1 概 述

各种类型的工程结构，在实际使用过程中除了承受静荷载作用外，还常常承受各种动荷载作用。为了了解工程结构在动荷载作用下的工作性能，一般需进行动力加载测试。通过动力加荷设备对工程结构构件施加动力荷载，可以了解其动力特性，研究工程结构在一定动荷载下的动力反应，评价工程结构在动荷载作用下的承载力及疲劳寿命等特性。动力加载测试是土木工程测试工作的一个重要组成部分，工程结构在动荷载作用下的性能和动力响应特性愈来愈受到工程技术人员的重视。

土木工程中需要研究和解决的动力问题范围很广，归纳起来大致有以下几个方面：

1. *地震荷载*

我国是一个多地震国家，历史上曾发生多次强烈地震，为了保障人民生命安全并避免或减少社会基本建设的损失，需要从事抗震理论分析和测试研究，为地震设防与抗震设计提供依据，提高各类工程结构的抗震能力。

从概念上讲，地震烈度同地震震级有严格的区别，不可互相混淆。震级代表地震本身的大小强弱，它由震源发出的地震波能量来决定，对于同一次地震只应存在一个数值。烈度在同一次地震中是因地而异的，它受当地各种自然和人为条件的影响。对震级相同的地震来说，如果震源越浅，震中距越短，则烈度一般就越高。同样，地震发生地的地质构造是否稳定，土壤结构是否坚实，房屋和其他构筑物是否坚固耐震，对于当地的烈度高或低有着直接的关系（影响地震烈度的五要素：震级、震源深度、震中距、地质结构、建筑物类型)。为了在实际工作中评定烈度的高低，有必要制定一个统一的评定标准，这个规定的标准称为地震烈度表。在世界各国使用的有几种不同的烈度表：西方国家比较通行的是改进的麦加利烈度表，简称 M. M. 烈度表，从Ⅰ度到Ⅻ度共分 12 个烈度等级；日本把烈度称震度，将无感定为 0 度，有感则分为Ⅰ～Ⅶ度，共 8 个等级；苏联和中国均按 12 个烈度等级划分烈度表（表 4.1)。

中国地震烈度表 **表 4.1**

地震烈度	人的感觉	房屋灾害			其他震害现象	水平向地震动参数	
		类型	震害程度	平均震害指数		峰值加速度 (m/s^2)	峰值速度 (m/s)
Ⅰ	无感	—	—	—	—	—	—
Ⅱ	室内个别静止中的人有感觉	—	—	—	—	—	—
Ⅲ	室内少数静止中的人有感觉	—	门、窗轻微作响	—	悬挂物微动	—	—

续表

地震烈度	人的感觉	房屋灾害			其他震害现象	水平向地震动参数	
		类型	震害程度	平均震害指数		峰值加速度（m/s²）	峰值速度（m/s）
Ⅳ	室内多数人、室外少数人有感觉，少数人梦中惊醒	—	门、窗作响	—	悬挂物明显摆动，器皿作响	—	—
Ⅴ	室内绝大多数、室外多数人有感觉，多数人梦中惊醒	—	门窗、屋顶、屋架颤动作响，灰土掉落，个别房屋墙体抹灰出现细微裂缝，个别屋顶烟囱掉砖	—	悬挂物大幅度晃动，不稳定器物摇动或翻倒	0.31（0.22～0.44）	0.03（0.02～0.04）
Ⅵ	多数人站立不稳，少数人惊逃户外	A	少数中等破坏，多数轻微破坏和/或基本完好	0.00～0.11	家具和物品移动；河岸和松软土出现裂缝，饱和砂层出现喷砂冒水；个别独立砖烟囱轻微裂缝	0.63（0.45～0.89）	0.06（0.05～0.09）
		B	个别中等破坏，少数轻微破坏，多数基本完好				
		C	个别轻微破坏，大多数基本完好	0.00～0.08			
Ⅶ	大多数人惊逃户外，骑自行车的人有感觉，行驶中的汽车驾乘人员有感觉	A	少数损坏和/或严重破坏，多数中等和/或基本完好	0.09～0.31	物体从架子上掉落；河岸出现塌方，饱和砂层常见喷水冒砂，松软土地上地裂缝较多；大多数独立砖烟囱中等破坏	1.25（0.90～1.77）	0.13（0.10～0.18）
		B	少数中等破坏，多数轻微破坏和/或基本完好				
		C	少数中等和/或轻微破坏，多数基本完好	0.07～0.22			
Ⅷ	多数人摇晃颠簸，行走困难	A	少数损坏，多数严重和/或中等破坏	0.29～0.51	干硬土上出现裂缝，饱和砂层绝大多数喷砂冒水；大多数独立砖烟囱严重破坏	2.50（1.78～3.53）	0.25（0.19～0.35）
		B	个别毁坏，少数严重破坏，多数中等和/或轻微破坏				
		C	少数严重和/或中等破坏，多数轻微破坏	0.20～0.40			
Ⅸ	行动的人摔倒	A	多数严重破坏或/和毁坏	0.49～0.71	干硬土上多处出现裂缝，可见基岩裂缝、错动，滑坡、塌方常见；独立砖烟囱多数倒塌	5.00（3.54～7.07）	0.50（0.36～0.71）
		B	少数毁坏，多数严重和/或中等破坏				
		C	少数损坏和/或严重破坏，多数中等和/或轻微破坏	0.38～0.60			
Ⅹ	骑自行车的人会摔倒，处不稳状态的人会摔离原地，有抛起感	A	绝大多数损坏	0.69～0.91	山崩和地震断裂出现，基岩上拱桥破坏；大多数独立砖烟囱从根部破坏或倒毁	10.00（7.08～14.14）	1.00（0.72～1.41）
		B	大多数损坏				
		C	多数损坏和/或严重破坏	0.58～0.80			
Ⅺ	—	A	绝大多数损坏	0.89～1.00	地震断裂延续很大，大量山崩滑坡	—	—
		B					
		C		0.78～1.00			
Ⅻ	—	A	几乎全部损坏	1.00	地面剧烈变化，山河改观	—	—
		B					
		C					

2. 机械设备振动与冲击荷载

设计和建筑工业厂房时要考虑生产过程中产生的振动对厂房结构或构件的影响。例如，由于大型机械设备（锻锤、水压机、空压机、风机、发电机组等）运转产生的振动和冲击影响；由于吊车制动力所产生的厂房横向与纵向振动；多层工业厂房中则需解决由于机床上楼所引起的振动问题。

3. 高层建筑与高耸构筑物的风振

高层建筑与高耸构筑物（如电视塔、输电线架空塔架、烟囱等）设计时需要解决风荷载所引起的振动问题。

位于美国华盛顿州塔科马海峡的塔科马海峡大桥，是工程结构设计阶段忽略风载引发振动问题的典型事例（图 4.1）。第一座塔科马海峡悬索桥，绰号舞动的格蒂，于 1940 年 7 月 1 日通车，其设计风速为 60m/s，四个月后却在 19m/s 的风速下戏剧性地被微风摧毁。颤振的出现使风对桥的影响越来越大，最终桥梁结构像麻花一样彻底扭曲了。在塔科马海峡大桥坍塌事件中，风能最终战胜了钢的挠曲变形，使钢梁发生断裂。塔科马海峡大桥的坍塌使得空气动力学和共振实验成为建筑工程学的必修课。

图 4.1　塔科马海峡大桥风振事例

4. 环境振动

桥梁设计与建设中需要考虑车辆运动对桥梁的振动及危害问题；海洋采抽平台设计中需要解决海浪的冲击等不利影响问题。

一条条地铁轨道正在北京快速生长，到 2020 年，它们的总里程将有近千公里。高峰时期，近千辆列车将同时在轨道上飞驰。在运载乘客的同时，这些重量超过 100t 的列车，也成了一个个巨大的振动源。振动通过钢轮、钢轨、隧道和土壤，像波纹一样扩散到地表，进入建筑物内。

很少有人注意到这种振动给城市带来的影响。北京交通大学轨道减振与控制实验室是国内较早开展研究的团队。他们测试的数据显示，十多年间，北京市离地铁 100m 内的地层微振动有所提高。图 4.2 给出了地铁运行诱发邻近建筑物振动的实测结果。

交通带来的微振动强度虽不算大，但持续时间长，影响隐蔽不易被发觉。它曾让捷克一座古教堂出现裂纹继而倒塌，曾长期影响巴士底歌剧院的演出效果，也曾干扰英特尔公司在集成板上雕刻纳米级电路。

环境振动响应信号一般都比较弱，图 4.3 给出了某桥梁测试所采集的跨中测点竖向、横向和纵向加速度时程信号的比较。可以发现该桥竖向加速度时程的信号水平约为横桥向的 4 倍，约为纵桥向的 10 倍。

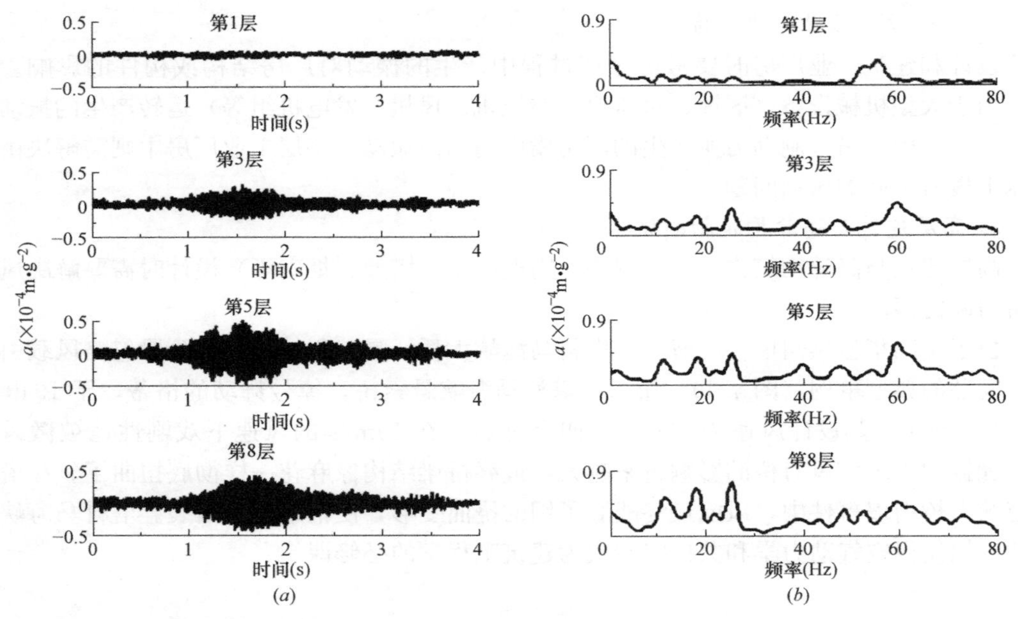

图 4.2　地铁列车运行诱发沿线邻近建筑物振动的现场实测

（a）加速度时程；（b）加速度傅里叶谱

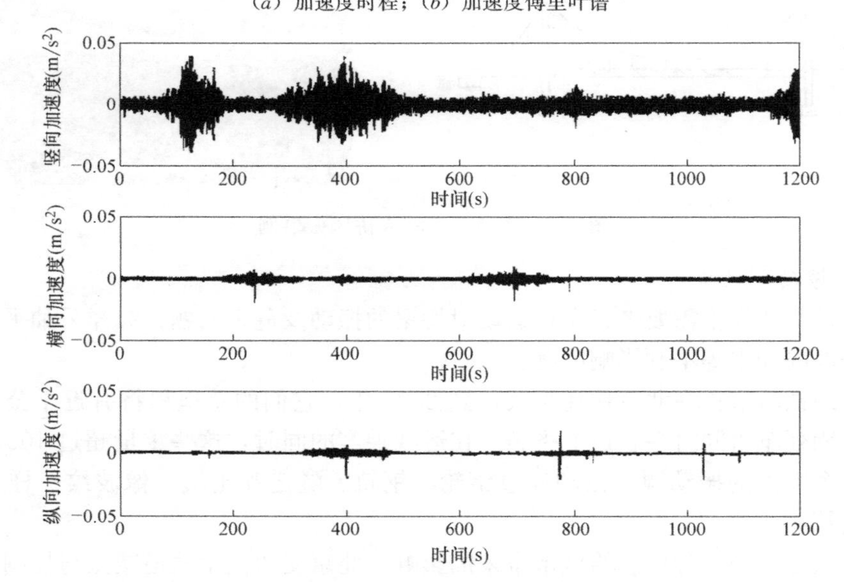

图 4.3　跨中测点竖向、横向和纵向加速度时程信号比较

5. 爆炸引起的振动

爆炸作用是一种比较复杂的荷载。一般来说，如果在足够小的容积内以极短的时间突然释放出能量，以致产生一个从爆炸源向有限空间传播出去的一定幅度的压力波，即在该环境内发生了爆炸。这种能量可以各种形式储存于该系统中，可以是核能、化学能、电能或压缩能等。然而，不能将一般的能量释放都认为是爆炸，只有足够快的和足够强的以致产生一个人们能够听见的空气冲击压力波，才称为爆炸。通常，爆炸引起的空气冲击波作用时间非常短促，一般仅几个毫秒，产生极大的冲击力，但冲击力在传播过程中强度减小

得很快，也比较容易削弱。

当冲击波与结构相遇时，会引起压力、密度、温度和质点速度的迅速变化，从而作为一种荷载施加于结构物上，此荷载是冲击波所遇到的结构物几何形状、大小和所处位置不同，其作用也不一样，因此爆炸作用应对地面结构和地下结构区分对待。

对于爆炸冲击波对地面结构物的作用，其产生对结构的荷载主要分为两种，即冲击波超压和冲击波动压。爆炸发生在空气介质中时，反应区瞬时形成的极高压力与周围未扰动的空气处于极端的不平衡状态，于是形成一种高压波从爆炸中心向外运动，这是一个强烈挤压临近空气并不断向外扩展的压缩空气层，它的前沿又被称为波阵面，犹如一道运动着的高压气体墙面。这种由于气体压缩而产生的压力即为冲击波超压。此外，由空气质点本身的运动也将产生一种压力，即冲击动压。假设爆炸冲击波运行时碰到一封闭结构，在直接遭遇冲击波的墙面（前墙）上冲击波产生正反射，前墙瞬时受到骤然增大的反射超压，在前墙附近产生高压区，而此时作用在前墙上的冲击波动压值为零。

对于细长形目标如烟囱、塔楼以及桁架杆件等，它们的横向线性尺寸小，结构物四周作用有相同的冲击波超压值和不同的动压值，整个结构物所受的合力就只有动压作用。因此由于动压作用，这种细长形结构物容易遭到抛掷和弯折。

土木工程动力测试通常有如下几项基本内容：

1）工程动力特性测试

结构的动力特性包括结构的自振频率、阻尼、振型等参数。这些参数决定于结构的形式、刚度、质量分布、材料特性及构造连接等因素，而与外载无关。结构的动力特性是进行结构抗震计算、解决工程共振问题及诊断结构累积损伤的基本依据。因而，结构动力参数的测试是工程结构动载测试的最基本内容。

2）工程动力反应测试

主要包含两部分内容：

(1) 测定实际结构在实际工作时的振动水平（振幅、频率）及性状。例如动力机器作用下厂房结构的振动；在移动荷载作用下桥梁的振动；地震时建筑结构的振动反应（强震观测）等。量测得到的这些资料，可以用来研究结构的工作是否正常、安全，存在何种问题，薄弱环节在何处。据此对原设计及施工方案进行评价，为保证正常使用提出建议。

(2) 振动台模型测试。地震对结构的作用是由于地面运动引起的一种惯性力。通过振动台对结构输入正弦波或实测地震波，可以比较准确地模拟结构的地震反应。尽管由于台面尺寸、台面承载力等因素的限制，振动台模拟地震测试目前还存在一定的局限性，但这种测试对揭示结构的抗震性能和地震破坏机理仍不失为一种比较直观的研究途径。

3）结构疲劳测试

此种测试是为了确定结构构件在多次重复荷载作用下的疲劳强度，它是在专门的疲劳试验机上进行的。

4）结构振动测试

对于在实际工作中主要承受动力作用的结构或构件，为了研究结构在施加动力荷载作用下的工作性能，一般需配合开展振动测试。例如：研究厂房承受吊车及动力设备作用下的振动响应特性；多层厂房由于机器设备上楼后产生的振动影响；结构抗爆炸、抗冲击问题等。振动测试的目的是测定动载作用下，结构的特性、结构的响应及结构的破坏特性等。结构振动测试通常有以下几项内容：

（1）结构动力特性测试：测定结构自振特性。

（2）结构的振动反应测试：测定结构在外界动力荷载作用下的振动反应参数。

土木工程结构中遇到的振动形式有些是确定性振动，即可以用确定函数来描述的规则振动，但大多情况则属于随机振动。对于确定性振动和随机振动，从量测到分析处理的方法都有一定差别。近年来随着计算机技术的发展及一些信号处理机和结构动态分析设备的应用，在结构物随机振动的分析和对动力测试结果的数据处理方面，得到了迅速发展。目前已能够方便、迅速而且准确地处理动载测试所获得的大量数据，识别模态参数，建立结构的动力模型，从而使结构动载测试资料的分析处理工作有了一个全新面貌。而且这方面技术发展很快，不断有更新的、功能更强的、更加完善的软件与机型出现。

值得注意的是，结构动力加载测试与静载测试比较，具有一些特殊的规律性。首先，造成结构振动的动荷载是随时间而改变的；其次，结构在动荷载作用下的反应与结构本身动力特性有密切的关系。动荷载产生的动力效应，有时远远大于相应的静力效应，甚至一个较小的动荷载，就可能使结构遭受严重破坏。而在另外一种情况下，动力效应却并不比静力效应大，还可能小于相应的静力效应。

4.2 动力加载测试荷载模拟

如何正确模拟工程结构所有的动力荷载，是动力加载测试首先需要考虑与解决的问题，以下将详细阐述常用的动力加载方法与设备。

4.2.1 惯性力加载

惯性力加载是利用运动物体质量的惯性力，对工程结构施加动力载荷。按产生惯性力的方法可分为冲击力、离心力以及直线位移惯性力加载等。

1. 冲击加载

冲击荷载作用于试件上的时间较短，属于短时作用，一般用于测试工程构件在冲击荷载作用下的承载能力、抗裂特性等，也可用于测试工程结构本身的各种动力响应特性，如固有频率等。冲击型动力加载方式主要包含落锤加载与霍普金森杆加载。

1）落锤冲击加载

落锤冲击加载较易实施，通常包括突加荷载与突卸荷载两种（图 4.4、图 4.5）。

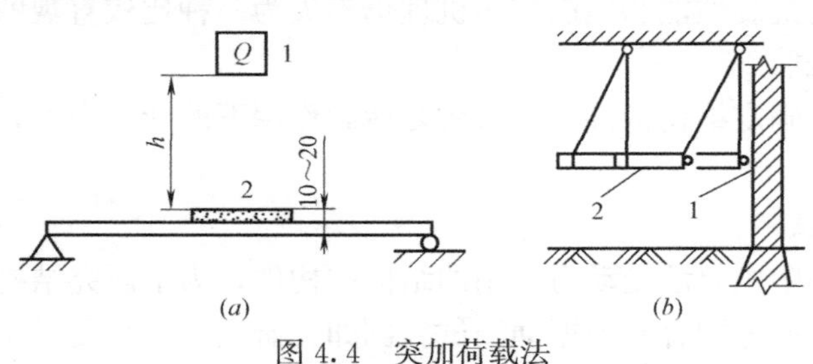

图 4.4 突加荷载法

1—重物；2—垫层

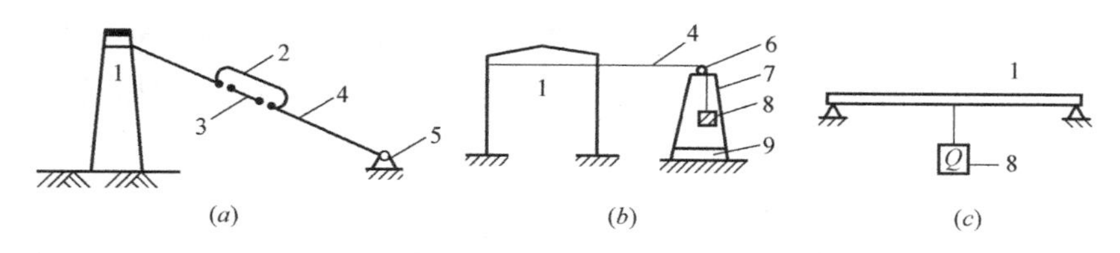

图 4.5　使用张拉突卸法对结构施加冲击荷载

(a) 绞索张拉；(b) 细钢丝张拉；(c) 绳索悬吊

1—结构物；2—保护索；3—钢棒；4—钢丝绳；5—绞车或卷扬机；6—滑轮；7—支架；8—重物；9—减振垫层

采用突加荷载时，将重物提升到某一高度，通过脱钩装置或割断绳索的方法使其到结构上从而引起结构振动（图 4.6）。突加荷载法可以用较小的荷载产生较大的振幅。缺点是加上的重物要附在结构上一起振动。突加荷载法可以利用较小的荷载产生较大的振幅。缺点是加上的重物要附在结构上一起振动，对结构产生一定影响，同时重物落下时的撞击也会引起结构的局部破坏。突加荷载可以垂直作用，也可以水平作用。采用突加荷载法时，重物重量的大小和落重高度，根据所需振幅大小决定。一般落重高度在 2.5m 以下，重量不大于测试跨内工程结构自重的 0.1%。为防止重物跳动或结构局部损坏，可在落点处铺设一层厚约 10～20mm的砂垫层。还可用张拉突卸的方法对结构施加冲击荷载。用绞索张拉结构使其产生一个初始位移，当拉力足够大时，钢棒被拉断，荷载（拉力）突然卸去，工程结构便做自由振动。对于小模型测试，可以剪断细钢丝造成突然卸去悬挂重物的方法，使结构物做自由振动。张拉突卸法适用于动力加载测试相关试验，结构自振时没有附加质量的影响。

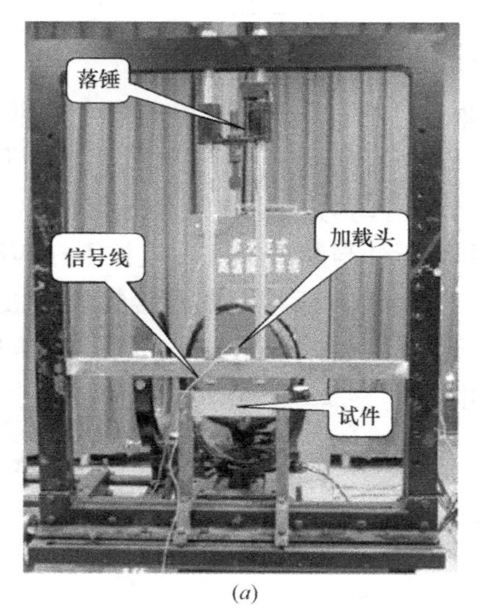

(a)

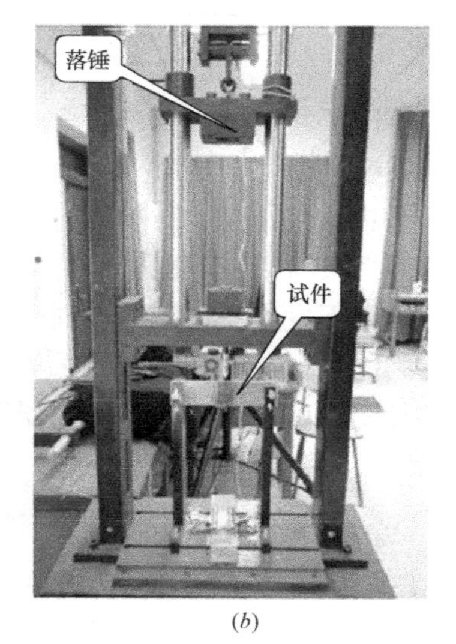

(b)

图 4.6　落锤加载装置

(a) 小落锤 (1.5kg)；(b) 大落锤 (5.0kg)

2) 霍普金森杆加载

工程结构在静载作用下与冲击荷载作用下的力学响应特性存在着明显的不同，因此，两者的研究理论也有着较大区别。其中，静力学理论研究以忽略介质微元体惯性效应为前提，且研究对象是处于平衡状态下的介质，上述测试条件仅在荷载强度随时间变化不明显的时候才成立。而冲击荷载以作用历时短为特征，运动参量的显著变化发生在毫秒、微秒，甚至纳秒的时间间隙上，这样的动态过程中须考虑介质微元体的惯性。而土木工程静载测试与动载测试的不同点也表现在荷载施加方式上，分别采用准静态加载与高应变率加载。

（1）装置介绍

分离式霍普金森压杆测试系统（Splite Hopkinson Pressure Bars，SHPB）是另一种常见的冲击荷载施加装置，用于研究工程材料在中高应变率（10～10^4/s）下，动力学响应特性的主要测试方法（图 4.7）。其核心思想是测试杆中传播的应力波同时承担加载与测试功能，根据杆中应力波传播的信息来求解杆件与测试试件端面的应力-位移-时间关系，从而获得测试试件的应力-应变关系；通过前期测试设计，使得加载波宽度远大于测试试件的厚度，从而令受载过程中的试件持续处于局部动态平衡状态，因此，试件的变形分析无需考虑波的传播效应，将应力波效应与应变率效应成功解耦。

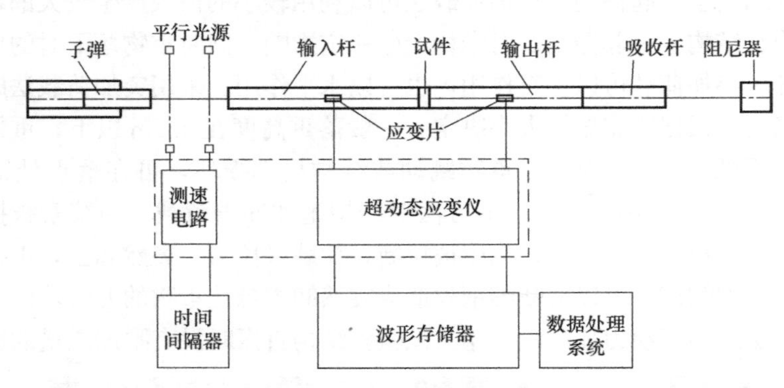

图 4.7　SHPB测试系统简图

图 4.8 为中国矿业大学（北京）力学与建筑工程学院土木工程实验中心建立的分离式霍普金森压杆系统（SHPB）。该测试装置主要由动力系统、撞击杆、输入杆、输出杆、阻尼器及数据采集系统等组成。测试中，撞击杆由动力系统中的高压气体驱动冲击输入杆，其激发的弹性波将沿着杆的轴向传播。由于压杆与测试试件波阻抗不相匹配，测试试件在入射脉冲作用下发生高速形变，同时也分别向输入杆与输出杆传播反射波与透射波，三波信号由特制的数据量测系统进行采集与记录（即数据量测系统由粘贴在压杆表面的应变片、超动态应变仪以及瞬态波形存储器等组成）。

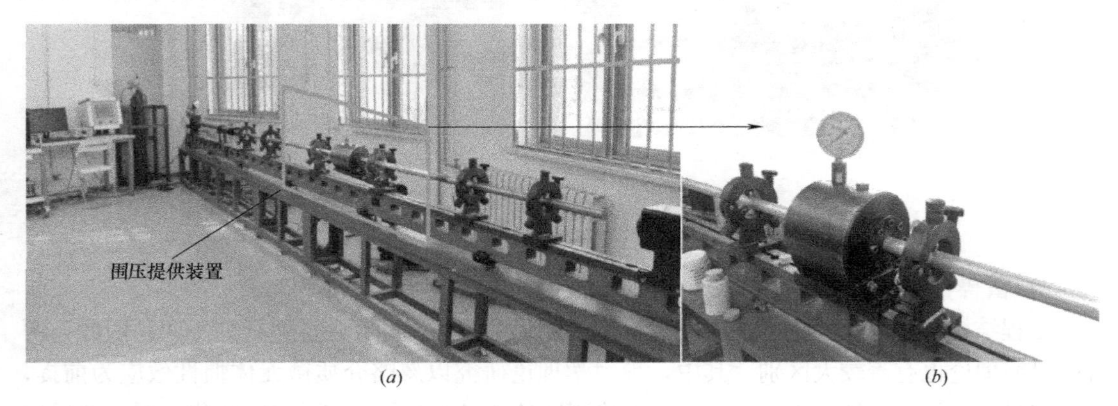

(*a*)　　(*b*)

图 4.8　SHPB测试系统

(*a*) 分离式霍普金森压杆；(*b*) 围压提供装置

（2）测试原理

利用SHPB测试系统测试工程材料在动力加载作用下的响应特性时，首先须满足以下两个基本假定：

① 杆中一维应力波假定。

即应力波传播时，杆横截面保持为平面，且平截面上的轴向应力沿半径均匀分布，这种条件下可认为杆处于简单的一维应力状态，此外，系统夹持的测试试件也要保证一维应力状态。

② 测试试件的应力与应变沿其长度均匀分布假定，简称均匀性假定。

显然，应力波刚传递至试件时，其内部存在明显的应力与应变梯度，但当加载波在测试试件内部透射、反射多个来回后，内部应力差将逐渐缩小直至可近似认为两端应力大小相等，满足了应力与应变的均匀分布。

对以上两个假定进一步分析可以发现，SHPB测试技术的巧妙之处在于能够成功将应力波效应与应变率效应解耦，具体体现在：一方面，对于同时起到冲击加载与动态量测双重作用的入射杆与透射杆，由于始终处于弹性状态，允许忽略应变率效应，因而只需考虑应力波的传播，并且只要杆径足够小，即可忽略杆件的横向惯性效应，获得的测试波形可用一维应力波初等理论来分析；另一方面，对于夹在入射杆和透射杆之间的测试试件，由于厚度足够小，使得应力波在试件两端间传播所需的时间 t，与加载总历时 T 相比，小得足可把试件视为处于均匀变形状态，即 $t \ll T$，从而允许忽略试件中的应力波效应，而只需考虑试件中的应变率效应即可。

基于以上两点，压杆与试件中的应力波效应以及应变率效应均分别解耦了，被测工程材料在动力加载作用下的应变率相关性，就可以通过弹性杆中应力波传播信息进行确定。实质上，利用分离式霍普金森压杆装置提供冲击荷载，对于测试试件而言，相当于进行了高应变率下的“准静态”测试；对于压杆而言，相当于借助杆中波的传播信息，反演相邻短试件材料的动力学本构响应。

2. 离心力加载

离心力加载是根据旋转质量产生离心力的原理对工程结构施加简谐振动荷载。如图4.9所示为最简单的离心力加载——偏心起振原理，每一偏心块产生的离心力。

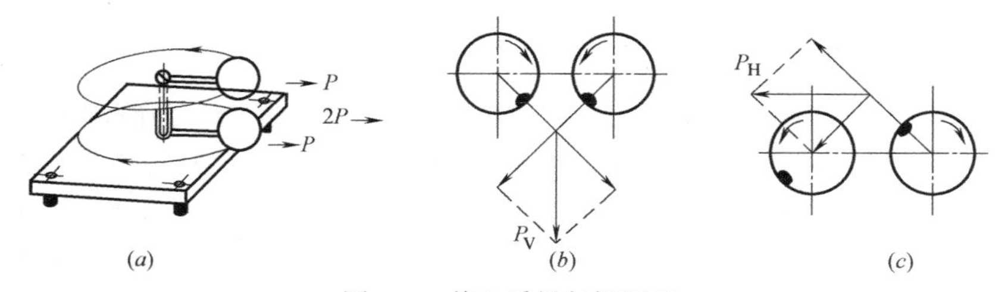

图4.9　偏心质量起振原理

$$P = m\omega^2 r \tag{4.1}$$

式中　m——偏心块质量；

ω——偏心块旋转角速度；

r——偏心块旋转半径。

在任何瞬时产生的离心力均可分解成垂直和水平的两个分力：

$$P_{\rm v}=P\sin\alpha=m\omega^2 r\cdot\sin\omega t$$
$$P_{\rm H}=P\cos\alpha=m\omega^2 r\cdot\cos\omega t \tag{4.2}$$

α 为离心力的合力与分力的夹角。显然，$P_{\rm v}$、$P_{\rm H}$是呈简谐规律变化的。

当两个旋转的偏心质量按图 4.9（b）的位置方式时，其水平分力相互抵消，剩下的只有垂直方向的合力

$$P_{\rm v}=2m\omega^2 r\sin\omega t \tag{4.3}$$

当质量块的放置如图 4.9（c）所示时，垂直力互相抵消，水平方向的合力为：

$$P_{\rm H}=2m\omega^2 r\cos\omega t \tag{4.4}$$

改变质量块的质量或位置，调整电机的转速（改变 ω）均可改变激振力大小。

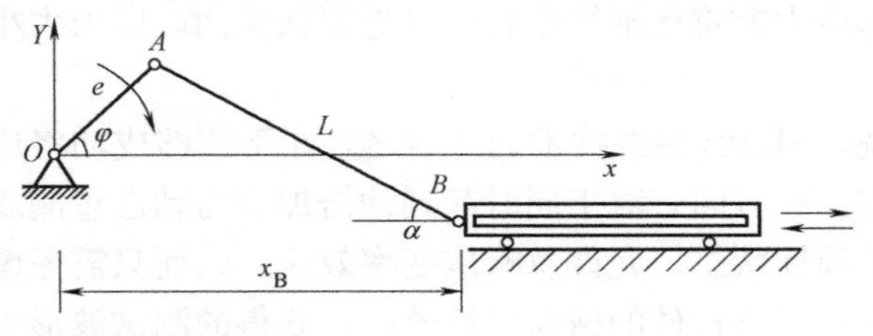

图 4.10 曲柄连杆式机械振动台原理图

图 4.10 为另一种机械式振动台。它由曲柄连杆系统带动台面做水平振动，台面的振幅由偏心距 e 的大小来调节，台面振动频率由变速箱调整，因而振动台的台幅，与频率变化无关。

机械式振动台的结构简单，容易产生比较大的振幅和激振力；缺点是频率范围小，振幅调节比较困难，机械摩擦影响大，波形失真度也比较大。因而机械式振动台目前使用得较少。

表 4.2 为国产某偏心式起振机组成的振动台特性简介。

机械式振动特性 **表 4.2**

型号 指标	机械式振动台	备注	型号 指标	机械式振动台	备注
台面尺寸(mm)	2400×1600		激振力(kN)	30	
频率范围(Hz)	0.5～25		激振方式	偏心质量	
最大振幅(mm)	±5		最大载重(kN)	50	
最大加速度	1.5g		台面支承方式	弹簧板	

4.2.2 液压振动台加载

液压振动台主要用于模拟地震波振动台测试。模拟地震振动台的研制工作开始于 20 世纪 60 年代，各国的研制过程一般都是从规则波发展到随机波；从单个加振器发展到多个加振器同步作用；从模控台面波形再现发展到数控台面波形再现；从单向水平发展到双向、三向以至加上转动等六个自由度的运动等，目前此类振动台多采用电液伺服系统推动。

模拟地震振动台系统包括：台面及基础、泵源及油压分配系统、加振器、模控、数据采集与数据处理；此外，还有与模控及数据采集系统相接的计算机。近代模拟地震振动台要现实按规定的波形运动，必然采用数字迭代补偿技术，整套系统（包含测试试件）如图 4.11 所示，其特点是能在低频时产生较大的推力。

模拟地震振动台有单向运动（水平或垂直）、双向运动和三向运动等数种（图 4.12）。

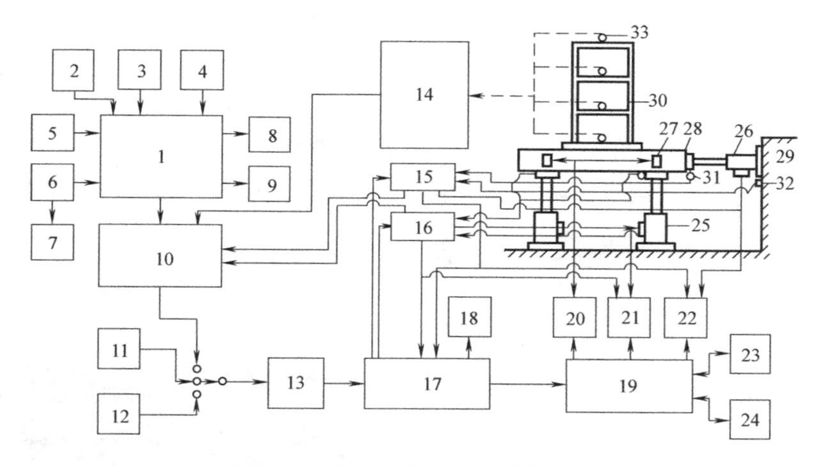

图 4.11 模拟地震振动台系统框图

1～10—计算机主机及各部设备；11—信号发生器；12—数据记录仪；13—输入信号选择器；14—传感器调节器；15、16—水平、垂直振动控制器；17—电子控制站；18—示波器；19～24—液压源及其分配器；25～27—加振器及其限位器；28—振动台面；29—基础；30—试件；31、32—反馈用加速度、位移传感器；33—试件传感器

为了减少泵站设备，并考虑到地震是短时间的冲击过程，较大的振动台还设有蓄能器组，使油的瞬时流量可达平均流量的数倍。振动台的运行采用位移误差跟踪模拟控制及数控两种，用电子计算机控制使台面反应的谱与原始输入信号的谱相互一致，数据记录与处理也用计算机控制多线同时进行，在模拟地震测试中，每秒采样可高达 2 万个。

模拟地震振动台的台面是由钢筋、混凝土或铝合金制成的平板（图 4.13），承载于静压导轨上，由输入信号（周期波、地震波等）通过电液伺服阀控制加振器油液流量的大小与方向，从而带动振动台做水平或垂直方向运动。振动台装有传感器，将台面的运动参数反馈输入到伺服阀的控制器中，以形成闭环系统。

图 4.12 三向六自由度模拟地震振动台

注：美国 MTS 公司三向六自由度模拟地震振动台，台面尺寸 4m×4m，最大试件质量 25t。

在各种结构模型（或足尺）动力测试中，模拟地震振动台是最为理想的结构抗震测试设备，它能够按照工程的实际需要模拟地震现象，置于该模拟地震台上的结构与基础的反应，经相似换算后，即为原型结构在真实地震条件下的反应，由于其在结构模型动力测试中，系直接测取结构模型在地震波作用下的加速度、速度、位移以及应变反应，因此更为接近工程实际情况。

国际上已建成的地震模拟振动台中，可做单向振动的最大规格为 15m×15m，最大载重 5000kN，最大激振力 3600kN。中国建筑科学研究院模拟地震振动台实验室是目前全国最大、国际上最先进的 6m×6m 三向六自由度大型模拟地震振动台实验室（图 4.14），台面尺寸：6.1m×6.1m；频率范围：0～50Hz；最大模型重量：60t；最大位移：x 向：±150mm，y 向：±250mm，z 向：±100mm；最大速度：x 向：1000mm/s，y 向：1200mm/s，z 向：800mm/s；最大加速度：x 向：1.5g，y 向：1.0g，z 向：0.8g；最大倾覆力矩：180t·m，以研究复杂建筑结构及城市基础设施在地震作用下的反应规律为主，研究成果能够解决我国抗震防灾事业中的前沿性与基础性问题。

(a)

(b)

图 4.13　模拟地震振动台台面

(a) 同济大学研制模拟地震振动台；(b) 中国地震局工程力学研究所振动台

图 4.14　中国建筑科学研究院模拟地震振动台

4.2.3　爆炸载荷加载

炸药在介质中爆炸，产生高压、高温，并伴有大量气体生成物，从而对介质产生作用，这种作用被称为爆炸荷载的外部效应，主要与爆炸能量在介质中的作用、传递方式有关，也和介质本身特性有关。

作为工程爆破能源的炸药，蕴藏着巨大的能量，1kg 普通工业炸药爆炸时释放的能量为（3.52×106）J，温度高达 3000℃，经过快速的化学反应所产生的功率为（4.72×108）kW，其气体压力达几千到一万多兆帕，远远超过了一般物质的强度。

人类对爆炸的研究与应用源于我国黑火药的发明（约公元 7 世纪）与发展，10 世纪，我国已将黑火药用于军事和烟火，大约在 11～12 世纪时，黑火药开始传入阿拉伯国家，后（约 13 世纪）传入欧洲。1627 年在匈牙利一水平巷道掘进时，首次将黑火药用于破坏岩石，这是第一次使用火药来代替人的体力劳动。1670 年以后，爆破技术在欧洲得到了广泛的应用。直至 1865 年瑞典化学家阿尔弗雷德·诺贝尔（Alfred Nobel）发明了以硝化甘油为主要组分的代纳迈特（Dynamite）炸药之后，爆破才真正进入了工业化时代。与此同时，奥尔森（Olsson）和诺宾（Norrbein）于 1867 年发明了硝酸铵和各种燃料制成的混合炸药，奠定了硝胺类炸药与硝甘类炸药竞争发展的基础。进入 20 世纪后，爆破器材与爆破技术得到了进一步的发展。1919 出现了导爆索，1927 年在瞬发雷管的基础上成功研制了秒延期电雷管。1956 年库克发明了浆状炸药，解决了硝铵炸药防水的问题，其后又研制并推广了导爆索起爆系统，1973 年瑞典诺贝尔公司研制的导爆管起爆系统进一步增加了起爆的安全性。

爆破在土木工程领域所涉及的范围是非常广泛的，爆破方法的分类也因视角与目的的不同而多样，常见的分类方法如下：

1）按照炸药装填方式，工程爆破方法可分为以下四类：

（1）硐室爆破：将大量炸药集中装填于按设计开挖的药室中，一次起爆完成大量土石方爆破的方法；

（2）炮孔爆破：将炸药装填于钻孔中进行破岩的爆破方法，是工程中应用最广的爆破方法；

（3）裸露爆破：直接将炸药敷设在被爆物体表面上（有时需加简单覆盖）起爆，达到破碎目的的爆破方法；

（4）形状药包爆破：将炸药做成特定形状的药包，用以达到某种特定的爆破作用的爆破方法。

2）按照爆破作业性质，工程爆破方法可分为以下五类：

（1）露天爆破：包括硐室爆破、深孔台阶爆破［图 4.15（*a*）］、浅孔爆破、石方爆破与沟槽爆破等；

（2）地下爆破：包括井巷掘进爆破、隧道掘进爆破、地下洞室开挖爆破、地下采矿爆破等；

（3）水下爆破：包括水下炸礁爆破［图 4.15（*b*）］、岩塞爆破、爆炸软基处理爆破、爆夯等；

(*a*) (*b*) (*c*) (*d*) (*e*)

图 4.15　土木工程领域常见爆破方法

（*a*）深孔台阶爆破；（*b*）水下爆破；（*c*）建筑物拆除爆破；（*d*）定向抛掷爆破；（*e*）光面爆破

(4) 拆除爆破：包括建筑物拆除爆破［图 4.15（c）］、构筑物拆除爆破、水压爆破等；

(5) 特种爆破：包括爆炸加工、爆炸焊接、爆炸合成等。

此外，工程应用中，常用的爆破作业还可按爆破技术进行分类，如松动爆破、抛掷爆破、定向抛掷爆破［图 4.15（d）］、预裂与光面爆破［图 4.15（e）］、毫秒延迟爆破、控制爆破与聚能爆破等。

4.2.4 电磁加载

通电导体在磁场中，会受到与磁场方向相垂直的作用力。根据这一原理，在磁场（永久磁铁或直流线圈励磁）中放入动圈，通以交变电流，则可使固定于动圈上的顶杆等部件往复运动，产生载荷。若动圈通以一定方向的直流电，则产生静载。

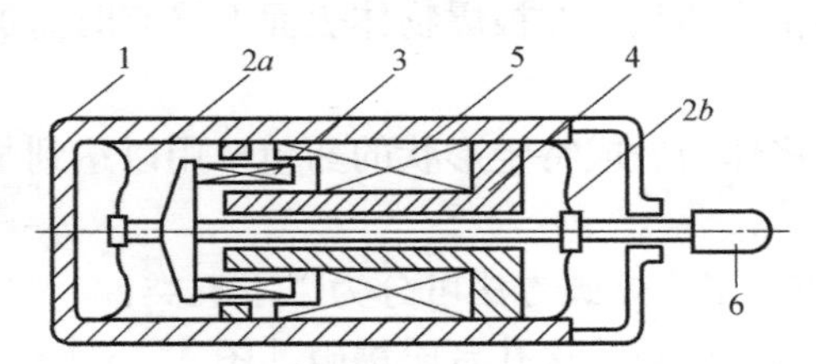

图 4.16 电磁式激振器构造及工作原理

1—外壳；2a、2b—弹簧；3—动圈；4—铁芯；5—励磁线圈；6—顶杆

目前常见的电磁加载设备为电磁式激振器与振动台。电磁式激振器由磁场系统（包括励磁线圈、铁芯等）、动圈（工作线圈）、弹簧、顶杆等部件装在外壳中组成（图 4.16）。动圈固定在顶杆上，置于磁铁芯中心的孔隙中，并由固定在壳体上的弹簧支承。弹簧除支承顶杆外，工作时还使顶杆产生一个稍大于电动力的预压力，使激振时不致产生顶杆撞击测试试件的现象。

当励磁线圈通以稳定的直流电时，铁芯形成一个强大的恒磁场。与此同时，由低频信号发生器输出的交变电流经功率放大器放大后输入工作线圈，工作线圈即按交变电流谐振规律在磁场中运动，使顶杆推动测试试件振动。使用时装于支座上，可以做垂直激振，也可以进行水平激振（图 4.17）。

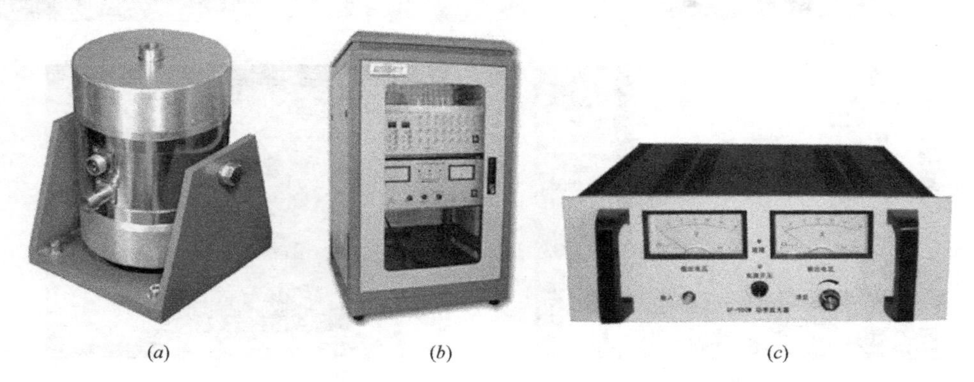

图 4.17 电磁式激振器工作组件（一）

（a）激振器；（b）综合控制仪；（c）功率放大器

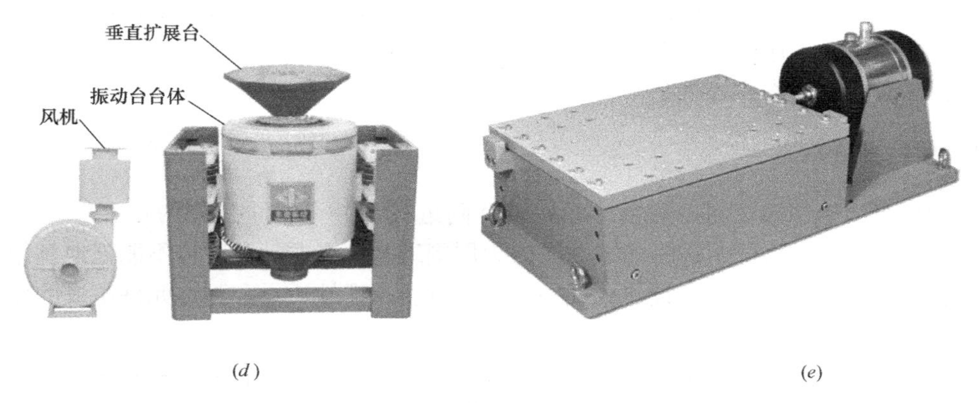

图 4.17　电磁式激振器工作组件（二）

（d）垂直振动台；（e）水平振动台

电磁式激振器的优点为频率范围较宽，由几赫兹到十几赫兹；推动力由几百牛到几千牛；重量轻；控制方便，按给定信号可产生各种波形的激振力。缺点是激振力不大，仅适合于小型结构或小模型试验。

电磁式振动台实际上是利用电磁式激振器来推动一个活动台面构成的。但由于振动台的激振器输入励磁线圈和活动线圈的电流都比较大，工作时间长了易发热，故附有冷却系统。激振力较小的一般用空气冷却，激振力较大的则用空心导线绕组，孔中通以蒸馏水循环冷却。为了获得良好的波形，用橡胶弹簧、空气弹簧或磁悬来悬挂活动系统，使振动台在负荷情况下动圈能回到最佳位置。动圈周围加有滚轮制导，以防止偏斜，图 4.18 为其构造简图。

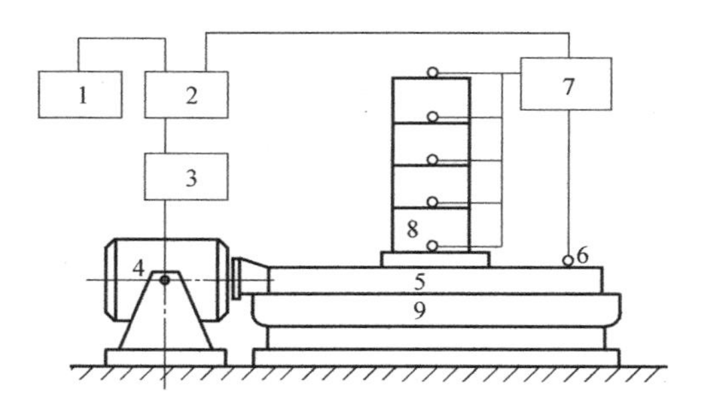

图 4.18　电磁式振动台组成系统图

1—信号发生器；2—自动控制仪；3—功率放大器；4—电磁激振器；5—振动台台面；6—测振传感器；7—振动测量记录系统；8—试件；9—台座

4.3　动力加载测试仪器

振动参量可以通过不同方法进行量测，如机械式振动测量仪、光学测量系统及电测法等。电测法将振动参量（位移、速度、加速度）转换成电量，而后用电子仪器进行放大、显示或记录。电测法灵敏度高，且便于遥控、遥测，是目前最常用的方法。

振动测试系统由拾振器、测振放大器和记录仪等部分组成。拾振器是将机械振动信号转变为电信号的敏感元件，拾振器按量测参数可分为位移式、速度式和加速度式；按构造原理可分为磁电式、压电式、电感式和应变式；从使用角度又可分为绝对式（惯性式）和相对式、接触式和非接触式等。

4.3.1 惯性式拾振器

振动具有传递作用，测振时很难在振动体附近找到一个静止点作为量测振动的基准点。例如要量测动力机器工作时的振动，因为周围地基也在振动，所以不能把地基作为基准点。这样就需要在仪器内部设法构成一个基准点。由惯性质量和弹性元件组成的振动系统可以解决这个问题，其工作原理如图 4.19 所示。

该系统主要由惯性质量块 m、弹簧 k 和阻尼器 c 构成。使用时将仪器外壳框架固定在振动体上，并和振动体一起振动。设被测振动物体按下面规律振动：

$$x = X_o \sin\omega t \tag{4.5}$$

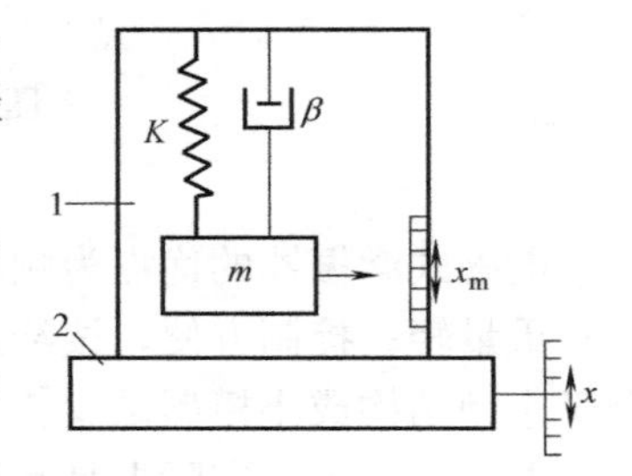

图 4.19　拾振器力学原理

1—拾振器；2—振动体

则质量块 m 的振动微分方程为：

$$m(\ddot{x} + \ddot{x}_m) + c\dot{x}_m + kx_m = 0 \tag{4.6}$$

式中　x——振动体相对于固定参考坐标的位移；

x_m——质量块相对于其外壳的位移；

X_o——被测振动的振幅；

ω——被测振动的圆频率。

式（4.6）可写作：

$$\ddot{x}_m + 2n\dot{x}_m + \omega_n^2 x_m = X_o\omega^2 \sin\omega t \tag{4.7}$$

这是单自由度、有阻尼、强迫振动的方程，且 $\omega_n^2 = k/m$、$2n = c/m$，其通解为：

$$x_m = Be^{-nt}\cos(\sqrt{\omega^2 - n^2}t + \alpha) + X_{mo}\sin(\omega t - \varphi) \tag{4.8}$$

上式中第一项为自有振动解，由于阻尼而很快衰减，第二项 $X_{mo}\sin(\omega t - \varphi)$ 为强迫振动特解，其中：

$$X_{mo} = \frac{X_o\left(\frac{\omega}{\omega_n}\right)^2}{\sqrt{\left[1 - \left(\frac{\omega}{\omega_n}\right)^2\right]^2 + \left(2\zeta\frac{\omega}{\omega_n}\right)^2}} \tag{4.9}$$

$$\varphi = \text{arctg}\frac{2\zeta\frac{\omega}{\omega_n}}{1 - \left(\frac{\omega}{\omega_n}\right)^2} \tag{4.10}$$

式中　ζ——阻尼比，$\zeta = n/\omega_n$；

ω_n——质量弹簧系统的固有频率。

将式（4.8）中的第二项 $X_{mo}\sin(\omega t - \varphi)$ 与式（4.5）相比较可以看出质量块相对于仪器外壳的运动规律与振动体的运动规律一致，但两者相差一个相位角 φ。

质量 m 的相对振幅 X_{mo} 与振动体的振幅 X_o 之比为：

$$\frac{X_{mo}}{X_o}=\frac{\left(\frac{\omega}{\omega_n}\right)^2}{\sqrt{\left[1-\left(\frac{\omega}{\omega_n}\right)^2\right]^2+\left(2\zeta\frac{\omega}{\omega_n}\right)^2}} \tag{4.11}$$

根据式（4.10）与式（4.11），以 ω/ω_n 为横坐标，以 X_{mo}/X_o 和 φ 为纵坐标，并使用不同的阻尼做出如图 4.20 与图 4.21 的曲线，分别称为拾振器的幅频特性曲线和相频特性曲线。

在测试过程中，ζ 可能随时发生变化。从图中可以看出，为使 X_{mo}/X_o 与 φ 角在测试期间保持常数，必须限制 ω/ω_n 值。当取不同频率比 ω/ω_n 和阻尼比 ζ 时，拾振器将输出不同的振动参数。

1）当 $\omega/\omega_n>>1$，$\zeta<1$ 时，由式（4.10）与式（4.11）可得：

$$\frac{\left(\frac{\omega}{\omega_n}\right)^2}{\sqrt{\left[1-\left(\frac{\omega}{\omega_n}\right)^2\right]^2+\left[2\xi\frac{\omega}{\omega_n}\right]^2}}\rightarrow 1$$

$$\varphi\rightarrow 180°$$

这表示质量块的相对振幅与振动体的振幅趋近于相等而相位相反。这是测振仪器工作的理想状态，满足次条件的测振仪称为位移计。

实际使用中，当测定位移的精度要求较高时，频率比可取最大值，即 $\omega/\omega_n>10$；对于精度要求一般的振幅测定，可取 $\omega/\omega_n=5\sim10$，此时仍可近似地认为 $X_{mo}/X_o\rightarrow 1$，但具有一定误差；幅频特性曲线平直段的下限与阻尼比有关，对无阻尼或小阻尼的频率下限可取 $\omega/\omega_n=4\sim5$，当 $\zeta=0.6\sim0.7$ 时，频率比下限可放宽到 2.5 左右，此时幅频曲线有最宽的平直段，也就是有较宽的频率可选范围。但在被测振动体有阻尼情况下，仪器对不同振动频率呈现出不同的相位差（图 4.21）。如果振动体的运动不是简单的正弦波，而是两个频率 ω_1 与 ω_2 的迭加，则由于仪器对相位差的反应不同，测出的迭加波形将发生失真，因此，使用时需注意关于波形畸变的限制。

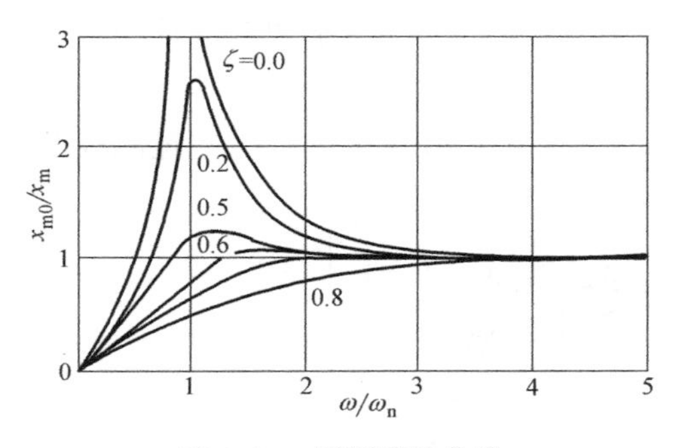

图 4.20　幅频特性曲线

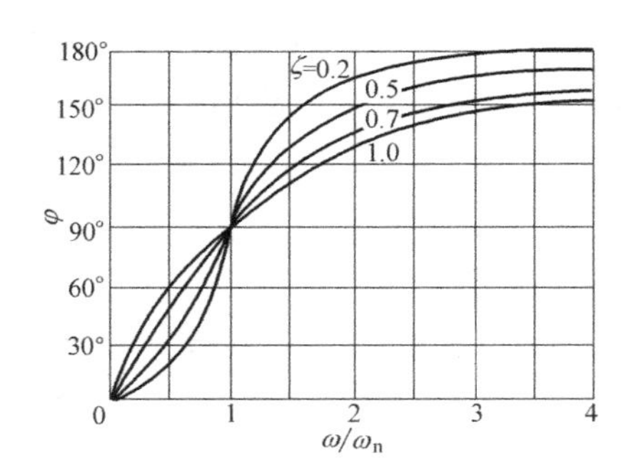

图 4.21　相频特性曲线

值得注意的是，一般厂房、民用建筑的第一自振频率约为 2～3Hz，高层建筑约为1～2Hz，高耸结构如塔架、电视塔等柔性结构的第一自振频率就更低。这就要求拾振器具有相对低的自振频率。为降低 ω_n，则须加大惯性质量，因此一般位移拾振器的体积较大且较重，使用时对被测系统有一定影响，特别对于一些质量较小的振动体就不太适用，需要寻求另外的解决办法。

2）当 $\omega/\omega_n \approx 1$，$\zeta >> 1$ 时，由式（4.11）可得：

$$\frac{\left(\frac{\omega}{\omega_n}\right)^2}{\sqrt{\left[1-\left(\frac{\omega}{\omega_n}\right)^2\right]^2+\left[2\xi\frac{\omega}{\omega_n}\right]^2}} \to \frac{\omega}{2\zeta\omega_n}$$

因此，
$$X_{mo} \approx \frac{1}{2\zeta\omega_n}\dot{X}_o$$

这时拾振器反应的示值与振动体的速度成正比，故称为速度计。$1/2\zeta\omega_n$ 为比例系数，阻尼比 ζ 愈大，拾振器输出灵敏度愈低。设计速度计时，由于要求的阻尼比 ζ 很大，相频特性曲线的线性度就很差，因而对含有多频率成分波形的测试失真也较大。同时速度拾振器的有用频率范围非常狭窄，因而工程中较少使用。

3）当 $\omega/\omega_n << 1$，$\zeta < 1$ 时，由式（4.11）可得：

$$\frac{1}{\sqrt{\left[1-\left(\frac{\omega}{\omega_n}\right)^2\right]^2+\left[2\xi\frac{\omega}{\omega_n}\right]^2}} \to 1$$

$$X_{mo} \approx \frac{\omega^2}{\omega_n^2}X_o \quad \mathrm{tg}\varphi \approx 0$$

因为：
$$x = X_o \sin\omega t$$
$$\ddot{x} = -X_o\omega^2 \sin\omega t$$

又因为测振仪器运动微分方程的特解是：

$$x_m = X_{mo}\sin(\omega t - \varphi)$$

代入 X_{mo} 可得：
$$x_m \approx \frac{\omega^2}{\omega_n^2}X_o \sin(\omega t - \varphi)$$

再代入 $\ddot{x}$，则有：
$$X_m \approx -\frac{1}{\omega_n^2}\ddot{x} \tag{4.12}$$

拾振器反应的位移与振动体的加速度成正比，比例系数为 $1/\omega_n^2$。这种拾振器用来量测加速度，称加速度计。加速度幅频特性曲线如图 4.22 所示。由于加速度计用于频率比 $\omega/\omega_n << 1$ 的范围内，故相频特性曲线仍可用图 4.21。从图 4.21 看出，其相位超前于被测频率，在 0～90°之间。这种拾振器当阻尼比 $\zeta=0$ 时，没有相位差，因此量测复合振动

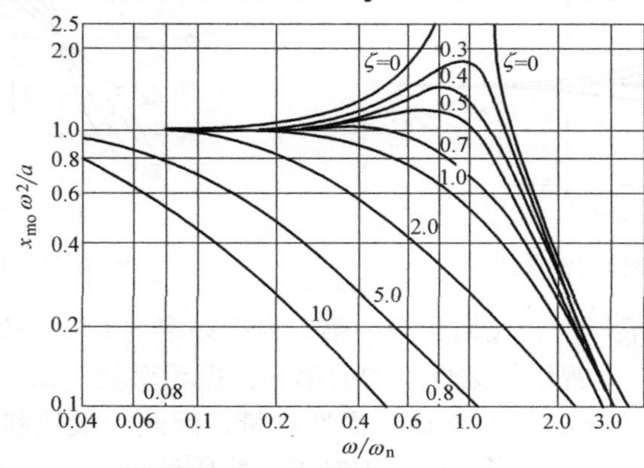

图 4.22　加速度幅频特性曲线

不会发生波形失真。但拾振器总是有阻尼的，当加速度计的阻尼比$\zeta=0.6\sim0.7$之间时，由于相频曲线接近于直线，所以相频与频率比成正比，波形不会出现畸变。若阻尼比不符合要求，将出现与频率比成非线性的相位差。

4.3.2　测振传感器

在惯性式拾振器中，质量弹簧系统将振动参数转换成了质量块相对于仪器外壳的位移、速度和加速度。但由于测试工作的需要，拾振器除应正确反映振动体的振动外，尚应不失真地将位移、速度及加速度等振动参量转换为电量，以便用量电器进行量测。转换的方法有多种形式，如利用磁电感应原理、压电晶体材料的压电效应原理、机电耦合伺服原理以及电容、电阻应变、光电原理等。其中磁电式拾振器能线性地感应振动速度，所以通常又称感应式速度传感器。它适用于实际结构物的振动量测。压电晶体式拾振器，因为体积较小，重量轻，自振频率高，故适用于模型结构测试。

1. 磁电式速度传感器

该类型传感器的特点是灵敏度高、性能稳定、输出阻抗低、频率响应范围有一定宽度，通过对质量弹簧系统参数的不同设计，可以使传感器既能量测非常微弱的振动，也能量测较强的振动，是工程振动量测中最常用的拾振仪器。

图4.23为一典型的磁电式速度传感器，磁钢和壳体固定安装在所测振动体上，与振动体一起振动，芯轴与线圈组成传感器的可动系统（质量块）并由簧片与壳体连接，测振时惯性质量块和仪器壳体相对移动，因而线圈与磁钢也相对移动从而产生感应电动势。根据电磁感应定律，感应电动势E的大小正比于切割磁力线的线圈匝数和通过此线圈中磁通量的变化率。如果以振动体的速度表示感应电动势的大小，则可表达为：

$$E=BLnv \tag{4.13}$$

式中　B——线圈所在磁钢间隙的磁感应强度；

L——每匝线圈的平均长度；

n——线圈匝数；

v——线圈相对于磁钢的运动速度，亦即所测振动物体的振动速度。

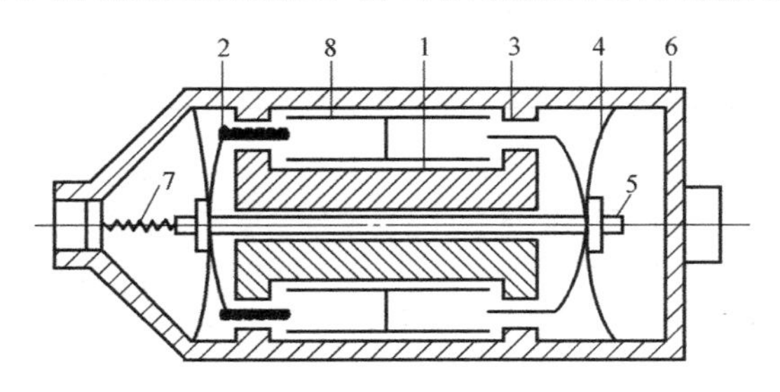

图4.23　磁电式速度传感器

1—磁钢；2—线圈；3—阻尼环；4—弹簧片；5—芯轴；6—外壳；7—输出线；8—铝架

从上式可以看出对于确定的仪器系统B、L、n均为常量。所以感应电动势E即测振传感器的输出电压与所测振动的速度成正比。对于这种类型的测振传感器，惯性质量块的位移反映所测振动的位移，而传感器输出的电压与振动速度成正比，所以也称为惯性式速度传感器。

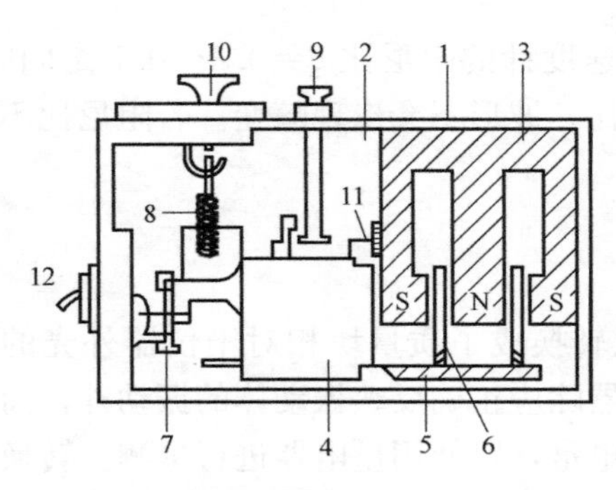

图 4.24　65 型拾振器的构造原理
（测垂直位移）

1—外壳；2—有机玻璃盖；3—磁钢；4—重锤；
5—线圈架；6—线圈；7—十字簧片；8—弹簧；
9—锁紧螺栓；10—捏手；11—指针；12—输出线

根据可用频率的范围和振幅大小，磁电式拾振器有不同的型号，65 型和 701 型拾振器是广泛用于振动量测的仪器。65 型拾振器是一种主要用于量测微弱地震的摆式拾振器。由于适用于低频振动，且灵敏度高，所以在建筑结构振动量测中应用较多，其构造与工作原理如图 4.24 所示。

65 型拾振器可测水平振动与垂直振动，区别在于仪器放置的位置，应使摆的方向与被测振动方向一致。测垂直振动时，注意放平仪器并利用弹簧支持摆的重量，改变弹簧悬挂点位置，可以调节测垂直振动时仪器的固有频率；测水平振动时，先将弹簧落入弹簧支架中，并使弹簧挂钩处于圆环中（不相碰），再将仪器转过 90°，使有底脚螺栓的一面放置调平。改变底脚螺栓的高低可调节摆的平衡位置和自振周期。

701 型拾振器也是动力测试中常用的一种磁电式拾振器，配合放大器和光线示波器可用于建筑结构以及桥梁、水坝等低频振动量测。可量测微小振动，也可量测振幅达数毫米的大位移振动。量测大位移时需在线圈两端并联一个电容器，以延长摆系统的自振周期，使被测的频率下限展宽，并缩小放大倍数，从而增大低频被测幅度。拾振器内部已增设积分电路，可直接输出与位移成正比的电压信号。

表 4.3 给出了国内有关厂家磁电式拾振器的型号及性能指标，可供选取与参考。

速度传感器　　　　**表 4.3**

型号	名称	频率响应 (Hz)	速度灵敏度 [mV/(cm·s^{-1})]	最大可测		特点
				位移 (mm)	加速度	
CD-2 型	磁电式拾振器	2～500	302	±1.5	$10g$	测相对振动
CD-4 型	速度传感器	2～300	600	±15	$5g$	测大位移
701 型	脉动仪	0.5～100	1650	大档：±6 小档：±0.9		低频，大位移
701 型	拾振器	0.5～100	1650	大档：±6 小档：±0.6		低频，大位移
702 型	拾振器	2～3		±50		
65 型	拾振器	2～50	3700	±0.5		低频，小位移
BVD-11 型	磁电式速度传感器	≥350	780	±15		大位移
SZQ4 型	速度式振动传感器	45～1500	6	2.5	$50g$	大位移

磁电式测振传感器的主要技术指标有：

1）固有频率 f_0。

传感器质量弹簧系统本身的固有频率是传感器的一个重要参数，它与传感器的频率响应有很大关系。

2）灵敏度 k

即传感器的拾振方向感受到一个单位振动速度时，传感器的输出电压。

$$k=E/v$$

式中，k 的单位通常是 $mV/(cm \cdot s^{-1})$。

3）频率响应

对于阻尼值固定的传感器，频率响应曲线只有一条，有些传感器可以由测试者选择和调整阻尼，阻尼不同传感器的频率响应曲线也不同。

4）阻尼系数

即磁电式测振传感器质量弹簧系统的阻尼比，阻尼比的大小与频率响应有很大关系，通常磁电式测振传感器的阻尼比设计为 0.5～0.7。

传感器输出的电压信号一般比较微弱，需经过电压放大器。放大器应与磁电式传感器很好地匹配。首先放大器的输入阻抗要远大于传感器的输出阻抗，这样可以将信号尽可能多地输入到放大器的输入端。放大器应有足够的电压放大倍数，同时信噪比要比较大。为了同时能够适应于微弱的振动量测和较大的振动量测，通常放大器设多级衰减器。放大器的频率响应应能满足测试要求，亦即有好的低频响应与高频响应。完全满足上述要求是比较困难的，因此在选择或设计放大器时要各项指标通盘考虑，一般将微积分网络和电压放大器设计在同一个仪器里。

2. 压电式加速度传感器

压电式拾振器是利用压电晶体材料具有的压电效应制成。压电晶体在三轴方向上的性能不同，x 轴为电轴线，y 轴为机械轴线，z 轴为光轴线。若垂直于 x 轴切取晶片且在电轴线方向施加外力 F，当晶片受到外力而产生压缩或拉伸变形时，内部会出现极化现象，同时在其相应的两个表面上出现异号电荷，形成电场。当外力去掉后，又重新回到不带电状态。这种将机械能转变为电能的现象，称为“正压电效应”。若晶体不是在外力作用下而在电场作用下产生变形，则称“逆压电效应”。压电晶体受到外力产生的电荷 Q 由下式表示：

$$Q=G\sigma A \tag{4.14}$$

式中　G——晶体的压电常数；

σ——晶体的压强；

A——晶体的工作面积。

在压电材料中，石英晶体是较好的一种，它具有高稳定性、高机械强度和能在很宽的温度范围内使用的特点，但灵敏度较低。在计量方面使用最多的是压电陶瓷材料，如钛酸钡、锆钛酸铅等。采用良好的陶瓷配制工艺可以得到较高的压电灵敏度和很宽的工作温度，而且易于制成所需形状。

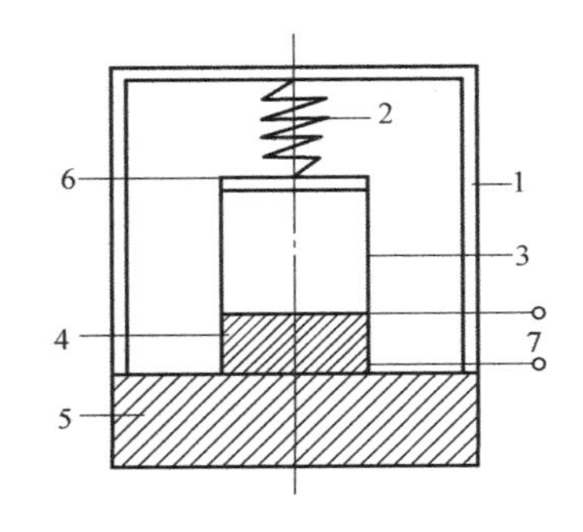

图 4.25　压电加速度传感器原理

1—外壳；2—弹簧；3—质量块；
4—压电晶体片；5—基座；
6—绝缘垫；7—输出端

压电式加速度传感器的结构原理如图 4.25 所示，压电晶体片上是质量块 m，用硬弹簧将它们夹紧在基座上，质量弹簧系统的弹簧刚度由硬弹簧刚度 K_1 和晶体

刚度 K_2组成，$K=K_1+K_2$，在压电式加速度传感器内，质量块的质量 m 较小，阻尼系数也较小，而刚度 K 很大，因而质量、弹簧系统的固有频率 $\omega_n=\sqrt{K/m}$很高，根据用途可达若干千赫兹，高的甚至可达 100～200kHz。

压电式加速度传感器具有动态范围大（可达 10^5g），频率范围宽、重量轻、体积小等特点，被广泛用于振动量测的各个领域，尤其在宽带随机振动和瞬态冲击等场合，几乎是唯一合适的测试传感器，其主要技术指标如下：

1）灵敏度

传感器灵敏度的大小主要取决于压电晶体材料的特性和质量块的质量大小，传感器几何尺寸愈大，亦即质量块愈大、灵敏度愈高，但使用频率愈窄，传感器体积减小，灵敏度也减小，但使用频率范围加宽，选择压电式加速度传感器，要根据测试要求综合考虑。

2）安装谐振频率

传感器说明书标明的安装谐振频率 $f_{安}$是指将传感器牢固装载在一个有限质量 m（目前国际公认的标准是体积为 $1in^3$，质量为 180g）的物体上的谐振频率。传感器的安装谐振频率与传感器的频率响应有密切关系。实际量测时安装谐振频率还要受具体安装方式的影响，例如螺栓的种类、表面粗糙程度等，不良的安装方式将会影响测试质量。

3）频率响应

从压电式加速度传感器的频率响应曲线（图 4.26）可以得出，在低频段为平坦的直线，随着频率的增高，灵敏度误差增大，当振动频率接近安装谐振频率时灵敏度会变得很大。压电式加速度传感器设有特制的阻尼装置，阻尼值较小，一般在 0.01 以下，因此，只有在 $\omega/\omega_n<0.2$（或 0.1）时灵敏度误差才比较小，量测频率的上限 $f_{上}$取决于安装谐振频率 $f_{安}$，当 $f_{上}$为 $f_{安}$的 0.2 倍时，其灵敏度误差为 4.2%，如果 $f_{上}=0.33f_{安}$，则其误差超过 12%，根据对测试精度的要求，通常取传感器量测频率的上限为其安装谐振频率的 0.1～0.2 倍。由于压电式加速度传感器本身有很高的安装谐振频率，所以这种传感器的工作频率上限较之其他形式的测振传感器高，也就是工作频率范围宽。至于工作频率的下限，就传感器本身可以达到极低，但实际量测时决定于电缆和前置放大器的性能。

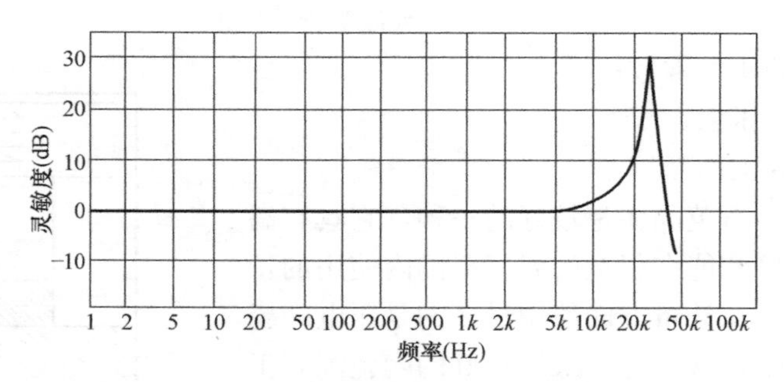

图 4.26 压电式加速度传感器频率响应曲线

图 4.27 是压电式加速度传感器的相频特性曲线，由于压电式加速度传感器工作在 $\omega/\omega_n<<1$ 的范围内，而且阻尼比 ζ 很小，一般在 0.01 以下，从图中可以看出这一段相位滞后几乎等于常数 π，不随频率改变。这一性质在量测复杂振动与随机振动时具有重要意义，不会产生相位畸变。

4）横向灵敏度比

传感器承受垂直于主轴方向振动时的灵敏度与沿主轴方向灵敏度之比称为横向灵敏度比，在理想情况下应等于零，即当与主轴垂直方向振动时不应有信号输出，但由于压电晶体材料的不均匀性与不规则性，零信号指标难以实现，横向灵敏度比应尽可能小，质量较好的传感器应小于5%。

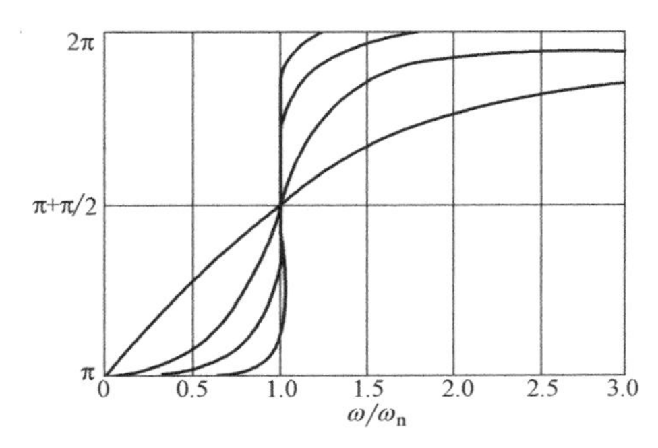

图 4.27　压电式加速度传感器相频特性曲线

5）幅值范围

也称动态范围。传感器灵敏度保持在一定误差大小（5%～10%）时的输入加速度幅值量级范围称为幅值范围，也就是传感器保持线性的最大可测范围。

压电式加速度传感器用的放大器有压电放大器和电荷放大器两种。

电压放大器具有结构简单、价格低廉、可靠性好等优点。但输入阻抗比较低，在作为压电式加速度传感器的下一级仪表时，导线电容变化将非常敏感地影响仪器的灵敏度。因此须在压电式加速度传感器和电压放大器之间加一阻抗变换器，同时传感器和阻抗变换器之间的导线要有所限制，标定时和实际量测时要用同一根导线，当压电加速度传感器使用电压放大器时可测振动频率的下限较电荷放大器为高。

电荷放大器是压电式加速度传感器的专用前置放大器，由于压电加速度传感器的输出阻抗非常高，其输出电荷信号很小，因此，须采用输入阻抗极高的一种放大器与之相匹配，否则传感器产生的电荷就要经过放大器的输入电阻释放掉，采用电荷放大器能将高内阻的电荷源转换为低内阻的电压源，而且输出电压正比于输入电荷，因此，电荷放大器同样也起着阻抗变换的作用。电荷放大器的优点是对传输电缆电容不敏感，传输距离可达数百米，低频响应好，但成本较高。

4.4　动力加载特性测试方法

土木工程结构的动力特性如固有频率、振型及阻尼系数等，是结构本身的固有参数，仅决定于结构的组成形式、刚度、质量分布、材料性质等因素。

对于比较简单的动力问题，一般只需量测结构的基本频率。但对于比较复杂的多自由度体系，有时还须考虑第二、第三甚至更高阶的固有频率以及相应的振型。结构物的固有频率及相应的振型虽然可由结构动力学原理计算得到。但由于实际结构物的组成和材料性质等因素，经过简化计算得出的理论数值一般误差较大。至于阻尼系数则只能通过测试来确定。因此，采用测试手段研究各种结构物的动力特性具有重要的实际意义。土木工程的类型各异，其结构形式也有所不同。从简单的构件如梁、柱、屋架、楼板以至整体建筑物、桥梁等，其动力特性相差很大，测试方法和所用的仪器设备也不完全相同。土木工程动力加载特性测试的主要方法有：自然振动法、共振法与脉动法，以下篇幅将展开详细介绍。

4.4.1 自由振动法

自由振动法设法使结构产生自由振动，通过记录仪器记下有衰减的自由振动曲线，由此求出结构的基本频率与阻尼系数。

使结构产生自由振动的办法较多，通常可采用突加荷载或突卸荷载的方法（图 4.4、图 4.5）。例如对有吊车的工业厂房，可以利用小车突然刹车制动，引起厂房横向自由振动，对体积较大的结构，可对结构预加初位移，测试时突然释放预加位移，从而使工程结构产生自由振动。

用发射反冲激振器的方法可以产生脉冲荷载，也可以使结构产生自由振动。该方法特别适宜于烟囱、桥梁、高层房屋等高大建筑物。近年来国内已研制出各种型号的反冲激振器，推力为 10～40kN，国内一些单位用这种方法对高层房屋、烟囱、古塔、桥梁、闸门等做过大量测试，得到较好结果，但使用时要特别注意安全问题。

在测定桥梁的动力特性时，还可以采用载重汽车越过障碍物的方法产生一个冲击荷载，从而引起桥梁的自由振动。

采用自由振动法时，拾振器一般布置在振幅较大处，要避开某些杆件的局部振动，最好在结构物纵向和横向多布置几点，以观察工程结构整体振动情况，自由振动时间历程曲线的量测系统如图 4.28 所示，记录曲线如图 4.29 所示。

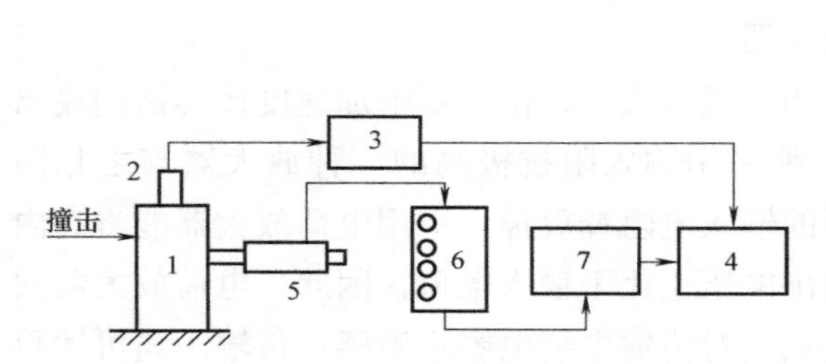

图 4.28 自由振动衰减量测系统

1—结构物；2—拾振器；3—放大器；4—光线示波器；5—应变位移传感器；6—应变仪桥盒；7—动态电阻应变仪

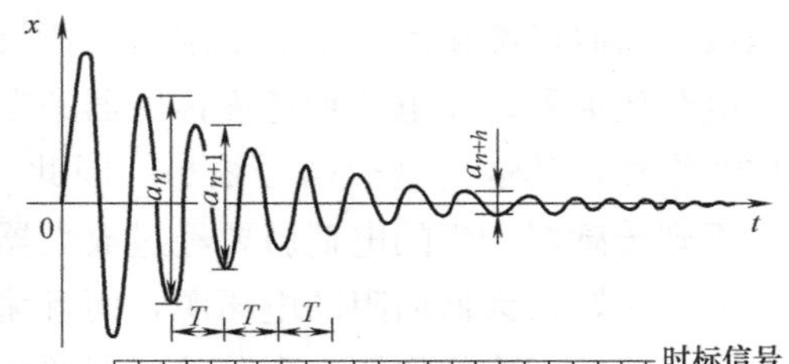

图 4.29 自由振动时间历程曲线

从实测得到的有衰减的工程结构自由振动记录图上，可以根据时间信号直接量测出基本频率。为了消除荷载影响，最初的一、两个波一般不用，同时，为了提高准确度，可以取若干个波的总时间除以波数得出平均数作为基本周期，其倒数即为基本频率。

工程结构的阻尼特性用对数衰减率或临界阻尼比表示，由于实测得到的振动记录图一般没有零线，所以在量测阻尼时应如图 4.29 所示采取从峰到峰的量法，这样比较方便而且准确度高，由结构动力学可知，有阻尼自由振动的运动方程为：

$$x(t)=Ae^{-nt}\sin(\omega t+\alpha) \tag{4.15}$$

图 4.29 中振幅值 a_n 对应的时间为 t_n；a_{n+1} 对应 t_{n+1}，$t_{n+1}=t_n+T$，$T=2\pi/\omega$；分别代入式（4.15），并取对数得：

$$\ln\frac{a_n}{a_{n+1}}=nT,\quad n=\frac{\ln\dfrac{a_n}{a_{n+1}}}{T}$$

因此，
$$\zeta=\frac{n}{\omega}=\frac{\ln\frac{a_n}{a_{n+1}}}{2\pi} \tag{4.16}$$

式中 n——衰减系数；

ζ——阻尼比。

使用自由振动法得到的周期与阻尼系数均比较准确，但只能测得基本频率。

4.4.2 共振法

共振法是利用专门的激振器，对结构施加简谐动荷载，使结构产生稳态的强迫简谐振动，借助对结构受迫振动的测定，求得工程结构动力特性的基本参数。

机械式激振器的原理已如前述，使用激振器时需将其牢固地安装在结构上，不使其跳动，否则将影响测试结果。激振器的激振方向与安装位置根据所测试结构的情况与测试目的而定。一般地，整体结构动荷载测试多为水平方向激振，楼板和梁的动荷载测试多为垂直方向激振。激振器的安装位置应选在所要量测的各个振型曲线都不是节点的部位，测试前最好先对工程结构进行初步动力分析，做到对所量测的振型曲线的大致形式心中有数。

由工程结构力学可知，当干扰力的频率与结构本身固有频率相等时，结构就出现共振。因此，连续改变激振器的频率（频率扫描），使结构产生共振，则记录下的频率，即工程结构的固有频率。工程结构都是具有连续分布质量的系统，严格说来，其固有频率不是一个，而有无限多个，对于一般的动力问题，了解其最低的基本频率是最重要的，对于较复杂的动力问题，也只需了解若干个固有频率即可满足要求。采用共振法进行动荷载测试时，连续改变激振器的频率，使工程结构发生第一次共振、第二次共振、第三次共振……就可得到工程结构的第一频率、第二频率、第三频率等，共振法量测原理如图4.30所示。

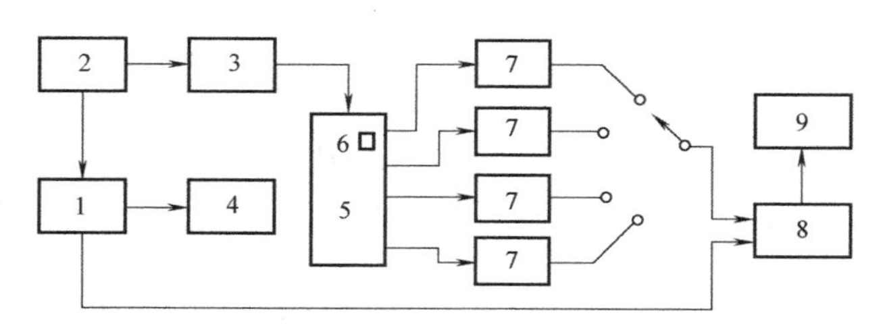

图 4.30 共振法量测原理

1—信号发生器；2—功率放大器；3—激振器；4—频率仪；5—试件；
6—拾振器；7—放大器；8—相位计；9—记录仪

图4.31为对建筑物进行频率扫描测试时所得到的记录曲线。在共振频率附近逐渐调节激振器的频率，同时记录下结构的振幅，就可做出频率—振幅关系曲线或称共振曲线。

当使用偏心式激振器时，应注意到转速不同，激振力大小也不一样。激振力与激振器转速的平方成正比。为了使绘出的共振曲线具有可比性，应把振幅折算为单位激振力作用下的振幅，或将振幅换算为在相同激振力作用下的振幅。通常将实测振幅 A 除以激振器的圆频率 ω^2，以 A/ω^2 为纵坐标，ω 为横坐标绘制共振曲线（图4.32），曲线上峰值对应的频率值即为结构的固有频率，从共振曲线上可以得到结构的阻尼系数，具体做法如下：

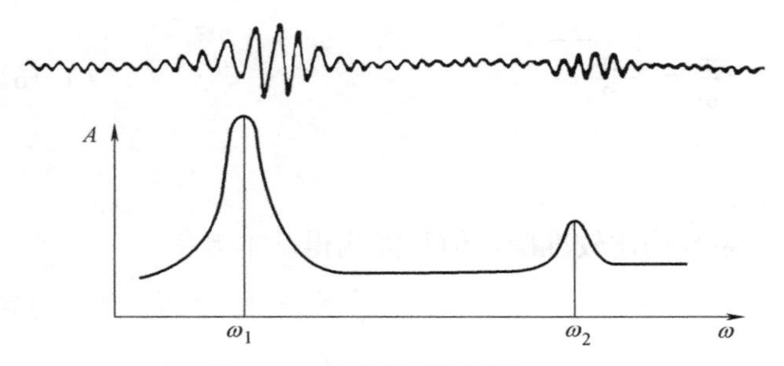

图 4.31　共振时的振动图形和共振曲线

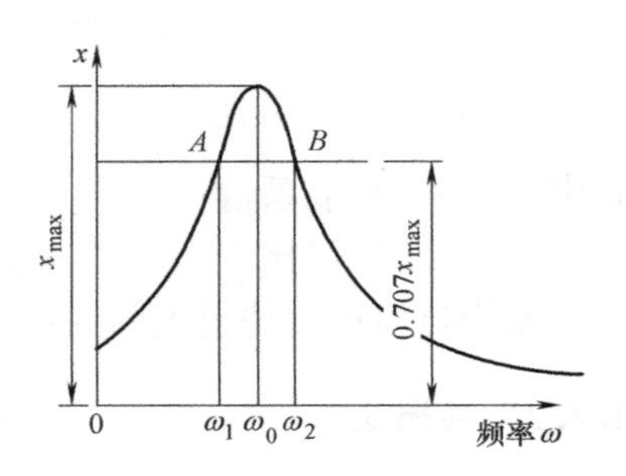

图 4.32　由共振曲线求阻尼系数与阻尼比

在纵坐标最大值 x_{max} 的 0.707 倍处做一水平线与共振曲线相交于 A 和 B 两点，其对应横坐标是 ω_1 与 ω_2，则阻尼系数 n 为：

$$n=\frac{\omega_2-\omega_1}{2} \tag{4.17}$$

临界阻尼比 ζ_c 为：

$$\zeta_c=n/\omega \tag{4.18}$$

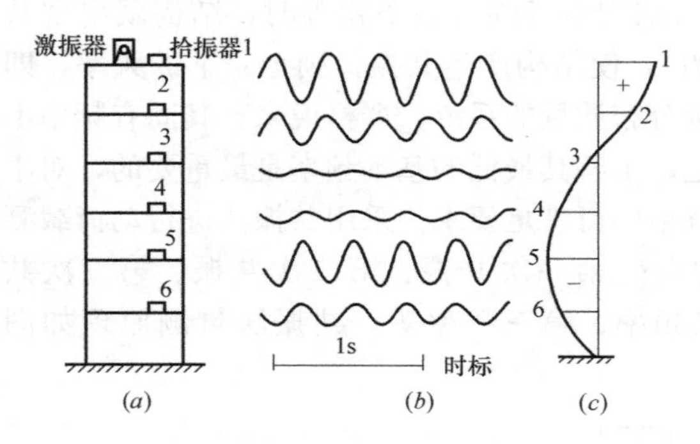

图 4.33　用共振法量测建筑物振型

(a) 拾振器和激振器的布置；

(b) 共振时记录下的振动曲线图；

(c) 振型曲线

由结构动力学可知，结构按某一固有频率做振动时形成的弹性曲线称为结构对应于此频率振动的振型。应对于基频、第二频率、第三频率分别有第一振型、第二振型、第三振型。用共振法量测振型时，要将若干个拾振器布置在结构的若干部位。当激振器使结构发生共振时，同时记录下结构各部位的振动图，通过比较各点的振幅和相位，即可给出该频率的振型图。图 4.33 为共振法量测某建筑物振型的具体情况。图 4.33 上规定顶层的拾振器 1 的位移为正，凡与它相位相同的为正，反之则为负，将各点的振幅按一定的比例与正负值画在图上即为振型曲线。

拾振器的布置视结构形式而定，可根据结构动力学原理初步分析或估计振型的大致形式，然后在控制点（形变较大的位置）布置仪器。例如图 4.34 所示框架，在横梁与柱子的中点、1/4 处、柱端点共布置了 6 个测点，这样便可较好地连成振型曲线，量测前，对各通道应进行相对校准，使之具有相同的灵敏度。

有时由于结构形式比较复杂，测点数超过已有拾振器数量或记录装置能容纳的点数，这时可以逐次移动拾振器，分几次量测，但必须有一个测点作为参考点，各次量测中位于参考点的拾振器不能移动，而且各次量测的结果都要与参考点的曲线比较相位，参考点也应选在不同节点的部位。

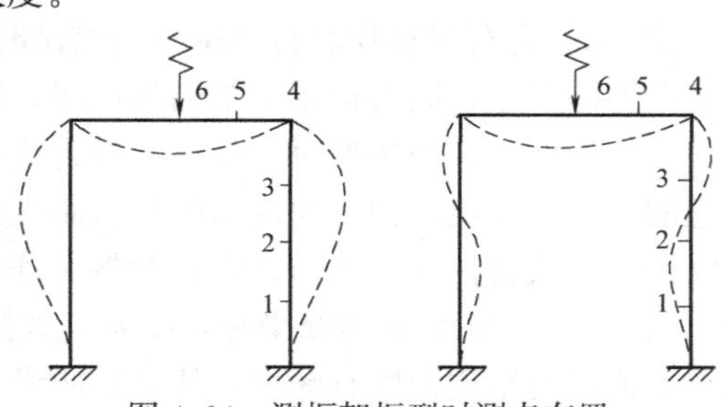

图 4.34　测框架振型时测点布置

4.4.3 脉动法

土木工程结构的脉动是经常存在的，但极其微弱，一般在 10μm 以下，烟囱可达到 10mm。工程结构的脉动来自两个方面：一方面是地面脉动；另一方面是大气变化即风和气压等引起的微幅振动。结构的脉动有一个重要特性，即能够明显地反映出结构的固有频率。因此若将结构的脉动过程记录下来，经过一定的分析便可确定结构的动力特性。可以从脉动信号中识别出结构物的固有频率、阻尼比、振型等多数模态参数，还可以用脉动法识别扭转空间振型。

脉动量测方法早在 50 年代我国就开始应用，但由于测试条件和分析手段的限制，一般只能获得第一振型及频率。70 年代以来，由于计算技术的发展和一些信号处理机或结构动态分析仪的应用，这一方法得到了迅速的发展，被广泛地应用于土木工程结构的动力分析研究中。

量测脉动信号要使用低噪声、高灵敏的拾振器和放大器，并应配有记录仪器和信号分析仪，用该方法进行实测，不需要专门的激振设备，而且不受结构形式与大小的限制，脉动法在结构微幅振动条件下所得到的固有频率比用共振法所得要偏大一些。

从分析工程结构动力特性的目的出发，应用脉动法时应注意下列几点：

① 土木工程结构的脉动是由于环境随机振动引起的。这就可能带来各种频率分量，为得到正确的记录，要求记录仪器具有足够宽的频带，使所需要的频率分量不失真。

② 根据脉动分析原理，脉动记录中不应有规则的干扰或仪器本身带进的杂音，因此观测时应避开机器或其他有规则的振动影响，以保持脉动记录的“纯洁”性。

③ 为使每次记录的脉动均能反映结构物的自振特性，每次观测应持续足够长的时间并且重复几次。

④ 记录仪的纸带应有足够快的速度，而且可变，以适应各种刚度的结构。

⑤ 布置测点时应将结构视为空间体系，沿高度及水平方向同时布设仪器，如仪器数量不足可进行多次量测，这时应有一台仪器保持位置不同作为各次量测比较标准。

⑥ 每次观测最好能记下当时的天气、风向风速以及附近地面的脉动，以便分析这些因素对脉动的影响。

1）模态分析法

土木工程结构的脉动是由随机脉动源所引起的响应，也是一种随机过程。随机振动是一个复杂的过程，对某一样本每重复量测一次的结果是不同的，所以一般随机振动特性应从全部事件的统计特性研究中得出，并且必须认为这种随机过程是各态历经的平稳过程。

如果单个样本在全部时间上所求得的统计特性与在同一时刻对振动历程的全体所求得的统计特性相等，则称这种随机过程为各态历经的。另外，由于土木工程脉动的主要特征与时间的起点选择关系不大，它在时刻 $t_1 \sim t_2$ 这一段随机振动的统计信息与 $t_1+\tau \sim t_2+\tau$ 这一段的统计信息是相关的，并且差别不大，即具有相同的统计特性，因此，土木工程结构脉动又是一种平稳随机过程。实践证明，对于这样一种各态历经的平稳随机过程，只要我们有足够长的记录时间，就可以用单个样本函数来描述随机过程的所有特性。

与一般振动问题相类似，随机振动问题也是讨论系统的输入（激励）、输出（响应）以及系统的动态特性三者之间的关系。假设 $x(t)$ 是脉动源为输入的振动过程，结果本身称之为系统，当脉动源作用于系统后，结构在外界激励下就产生响应，即结构的脉动反应 $y(t)$，称为输出的振动过程，这时系统的响应输出必然反映了结构的特性，图 4.35 反映了输入、系统与输出三者的关系。

图 4.35 输入、系统与输出关系

在随机振动中，由于振动时间历程是明显的非周期函数，用傅里叶积分的方法可知这种振动有连续的各种频率成分，且每种频率有它对应的功率或能量，把它们的关系用图线表示，称为功率在频率域内的函数，简称功率谱密度函数。

在平稳随机过程中，功率谱密度函数给出了某一过程的“功率”在频率域上的分布方式，可用它来识别该过程中各种频率成分能量的强弱，以及对于动态结构的响应效果。因此，功率谱密度是描述随机振动的一个重要参数，也是在随机荷载作用下工程结构设计的一个重要依据。

在各态历经平稳随机过程的假定下，脉动源的功率谱密度函数 $S_x(\omega)$ 与土木工程结构反应功率谱密度函数 $S_y(\omega)$ 之间存在着以下关系：

$$S_y(\omega)=|H(i\omega)|^2 \cdot S_x(\omega) \tag{4.19}$$

式中 $H(i\omega)$ ——传递函数；

ω——圆频率。

由随机振动理论可知：

$$H(i\omega)=\frac{1}{\omega_0^2\left[1-\left(\frac{\omega}{\omega_0}\right)^2+2i\xi\frac{\omega}{\omega_0}\right]} \tag{4.20}$$

由以上关系可知，当已知输入输出时，即可得到传递函数。

在测试工作中，通过测振传感器量测地面自由场的脉冲源 $x(t)$ 和工程结构反应的脉动信号 $y(t)$ 的记录，将这些符合平稳随机过程的样本由专用信号处理机（频谱分析仪）通过使用具有传递函数功率谱的程序进行计算处理，即可得到工程结构的动力特性——频率、振幅、相位等，运算结果可以在处理机上直接显示，也可用 X—Y 记录仪将结果绘制出来。图 4.36 是利用专用计算机把时程曲线经过傅里叶变换，由数据处理结果得到的频谱图，从频谱曲线上用峰值法很容易定出各阶频率，结构固有频率处必然出现突出的峰值，一般基频处非常突出，而在第二、第三频率处也有相应明显的峰值。

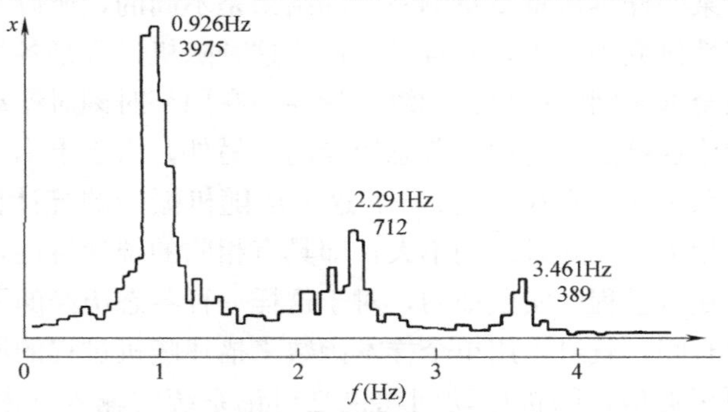

图 4.36 经数据处理得到的频谱图

2）主谐量法

利用模态分析法可以由功率谱得到工程结构的自振频率，如果输入功率谱是已知的，还可以得到高阶频率、振型与阻尼，但用上述方法研究工程结构动力特性参数需要专门的频谱分析设备及专用程序。

在实践中人们从记录得到的脉动信号图中往往可以明显地发现它反映出结构的某种频率特性。由环境随机振动法的基本原理可知，既然工程结构的基频谐量是脉动信号中最主要的成分，那么在记录里就应有所反映，事实上在脉动记录里常出现形似“拍”的现象，在波形光滑之处“拍”的现象最为显著，振幅最大，凡有这种现象之处，振动周期大多相同，这一周期即为结构的基本周期（图 4.37）。

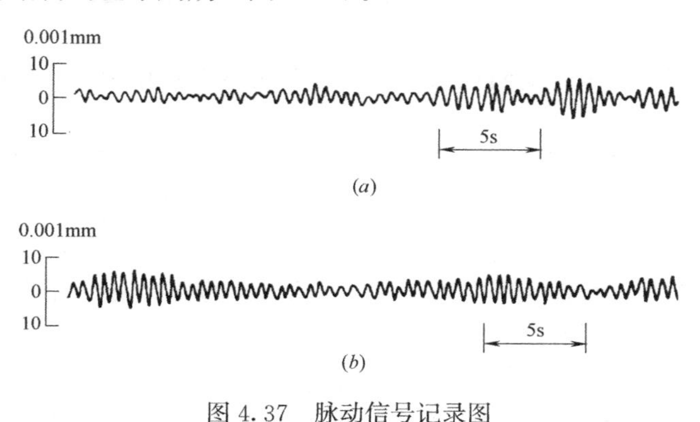

图 4.37　脉动信号记录图

（a）多层民用房屋的脉动记录；（b）钢筋混凝土单层厂房的脉动记录

在结构脉动记录中出现这种现象不难理解，因为地面脉动是一种随机现象，它的频率多种多样，当这些信号输入到具有滤波器作用的结构时，由于结构本身的动力特性，使得远离结构自振频率的信号被抑制，而与结构自振频率接近的信号则被放大，这些被放大的信号恰恰为我们揭示工程结构动力特性提供了线索。

在出现“拍”的瞬时，可以理解为在此刻结构的基频谐量处于最大，其他谐量处于最小，因此表现有工程结构基本振型的性质。利用脉动记录读出该时间同一瞬时各点的振幅，即可以确定结构的基本振型。

对于一般工程结构用环境随机振动法确定基频与主频型比较方便，有时也能量测出第二频率及其相应振型，但高阶振动的脉动信号在记录曲线中出现的机会很少，振幅也小，这样测得的结构动力特性误差较大，另外，主谐量法难以确定工程结构的阻尼特性。

4.5　动力加载结构反应测试

生产和科研中提出的一些问题，往往要求对动荷载作用下的工程结构动力反应进行测试。例如，工业厂房在动力机械设备作用下的振动情况；桥梁在列车通过时引起的振动；高层建筑物和高耸构筑物在风荷载作用下的振动；有防震要求的设备及厂房在外界干扰力（如火车、汽车及附近的动力设备）作用下引起的振动；结构在地震作用或爆炸作用下的动力反应等，上述测试中有些是实际生产过程中的动荷载，也有的是用专门设备产生的模拟动荷载。

4.5.1 动载振源特性测试

作用在工程结构上的动荷载常常是很复杂的，许多情况下是由多个振源产生的，首先要找出对结构振动起主导作用而危害最大的主振源，然后测定其特性。

结构发生振动，其主振源并不总是显而易见的，这时可以通过下述一些测试手段进行测定：

在工业厂房内有多台动力机械设备时，可以逐个开动，观察工程结构在每个振源影响下的振动情况，从中找出主振源，但是这种方法往往由于影响生产而不便实现。

分析实测振动波形，按照不同振源将会引起规律不同的强迫振动这一特点，可以间接判定振源的某些性质，作为探测主振源的参考依据。

当振动记录图形是间歇性的阻尼振动，而且有明显尖峰和衰减的特点时，说明是撞击性振源所引起的振动（图 4.38（a））。

转速恒定的机械设备将引起规律的、稳定的具有周期性的振动。图 4.38（b）是具有单一简谐振源的接近正弦规律的振动图形，这可能是一台机器或多台转速一样的机器所引起的振动。

图 4.38（c）是两个频率相差两倍的简谐振源引起的合成振动图形。

图 4.38（d）是三个简谐振源引起的更为复杂的合成振动图形。

当振动图形符合“拍振”的规律时，振幅周期性地由小变大，又由大变小［图 4.38（e）］。这有可能是两种情况，一种是由两个频率接近的简谐振源共同作用；另一种只有一个振源，但其频率与工程结构的固有频率相近。

图 4.38（f）是属于随机振动一类的记录图形，它是由随机性动荷载引起的，例如液体或气体的压力脉冲。

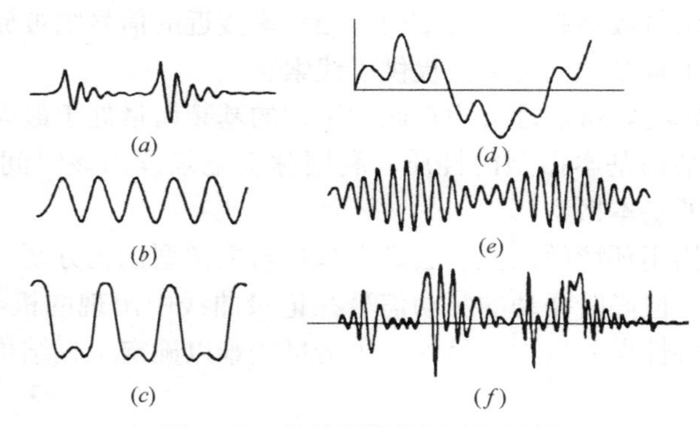

图 4.38　各种振源的振动记录图

分析工程结构振动的频率，可以作为进一步判断主振源的依据，我们知道，工程结构强迫振动的频率和作用力的频率相同，因此具有这种频率的振源就可能是主振源。对于简谐振动可以直接在振动记录图上量出振动频率，而对于复杂的合成振动则需将合成振动记录图作进一步分析，作出复合振动频谱图，在频谱图上可以清楚地看出合成振动是由哪些频率成分组成的，哪一个频率成分具有较大的幅值，从而判断哪一个振源是主振源。

例：某厂有一个钢筋混凝土框架，高 17.5m，上面有一个 3000kN 的化工容器（图 4.39）。此框架建成投产后即发现水平横向振动很大，人站立在上面能明显地感受到晃动，但框架本身及其周围并无大的动力设备，振动从何而来一时看不出，于是以探测主振源为目的进行了实测。在框架顶部、中部和地面设置了测振传感器，实测振动记录如图 4.40 所示。可以看出框架顶部 17.5m 处、8m 处和地面的振动记录图的形式是一样的，不同的是顶部振动幅度大，人体感觉明显；地面振动幅度小，人体感觉不到，只能用仪器测试；所记录的振动明显地是一个“拍振”。这种振动是由两个频率值接近的简谐振动合成的结果。运用分析“拍振”的方法可以得出，组成“拍振”的两个分振动的频率分别是 2.09Hz 与 2.28Hz，相当于 125.4 次/min 与 136.8 次/min。经过调查，原来距此框架 30 多 m 处是该厂压缩机车间。此车间有 6 台大型卧式压缩机，其中 4 台为 136rad/min，2 台为 125rad/min，因此可以确定出振源即大型空气压缩机。

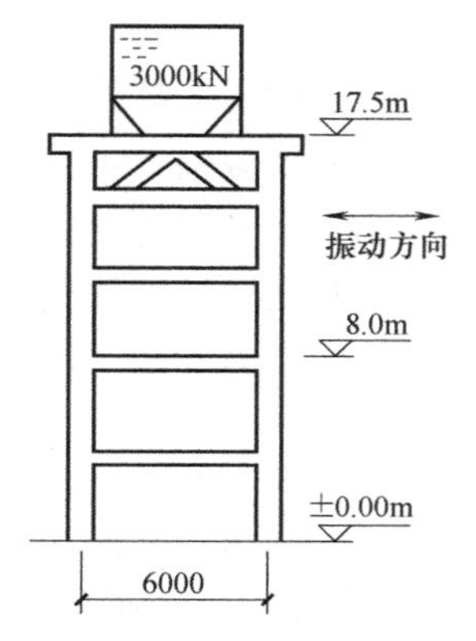

图 4.39　钢筋混凝土框架简图

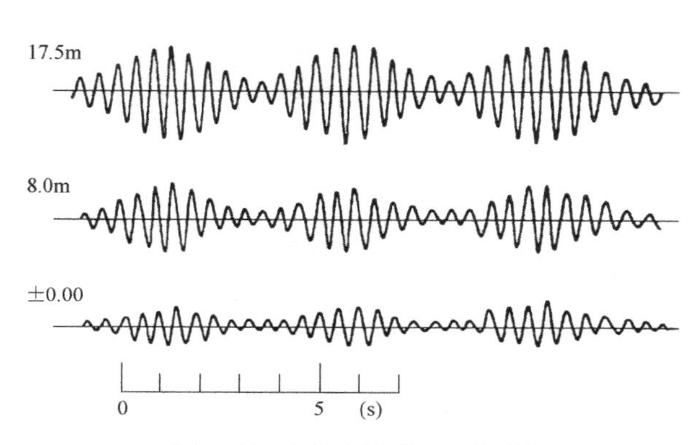

图 4.40　实测框架振动记录图

4.5.2　动载特性试验测定

根据不同的动荷载，可以采用下述几种试验方法测定其特性。

1. 直接测定法

它是通过测定动荷载本身参数以确定其特性，这种方法简单可靠，由于量测技术不断提高，各种传感器逐步完善，其应用范围也愈来愈广。

对于一些由往复式运动部件产生的惯性力（如牛头刨床、曲柄连杆机械等）可以用加速度传感器在运动部件上，直接测出机器运转时运动部件的加速度变化规律，由于运动部件的质量是已知的，所以惯性力便可得到。

测定某些机械传递到结构上的动荷载，可使用各种测力传感器，将传感器固定在结构物与机器底座之间，开动机器时可将产生的惯性力用记录仪器记下来，但用此法测力传感器的刚度应足够大，否则会导致很大的误差。

对于密封容器或受管道内液体或气体的压力运动产生的动荷载，可以在该容器上安装压力传感器，直接记录容器内液体或气体的压力波形图，从而得出由此产生的动荷载。有些机器主设备如桥式吊车，可以通过量测某一杆件的变形来得到动荷载的大小与规律，但应注意选取适当的杆件是很重要的，被选的杆件要经过动力特性的测定。

2. 间接测定法

此法是把要测定动力的机器安装在有足够弹性变形的专用结构上，结构下面为刚性支座。可以采用受弯钢梁或木梁安置在大型基础上作为这种弹性结构。梁的刚度和跨度选择必须不与机器发生共振，以保证所确定的动力荷载的准确度。

试验时首先把机器安装在梁上，在机器未开动前先进行结构的静力和动力特性的测定（可采用突加或突卸荷载法），确定出结构的刚度和惯性力矩、固有振动频率、阻尼比及已知简谐外力作用下的振幅，然后将研究的机器开动，用仪器记录和测定结构的振动情况，根据测出的数据则可确定出机械造成的可变外力。

该法的先决条件是振源必须为可移动的，而实际上大部分振源是固定的，因此这种方法比较适合于动力设备制造部门和校准单位做产品检验和标定时采用。

3. 比较测定法

这种方法是比较振源的承载结构（楼板、框架或基础）在已知动荷载作用下的振动情况和待测振源作用下的振动情况，从而得出动荷载的特性数据。

测定时在振源旁边放置一台激振器，先开动激振器测定承载结构的动力特性，确定出固有频率、阻尼比以及已知简谐力作用下随激振器转速改变的强迫振动振幅，再开动待测振源，记录承载结构的振动图形，依据这些记录数据，可求得振源工作时产生的动荷载。用此法也可按如下进行：先开动振源，记录承载结构振动情况，再开动激振器逐渐调节其频率和作用力的大小，使工程结构产生同样的振动，由于激振器的作用力和频率已知，这样也可以求得振源的特性，这种方法对于产生简谐振动效果最好。

例如某电石车间电炉的电极是采用液压系统提升的（图 4.41）。电极重量通过油缸放在两个钢筋混凝土梁上，当生产过程中需要提升或降低电极时，由油泵通过油管向油缸输油或卸油，在提升电极时发现承载工程结构混凝土梁发生振动。由于电极提升速度很慢，按计算不可能产生很大的惯性力，因此需要弄清产生振动的原因，以及动荷载大小与作用规律。

为了判明振源和测定动荷载大小，在油缸上安装了电阻应变式压力传感器，并在钢筋混凝土梁上布设拾振器，将压力传感器通过动态电阻应变仪输出的信号以及拾振器通过放大器输出的信号同时输入光线示波器，这时启动油泵向油缸输油以提升电极，在示波器上记录下油压变化曲线与承载梁的振动记录曲线（图 4.42）。从记录图上可以看出，当油缸进油，电极提升的一瞬间，油缸内的油压发生一个压力脉冲，因而在承载结构上产生一个撞击荷载使梁产生振动。油缸在进油时产生的压力脉冲类似水管内的水击现象，称为油击。进一步实测试验说明，油击大小与进油速度、阀门型式等因素有关，在特定条件下，可以通过这种方法具体测出油击脉冲的大小，进而为设计提供依据。

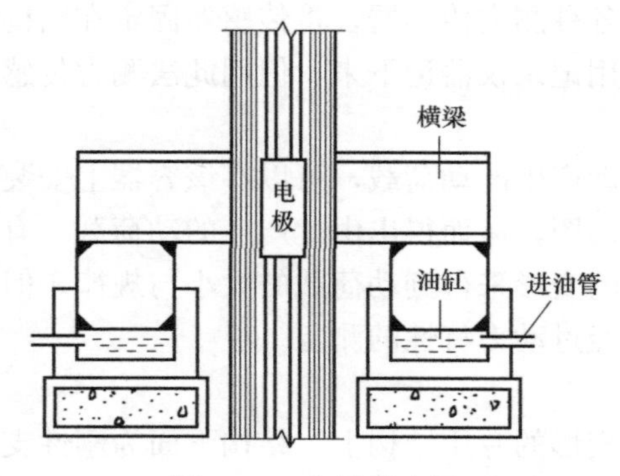

图 4.41　电炉的电极

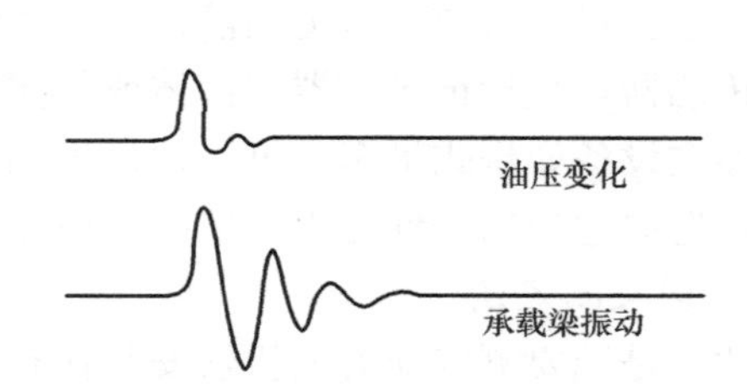

图 4.42　实测电极油缸油压与承载梁振动记录图

为了了解作用于建筑物上风荷载的特性，也需要进行现场实测，风荷载可以看做是静荷载与动荷载的叠加，对于一般刚性结构，风的动力作用很小，可以视为静荷载，但对于高耸结构，如烟囱、水塔、电视塔以及各种高柔塔架与高层建筑物，则必须视为动荷载，建筑物在风力作用下的受力与振动情况非常复杂，研究这个问题，需要应用各种类型的仪器并加以综合配套后，同时测出建筑物顶部的瞬时风速、风向；建筑物表面的风压以及建筑物在风荷载作用下的位移、振动与应力等物理量，然后将实测所得的大量数据进行综合分析，才能够获得较为理想的结果。

4.5.3 模拟地震振动台动载测试

利用振动台进行地震反应的模型测试是抗震研究的重要方法，这一方法虽然很早就被采用，但由于受振动台规模的限制，早期只能在振动台上进行小型模型的弹性或非弹性破坏测试。直至 60 年代中期国外才建立了为做大比例模型试验的模拟地震振动台，我国在过去的十几年间也相继建造了几处电伺服式的具有一定规模的地震模拟振动台。

这种测试可以再现各种形式地震波输入后的反应与地震震害发生的过程，观测测试结构在相应各个阶段的力学性能，进行随机振动分析，使人们对地震破坏作用进行深入的研究，通过振动台模型试验测试，研究新型结构计算理论的正确性，有助于建立力学计算模型。

1. 测试模型的基本要求

在振动台上进行模型试验测试，需按照相似理论考虑模型的设计问题，使原型与模型保持相似，两者须在试件、空间、物理、边界与运动条件等各方面都满足相似条件的要求，例如：

① 几何条件：要求原型、模型各相应部分的长度成比例。

② 物理条件：要求原型、模型的物理特性和受力引起的变化反应相似。

③ 单值条件：要求原型、模型的边界条件与运动初始条件等相似。

事实上，要做到原型与模型完全相似是比较困难的，因此，只能抓住主要因素，以便模型试验测试既能反映事物真实情况，又不致过于复杂与困难就可以了。

2. 输入地震波

地震时地面运动是一个宽带的随机震动过程，一般持续时间在 15～30s，强度可达 $0.1g$～$0.6g$，频率在 1～25Hz 左右，为了真实模拟地震时地面运动，对输入振动台的波形有一定的要求。

常见的输入波有以下几种：

① 强震实际记录，这方面国内外都已取得一些较完整记录可供试验测试选用。

② 按需要的地质条件或参照相近的地震记录，做出人工地震波。

③ 按规范的谱值反造人工地震波，这主要用于检验设计。

3. 试验方法

在进行工程结构抗震测试时，振动台面的输入运动一般选为加速度，这是由于加速度输入与计算动力反应时的方程式相一致，便于对试验测试结构进行理论计算与分析，加速度输入时的初始条件较为容易控制，现有的加速度记录较多，这也为输入运动的频谱选择提供了便利条件。

根据测试目的，加载过程有一次性加载和多次性加载。

一次性加载过程，一般是先进行自由振动测试，量测结构的动力特性，然后输入一个适当的地震记录，连续地记录位移、速度、加速度、应变等信号的动力反应，并观察裂缝形成与发展情况以及研究工程结构在弹性、非弹性及破坏阶段的各个形态等，这种测试可以模拟工程结构在一次强烈地震中的整体表现，然而对测试过程中的量测与观察技术要求较高，破坏阶段的观测也相对较为危险。

多次性加载具有以下几个步骤：

① 自由振动，测定结构自振特性。

② 给台面输入运动，使结构薄弱部位产生微裂。

③ 加大输入运动，使结构产生中等开裂。

④ 增大输入运动，使结构主要部位产生破坏。

⑤ 再增大输入运动，使结构变为机动体系，稍加荷载就会发生倒塌。

这种试验测试可以得到各个加载阶段的周期、阻尼、振型、刚度退化、能量吸收能力以及滞回反应等特性。

4.5.4 结构疲劳测试

土木工程结构中存在着许多疲劳现象，如承受吊车荷载作用的吊车梁，直接承受悬挂吊车作用的屋架，上述结构物或构件在重复载荷作用下达到破坏时的力比其静力强度要低得多，这种现象称为疲劳，结构疲劳试验测试的目的就是要了解在重复载荷作用下结构的性能及变化规律。

疲劳问题涉及的范围比较广，对某一种结构而言，其包含材料的疲劳与结构构件的疲劳，例如钢筋混凝土结构中存在钢筋的疲劳、混凝土的疲劳与组成构件的疲劳等。目前疲劳理论研究工作尚在不断发展，疲劳测试也因目的要求不同而采取不同的方法，这方面的国内外测试研究资料很多，但目前尚无标准化的统一测试方法。近年来，国内对土木工程结构构件，特别是钢筋混凝土构件的疲劳性能的研究比较重视，其原因在于：

① 普遍采用极限状态设计与高强材料，以致许多工程结构构件处于高应力状态工作。

② 正在扩大钢筋混凝土构件在各种重复荷载作用下的应用范围，如吊车梁、桥梁、轨枕、海洋结构、压力机架、压力容器等。

③ 使用荷载作用下采用允许截面受拉开裂设计。

④ 为使重复荷载作用下构件具有良好的使用性能，改进设计方法，防止重复荷载导致过大垂直裂缝，以及提前出现斜裂缝。

工程结构构件疲劳测试一般均在专门的疲劳试验机上进行，大部分采用脉冲千斤顶施加重复荷载，也有采用偏心轮式振动设备，国内对结构构件的疲劳测试大多采用等幅匀速脉动载荷，借以模拟结构构件在使用阶段不断反复加载与卸载的受力状态。

以下内容以钢筋混凝土为例，介绍疲劳试验测试的主要内容与方法：

1. *疲劳测试项目*

对于鉴定性疲劳测试，在控制疲劳次数内应取得下述有关数据，同时应满足现行设计规范的要求。

1）抗裂性及开裂荷载；

2）裂缝宽度及其发展；

3）最大挠度以及变化幅度；

4）疲劳强度。

对于可研性的疲劳测试，按研究目的要求而定。如果是正截面的疲劳性能测试，一般应包括：

1）各阶段截面应力分布状况、中和轴变化规律；

2）抗裂性及开裂荷载；

3）裂缝宽度、长度、间距及其发展；

4）最大挠度及其变化规律；

5）疲劳强度的确定；

6）破坏特性分析。

2. *疲劳测试荷载*

1）疲劳测试荷载取值

疲劳测试的上限荷载 Q_{max} 是根据构件在最大标准荷载最不利组合下产生的弯矩计算而得，荷载下限根据疲劳测试设备的要求而定，如 AMSLER 脉冲测试试验机取用的最小荷载不得小于脉冲千斤顶最大动负荷的 3%。

2）疲劳测试载荷速度

疲劳测试荷载在单位时间内重复作用的次数（即荷载频率）会影响材料的塑性变形和徐变，另外频率过高时，对疲劳测试附属设施带来的问题也比较多。目前，国内外尚无统一的频率规定，主要依据疲劳试验机的性能而定。

荷载频率不应使构件及荷载发生共振，同时应使构件在测试时与实际工作时的受力状态一致，为此荷载频率 θ 与构件固有频率 ω 之比应满足下列条件：

$$\theta/\omega<0.5 \text{ 或 }>1.3 \tag{4.21}$$

3）疲劳测试控制次数

构件经受下列控制次数的疲劳荷载作用后，抗裂性（即缝宽度）、刚度、承载力必须满足现行规范中有关规定。

中级工作制吊车梁：$n=2\times10^6$ 次；

重级工作制吊车梁：$n=4\times10^6$ 次。

3. *疲劳测试步骤*

构件疲劳测试的过程，可归纳为以下几个步骤：

1）疲劳测试前预加静载测试

对构件施加不大于上限荷载 20% 的预加静载 1～2 次，消除松动以及接触不良，压牢构件并使仪表运行正常。

2）正式疲劳测试

第一步先做疲劳前的静载测试。其目的主要是为了对比构件经受反复荷载后受力性能有何变化，载荷分级加到疲劳上限载荷，每级载荷可取上限载荷的 20%，临近开裂载荷时应适当加密，第一条裂缝出现后仍以 20% 的载荷施加，每级载荷加完后停歇 10～15min，记取读数，加满分后分两次或一次卸载，也可采取等变形加载方法。

第二步进行疲劳测试。首先调节疲劳机上下限载荷，待示值稳定后读取第一次动载读数，以后每隔一定次数（30～50 次）读取数据，根据要求也可在疲劳过程中进行静载测试，完毕后重新启动疲劳机继续疲劳测试。

第三步进行破坏测试。达到要求的疲劳次数后进行破坏测试时有两种情况：一种是继续施加疲劳载荷直至破坏，得到承受疲劳载荷的次数；另一种是做静载破坏测试，这时方法同前，载荷分级可以加大，疲劳测试步骤可用图 4.43 表示。

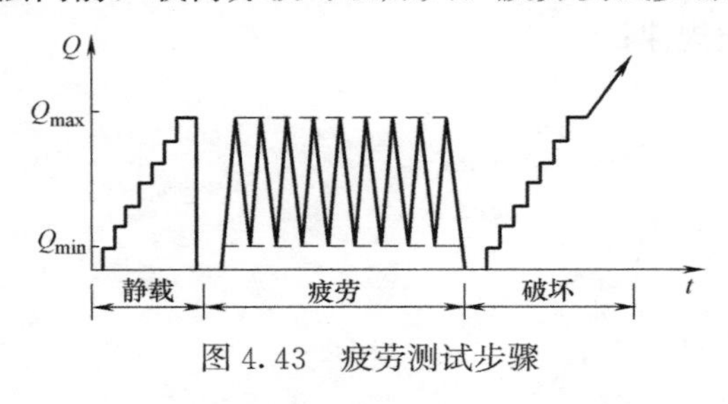

图 4.43　疲劳测试步骤

值得注意的是，不是所有疲劳测试都采取相同的测试步骤，随机测试的目的与要求不同，可有多种多样，例如带裂缝的疲劳测试，静载可不分级缓慢地加到第一条可见裂缝出现为止，然后开始疲劳测试（图 4.44）。还有在疲劳测试过程中变更载荷上限（图 4.45）。提高疲劳载荷的上限，可以在达到要求疲劳次数之前，也可在达到要求疲劳次数之后。

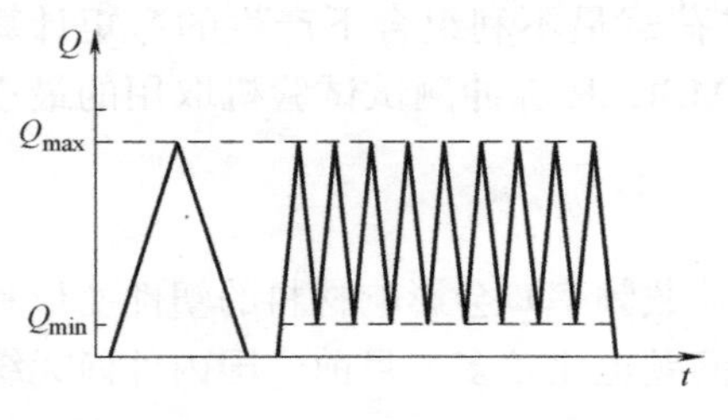

图 4.44　带裂缝测试步骤

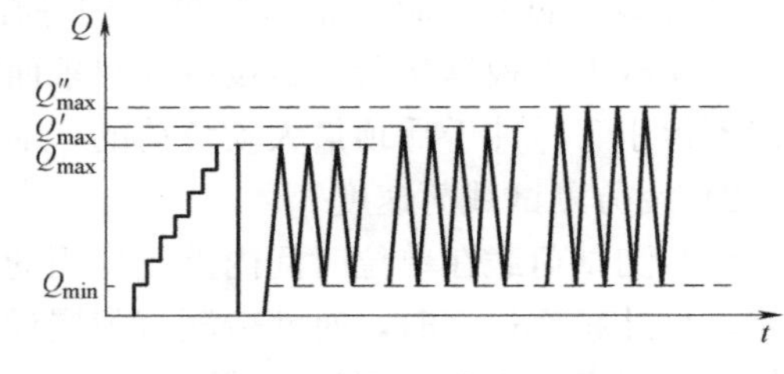

图 4.45　变更载荷上限

4. *疲劳测试观测*

1）疲劳强度

构件所能承受疲劳载荷作用次数（n），取决于最大应力值 σ_{max}（或最大荷载 Q_{max}）及应力变化幅度 ρ（或载荷变化幅度）。测试应按设计要求取最大应力值 σ_{max} 及疲劳应力比值 $\rho=\sigma_{min}/\sigma_{max}$。依据此条件进行疲劳测试，在控制疲劳次数内，工程构件的强度、刚度、抗裂性应满足现行规范要求。

当进行科研性疲劳测试时，构件是以疲劳强度与疲劳极限载荷作为最大的疲劳承载能力，工程构件达到疲劳破坏时的载荷上限值为疲劳极限载荷，构件达到疲劳破坏时的应力最大值为疲劳极限强度，为了得到给定 ρ 值条件下的疲劳极限强度与疲劳极限载荷，一般采取的方法是：根据构件的实际承载能力，取定最大应力值 σ_{max}，做疲劳测试，求得疲劳破坏时载荷作用次数 n，从 σ_{max} 与 n 双对数直线关系中求得控制疲劳极限强度，作为标准疲劳强度，它的统计值作为设计验算时疲劳强度取值的基本依据。

疲劳破坏的标志应根据相应规范的要求而定，对科研性的疲劳测试有时为了分析与研究破坏的全过程及其特征，往往将破坏阶段延长至工程构件完全丧失承载能力。

2）疲劳测试应变量测

一般采用电阻应变片量测动应变，测点布置依测试具体要求而定，测试方法主要有：以动态电阻应变仪与记录器（如光线示波器）组成测试系统，这种方法的缺点是测点数量少；用静动态电阻应变仪（如 YJD 型）与阴极射线示波器或光线示波器组成量测系统，这种方法简便且具有一定精度，可多点量测。

3）疲劳测试裂缝量测

由于裂缝的开始出现与微裂缝的宽度对构件安全使用具有重要意义，因此，裂缝量测在疲劳测试中是重要的，目前测裂缝的方法还是利用光学仪器目测或利用应变传感器电测裂缝。

4）疲劳测试挠度量测

疲劳测试中，挠度量测可采用接触式测振仪、差动变压器式位移计与电阻应变式位移传感器等，如国产 CW-20 型差动变压器式位移计（量程 20mm），配合 YJD-1 型应变仪与光线示波器组成量测系统，可进行多点量测，并能直接读出最大荷载与最小荷载下的动挠度。

5）疲劳测试试件安装

工程构件的疲劳测试不同于静载测试，它连续进行的时间长，测试过程振动大，因此试件的安装就位以及相配合的安全措施均须认真对待，否则将会产生严重后果。

严格对中。荷载架上的分布梁、脉冲千斤顶、测试构件、支座以及中间垫板都要对中，特别是千斤顶轴心一定要同构件断面纵轴在一条直线上。

保持平稳。疲劳测试的支座最好是可调的，即使构件不够平直也能调整安装水平。另外千斤顶与试件之间、支座与支墩之间、构件与支座之间都要确实找平，用砂浆找平时不宜铺厚，因此厚砂浆层易酥。

安全防护。疲劳破坏通常是脆性断裂，事先没有明显征兆，为防止发生事故，对人身安全、仪器安全均应注意。

现行的疲劳测试都是采取实验室常幅疲劳测试方法，即疲劳强度是以一定的最小值与最大值重复载荷测试结果而确定的。实际上结构构件是承受变化的重复载荷作用，随着测试技术的不断进步，常幅度疲劳测试将符合实际情况的变幅疲劳测试所代替。

另外，疲劳测试结果的离散性是众所周知的，即使在同一应力水平下的许多相同试件，它们的疲劳强度也有显著的差异，而材料的不均匀性（如混凝土）与材料静力强度的提高（如高强钢材）有更加大的变异。因此，对于测试结果的处理，大都采用数理统计的方法进行分析。

各国结构设计规范对构件在多次重复荷载作用下的疲劳设计都是提出原则要求，而无详细的计算方法，有些国家则在其他文件中加以补充规定。目前，我国正在积极开展结构疲劳的研究工作，结构疲劳测试的测试技术、测试方法也在相应地迅速发展。

4.6 实验室爆破测试技术

在实验室开展爆破测试是探究爆炸原理、揭示炸药性能，以及提高爆破效率的重要技术手段，也是土木工程动力加载测试技术中不可或缺的一环。以下将介绍 3 个较为常用的实验室测试试验，分别为炸药爆速测试、爆破漏斗测试以及爆破网路测试。

4.6.1 炸药爆速测试

爆轰波在炸药中的传播速度称为爆轰速度，简称为爆速。爆速反映的是单位时间内参与反映的炸药量的多少，即能量的释放率。炸药爆速主要取决于炸药密度、爆轰产物组成与爆热，还受装药直径、装药密度与粒度、装药外壳、起爆冲能及传爆条件等影响。

1. 装药直径

当装药直径增大到一定值后，爆速可达到理想爆速 D_H，通常将接近理想爆速的装药直径 d_L称为极限直径，此时爆速不随装药直径的增大而变化。当装药直径小于极限直径时，爆速将随装药直径减小而减小。当装药直径小到一定值后便无法维持炸药的稳定爆轰，能够保证炸药稳定爆轰的最小装药直径称为炸药的临界直径 d_K。炸药在临界直径时的爆速称为炸药的临界爆速，爆速 D 与装药包直径 d_c的关系如图 4.46 所示。

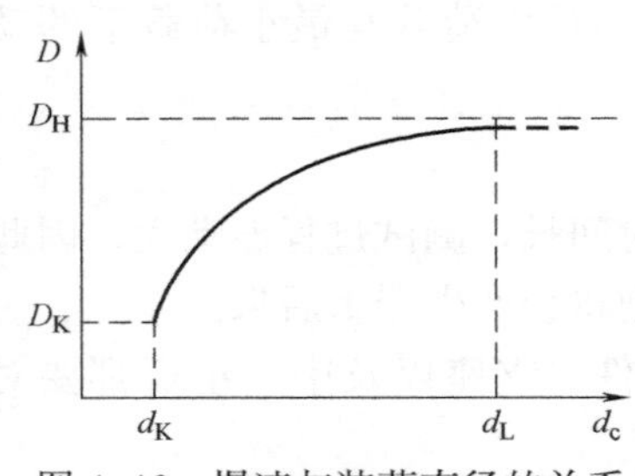

图 4.46 爆速与装药直径的关系

2. 装药密度

当炸药密度增大时，爆轰压力增大，化学反应速度加快，同时也使化学反应向体积减小和增大放热的方向变化，因而爆热增大，爆速提高，且化学反应加快，反应区相对变窄，炸药的临界直径与极限直径都相对减小，爆速也相对增大。

对于单质炸药，在达到结晶密度之前，爆速随密度增大而增大［图 4.47（*a*)］；而混合炸药由于爆炸反应机理不同，炸药中各组分或其分解产物之间的相互渗透与扩散对化学反应速度有很大影响。当密度过大之后，渗透与扩散困难，造成反应速度降低，临界直径与极限直径反而增大，爆速也随之降低。所以对混合炸药，随着密度增大，有着最佳密度值，此时爆速最大，超过最佳密度后，再继续增大炸药密度，爆速反而下降［图 4.47（*b*)］。当爆速下降到临界爆速，或临界直径增大到药柱直径时，爆轰波就不能稳定传播，最终导致熄爆。

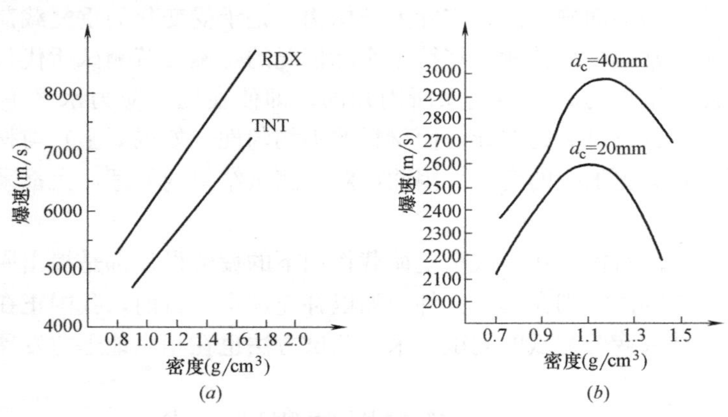

图 4.47 炸药爆速与密度的关系

（*a*）单质炸药；（*b*）混合炸药

3. 炸药粒度

对于同一种炸药，当粒度不同时，化学反应的速度不同，其临界直径、极限直径与爆速也不同。但粒度的变化并不影响炸药的理想爆速，一般情况下，炸药粒度越细，临界直径和极限直径减小，爆速增高。

混合炸药中不同成分的粒度对临界直径的影响是不同的，敏感成分的粒度越细，临界直径越小，爆速越高，而相对钝感成分的粒度越细，临界直径增大，爆速相应减小，但粒度细到一定程度后，临界直径又随粒度减小而减小，爆速相应增大。

4. 装药外壳

装药外壳可以限制炸药爆轰时反应区爆轰产物的侧向飞散，减小炸药的临界直径，因而影响爆速。对混合炸药，有外壳比没有外壳时爆速要高，其影响程度取决于外壳的质量与密度。例如，硝酸铵的临界直径在玻璃外壳时为100mm，而采用7mm厚的钢管时仅为20mm。装药外壳不会影响炸药的理想爆速，所以当装药直径较大，爆速已接近理想爆速时，外壳作用大。

5. 起爆冲能

起爆冲能不会影响炸药的理想爆速，但要使炸药达到稳定爆轰，必须供给炸药足够的起爆能，且激发冲击波速度必须大于炸药的临界爆速。

在实验室中进行炸药爆速测试，需利用探针（电离型导通传感器）短路导通产生电脉冲信号，配合示波器或计数器进行记录，测量炸药与导爆索的爆速。测试前需准备导爆索或乳化炸药、电雷管、爆破电桥、起爆器、直尺、0.2～0.3mm漆包线、示波器以及瞬态记录仪等（图4.48）。

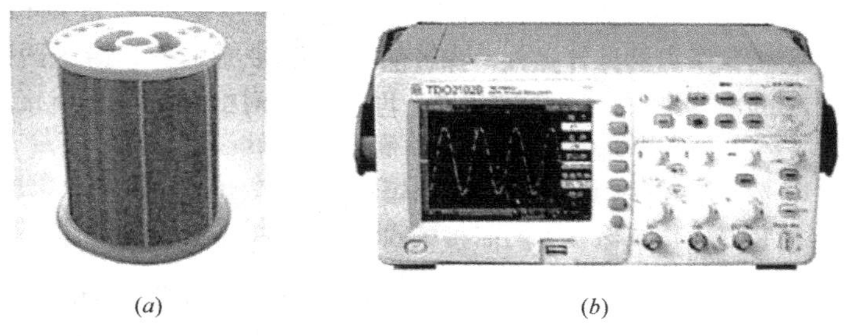

(a)　　(b)

图4.48　爆速量测需用材料

(a) 漆包线；(b) 示波器

探针垂直药包或导爆索轴线插入被测距离两端，当爆轰波到达时，使原来处于断开状态的探针短路导通而产生电脉冲信号，探针测爆速方法示意图与电路图如图4.49所示。

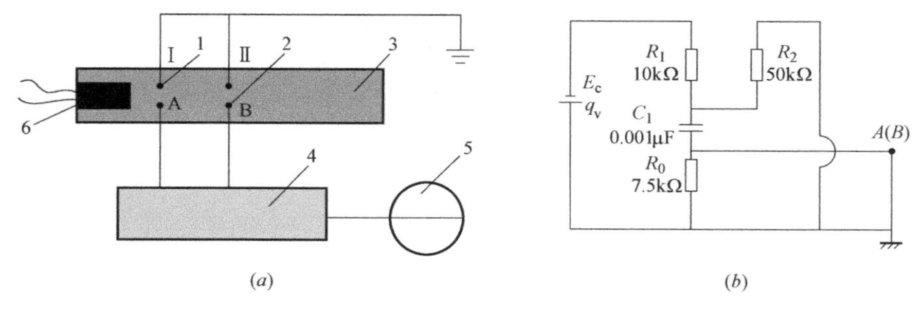

(a)　　(b)

图4.49　探针测爆速示意图与电路图

(a) 探针测爆速方法示意图；(b) 脉冲发生器电路

1、2—探针；3—药包；4—脉冲发生器；5—示波器；6—雷管

爆轰波未到达前探针A（B）处于开路状态，电源E_c通过电阻R_1、R_0向电容C_1充电，当爆轰波到达探针A（B）处时，使探针A（B）瞬时短路，电容C_1两端的电荷经电

阻R_2、R_0迅速放电，此时，在电阻R_0上获得一个衰减的脉冲信号，由同轴电缆输入示波器，使用两组（或多组）转换电路，用它输入给示波器波形，量取两个脉冲的间距，根据示波器的扫描速度即可算出爆轰波到达探针 $A(B)$ 处的时间间隔，求得爆速。

测试之初，将被测试导爆索截取一定长度（1m）或将炸药分次装入塑料筒中，均匀捣实并按式（4.22）计算装药密度，即：

$$\rho=\frac{4G}{\pi d^2 H} \tag{4.22}$$

式中 G——炸药重量（g）；

d——药柱内径（cm）；

H——装药高度（cm）。

而后，使用游标卡尺精准量测Ⅰ到Ⅱ点的距离，将测试所需的探针插入，探针前端必须在炸药的中心线上，并使两探针间距离为1～1.5mm，用胶布将其固定牢靠，再用万用表检查，两对探针之间不能接通，用一对探针两端不能短路。然后，将被测导爆索、被测药卷放在爆炸室，把装好胶片或储存卡的照相机固定在示波器上。最后，起爆并将示波器图像拍下、读数。

炸药爆速测试过程中，须在防护罩内截取导爆索，注意控制好电源，切勿将其与示波器电源相接触。炸药放入爆炸室的过程，以及起爆全程，须按爆炸室起爆有关规定执行。

4.6.2 爆破漏斗测试

药量为 Q 的药包在距自由面 W 处爆炸，除了将岩石爆破破碎外，还将部分破碎了的岩石抛掷形成一个漏斗状的坑，称为爆破漏斗。利用炸药爆炸所形成的爆破漏斗体积能够比较不同炸药的爆力，以及量测爆破能量变化时对岩石介质变形破坏的影响。测试时取黑索金与乳化炸药各10g的药包，埋置于均匀土或砂中一定深度，起爆后形成爆破漏斗如图4.50所示。

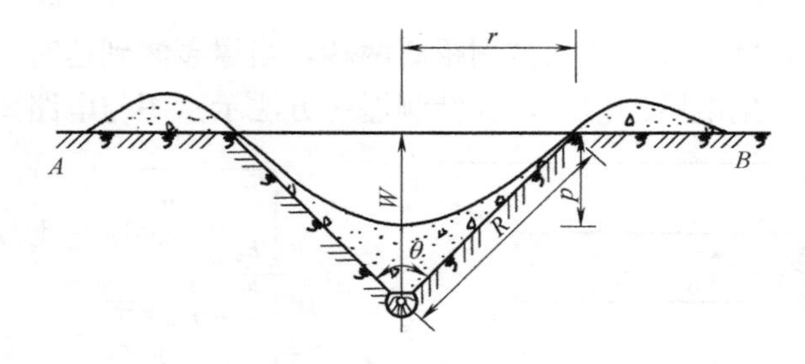

图4.50 爆破漏斗示意图

W—最小抵抗线，即药包中心到自由面的最短距离（m）；r—爆破漏斗半径（m）；
R—爆破作用半径，也称破裂半径（m）；p—爆破漏斗的可见深度（m）；θ—爆破漏斗角（°）

爆破漏斗半径 r 与最小抵抗线 W 的比值称为爆破作用指数，一般用 n 表示：

$$n=r/W \tag{4.23}$$

根据爆破作用指数 n 值的不同，爆破漏斗有如下四种基本形式（图4.51）。

1. 标准爆破漏斗

也称标准抛掷爆破漏斗，如图4.51（a）所示。漏斗半径 r 与最小抵抗线 W 相等，即

爆破作用的指数 $n=r/W=1.0$，漏斗的张开角 $\theta=90°$，形成标准抛掷爆破的药包称为标准抛掷爆破药包。

2. 加强抛掷爆破漏斗

如图 4.51（*b*）所示，所形成的爆破漏斗半径 r 大于最小抵抗线 W，即爆破作用指数 $n>1.0$，漏斗张开角 $\theta>90°$，形成加强抛掷爆破漏斗的药包称为加强抛掷爆破药包。

3. 加强松动爆破漏斗

也称减弱抛掷爆破漏斗［图 4.51（*c*）］，所形成的爆破漏斗半径 r 小于最小抵抗线 W，即漏斗张开角 $\theta<90°$，爆破作用指数 $1>n>0.75$。形成减弱抛掷爆破漏斗的药包称为减弱抛掷爆破或加强松动爆破药包。

4. 松动爆破漏斗

如图 4.51（*d*）所示，松动爆破药包的爆破作用指数 $n\leqslant0.75$，所形成的爆破漏斗张开角 $\theta<90°$，药包爆破后表面上不形成可见的爆破漏斗，在破碎的岩石表面仅可见浅的爆坑或隆起的爆堆。

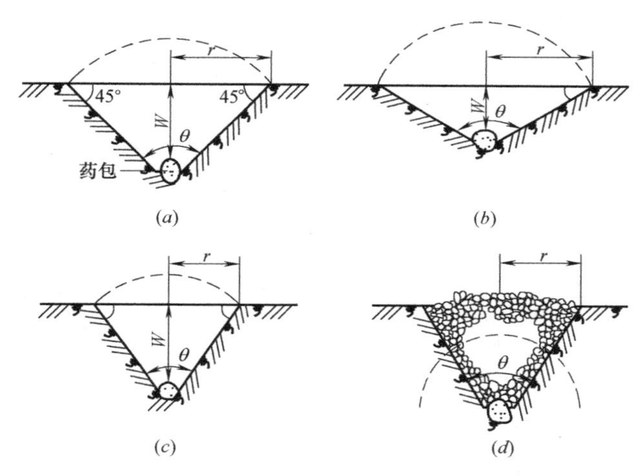

图 4.51　爆破漏斗形式

（*a*）标准抛掷爆破漏斗；（*b*）加强抛掷爆破漏斗；（*c*）减弱抛掷爆破漏斗；（*d*）松动爆破漏斗

C. W. 利文斯顿（Livingston）根据大量的漏斗测试，用 $V/Q\text{-}\Delta$ 曲线（单位炸药量的爆破体积-深度比曲线）作为变量，科学地确定了爆破漏斗的几何形态。利文斯顿爆破漏斗理论的基本观点为：炸药在岩体中爆破时，传递给岩石的能量取决于岩石性质、炸药性质、药包重量与药包埋深等因素，当岩石性质一定时，爆破能量的多少取决于药包重量与埋藏深度，在地表深处埋藏的药包，爆炸后其能量几乎全部被岩石吸收。当药包逐渐向地表附近爆炸时，传递给岩石的能量将相对减小，而传递给空气的能量将相对增加，岩石表面开始产生位移、隆起、破坏以及抛掷。

从传给地表附近岩石的爆破能量来看，药包深度不变，增加药包重量；或者药包重量不变而减小药包埋藏深度，二者的效果是一致的。

当药包埋在地表以下足够深时，炸药的能量消失在岩石中，在地表观察不到损坏，此时称为弹性变形带，如果药包重量增加或者埋深减小，则地表的岩石就可能发生破坏，使岩石开始发生破坏的埋深称为临界深度（L_e），而在临界深度的炸药量称为临界药量（Q_e）。

当药量不变，继续减小药包埋深，药包上方的岩石破坏就会转变为冲击式破坏。漏斗体积逐渐增大，当体积 V 达到最大值时，冲击式破坏的上限与爆破时炸药能量利用的最有效点相吻合，即冲击破坏带的上限，此时药包能量充分被利用，药包的埋深称为最佳深度（L_i），与最大岩石破碎量相对应的炸药量称为最佳药量（Q_o）。

当药包埋深进一步减小时，爆破能量超出达到最佳破坏效应所要求的能量，岩石的破坏可划分为破碎带与空爆带。

如上所述，当药包埋深由深向浅处移动时，在破碎带及空爆带均有漏斗形成，漏斗体积 V 与药包埋深 L_y 的关系是：L_y 由大变小时，V 由小变大直至最佳深度 L_i 时，V 最大。以 L_i 为转折点，以后 L_y 逐渐变小，V 也相应变小，即曲线是中间高两头低的形状。

为了更全面地表示漏斗的特性，将“单位重量炸药所爆破的岩石体积” V/Q 作为纵坐标，将深度比 $\Delta=L_y/L_e$（L_y 为任意深度）作为横坐标，典型的爆破漏斗的特征曲线 V/Q-Δ，如图 4.52 所示。

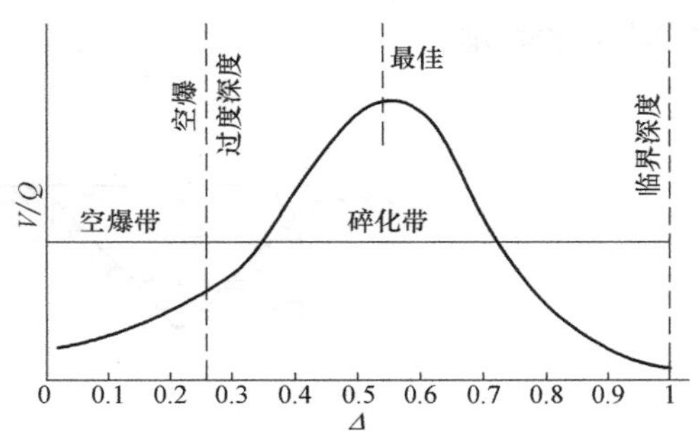

图 4.52　与爆破漏斗有关的爆破 V/Q 与深度比函数关系

弹性变形方程以岩石在药包临界深度时才开始破坏为前提，它描述了三个主要变量间的关系：

$$L_e=EQ^{1/3} \tag{4.24}$$

式中　L_e——药包临界深度（m）；

E——弹性变形系数；

Q——药量（kg）。

弹性变形系数对特定岩石与特定炸药来说是常数，它随岩石的变化要比随炸药的变化大一些。将式（4.24）两边乘以 Δ，可得：

$$L_y=\Delta EQ^{1/3} \tag{4.25}$$

最佳药包埋深可用下式确定：

$$L_j=\Delta_o EQ_o^{1/3} \tag{4.26}$$

4.6.3　爆破网路测试

爆破网路是设计爆区内炮孔按照设计好的延期时间，从起爆点依次起爆的网路结构，测试试验主要模拟爆破现场起爆网路，以导爆管、导爆管雷管等组成的导爆管爆破网路为主。

通过爆破网路测试试验，全面了解导爆管雷管的结构，掌握发爆器配起爆针起爆导爆管网路的方法，了解提高导爆管爆破网路起爆可靠性的途径，能够正确设计。连接与检查导爆管起爆系统，能够可靠起爆自行设计的导爆管网路，为今后实际应用导爆管起爆网路奠定基础。测试试验需准备电雷管、非电雷管、导爆管、电桥、起爆器、四通、卡口钳、剪刀，以及工业胶布等。

四通是目前应用最多的导爆管连接元件，形状为一端封闭的筒状结构，从开口的一端可以插入 4 根导爆管，当其中的 1 根导爆管被引爆时，爆轰波通过四通底部封闭端的反射能够引爆其他 3 根导爆管。正是这种爆炸波“从 1 根导爆管进、从 3 根导爆管出”的特性让四通元件完成了由 1 根导爆管爆炸引爆其余 3 根导爆管的过程。

四通网路的基本连接方式如图 4.53 所示。四通网路本身不具备延时功能，在同一个四通连接的网路中孔间的时差取决于孔内雷管的段位，不同四通网路之间的时差通过雷管接力实现。

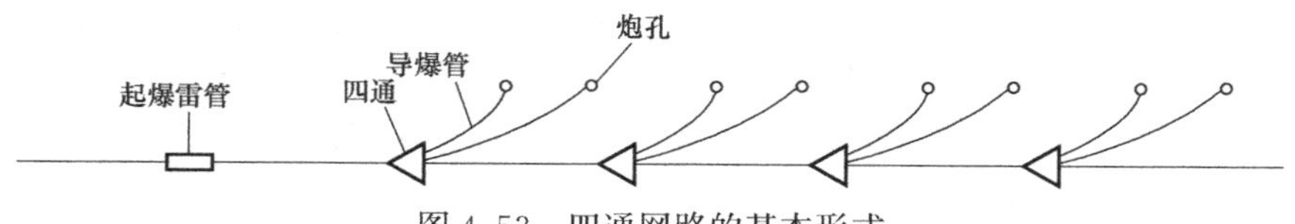

图 4.53　四通网路的基本形式

常用的四通网路有以下几种主要形式：

1. 单向四通网路

单向四通网路，也称简单四通网路，连接方式是用四通将孔内的导爆管雷管顺序连接起来，单向四通网路的基本连接形式如图 4.54 所示，该网路连接简单、方便，但网路只能从起爆点顺序传爆，一旦网路故障传爆中断，后面的网路与雷管将拒爆，网路的可靠性受到影响。

2. 闭合四通网路

将单向四通网路的末端（或中间）用导爆管连接起来就构成了闭合四通电路（图 4.55)，闭合电路具有双向传爆能力，原则上从网路中的任意一点起爆都可使网路全部准爆。

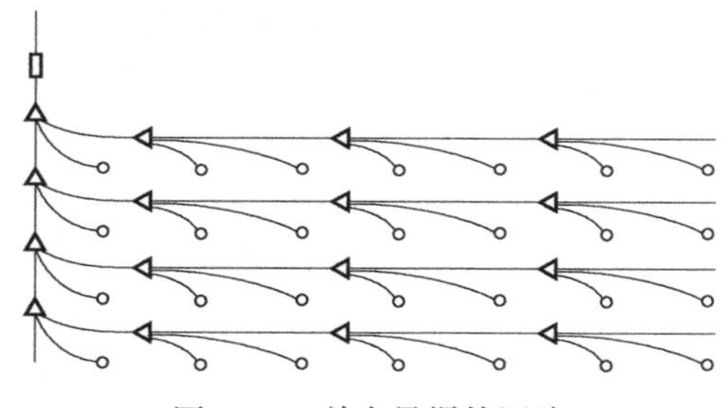

图 4.54　单向导爆管网路

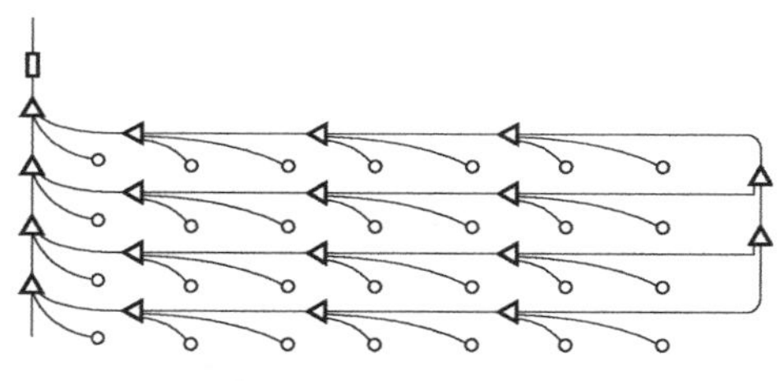

图 4.55　闭合导爆管网路

量测爆破网路时，模拟三排炮孔同时起爆，每排 5 个炮孔，每孔两发导爆管雷管，排间不设置延期雷管，非电网路图如图 4.56 所示。

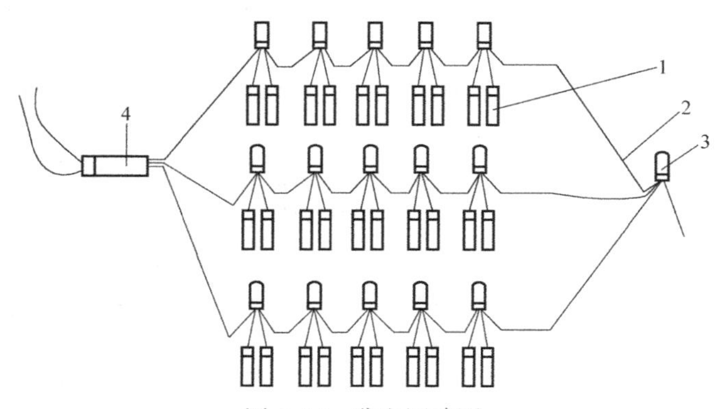

图 4.56　非电网路图

1—非电雷管；2—导爆管；3—四通；4—电雷管

测试试验开始后，首先检查雷管网路是否完好，需根据要求将雷管按串（或并）联连接好，电雷管结点用工业胶布缠牢；非电管结点用四通连接，并用卡口钳子将管箍卡紧；而后将接好的网路拿入爆炸室，由专人负责连接导线，其余人员撤离现场，导线接好后，将爆炸室的门关好；最后，将起爆导线与起爆器相连，充电后待电压达到要求后，警示其他人员后，再行起爆；爆后将爆炸室的门打开，启动风机，通风 5min 后，进入爆炸室，检查是否完全起爆，如果存在拒爆现象，说明网路连接存在问题。

4.7 爆破震动测试技术

4.7.1 爆破地震波及爆破地震效应

1. 爆破地震波

1）爆破地震波的形成及特征

炸药在岩土中爆炸时，一部分能量对炸药周围的介质引起扰动，并以波动形式向外传播。通常认为：在爆炸近区（药包半径的 10～15 倍）传播的是冲击波，在中区（药包半径的 15～400 倍）为应力波。因应力波到达界面产生反射和折射叠加便形成地震波，地震波是一种弹性波，它包含在介质内部传播的体波和沿地面传播的面波。

由于多采用毫秒微差起爆，导致波群相互干扰和重叠，增加了爆破地震波形的复杂性，因此，在实测爆破地震波波形图中，纵波和横波很难分辨，往往也不加以区分（图 4.57）。有时就将波形图的初始阶段称为初震相，中间振幅较大的一段称为主震相，后一段称为余震相。

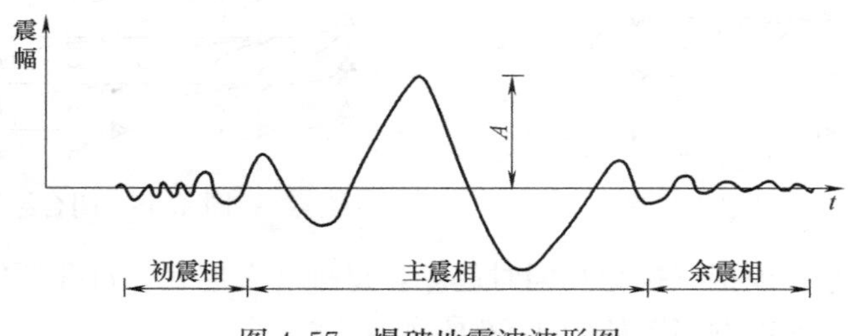

图 4.57　爆破地震波波形图

2）爆破地震波基本参数

描述爆破地震波的特征一般用振幅 A、频率 f_o或周期 T_o和持续时间 T_F三个基本参数表示。

振幅 A：振幅随时间而变化。由于主震相的振幅大，作用时间长，因此，主震相中的最大振幅是表征地震波的重要参数，是震动强度的标志。

频率 f_o（或周期 T_o）：一般用最大振幅所对应的一个波的周期作为地震波的参数，频率为其倒数 $f_o=1/T_o$。由于地震波具有明显的瞬态震动特征，属频域较宽的随机信号，用频谱分析法得出的频谱可描述其频率特征。

振动持续时间 T_F：是指测点震动从开始到全部停止的时间，反映震动衰减的快慢。

2. 爆破地震动及爆破地震效应

爆破地震动，有时称为爆破地面运动。是由爆源释放出来的地震波引起的地表附近土层的震动。爆破地震波引起的破坏现象及后果称为爆破地震效应。

爆破地震效应是一个比较复杂的问题，受到各种因素的影响，如爆源的位置、炸药量的大小、爆破方式、传播介质和地形条件等。同时，对建筑物的灾害而言，爆破地震波仅是外部条件，而建筑物的结构特性和材料特性是其内部条件。它又与地基特性和约束条件以及施工质量等因素有关。因此，爆破地震效应是一个包含建（构）筑物本身以及爆破地震波多种因素的综合性的现象。

国内外对爆破地震效应进行了大量的研究，主要研究的问题可以归纳为两个方面：

① 爆破地震波的特征及传播规律；

② 爆破地震波对建筑物的影响。

为解决这一问题，一方面是加强对各种爆破条件下爆破地震波的特性分析和对建（构）筑物危害的现象及破坏特征的宏观调查；另一方面是加强对与爆破危害相应的爆破地震波的特征参数、结构的动力响应及结构动力特性参数的测试。确定爆破地震波的特性、传播规律以及爆破地震波与建筑物动力响应关系。

爆破震动测试是研究爆破地震效应的基本手段和方法。

3. 衡量爆破震动强度的物理量及破坏判据的确定

爆破震动强度可以用介质质点运动的各物理量来衡量，如质点震动位移、速度和加速度。但以哪种物理量作为衡量标准最合适，目前在国内外有不同观点。一种观点认为以介质质点震动速度较好。其理由是，通过大量观测表明，爆破地震破坏程度与震动速度大小的相关性比较密切。较其他物理量而言，震动速度与岩土性质有较稳定的相关关系，规律性较好。另一观点则认为用震动加速度作为衡量标准（地震烈度）。因为加速度可以反映作用在建筑物或构筑物基础上的荷载大小，从而揭示结构的受力状态及破坏机理。

根据大量研究，测量质点震动速度更利于安全判定，它是结构体对爆破震动波的反应，也就是爆破所产生的能量在介质中传播所引起的反应。

通过国内外大量实测结果分析表明：反映爆破震动强度的诸多物理量与炸药量、爆心距、岩土性质及场地条件等因素密切相关。虽然各个国家试验条件各不相同，但大致上都可总结得出以下形式的经验公式：

$$A=KQ^{m}R^{n} \tag{4.27}$$

式中 A——反映爆破震动强度的物理量（震动速度或加速度）；

Q——炸药量；

R——测点至爆源中心的距离；

K、m、n——反映不同爆破方式、地质、场地条件等因素的系数。

以质点震动速度作为衡量爆破震动强度的物理量时，根据爆破方式的不同，有下列经验公式：

对于集中药包爆破： $$v=K\left(\frac{Q^{1/3}}{R}\right)^{a}$$

对于延长药包爆破： $$v=K\left(\frac{Q^{1/2}}{R}\right)^{a}$$

式中 v——质点震动最大速度（cm/s）；

Q——炸药量（kg）（齐发爆破时为总装药量，延迟爆破时，为最大一段的装药量）；

R——测点距爆源中心的距离（m）；

K——与爆破场地条件有关的系数；

a——与地质条件有关的爆破地震波衰减系数。

质点震动最大加速度计算经验公式与震动最大速度经验公式的形式相同，只是 K、a 系数不同。

K、a 数值是根据现场试验所测得数据经数理统计分析得到的，数值变化范围较大。因此，选取应十分慎重，一般通过现场爆破试验求得。

对于一些重要工程，往往通过小药量现场爆破试验，测得质点震动最大速度或最大加速度，再进行回归分析，从而得到比较符合实际情况的 K、a 数值。

若按工程类比法选取时，只能以与工程建设场地的地质条件和爆破方式相似的经验公式中的 K、a 数值作参考。

4. *爆破震动破坏判据*

引起建（构）筑物或岩体破坏的爆破震动强度临界值称为爆破震动破坏判据。对于不同的物理量，如位移、速度、加速度等，都有相应的破坏判据。

由于建（构）筑物或岩体本身的多样性，虽然经过了大量的实测工作，但要确定出一个统一的判据仍是不可能的，因此，目前各国尚无统一的规定。

多数国家在安全规程或实际应用中，将建（构）筑物的破坏程度大致分为无破坏、轻微破坏和严重破坏三类。并给定每一类破坏的临界值。根据测试资料，规定一般建（构）筑物开始破坏的临界速度为 5cm/s，也有规定为 5～10cm/s 的，临界加速度定为 $5cm/s^2$。

《爆破安全规程》GB 6722—2014 规定了建（构）筑物爆破震动安全允许标准，详细见表 4.4。

爆破震动安全允许标准 **表 4.4**

序号	保护对象类别	安全允许质点震动速度 v(cm/s)		
		$f \leqslant$10Hz	10Hz$<f\leqslant$50Hz	$f>$50Hz
1	土窑洞、土坯房、毛石房屋	0.15～0.45	0.45～0.90	0.9～1.5
2	一般民用建筑	1.5～2.0	2.0～2.5	2.5～3.0
3	工业与商业建筑物	2.5～3.5	3.5～4.5	4.2～5.0
4	一般古建筑与古迹	0.1～0.2	0.2～0.3	0.3～0.5
5	运行中的水电站及发电厂中心控制设备	0.5～0.6	0.6～0.7	0.7～0.9
6	水工隧道	7～8	8～10	10～15
7	交通巷道	10～12	12～15	15～20
8	矿山隧道	15～18	18～25	20～30
9	永久性岩石高边坡	5～9	8～12	10～15
10	新浇大体积混凝土(C20) 龄期:初凝～3d	1.5～2.0	2.0～2.5	2.5～3.0
	龄期:3～7d	3.0～4.0	4.0～5.0	5.0～7.0
	龄期:7～28d	7.0～8.0	8.0～10.0	10.0～12.0

爆破震动监测应同时测定质点震动相互垂直的三个分量。

注：1. 表中质点震动速度为三个分量中的最大值，震动频率为主震频率。

2. 频率范围根据现场实测波形确定或按如下数据选取：硐室爆破 $f<$20Hz，露天深孔爆破 f 在 10～60Hz 之间，露天浅孔爆破 f 在 40～100Hz 之间；地下深孔爆破 f 在 30～100Hz 之间，地下浅孔爆破 f 在 60～300Hz。

4.7.2 爆破地震波测试

1. 爆破地震波测试目的

了解和掌握爆破地震波的特征、传播规律以及对建筑物的影响、破坏机理等，以防止和减少对建筑物的破坏，达到最有效地控制爆破地震波危害的目的。

首先要利用经验公式初步估算爆破震动强度，然后参照目前常用的爆破破坏判据，判断爆破震动效应的大小。一般都要先进行小规模的爆破试验，通过实地测试爆破震动强度的资料，求得符合该爆破条件下的 K、a 值，再用来作为进行爆破设计的参数。

2. 爆破地震波的测试

爆破地震波测试的实质就是测量爆破地震动下介质质点的震动规律。实际上只需要绘制出爆破地震动时介质质点的震动位移、速度和加速度的时间历程曲线（震动波形图）。通过分析计算即可得到表征地震波特性的基本参量、幅值、持续时间、主频率及频谱。

传感器安装方向应与所测量质点的运动分量一致。

3. 爆破地震波对建筑结构震动效应的测试

1）爆破地震波对建筑结构震动效应

用质点震动速度和加速度对预估建（构）筑物的震动效应和安全程度有一定的参考价值，但不能反映建筑结构的真实受力状态和特性，无法揭示建（构）筑物的破坏机理。因为它忽视了建筑结构本身的固有特性（如固有频率和阻尼）对震动效应的影响。

根据建筑结构动力学理论，在爆破地震作用下，建筑结构的效应与地震波的强度、频率特性以及建筑结构的固有频率和阻尼比等因素密切相关。当建筑结构本身的固有频率与爆破地震波的主频一致或接近时，建筑结构将产生剧烈的震动。因此，用爆破地震波物理量衡量地震波对建（构）筑物的震动效应只能是一个粗略的估计。

爆破震动与建筑物的结构响应实质上是结构的震动问题。在结构力学中，反映建筑结构震动响应的最基本参量用工程结构构件应力、震动位移和加速度来表述。结构震动应力和位移是反映建筑结构震动响应的最基本的参量，直接反映了结构内部的受力特性和变形情况以及结构的工作状态和破坏机理。

建筑结构震动加速度也是反映爆破地震效应的一个重要参量，它描述了在爆破地震作用下建筑结构震动惯性力大小。可以确定作用在结构上的动荷载，对建筑结构抗爆抗震设计是很重要的。

当建筑结构中的应力大于极限强度时，结构将发生破坏。位移过大也是安全上不允许的。

2）确定动力响应的方法

（1）试验测试法。由于影响波的因素复杂和爆破震动模型相似率的不成熟，目前还无法采用模型实验来确定建筑结构动力响应。主要还是通过实际测试来确定。

（2）动力分析法。借用计算机技术和地震工程学中的反应谱理论，分析探讨建筑结构的动力响应。

3）建筑结构动力响应测试

爆破地震作用时建筑结构的动力响应主要包括结构的震动应力、位移和加速度响应。一般采用电测法。

（1）建筑结构震动应力测量

一般是用电阻应变测量法进行建筑结构应变的测量，再根据弹性力学理论中的应力应变关系，由测得的应变值求得所要测量的动应力。

（2）建筑结构震动位移测量

建筑结构震动位移的测试是在建筑结构的待测部位装位移传感器，通过测振放大器及记录仪器可得到建筑结构震动位移随时间变化的过程——位移波形图，再根据测试系统的标定结果，由位移波形图可得到工程上所关心的最大位移幅值，还可以应用速度传感器或加速度传感器通过积分放大器将传感器接收的速度信号或加速度信号经一次积分或二次积分，转换为位移信号，即：

$$\frac{\mathrm{d}u}{\mathrm{d}t}=v,\frac{\mathrm{d}v}{\mathrm{d}t}=a$$

$$\iint a\mathrm{dt}=\int v\mathrm{d}t=u \tag{4.28}$$

建筑结构震动位移测试是指建筑结构绝对位移的测试。若要测量结构对地面震动的相对位移时，应同时测量地面震动位移，然后根据它们的相位关系确定相对位移。或者用相对式位移计，设法使传感器一端固定在地面上，另一端活动杆与结构测点相接触，这样测量的结果就是结构与地面的相对位移。

（3）结构震动加速度测量

结构震动加速度测试系统和测试方法与爆破地震波加速度测试基本相同。

测试时根据结构受力情况，在具有代表性的部位布置加速度测点，根据需要安装单轴向加速度计或三轴向加速度计。

4. 测试结果分析与处理

爆破地震波和结构爆破震动效应的测试结果是反映各种震动信息的曲线，即震动波形图。它包含着与爆破震动有关的信息和无关的信息。信号分析和数据处理就是通过数学方法来突出与爆破震动有关的信息，而压缩无关的信息。

爆破地震动是一种随机震动，在记录到的波形图上的频率、幅值都是随时间不规则变化的，爆破地震波和结构动力响应信号都属于随机信号。一般需要专门的数据分析仪或计算机进行处理。但在实际中也用人工的方法进行初步简单的分析和处理。

1）波形直观分析法和数据处理

波形直观分析法就是对直接测得的波形进行分析，从波形图上量取确定有用的数据。这个分析方法比较简单、省时、实用，又具有一定精度。

（1）振幅 A

当波形图在基线两侧很不对称时，一般只读取峰值，即读取最大幅值，振动参量数值是将振动波形的幅值除以测振仪器系统的标定灵敏度值，单位是 $\mathrm{cm/(s \cdot mm^{-1})}$。

（2）振动频率

振动波形的频率比较复杂，不是单一的简谐波，用直观分析法时，量取周期比量取频率方便，取最大振幅相邻两个峰或两个谷之间的时间为周期 f，其倒数即为振动波形的主频率，此频率为该振动波形中占优势的主要频率。

（3）振动持续时间

指测点运动开始到全部停止所持续的时间。由于实测的波形图上质点运动开始和停止的时间不易确定，一般作如下规定：若记录中最大振幅为 A，则从振幅首次达到（1/5～1/3）A 开始记录，直到振幅衰减至（1/5～1/3）A 停止记录，起止记录点的间隔时间即可作为爆破振动的持续时间。

2）频谱分析

由振动理论分析可知：复杂的振动信号是由不同频率的谐波迭加而成的。其中只有一个或几个频率的谐振动是主要的，相应的频率称为主频率。由于地质条件、爆破药量、爆破方式的不同，爆破地震波的频率成分也不同，研究建筑物的爆破地震效应时，结构的响应大小与地震波的频率特性有关。

3）经验公式的建立

一般认为，爆破震动强度质点振动速度、加速度的最大值随爆心距和炸药量的变化规律，可用经验公式表示为：

$$A=K\left(\frac{\sqrt[3]{Q}}{R}\right)^{a}$$

$$A=K\left(\frac{\sqrt{Q}}{R}\right)^{a} \tag{4.29}$$

式中 A——爆破震动参数的幅值；

R——测点距爆心的距离；

Q——药量；

K、a——系数。

根据测得的 A 和已知的 Q、R，利用回归分析方法就可确定 K、a 系数。在进行波形分析处理时，应保证分析的原始波形要正确，否则将会造成错误的结果。

苏联 M. A. 萨道夫斯基提出了地震动最大速度的经验公式：

$$V=K\left[\frac{Q^{1/3}}{R}\right]^{a} \tag{4.30}$$

式中 V——地震动质点的峰值速度（cm/s）；

Q——药量（kg）；

R——爆心距（m）；

K、a——场地系数：介质为岩石时 K 值从 30～70，平均 K 值为 50；

介质为土时 K 值从 150～250，平均 K 值为 200；

a 取值为 1～2。

4.7.3 爆破震动测试技术问题

1. 测点布置

在爆破震动测试工作中，测点布置占有极其重要的地位，直接影响爆破震动测试的效果及观测数据的应用价值，测点数目过少，观测数据不足以说明问题，或使描述的现象精度很低；测点数目过多，所需仪器数量及测试工作量较大。如果测点布置不当，即使测点数目很多，但那些布置不合理的测点的观测数据也无应用价值。确定测点数目及测点位置主要是根据测试的目的和现场条件等因素确定，一般应考虑以下几点：

1）为了深入研究建筑物的地震效应和确定建筑物安全的范围或制定爆震危险区域，在爆破地震效应较大的范围内布置较密的测点，以便测定爆破地震强烈的区域以及地面震动强度随爆心距变化的规律。

2）为了研究建筑物的动力响应，应在建筑物附近地面和建筑物地面布置测点，并在建筑物上具有代表性的位置布置测点，测定建筑物地面震动参数及结构的动力响应参数，以便对结构进行抗震验算或对拟建工程结构进行抗震设计。

3）为了研究在爆区内选择建设场地，就需要在一定范围内，在特定的地形地质条件下，测定爆破地震波的衰减规律。测点数目要足够多，一般在一条测线上测点数目不少于6个。另外，在不同的地貌、地质条件下也应布置测点，以便了解这些条件对爆破震动效应的影响。

4）为避免试验数据密集在某一区域内，相邻测点比例距离倒数的对数值之差最好选为常数。

2. 传感器的安装与防护

1）地震波测试

若测点表面为坚硬岩石，可直接在岩石表面修整一平台；若岩石风化，则可将风化层清除，再浇筑一混凝土墩；测点表面为土质时，一般将表面松土夯实，铺以砂或碎石，再浇筑混凝土墩，然后再将传感器固定在平台或混凝土墩子上。

2）结构动力响应测试

结构动力响应测试中，应变测量采用应变计直接粘贴在构件测点处；加速度、位移响应采用相应的传感器，传感器与测点表面固定根据具体情况而定。

传感器安装时，应注意定位方向，要使传感器方位与所测量的振动方向一致，否则，会带来误差，需注意传感器的防护。

3. 测量导线问题

1）测量导线应采用屏蔽线，以防外界电磁干扰信号。

2）为避免爆破飞石或其他因素对导线的损坏，可将导线敷设在一定宽度和深度的电缆沟内，然后用松土或草袋等将导线掩埋防护。

3）应进行严格的防水、防潮措施密封处理，防止受潮漏电。

4）信号导线的线路不应与交流电线路平行，以避免强电磁场干扰。

5）应特别注意导线的两端固定问题。连接传感器一端应使一段导线与振动的地面或结构表面紧密接触固定，使之不致引起局部摆动而造成给传感器干扰信号，在导线末端与仪器相连段也应采取有效的固定措施。

4. 爆破地震效应主要特点

1）工程地质条件直接决定着爆破地震效应的强弱。

地震波的传播受岩石的层、节理，岩石的动态力学性能影响较大。层、节理发育，力学性能差的岩石不利于地震波的传播，地震效应就弱；反之，地震波在坚硬且层、节理不发育的岩石中传播时，衰减速度慢，地震效应强。

2）地形条件对爆破地震效应的强度有明显影响。

地震波是沿介质表面传播的，地形的变化使地震波在传播过程中，不断发生反射和透射，最终造成地震波的非均匀传播，可能在某一方向形成汇聚效应，地震作用强烈。

3）爆破地震持续时间较短。

与天然地震波相比，爆破地震的传播距离短（仅几十到几千米），作用时间短（一般毫秒量级），而且频谱带窄，频率较高爆破地震振动衰减快，破坏范围小；天然地震衰减缓慢，破坏范围大得多；爆破震动频率较高（10～20Hz 以上），远超过普通工程结构的自振频率；天然地震地面加速度震动频率较低（一般为 2～5Hz）。爆破地震的持续时间很短，在 0.4～2.0s；而天然地震主震相持续时间多在 10～40s。

4）爆破振动的强弱受炸药性质、爆破参数和起爆时差的影响较大。

大量试验表明：爆源的单段起爆药量是爆破振动的源动力，直接决定爆破振幅的大小，而起爆时差影响爆破振动的持续时间。毫秒爆破是降低爆破震动的最有效手段。

第5章 土木工程无损测试技术

5.1 概述

建筑物（房屋和桥梁等）的质量，无论是对人民的生命财产，还是对国民经济来说，都是十分重要的。对建筑物的所有要求中，安全性是第一位的。近年来，灾难性的桥梁断裂、房屋倒塌的报道时有所闻，无损测试是防止这类恶性事件发生的重要手段。另一方面，对旧建筑物的维修和保养很艰难，并要耗费大量资金。无损测试技术的应用可使维修保养大大地减少盲目性，从而可以大大节约这项开支。土木工程无损测试技术有助于评估新旧建筑物的稳定性和整体性，能够对新旧建筑物整体或部分做质量状态监视，能够用来估计建筑材料和结构的性质及性能，并能对其内部含水量、缺陷和损伤进行测量和定位，还能够用来确定建筑材料和结构内部的预应力元件的位置，以避免在打洞时发生意外的损伤。总之，土木工程无损测试技术能够以成本低、费时少的方式，起到监督、诊断和测量的作用，对评价和保证建筑物的安全性、保护和保养珍贵的古建筑起到重要作用。

目前，在土木工程中，无损测试技术的应用还不像在其他工业部门那样普遍，产生这种现象的原因是多方面的，其主要原因是测试环境条件太复杂。现代建筑物的主要材料钢筋混凝土是非均匀的、多孔的、多变的各向异性复合材料，它不仅有着复杂的结构，而且其性质的分散性极大。通常，钢筋混凝土的性质随骨料和水泥的性质、水分含量、生产的季节、甚至原材料的产地和批号等因素，都可能发生很大的变化；另一方面，建筑物和桥梁通常都有复杂的结构，而且体积庞大。这些因素使一些在机械行业中十分有效的无损测试方法和技术，在土木工程中却常常无能为力，往往需要在技术和工艺上要作较大的改进才能在土木工程中应用。

然而，获得了巨大发展的数字电子技术和计算机技术为土木工程无损测试的发展开辟了道路。这些技术的应用使无损测试技术（例如振动分析技术、超声脉冲回波技术、冲击回波技术、声发射技术、雷达技术、激光干涉技术以及红外线成像技术等）无论在数据的采集、分析和解释方面，还是在模拟计算方面，都取得了极大的进步。

应用机械波作为探测媒介的无损测试技术主要有冲击回波技术、超声脉冲回波技术和声发射技术。土木工程无损测试技术有显著的优点，因为机械波的行为直接与媒质的几何和力学性质相联系，这个优点特别有利于用来确定物体或材料的几何和力学特性。这些技术有较大的应用范围、较好的测试精度、较大的测试深度、较低的仪器成本和操作成本、较易操作、较快的测试速度和能适用于现场使用。此外，机械波对人体无危害，无论对操作人员还是对工作现场附近的人员都是安全的。

土木工程无损测试技术依据的基本理论是弹性波的产生、传播、散射和接收规律。由于弹性波在建筑材料中遵从极其复杂的规律，给无损测试技术的应用带来许多困难和不利因素，限制了它们的应用。

1. 冲击回波技术

冲击回波技术在土木工程中得到了广泛的应用。该方法可测量建筑结构对冲击负载的响应。用锤子敲击或用下落的钢球冲击样品，使之发声，声音被安装在附近的声传感器接收，样品中的缺陷或异常会使声音的频率改变。分析回波的频谱常用数字信号处理（DSP）FFT 技术。测试和定位混凝土表面下的裂缝、分层和空穴，冲击回波技术是很有效的。

由于利用空气作为声的耦合介质，该方法对表面的粗糙度和平整性要求不高。但冲击回波技术的测试灵敏度和分辨力都较低，测试速度也较慢。使用一种特殊的专用装置可使测试速度加快到每小时 3000 个测量点。

2. 超声脉冲回波技术

在超声脉冲回波技术中，超声波通常用 PZT 压电换能器产生和接收，所使用的频率远较在测试金属时低，所使用的超声波型有纵波、横波、板波和表面波等多种波型。依据基本的声学规律，脉冲回波的声学量，如超声声速、传播时间、超声衰减和频谱等与物体的几何、力学量相联系。超声声速由材料的刚度和密度所决定，而传播时间与传播距离及声速有关，超声的衰减以及频谱的变化与介质的成分和内部所含颗粒的大小密切相关。因此，超声脉冲回波技术有着广泛的应用，能用于探测和定位混凝土中的缺陷、孔穴、钢筋等，测量厚度，评估桥梁、大坝、墙壁状态的完整性和可靠性，以及监测混凝土固化过程中强度的变化等。然而，土木工程超声测试遇到了许多具有挑战性的问题，如混凝土对超声的强吸收问题、骨料对超声的散射问题、超声的耦合问题、强噪声下弱信号的提取问题和各向异性问题等。许多问题还有待于解决，影响了超声技术的应用。

增大超声功率是解决上述问题的途径之一。最近，有人发明了大功率的超声换能器，它发射的 40kHz 的超声束能通过空气耦合穿透砖块。采用先进的信号处理和显示方法是解决上述问题的另一重要途径。

3. 声发射技术

声发射是物体在外界载荷作用下以应力波的方式迅速释放其内部弹性能量的物理现象。声发射应力波的声源是物体内部的微裂纹、位错或内部有微观、宏观变化的部位。因此，声发射是从获得的信号中探求声源性质的技术。

声发射信号同时受许多因素的影响。试样的结构和形状，样品材料的品质和状态，外载荷的大小、作用位置和方向、作用速率及随时间的变化过程等都会对声发射产生影响。混凝土的含水量、水泥的品质和型号、骨料的大小和种类、生产工艺、混凝土的役龄等都会影响声发射。这一方面说明声发射信号带有材料内部丰富的信息，但从另一方面来说，声发射信号过于复杂而使有用信息难于提取。这使信号的采集和处理成为声发射应用的两大关键，且使声发射技术比其他技术更依赖于所使用的设备。

在土木工程中，声发射技术现在以实验室应用为主，常用于测量分析，用于测量界面性质、断裂性质和机制、钢筋腐蚀位置、腐蚀速率估计以及水泥的强度等。传统的声发射技术是以经验性的分析为主的。从声发射信号中提取诸如事件计数、事件率和波形参数等来对声发射特征进行分析。模拟技术使声发射研究和应用难以发展。高速信号数字采集技术和计算机技术的发展为声发射技术开辟了广阔的道路。现在，多通道高速数字声发射系统（NAES），像德国的 AMSY4 和美国的 MISTRAS-2001 已经具备较优越的性能。随着 NAES 的发展，功能更强大的全波形分析技术开始发展起来。神经网络等先进的信号处理技术也得到了重视。

与其他技术相比，声发射技术有着独特的优势，即它可以用来作动态监测。在大容量的现代计算机的支持下，运用声发射技术对桥梁等大型建筑物作动态监测是可能的，而且必然是十分有用的。

4. 红外热成像技术

IRT 又称红外线成像方法，其工作原理依赖于物质的热传导性。在热源的作用下，物体表面会形成一定的温度分布。这个分布反映了物体表层以及表层下面材料或结构的热传导性差异。用热敏感元件（如 CCD 相机），记录物体表面的等温线图（称为热图）。从热图可辨认出物体内部的结构或缺陷。热图成像的效果主要由热源的性质、热敏器件的性质以及被测试材料的导热性质三方面所决定。显而易见，IRT 不能给出与深度及厚度有关的信息。

此外，异常物体的大小和深度变化对表面温度分布能产生很大的影响。这给 IRT 测量带来了某种不确定性。由于热扩散，热图的分辨力常常是很低的。采用大功率脉冲热源（例如闪光灯），并且应用快速响应的热敏接收器，能够改善热图的分辨力。这个技术称为瞬态热图技术（TIRT）。IRT 能高效率地对路面下的水平分层及孔穴成像和定位，能有效地测量和分析墙体保温功能，并能有效地探测墙体内部金属件的位置和形状。

无损测试技术在土木工程领域有着广泛的应用。应用无损测试技术可以用较少的劳力和开支对建筑物和结构进行静态的或动态的、短期的或长期的测量或监测。对无损测试技术的需求正在不断地增长，土木工程无损测试中提出的许多问题极具挑战性，它将会激起人们更大的热情和更多的投入，而研究成果也必然反过来促进无损测试技术的发展。

许多无损测试技术对先进技术有着共同的要求。无损测试技术在很大的程度上是一种信息技术，它是一个获取信号、提取信息、导出结论的过程，因此，发展新型高性能的发射或接收换能器，采用先进的信号处理技术是主要的发展方向。信号处理，特别是数字信号处理（DSP）已经变得越来越重要。各种模拟信号在数字化后，其处理方法是大同小异的，数字信号处理必将发展成为无损测试必不可少的常规手段。人工智能、神经网络、模式识别和图像识别等将获得更广泛的应用。信号和信息的综合处理和分析将起到关键的作用，当然，先进的电子仪器和机械设备也是十分重要的。

5.2 混凝土强度无损测试技术

5.2.1 回弹法测试混凝土强度

1. 回弹法概述

通过测定混凝土的表面硬度来推算抗压强度，是结构混凝土现场测试中常用的方法之一。1948 年瑞士人斯密特（E. Schmidt）发明了回弹仪，用弹击时能量的变化反映混凝土的弹性和塑性性质，称为回弹法。英国的柯莱克（J. Kolek）曾引用布氏硬度的概念论证了混凝土硬度与压痕直径的关系，并用实验的方法证明了回弹值与压痕直径的关系。随后的研究都是用实验归纳的方法直接建立混凝土抗压强度与回弹值的经验关系。

回弹法主要优点是：仪器构造简单、方法易于掌握、测试效率高、费用低廉，因而得到了广泛应用。目前已有十多个国家制定了回弹法的国家标准或协会标准，国际标准化组织（ISO）也于1980年提出了“硬化混凝土——用回弹仪测定回弹值”的国际标准草案（ISO/DIS8045）。总的来说，回弹法有以下四个方面的应用：

1）根据回弹值测试结构混凝土质量的均匀性。

2）对比混凝土质量是否达到某一特定要求，如构件拆模、运输、吊装等。

3）根据回弹值推定结构混凝土的抗压强度。

4）确定结构中混凝土质量有疑问的区域，以便用其他方法进一步测试。

我国自20世纪50年代中期开始，采用回弹法测试混凝土的强度。70年代后期，组织了协作攻关，在大量研究工作的基础上，提出了具有我国特色的回弹仪标准状态和考虑混凝土碳化因素的测强曲线，编制了《回弹法检测混凝土抗压强度技术规程》（JGJ/T 23—2011），目前已全面推广使用。

2. 回弹法基本原理

回弹法主要利用回弹仪（图5.1）的弹簧驱动重锤，重锤以恒定的动能撞击与混凝土表面垂直接触的弹击杆，使局部混凝土发生变形并吸收一部分能量，另一部分能量转化为重锤的反弹动能，当反弹动能全部转化成势能时，重锤反弹达到最大距离，仪器将重锤的最大反弹距离以回弹值的名义显示出来。根据回弹值与混凝土强度的关系推定混凝土强度。

回弹法适用于普通混凝土和泵送混凝土，不适于内部与表层质量有明显差异或内部存在缺陷以及遭受冻害、化学侵蚀、高温损伤的混凝土结构构件。

具有一定重量的重锤，依靠弹簧势能，以一定的能量撞击冲杆，由冲杆将撞击能传至混凝土表面。能量的一部分被混凝土吸收，在混凝土表面形成印痕；剩余的能量依靠反作用使重锤回弹。重锤回弹时带动指针滑块，在标尺上显示数值。

如图5.2所示为回弹法的原理示意图。当重锤被拉到冲击前的起始状态时，若重锤的质量等于1，则这时的重锤所具有的势能e为：

$$e=\frac{1}{2}nl^2 \tag{5.1}$$

式中　n——拉力弹簧的弹性系数；

　　　l——拉力弹簧的起始拉伸长度。

混凝土受冲击后产生瞬时弹性变形，其恢复力使重锤弹回，当重锤被弹回x位置时所具有的势能e_x为：

$$e_x=\frac{1}{2}nx^2 \tag{5.2}$$

式中　x——重锤反弹位置或重锤弹回时弹簧的拉伸长度。

所以，重锤在弹击过程中，所消耗的能量Δe为：

$$\Delta e=e-e_x \tag{5.3}$$

将式（5.1）、式（5.2）带入式（5.3）得：

$$\Delta e=\frac{nl^2}{2}-\frac{nx^2}{2}=e\left[1-\left(\frac{x}{l}\right)^2\right] \tag{5.4}$$

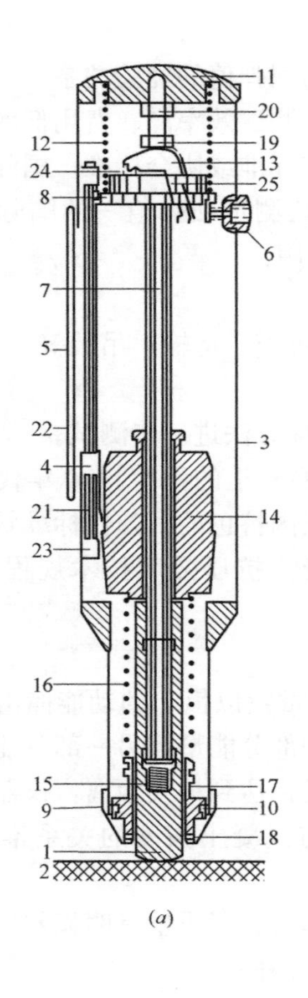

(a)

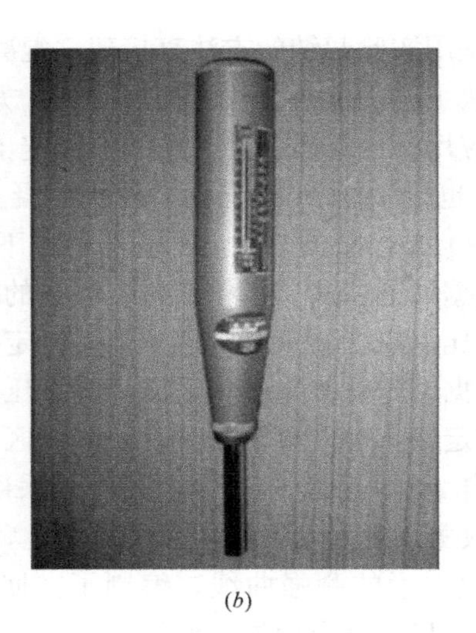
(b)

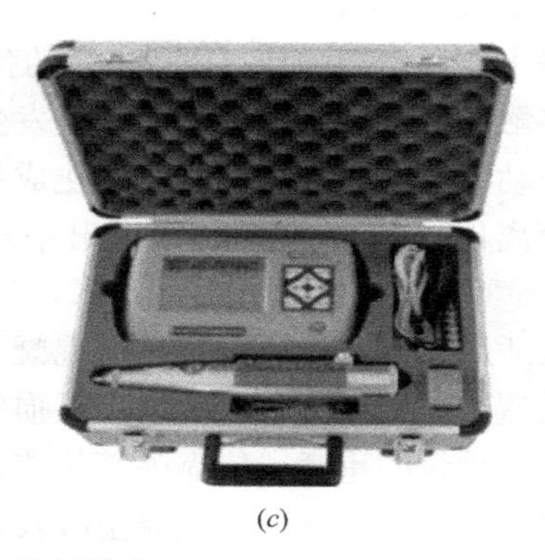
(c)

图 5.1 回弹仪构造与样式

(a) 回弹仪构造；(b) 指针直读式回弹仪；(c) 数字式回弹仪

1—弹击杆；2—混凝土构件试面；3—外壳；4—指针滑块；5—刻度尺；6—按钮；7—中心导杆；8—导向法兰；9—盖帽；10—卡环；11—尾盖；12—压力拉簧；13—挂钩；14—冲击锤；15—缓冲弹簧；16—弹击拉簧；17—拉簧座；18—密封毡圈；19—调零螺钉；20—紧固螺母；21—指针片；22—指针轴；23—固定块；24—挂钩弹簧；25—销钉

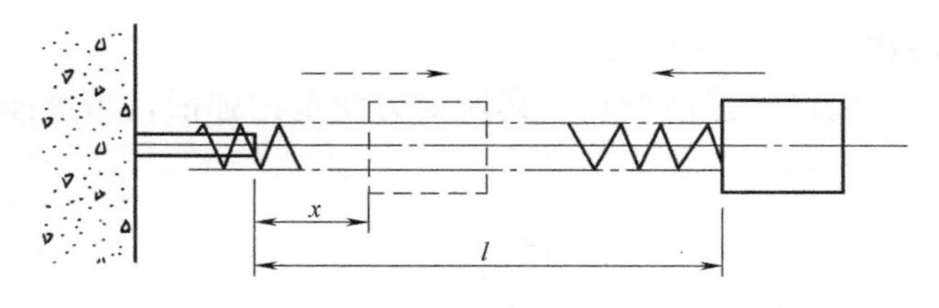

图 5.2 回弹法原理示意图

令 $R=x/l$，则在回弹仪中，l 为定值，所以 R 与 x 成正比，R 称为回弹值。将 R 带入式（5.4）得：

$$R=\sqrt{1-\frac{\Delta e}{e}}=\sqrt{\frac{e_x}{e}} \tag{5.5}$$

从式（5.5）中可知，回弹值 R 等于重锤冲击混凝土表面后剩余的势能与原有势能之比的平方根。简而言之，回弹值 R 是重锤弹击过程中能量损失的反映。

能量主要损失在以下三个方面：

① 混凝土受冲击后产生塑性变形所吸收的能量。

② 混凝土受冲击后产生振动所消耗的能量。

③ 回弹仪各机构之间的摩擦所消耗的能量。

在具体的试验中，上述 2）、3）两项应尽可能使其固定于某一统一的条件，例如试体应有足够的厚度，或对较薄的试体予以加固，以减少振动；回弹仪应进行统一的计量率定，使冲击能量与仪器内摩擦损耗尽量保持统一等。因此，第 1）项的能量转换是主要的。

根据以上分析可以认为，回弹值实际上象征了重锤弹击混凝土前后的能量变化，既反映了混凝土的弹性性能，也反映了混凝土的塑性性能。它与强度 f_{cu} 也有着必然联系。因此，目前均采用试验归纳法，建立混凝土强度 f_{cu} 与回弹值 R 之间的一元回归公式，或建立混凝土强度 f_{cu} 与回弹值 R 及主要影响因素如碳化深度 d_m 之间的二元回归公式。这些回归的公式可采用各种不同的函数方程形式，根据大量试验数据进行回归拟合，择其相关系数较大者作为实用经验公式。目前常见的数学表达式有以下几种：

$$\left.\begin{array}{ll}\text{直线方程} & f_{cui}=A+B\overline{R} \\ \text{幂函数方程} & f_{cui}=A\overline{R^{b}} \\ \text{二元方程} & f_{cui}=AR^{B}10^{cd_{m}}\end{array}\right\} \tag{5.6}$$

式中 f_{cui}——混凝土某测区的推算强度；

$\overline{R}$——某测区平均回弹值；

d_m——某测区平均碳化深度值；

A、B、c——常数项，视原材料条件等因素不同而不同。

3. 回弹值的量测

回弹值是采用回弹法测定结构混凝土强度的基本推算依据。回弹值的量测是否准确，直接影响推算结果。回弹值量测结果，除了受仪器标准状态的影响外，还与操作方法、现场条件、测试对象的状况等一系列因素有关。因此，测试是必须严格统一条件、统一操作才能取得满意结果的。

1）测试前的现场准备

为了统一测试条件，测试前应做好以下准备工作：

（1）了解测试对象的详细情况。包括结构或构件的尺寸、数量、混凝土设计强度等级、原材料品种、施工情况、龄期、结构物的环境条件等。当有条件时，最好能找到与待测的结构混凝土同条件的立方体试块（不少于 3 个试块），测定其回弹值、碳化深度、抗压强度，以便与混凝土强度的回弹法评定结果进行比较。所谓“同条件试块”，即其制作质量必须符合《混凝土结构工程施工质量验收规范》GB 50204—2015 的有关规定，而且其配合比、成型、养护和龄期等均应与待测的混凝土相同。

（2）合理抽样和选定测试部位。采用回弹法推定结构或构件的混凝土强度时，对于单个推定结构或构件的混凝土强度，可根据混凝土质量的实际情况决定测试数量；当用抽样方法推定整个结构或成批构件的混凝土强度时，随机抽取数量不少于结构或构件总数的30%，且构件数量不少于10个，构件的受力部位及薄弱部位必须布设测区。

在每个抽取的试样（结构或构件）上，当长度不小于3m时，测区数应不少于10个；当长度小于3m且高度低于0.6m时，测区数可适当减少，但不应少于5个。相邻测区的间距不宜大于2m，测区离构件边缘距离不宜大于0.5m。测区应均匀布置在浇筑侧面上，若因条件限制，亦可布置在混凝土浇筑的表面或底面，但其回弹值应按规定予以修正。测区应避开接近表面的钢筋及预埋铁件，并选测区两相对侧面作为测试面，也可选在一个侧面上，且应均匀分布。测区面积宜控制在0.04m^2。在现场结构或构件上，应标明侧位和测区的位置和编号，并记录外观质量情况，在分析时以供参考。

（3）侧面的要求。测区表面应为原状混凝土表面，应清洁、平整、干燥、无冰冻，不应有接缝、饰面层、粉刷层、浮浆、油垢及蜂窝麻面等，必要时可用砂轮清除表面的杂物和不平整处，打磨后的表面应扫清残留的粉末状碎屑。蒸汽养护的混凝土一般应在出池14d后测试，体积小、刚度差或测试部位厚度小于10cm的构件，若测试时不能确保其无颤动，则应加支撑固定。

2）回弹仪的操作要求

在测读回弹值时，除按回弹仪的一般操作规定操作外，尤其要注意的是，回弹仪的轴线始终要垂直于测试表面，并在施压时缓慢均匀，在弹击锤脱钩前不得施加冲力。

3）回弹值的测读和计算

每一测区弹击16点，当一个测区布置两个相对的侧面时，每侧弹击8点。测点在侧面上均匀分布，避开外露的石子或气孔，对隐藏在表层下的石子和气孔，测值明显变异时，测试者可予以舍弃，并补充测点。相邻测点间距一般不小于2cm，测点距结构或构件边缘或外露钢筋、铁件的距离一般不小于3cm。回弹值测读精确至1cm。

测区的回弹值应从16个测点的读数中分别剔除3个最大值和3个最小值，然后将余下的10个回弹值，按下式计算测区平均回弹值：

$$\overline{R} = \sum_{i=1}^{10} R_i / 10 \tag{5.7}$$

式中 $\overline{R}$——测区平均回弹值，精确至0.1；

R_i——第 i 个测点的回弹值。

当回弹仪处于与浇筑侧面成非水平方向弹击时，或在非浇筑侧面上弹击时，均应进行修正，修正方法见下节。

4. 影响 f—R 关系的主要因素

1）各种因素影响程度的总体评价

回弹法是一种根据回弹值 R 与强度 f_{cu} 之间的相关性来推算混凝土强度的方法。但所得的 f_{cu}-R 关系均为实验关系并受种种因素的制约。了解各种因素对 f_{cu}-R 基准曲线的影响，是提高 f_{cu}-R 基准曲线推算混凝土强度的精度，以及确定 f_{cu}-R 基准曲线的适用范围的重要环节。我国在制定回弹法规程的过程中，有关单位在这方面进行了大量试验研究。其结论是：当测定强度的平均相对误差控制在±15%以内时，各种因素的影响程度及处理方法见表5.1。

回弹法测强影响因素汇总表 **表 5.1**

影响因素	试验范围或条件	影响程度和处理方法
水泥用品及标号	普通水泥及矿渣水泥 325# 及 425#、28d 以内低碳化	影响不显著,不考虑修正
水泥用量	220～460kg/m^3	
砂子种类	河砂,山砂,粗、中、细、特细砂,含粉量 14%～29%,压碎指标 19.63%～43%	影响不显著,不考虑修正
石子粒径	最大 4cm,符合筛分曲线	
外掺剂	木质硫酸钙减水剂,三乙醇胺复合早强剂	
配合比(标号)	100#～500#,考虑碳化影响	
成型方法	人工插捣、机振、混凝土基本密实	
成型面	表面、侧面、底面、正常浇捣	影响显著,修正回弹值
模板	钢模、木模(中等质量)	
测试角度	−90°～90°	
碳化或龄期	碳化深度 0.5～15.0mm,或与某一碳化深度相当的龄期	影响显著,修正强度值
养护	自然、蒸汽、高温(40℃)	
湿度	自养 14d 后,表面呈半干、饱和面干和潮湿状态	
石子种类	卵石、碎石、卵碎石	影响程度待定,暂按当地试验结果使用

2) 主要影响因素及其修正

(1) 非水平方向弹击回弹值修正

上述的回弹值 R 是指回弹仪水平方向，且冲击杆垂直于测试面弹击的方法所测得的数值。如果回弹仪以倾斜角度弹击测试面［图 5.3 (a)］，由于锤受重力的作用，使弹击的能量发生变化而导致回弹值的变化。E. Schmidt 和 J. Kolek 均导出了实质相同的数字关系式，用以修正回弹值。

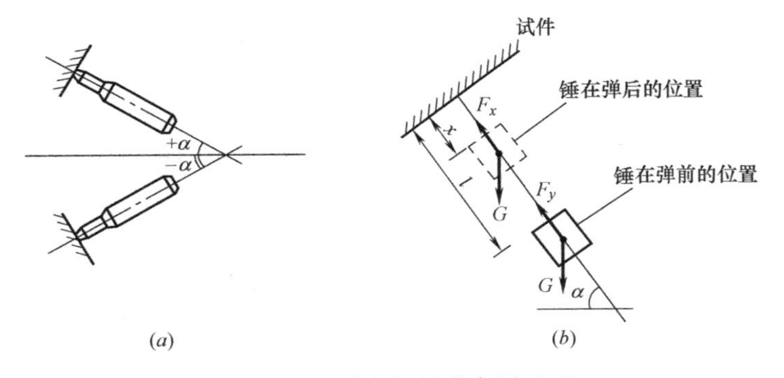

图 5.3 回弹仪倾斜弹击测试面

如图 5.3 (b) 所示，回弹仪弹击前，锤具有最大能量：

$$e_\alpha = nl^2/2 - Gl\sin\alpha \tag{5.8}$$

在回弹后，锤剩余的能量为：

$$e_r = nx^2/2 - Gx\sin\alpha \tag{5.9}$$

式中 α——回弹仪弹击时倾斜角度；

x——锤回弹的距离；

G——锤的自重。

任意角度弹击的回弹值为 $R_\alpha=(x/l)\times100$，以 $x=R_\alpha l/100$ 代入式（5.9）得：

$$e_r=\frac{n\left(\frac{R_\alpha l}{100}\right)^2}{2}-G\frac{R_\alpha l}{100}\sin\alpha \tag{5.10}$$

当 $\alpha=0$ 时，$R_\alpha=R$，由式（5.8）、式（5.10）得：

$$\frac{e_r}{e_\alpha}=\frac{nR_\alpha{}^2l^2}{2\times100^2}\Big/\frac{nl^2}{2}=\frac{R_\alpha{}^2}{100^2}=\frac{R^2}{100^2} \tag{5.11}$$

将式（5.8）、式（5.9）代入式（5.11）得：

$$R=R_\alpha\left(\frac{nl-2G(100/N_\alpha)\sin\alpha}{nl-2G\sin\alpha}\right)^{\frac{1}{2}} \tag{5.12}$$

为了使用方便，根据式（5.12）制成曲线图表供直线查用，在回弹仪的使用说明书中，一般均附有任意角度弹击的测强曲线。

在我国现行《回弹法检测混凝土抗压强度技术规程》JGJ/T 23—2011 中，当回弹仪以非水平方向测试混凝土浇筑侧面时，求出测区平均回弹值，再按下列公式换算为水平方向测试时的测区平均回弹值：

$$\overline{R}=\overline{R_\alpha}+\Delta R_\alpha \tag{5.13}$$

式中 $\overline{R_\alpha}$——回弹仪与水平方向成 α 角测试时测区的平均回弹值，精确至 0.1；

ΔR_α——不同测试角度 α 的回弹修正值，可由表 5.2 中查出，精确至 0.1。

非水平状态下测试时的回弹修正值 $R_{a\alpha}$ **表 5.2**

测试角度 / $R_{a\alpha}$ / R	回弹仪向上				回弹仪向下			
	+90	+60	+45	+30	−30	−45	−60	−90
20	−6.0	−5.0	−4.0	−3.0	+2.5	+3.0	+3.5	+4.0
25	−5.5	−4.5	−3.8	−2.8	+2.3	+2.8	+3.3	+3.8
30	−5.0	−4.0	−3.5	−2.5	+2.0	+2.5	+3.0	+3.5
35	−4.5	−3.8	−3.3	−2.3	+1.8	+2.3	+2.8	+3.3
40	−4.0	−3.5	−3.0	−2.0	+1.5	+2.0	+2.5	+3.0
45	−3.8	−3.3	−2.8	−1.8	+1.3	+1.8	+2.3	+2.8
50	−3.5	−3.0	−2.5	−1.5	+1.0	+1.5	+2.0	+2.5

注：1. 当测试角度等于 0 时，修正值为 0；R 小于 20 或大于 50 时，分别按 20 或 50 查表。

2. 表中未列数值，可采用内插法求得，精确至 0.1。

（2）混凝土不同浇筑面对回弹值的影响

试验证明，在混凝土构件的不同浇筑面（表面、侧面和底面）上，所测得的回弹值有所不同。在混凝土的浇筑表面（指原浆抹光面），由于泌水、浆厚等原因，测得的回弹值比侧面低。混凝土的浇筑底面，由于粗骨料下沉、离析等原因，测得的回弹值比侧面高。

因此，回弹法技术规程规定，当沿回弹仪水平方向测试混凝土浇筑表面或底面时，应将所测得的数据求出测区平均回弹值 $\overline{R_a}$，再换算为测试混凝土浇筑侧面的测区平均回弹值，使测值经修正后与建立 f_{cu}-R 关系的试件试验条件相一致。

$$\overline{R}=\overline{R_s}+\Delta R_s \tag{5.14}$$

式中 R_s——回弹仪测试混凝土表面或底面时的测区平均回弹值，精确至 0.1；

ΔR_s——不同浇筑面的回弹修正值，该值可由表 5.3 查得，精确至 0.1。

测试混凝土浇筑顶面或底面时的回弹修正值 R_a^t、R_a^b **表 5.3**

测试面 / R 或 R_a	顶面 R_a^t	底面 R_a^b
20	+2.5	−3.0
25	+2.0	−2.5
30	+1.5	−2.0
35	+1.0	−1.5
40	+0.5	−1.0
45	0	−0.5
50	0	0

注：1. 在侧面测试时，修正值为 0；R 小于 20 或大于 50 时，分别按 20 或 50 查表。

2. 当先进行角度修正时，采用修正后的回弹代表值 R_a。

3. 表中未列数值，可采用内插法求得，精确至 0.1。

(3) 测试混凝土碳化对回弹值的影响

试验证明，当混凝土强度相同时，龄期越大，回弹值越大。产生这种影响的原因，主要是由于混凝土表面在空气中的二氧化碳和水分的作用下，表层的氢氧化碳转化成碳酸钙硬壳，即所谓碳化。碳化层的厚度随龄期的增长而增大，回弹值随碳化深度 d_m 的增大而增大，直至碳化深度大于 5～6mm 后，回弹值 R 随碳化深度 d_m 的增长渐趋平缓。由于碳化深度会对 f_{cu}-R 关系产生显著影响，因此，碳化是必须修正的一个重要因素。

我国根据自己的研究结果，在《回弹法检测混凝土抗压强度技术规程》JGJ/T 23—2011 规程中，采用了将碳化深度作为回归方程中的第二个自变量予以考虑的方法，即建立强度 f_{cu} 与回弹值 R 及碳化深度 d_m 的双因素回归方程。

现场测量中为了准确量测碳化深度，可用工具在测区表面凿成一个直径约为 15mm 的孔洞，其深度略大于该混凝土的碳化深度即可，然后除去孔洞中的粉末和碎屑（不得用液体冲洗），并立即用浓度 1% 的酚酞酒精溶液滴在孔洞内壁的边缘处，再用钢尺量测自混凝土表面至深部不变色（未碳化部分呈红色）、有代表性交界处的垂直距离多次量测，该距离即为混凝土的碳化深度值，测读精度至 0.5mm。

测区的平均碳化深度值按下式计算：

$$d_m=\frac{\sum_{i=1}^{a} d_i}{n} \tag{5.15}$$

式中 d_m——测区的平均碳化深度值（mm），精确至 0.5mm；

d_i——第 i 次量测的碳化深度值（mm）；

n——测区的碳化深度量测次数。

其中 d_m 值如果小于 0.5mm，则按无碳化处理，即 $d_m=0$；如果 d_m 值大于 6mm，则均按 6mm 计算。

5. 结构或构件混凝土强度推定

按基准曲线求得测区的混凝土推定强度（相当于一块立方体试块的强度）以后，需根据若干个测区的推定强度，对一个构件或一批同强度等级混凝土的构件，或对采用同强度等级混凝土浇筑的整个结构的混凝土强度作出总体评价，以作为验收的辅助依据。

由于考虑到回弹法测强中每个测区的推定强度，相当于一个立方体试块的强度，因此，在《回弹法检测混凝土抗压强度技术规程》JGJ/T 23—2011 中，基本上遵循了《混凝土结构工程施工质量验收规范》GB 50204—2015 中所规定的原则，具体实施方法如下：

1）按下式求出（构件或结构）混凝土的平均强度：

$$m_{f_{cu}^c} = \frac{1}{n}\sum_{i=1}^{n} f_{cu}^c \tag{5.16}$$

式中 $m_{f_{cu}^c}$——试样混凝土强度平均值（MPa），精确至 0.1MPa；

n——测区数，对于单个评定结构或构件，取一个试件的测区数；对于抽样评定的结构或构件，取各抽检试样测区数之和。

当测区数不少于 10 个时，应计算强度标准差，标准差按下式计算：

$$S_{f_{cu}^c} = \sqrt{\frac{\sum_{i=1}^{n}(f_{cui}^c)^2 - n(m_{f_{cu}^c})^2}{n-1}} \tag{5.17}$$

式中 $S_{f_{cu}^c}$——换算强度值的标准差；

$m_{f_{cu}^c}$——构件混凝土换算强度的平均值，精确至 0.1MPa；

f_{cui}^c——第 i 个测区的强度换算值；

n——测区数，对于单个测试的构件，取一个构件的测区数；对于批量测试的构件，取被抽取构件测区数之和。

2）构件混凝土强度推定值 f_{cu}^c 的确定：

（1）当单个构件测试时，以最小值作为该构件混凝土强度的推定数值，即：

$$f_{cu,e} = f_{cu,min}^c \tag{5.18}$$

式中 $f_{cu,min}^c$——该构件各测区强度换算值中的最小值。

（2）当结构或构件测区数不少于 10 个或按批量测试时，应按下列公式计算：

$$f_{cu,e} = m_{f_{cu}^c} - 1.645S_{f_{cu}^c} \tag{5.19}$$

（3）按批量测试的构件，当该批构件混凝土强度标准差出现下列情况之一时，则该批构件应全部按单个构件逐个测试：

① 当该批构件混凝土强度平均值 $m_{f_{cu}^c}$ <25MPa 时：

标准差 $S_{f_{cu}^c}$ >4.5MPa

② 当该批构件混凝土强度平均值 $m_{f_{cu}^c}$ 为 25.0～50.0MPa 时：

标准差 $S_{f_{cu}^c}$ >5.5MPa

③ 当该批构件混凝土强度平均值 $m_{f_{cu}^c}$ >50MPa 时：

标准差 $S_{f_{cu}^c}$ >6.5MPa

5.2.2　超声法测试混凝土强度

1. 超声法概述

1）超声法测试混凝土强度的依据

混凝土材料是弹黏塑性的复合体，各组分的比例变化、制造工艺条件，以及硬化混凝土结构随机性等，都十分错综复杂地影响了凝聚体密实性、均匀性和力学的性质。工程上，通常采用建立试件的超声声速与混凝土抗压强度相关的统计测强曲线，来测试和评估混凝土的力学性能。

超声波测试混凝土强度的基本依据是超声波传播速度与混凝土的弹性性质的密切关系。超声声速与固体介质的弹性模量之间的数学关系为：

无限固体介质中传播的纵波声速：

$$V_P=\sqrt{\frac{E(1-\mu)}{\rho(1+\mu)(1-2\mu)}} \tag{5.20}$$

薄板（板厚远小于波长）中纵波声速：

$$V_B=\sqrt{\frac{E}{\rho(1-\mu^2)}} \tag{5.21}$$

细长杆（横向尺寸远小于波长）中纵波声速：

$$V_L=\sqrt{\frac{E}{\rho}} \tag{5.22}$$

式中　E——杨氏弹性模量（N/m^2）；

μ——泊松比；

ρ——质量密度（g/cm^3）。

在实际测试中，超声声速是通过混凝土弹性模量与其力学强度的内在联系，与混凝土抗压强度建立相关关系并借以推定混凝土强度的。

国内外采用统计方法建立专用曲线或数学表达式有如下几种：

苏联、捷克和前民主德国采用 $f_{cu}^{c}=Q_{v}^{4}$；

荷兰、罗马尼亚采用 $f_{cu}^{c}=Ae^{Bv}$；

法国采用 $f_{cu}^{c}=E_{d}^{2}$，该公式与苏联采用的（$v^2\infty E_d$）相似；

波兰采用 $f_{cu}^{c}=Av^2+Bv+C$。

在国内，$v\infty f_{cu}^{c}$，相关曲线基本上采用两种非线性的数学表达式：

$$f_{cu}^{c}=Av^{B} \text{和} f_{cu}^{c}=Ae^{Bv} \tag{5.23}$$

式中　E_d^2——动力弹性模量；

Q、A、B、C——经验系数。

可见，国内外实际应用的经验公式，采用超声声速参量便是突出了超声弹性波特性与混凝土弹性模量及强度的相关性。

2）超声法测试混凝土强度的技术途径

混凝土超声测强曲线因原材料的品种规格、含量、配合比和工艺条件的不同而有不同的试验结果，因此，常按原材料的品种规格、不同的技术条件和测强范围进行试验，大量的试验数据经适当的数学拟合和效果分析，建立超声声速 V_i 与混凝土抗压强度的相关关系，取参量中相关性好、统计误差小的曲线作为基准校正曲线；并经验证试验，选择测强误差小的经验公式作为超声测强之用。

超声测强有专用校正曲线、地区曲线和统一曲线。校正曲线和地区曲线在试验设计中一般均考虑了影响因素，而校正试验的技术条件与工程测试的技术条件基本相同，曲线的使用，一般不需要特殊的修正，因此，建议优先使用。在没有专用或地区测强曲线的情况下，如果应用统一的测强曲线，则需验证，按不同的技术条件提出修正系数，使推算结构混凝土的精度控制在许可的范围内。这些修正系数也可根据各种不同的影响因素分项建立，以扩大适用范围。

由于超声法测强的精度受许多因素的影响，测强曲线的适应范围也受到较大限制。为了消除影响，扩大测强曲线的适应性，除了采用修正系数法外还可采用较匀质的砂浆或水泥净浆声速与混凝土强度建立相关关系，以便消除骨料的影响，扩大所建立的相关关系的适用范围，提高测强精度。

3）混凝土超声法测强的特点与技术稳定性

（1）超声法的特点

① 测试过程无损于材料、结构的组织和使用性能。

② 直接在构筑物上做测试试验并推定其实际的强度。

③ 重复或复核测试方便，重复性良好。

④ 超声法具有测试混凝土质地均匀性的功能，有利于测强测缺的结合，保证测试混凝土强度建立在无缺陷、均匀的基础上，合理地评定混凝土的强度。

⑤ 超声法采用单一声速参数推定混凝土强度。当有关影响控制不严时，精度不如多因素综合法，但在某些无法测量回弹值及其他参数的结构或构件（如基桩、钢管混凝土等）中，超声法仍有其特殊的适用性。

（2）技术稳定性

混凝土超声测强的技术稳定性是一个综合性的技术指标。为了保证技术稳定性，除继续深入开展技术完善和评价方法的研究之外，根据广泛研究证实和工程测试的经验，归纳起来有如下方面需加以控制：

① 理解超声仪器设备的工作原理，熟悉仪器设备的操作规程和使用方法。

② 正确掌握超声声速量测技术和精度误差的分析。

③ 建立校正曲线时务必精确，技术条件和状况尽可能与实际测试的接近。

④ 从混凝土材质组分和组织构造上理解影响超声声速及量测的原因，并在实测中加以排除或作必要的修正。

⑤ 研究和确定超声测试“坏值”（指混凝土缺陷的指标）区别处理方法，以保证在混凝土材质均匀的基础上推定强度值。

2. 超声法测试混凝土强度的主要影响因素

超声法测试混凝土强度，主要是通过量测在测距内超声传播的平均声速来推定混凝土的强度。可见，“测强”精度高低与超声声速读取的准确与否是密切相关的，换句话说，正确运用超声声速推定混凝土强度和评价混凝土质量，要求从事测试工作的技术人员须熟悉影响声速测量的因素，在测试中自觉地排除这些影响。

1）试件断面尺寸效应

关于试件横向尺寸的影响，在量测声速时必须注意。纵波速度是指在无限大介质中测得，随着试件横向尺寸减小，纵波速度可能向杆、板的声速或表面波速度转变，即声速比无限大介质中纵波声速小。如图 5.4 所示为在不同断面尺寸的试件上测得声速的变化情况。

当断面最小尺寸 $d \geqslant 2\lambda$（λ 为波长）时，传播速度与大块体中纵波速度值相当（见图 5.4 中Ⅰ区）；

当 $\lambda < d < 2\lambda$ 时，可使传播速度降低 2.5%～3%（见图 5.4 中Ⅱ区）；

当 $0.2\lambda < d < \lambda$ 时，传播速度变化较大，约降低 6%～7%，在这个区间（见图 5.4 中Ⅲ区）里量测时，估计强度的误差可能达到 30%～40%，这是不允许的；

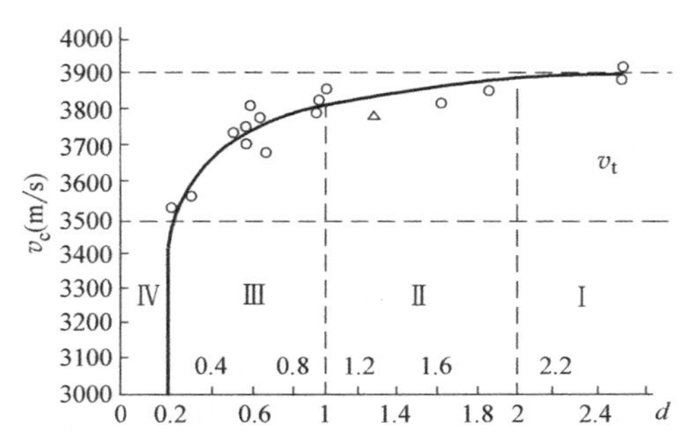

图 5.4　声速随试件横向尺寸的变化

Ⅳ区为 $d < 0.2\lambda$，是属于波在杆件中的传播。

Jones 等对不同测距、最小断面尺寸和探头固有频率的选择参见表 5.4。

不同测距最小断面尺寸和换能器频率的选择　　表 5.4

穿透长度(mm)	探头固有频率(kHz)	混凝土构件最小横向尺寸(mm)
100～700	≥60	70
200～1500	≥40	150
>1500	≥20	300

2）温度和湿度的影响

当混凝土处于环境温度为 5～30℃的情况下时，因温度升高声速变化不大；

当环境在 40～60℃范围内，脉冲速度值约降低 5%，这可能是由于混凝土内部的微裂缝增多所致；

当温度在 0℃以下时，由于混凝土中的自由水结冰，使脉冲速度增加（自由水的 v= 1.45km/s，冰的 v=3.50km/s）；

当混凝土测试时的温度处于表 5.5 所列的范围内时，可以允许修正；如果混凝土遭受过冻融循环下的冻结，则不允许修正。

不同测距最小断面尺寸和换能器频率的选择　　表 5.5

温度(℃)	修正值(%)	
	存放在空气中	存放在水中
+60	+5	+4
+40	+2	+1.7
+20	0	0
0	−0.5	−1
<−4	−1.5	−7.5

混凝土的抗压强度随其含水率的增加而降低，而超声波传播速度 v 则随孔隙被水填满而逐渐增高。饱水混凝土的含水率增高 4%，传播速度 v 相应增大 6%。速度的变化特性取决于混凝土的结构，随着混凝土孔隙率的增大，干混凝土中超声波传播速度的差异也增大。

在相同的抗压强度下，水中养护的混凝土比空气养护的混凝土具有更高的超声波传播速度。水下养护混凝土的强度最大，其传播速度高达 4.60km/s；而相同强度但暴露在空气中养护的混凝土的传播速度约 4.10km/s。

湿度对超声波传播速度的影响可以解释为：

(1) 水中养护的混凝土具有较高的水化度并形成大量的水化产物，超声波传播速度对此产物的反映大于空气中硬化的混凝土。

(2) 水中养护的混凝土，水分渗入并填充了混凝土的孔隙，由于超声波在水里传播速度为 1.45km/s，在空气中仅为 0.34km/s，因此，水中养护的混凝土具有比在空气中养护的混凝土大得多的超声波传播速度，甚至掩盖了随着混凝土强度增长而提高的声速影响。

3) 混凝土中钢筋的影响与修正

钢筋中超声波传播速度约为普通混凝土中超声波传播速度的 1.2～1.9 倍。因此在量测钢筋混凝土的声速时，在超声波通过的路径上存在钢筋，测读的“声时”可能是部分或全部通过钢筋的传播“声时”，使混凝土声速计算偏高，这在推算混凝土的实际强度时可能出现较大的偏差。

钢筋的影响分两种情况：

一是钢筋配置的轴向垂直于超声传播的方向；

二是钢筋配置的轴向平行于超声传播的方向。

对第一种情况，在一般配筋的钢筋混凝土构件中，钢筋断面所占整个声通路径的比例较小，所以影响较小（对于高强度混凝土影响更小）。对第二种情况，在做超声“声时”量测时，可能影响较大，应加以避免或修正。钢筋轴向垂直和平行超声传播方向的布置对超声声速的影响分述如下：

(1) 钢筋的轴线垂直于超声传播的方向

钢筋的轴线垂直于声通路（图 5.5）。当超声波完全经过钢筋的每个直径时，仪器测量的超声脉冲传播时间用下式表示：

$$t=\frac{L-L_{\mathrm{s}}}{v_{\mathrm{c}}}+\frac{L_{\mathrm{s}}}{v_{\mathrm{s}}} \tag{5.24}$$

式中 L——两探头间的距离；

L_{s}——钢筋直径的总和（$=\sum d_i$）；

v_{c}、v_{s}——混凝土、钢筋中的超声传播的速度。

用 $t=L/v$ 代入上式，则得：

$$\frac{L_{\mathrm{c}}}{v}=\frac{1-\dfrac{L_{\mathrm{s}}}{L}}{1-\dfrac{L_{\mathrm{s}}v}{Lv_{\mathrm{s}}}} \tag{5.25}$$

式中 v——钢筋混凝土中实测的超声波传播速度。

为了找出混凝土中实际的传播速度 v_{c}，需要对测得的声速 v 乘以某个系数，这个系

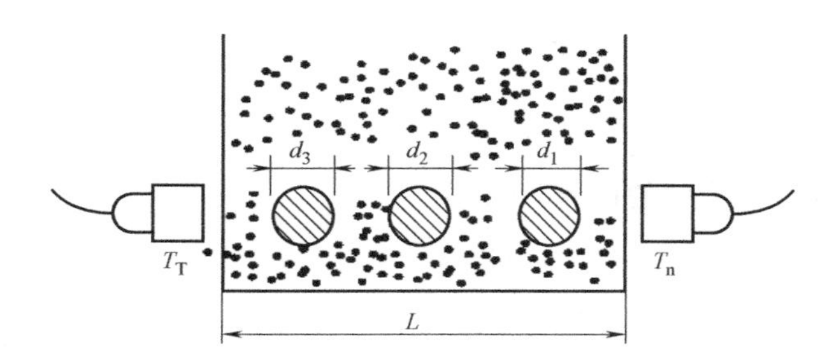

图 5.5　钢筋轴线垂直于超声波传播方向

数取决于脉冲穿过钢筋所经的路程与总路程之比 L_s/L 以及测得的速度与钢筋中传播速度之比 v/v_s，此系数列于表 5.6。实际上，校正系数 v_c/v 稍大于表 5.6 中所列的值，因为发射-接收的路径与钢筋的布线不完全重合，即实际通过钢筋的距离小于 L_s。

钢筋影响的修正值（钢筋垂直于超声传播方向）　　**表 5.6**

L_s/L	$v_s/v=\frac{超声波在混凝土中的传播速度}{超声波在钢筋混凝土中实测的传播速度}$		
	质量差的混凝土 $v_c=3000m/s$	质量一般的混凝土 $v_c=4000m/s$	质量好的混凝土 $v_c=5000m/s$
1/12	0.96	0.97	0.99
1/10	0.95	0.97	0.99
1/8	0.94	0.96	0.99
1/6	0.92	0.94	0.98
1/4	0.88	0.92	0.97
1/3	0.83	0.88	0.95
1/2	0.69	0.78	0.9

修正系数还可以根据图 5.6 所示曲线查出，对实测的传播速度 v 进行修正。例如 L_s/L 为 0.2，并且认为混凝土质量是差的，则混凝土中钢筋影响 v_s/v 的修正系数为 0.9，这样，测得的脉冲速度乘以 0.9 就得到了素混凝土的脉冲速度。

（2）钢筋的轴线平行于超声传播的方向

图 5.7 所示为超声传播与钢筋轴线平行，且探头靠近钢筋轴线的情况。超声波从发射

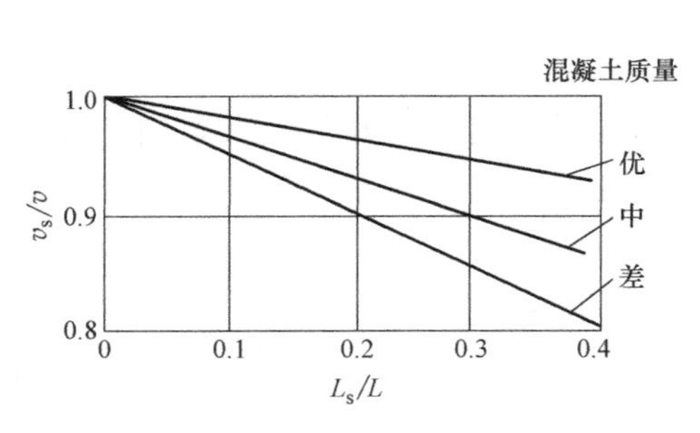

图 5.6　钢筋对超声脉冲速度的影响

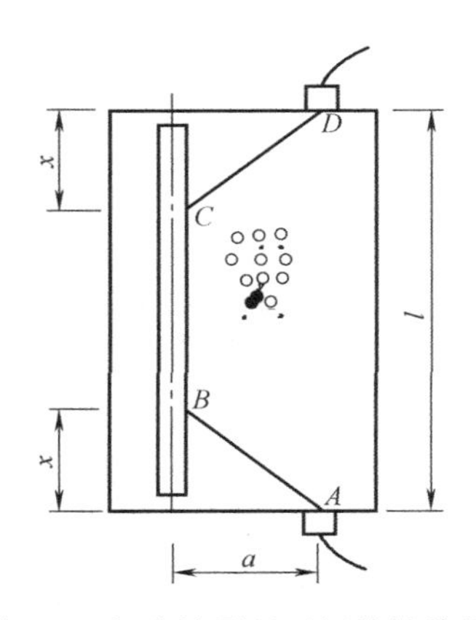

图 5.7　超声波平行于钢筋轴传播

探头 A 发出，先经 AB 在混凝土中传播，然后沿钢筋 BC 段传播，再经 CD 段在混凝土中传播而到达接收探头 D。

设 v_c为混凝土的声速，v_s为钢筋的声速，l 为两探头间的距离，a 为探头与钢筋轴线的影响。则超声波在混凝土中的传播时间为：

$$2t_1=(2\sqrt{a^2+x^2})/v_c \tag{5.26}$$

超声波在钢筋中的传播时间为：

$$t_2=(l-2x)/v_s \tag{5.27}$$

总的传播时间为：

$$t=2t_1+t_2=\frac{2\sqrt{a^2+x^2}}{v_c}+\frac{l-2x}{v_s} \tag{5.28}$$

欲求超声波到达接收探头的最短时间，即求 t 的最小值，需对 x 求导并令其为零，即：

$$\frac{dt}{dx}=\frac{d}{dx}\left(\frac{2\sqrt{a^2+x^2}}{v_c}+\frac{l-2x}{v_s}\right)=0$$

$$\Rightarrow\frac{2}{v_c}\cdot\frac{1}{2}\cdot\frac{2x}{\sqrt{a^2+x^2}}-\frac{2}{v_s}=0 \tag{5.29}$$

经整理后得 $x=\dfrac{a^2}{\sqrt{v_s^2-v_c^2}}v_c$（取正值）。

将 x 代入式（5.28），得最短传播时间：

$$t=2a\sqrt{\frac{v_s^2-v_c^2}{(v_s v_c)^2}}+\frac{1}{v_s} \tag{5.30}$$

理论上要避免混凝土中传声受钢筋的影响，根据式（5.30）得到混凝土的真正声速为：

$$v_c=\frac{2av_s}{4a^2+(v_s t-l)^2} \tag{5.31}$$

令 $t_1=L/v_c$，t_1为超声波直接在混凝土中传播所需要的时间，则 $t_2=2a\sqrt{\dfrac{v_s^2-v_c^2}{(v_s v_c)^2}}+\dfrac{l}{v_s}$ 为经由钢筋折线的传播时间。欲避免钢筋的影响，应使 $t_1<t_2$，即$\dfrac{l}{v_c}<2a\sqrt{\dfrac{v_s^2-v_c^2}{(v_s v_c)^2}}+\dfrac{l}{v_s}$，整理后得：$a>\dfrac{1}{2}\sqrt{\dfrac{v_s-v_c}{v_s+v_c}}$。

即当探头距离钢筋大于 $1/2\sqrt{(v_s-v_c)/v_s+v_c}$之后，由于经由钢筋传播的信号落在直接在混凝土中传播的信号之后，于是钢筋的存在就不会影响混凝土声速的量测。一般当量测线离开钢筋轴线约 1/8～1/6 测距时，就可避开钢筋的影响。

素混凝土中的传播速度 v_o也可根据图 5.8 的曲线查出修正系数，对实测的超声传播速度 v 加以修正。例如钢筋混凝土中的 a/L 值为 0.1，并认为混凝土质量中等，那么混凝土中钢筋影响的修正系数 v_c/v 为 0.8，最后将测得的脉冲速度乘以 0.8，即为素混凝土的脉冲速度。

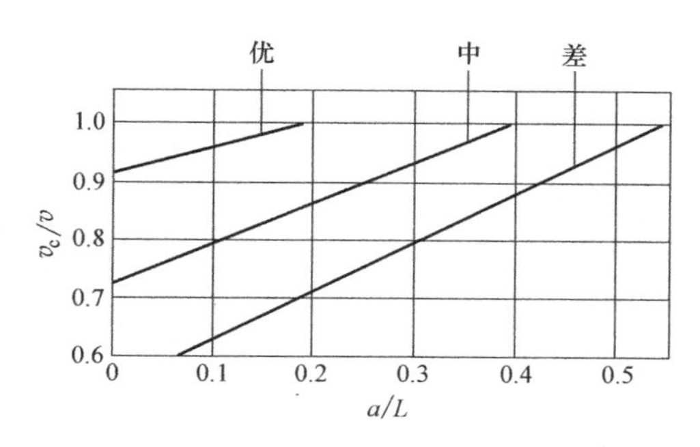

图 5.8　钢筋轴向平行于脉冲传播方向声速修正系数

4）粗骨料品种、粒径和含量的影响

每立方米混凝土中骨料用量的变化、颗粒组成的改变对混凝土强度的影响要比水灰比、水泥用量及强度等级的影响小很多，但是，粗骨料的数量、品种及颗粒组成对超声波传播速度的影响却十分显著，甚至稍微增加一些碎石的用量或采用较高弹性模量的骨料，对超声脉冲的声波都是极为敏感的。比较水泥石、水泥砂浆和混凝土三种试件的超声测试，在强度值相同的情况下，混凝土的超声脉冲声速最高，砂浆次之，水泥石最低。差异的原因主要是超声脉冲在骨料中传播的速度比在混凝土中传播速度快。声通路上粗骨料多，声速则高；反之，声通路上粗骨料少，声速则低。

（1）粗骨料品种不同的影响

表 5.7 为不同品种粗骨料的声速值。由于骨料的声速比混凝土中其他组分的声速要高得多，它在混凝土中所占比例又高达 75%左右。因此，骨料声速对混凝土总声速具有决定性的影响。

不同品种粗骨料的声速值　　表 5.7

骨料品种	密度(g/cm^3)	纵波速度(km/s)	横波速度(km/s)
黄岗石	2.66	4.77	2.70
辉长岩	2.99	6.46	3.50
玄武岩	2.63	5.57	2.40
砂岩	2.66	5.15	1.97
石灰石	2.65	5.97	2.88
石英岩	2.64	6.60	2.75
重晶岩	4.38	4.02	—
页岩	2.74	5.87～6.50	2.80～3.61
河卵岩	2.78	5.0～5.58	—
陶粒	0.56～0.67	2.4～2.8	—

不同品种的骨料配置混凝土对 f_{cu}-v 关系曲线的影响如图 5.9 所示。由图可见，若不注意粗骨料品种的影响，简单地采用某一特定的混凝土强度与相应的超声声速关系曲线，在确定混凝土强度时将会造成较大的误差。

经研究和实际测试表明，卵石和卵碎石这两种骨料配制的混凝土，一般来说，当声速相同时，卵碎石混凝土的抗压强度比卵石混凝土的强度高出 10%～20%。其原因是当各

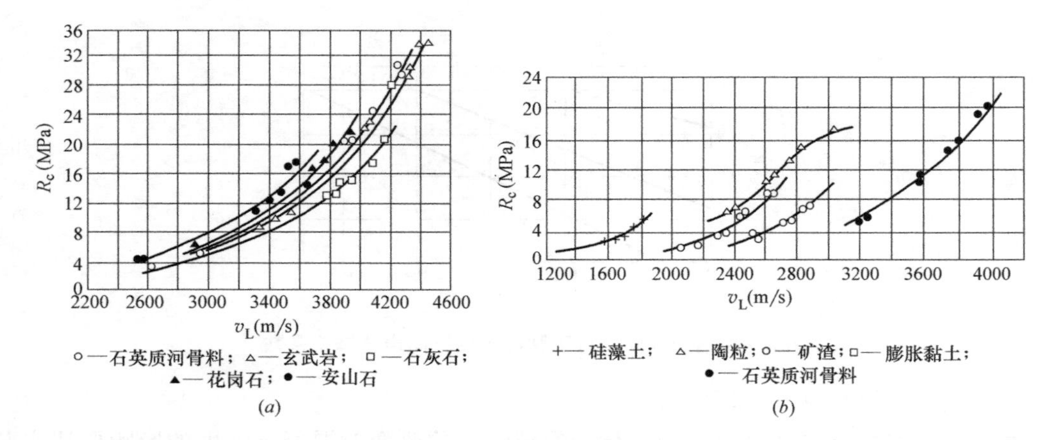

图 5.9 不同品种骨料混凝土

(a) 重骨料混凝土关系曲线；(b) 轻骨料混凝土关系曲线

种配合比条件均相同时，卵碎石的表面粗糙，有利于水泥石与骨料的粘结，因此强度可略高于表面光滑的卵石混凝土，而由于石质基本相同，卵石较为坚实，可导致声速略为提高。

（2）粗骨料最大粒径的影响

如图 5.10 所示为不同最大粒径的粗骨料配制的混凝土，抗压强度与超声声速的关系曲线。它表明了骨料粒径越大，则单位体积混凝土中骨料所占有的声程随之增加，即混凝土的声速随骨料最大粒径的增大而增加。换句话说，按标定的测强曲线推算，对于某一给定的超声声速所对应的混凝土抗压强度则较低，其原因是骨料的超声传播速度比混凝土中超声的传播速度要快，骨料粒径增大使混凝土中超声传播速度的增加，比混凝土强度测定值增加更快。

（3）粗骨料含量的影响

如图 5.11 所示为骨料品种相同时，不同含石量对混凝土中超声脉冲传播速度的影响。一般相同强度的混凝土，其超声声速随粗骨料含量增加而有提高的趋势。实际上，在混凝土的组合料中，不管砂率变化、骨灰比的大小是怎样的，对混凝土超声声速影响起主导作用的仍然是粗骨料含量。

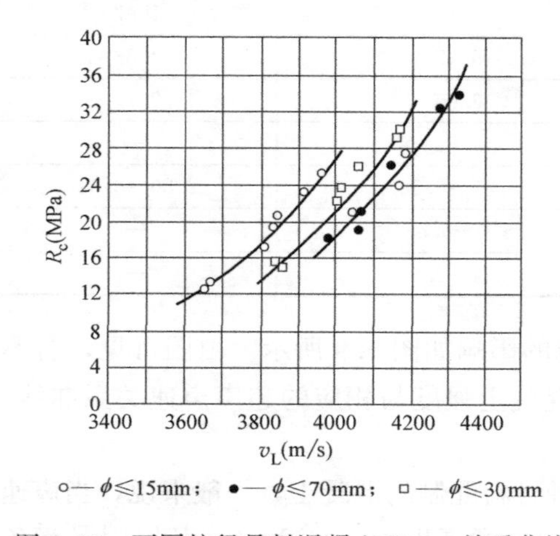

图 5.10 不同粒径骨料混凝土 R_c-v_L 关系曲线

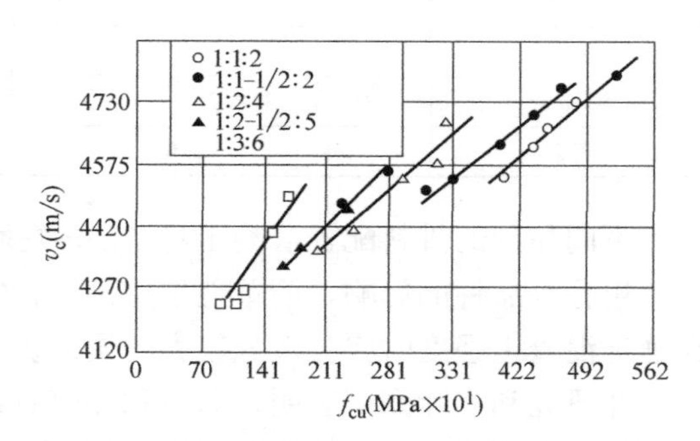

图 5.11 骨灰比对 f_{cu}-v_c 相关性的影响

不同强度等级的混凝土，超声声速不同，低强度等级混凝土的超声声速较高，因为低强度等级的混凝土粗骨料的含量相对多，或者说是骨灰比比较大所引起的。

如图 5.12 所示为不同骨灰比对超声声速的影响。可见，忽视骨灰比的影响，采用声速估算混凝土强度的误差很大。

如图 5.13 所示为混凝土中不同砂率对 f_{cu}-v 关系的影响，从图中可见，同一强度的混凝土，砂率越低，声速越大。因此，不考虑砂率的影响，用声速的单一指标推算混凝土的抗压强度，有可能产生 5%～15%的误差。

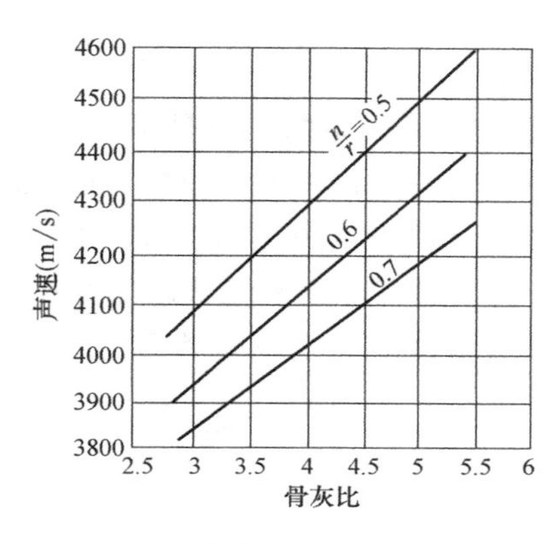

图 5.12　骨灰比对声速的影响

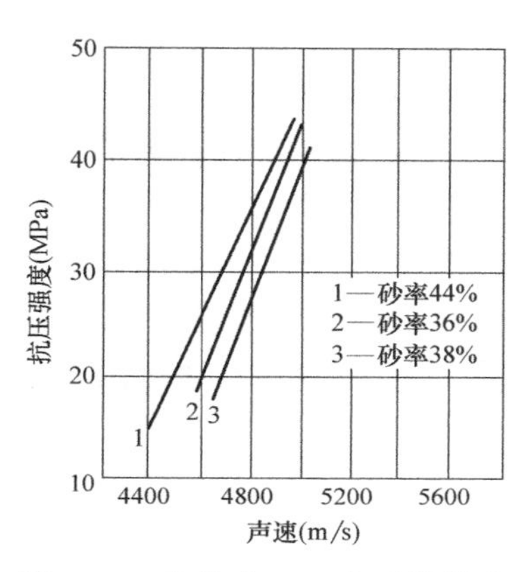

图 5.13　砂率对 f_{cu}-v 关系的影响

5）水灰比及水泥用量的影响

混凝土的抗压强度取决于水灰比，随着 w/c 的降低，混凝土的强度、密实度及弹性性质相应提高，超声脉冲在混凝土中的传播速度也相应增大；反之，超声脉冲速度随着 w/c 的提高而降低（图 5.14）。

水泥用量的变化，实际上改变了骨灰比的组分。如图 5.15 所示为不同龄期混凝土中

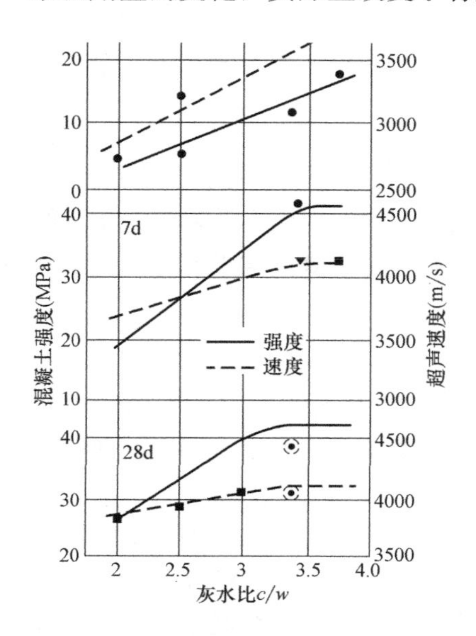

图 5.14　不同灰水比混凝土的 f_{cu}-v 关系曲线

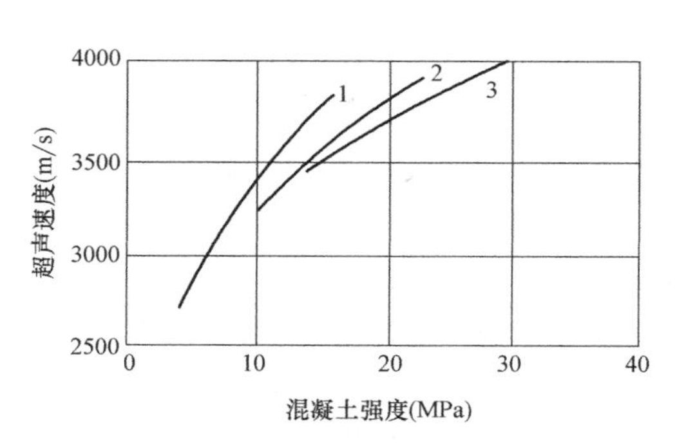

图 5.15　不同水泥用量的混凝土 f_{cu}-v 关系曲线

水泥用量不同的 f_{cu}-v 的关系曲线。在相同的混凝土强度情况下，当粗骨料用量不变时，水泥用量越多，则超声声速越低。

6）混凝土龄期和养护方法的影响

图 5.16 为不同龄期混凝土的 f_{cu}-v 关系曲线。试验证明，在硬化早期或低强度时，混凝土的强度 f_{cu}的增长小于声速 v 的增长，即曲线斜率 $\mathrm{d}f_{cu}/\mathrm{d}v$ 很小，声速对强度的变化十分敏感。随着硬化进行，或混凝土强度较小时，$\mathrm{d}f_{cu}/\mathrm{d}v$ 值迅速增大即 f_{cu} 增长率大于声速 v 的增长率，甚至在强度达到一定值后，超声传播速度增长极慢，因而采用超声声速来推算混凝土的强度，必须十分注意声速量测的准确性。

不同龄期混凝土的 f_{cu}-v 关系曲线是不同的（图 5.17），当声速相同时，长龄期混凝土的强度较高。混凝土试件养护条件不同，所建立的 f_{cu}-v 关系曲线也是不同的。通常，当混凝土相同时，在空气中养护的试件，其声速比水中养护的试件的声速要低得多，主要原因可解释为：在水中养护的混凝土水化较完善，以及混凝土空隙充满了水，水的声速比空气声速大 4.67 倍，所以，相同强度的试件，饱水状态的声速比干燥状态的声速大。此外，干燥状态中养护的混凝土因干缩等原因而造成的微裂缝也将使声速降低。

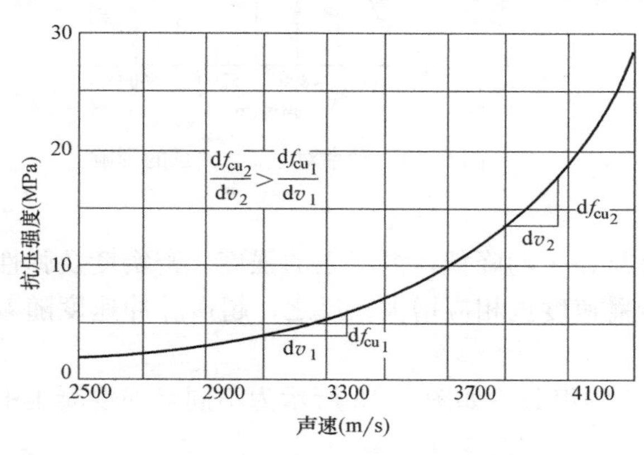

图 5.16　不同龄期混凝土的 f_{cu}-v 关系曲线

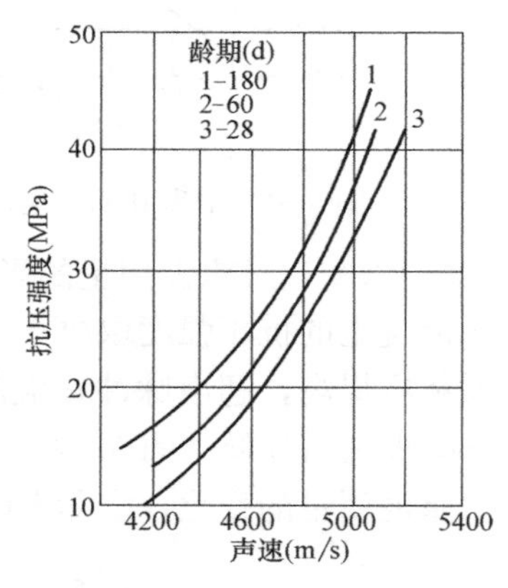

图 5.17　龄期对 f_{cu}-v 关系的影响

7）混凝土缺陷与损伤对测强的影响

采用超声测试和推定混凝土的强度时，只有在混凝土强度波动符合正态分布的条件下，才能进行混凝土强度的推定。这就要求混凝土内部不应存在明显缺陷和损伤。如果将混凝土缺陷或损伤的超声参数用来参与强度的评定，有可能使测试结果不真实或承担削弱安全度的风险。

在网格式布点普测的基础上，对区域性的低强度点，当 $f_{cu}^{c}<mf_{cu}^{c}-2Sf_{cu}^{c}$（$Sf_{cu}^{c}$为标准差）时，建议单独标记或推定强度；对于 $f_{cu}^{c}<mf_{cu}^{c}-3Sf_{cu}$时，应明确确定为缺陷区。综合测试指标均较差，且又出现在重要的受力区，为了保证安全，即使其他区域测试指标较好，也不宜作为整体评定强度。

鉴于目前建立混凝土超声测强曲线时，立方试件是在不受力的状态下测试的，而结构混凝土包括混凝土自重已不同程度地承受了荷载。这种受力状态的构件究竟对超声测试有否影响，即超声测试值要不要进行修正，已有的国内外研究证明，荷载超过某一定范围对超声测试影响是存在的，一般认为构件受力超过极限破坏应力的 30%～50%时，混凝土内部不同程度地产生损伤，超声声速将随受力增大而降低。虽然目前还没有建立定量修正的标准，但对从事结构混凝土超声测强的技术人员，应注意这是影响超声测强精度的一个因素。

5.2.3 超声-回弹综合法测试混凝土强度

1. 综合法和综合指标的选择

1）单一测试指标有一定局限性

单一指标法局限性较大的原因主要有两点：

（1）混凝土强度是一个多要素的综合指标，它与弹性、塑性、材料结构的非均质性、孔隙的量、孔的结构及试验条件等一系列因素有关，因此，用单一的物理指标必然难以全面反映这些要素。

（2）混凝土配合比的因素或构造因素对单一指标的影响程度与对强度的影响程度不一致。例如，混凝土中粗骨料用量及品种的变化，可导致声速的明显变化，其变化率可达10%～20%，但对强度的影响却不如此显著。又如，含水率对强度的影响并不显著，但它可使声速上升，使回弹值下降。这种影响程度的不一致，必然会导致对单一指标与强度之间的关系产生影响，使其局限性增大。某些因素造成的影响，对不同单一指标来说是相反的。

因此，人们很自然地会想到较多的指标综合反映混凝土强度的可能性，这就是综合法的基本设想。简而言之，所谓综合法就是采用两种或两种以上的非破损测试手段，获取多种物理参数，综合评价混凝土强度的方法。

在工程上应用最多的还是罗马尼亚弗格瓦洛（I. Facaoaru）等所提出的超声-回弹综合法，现已被许多国家所采用。20 世纪 70 年代在我国逐步形成了全国性的研究协作网络，逐步形成了《超声回弹综合法检测混凝土强度技术规程》CECS 02—2005。

2）综合指标的选择

合理选择综合的物理参数，是综合法的关键。从现有综合法来看，综合参数的选择较为灵活，有以下三点是必须考虑的原则：

（1）所选的参数应与混凝土的强度有一定的理论联系或相关关系。

（2）所选的各项参数在一定程度上能相互抵消或离析采用单一指标量测强度时的某些影响因素。

（3）所选的参数应便于在现场用非破损或半破损的方法测试。

一般来说，满足上述原则的参数，均能作为综合指标。

2. 超声-回弹综合法的基本依据

超声和回弹法都是以材料的应力、应变行为与强度的关系为依据的。但超声速度主要反映材料的弹性性质，同时，由于它穿过材料，因而也反映材料内部构造的密实性、均匀性的信息。回弹法反映了材料的弹性性质，同时在一定程度上也反映了材料的塑性性质，但它只能确切反映混凝土表层（约 3cm）的状态。因此，超声与回弹值的综合，自然能较确切地反映混凝土的强度。这就是超声-回弹综合法基本依据的一个方面。

实践证明将声速 V 和回弹值 R 合理综合后，能消除原来影响 f-V 与 f-R 关系的许多F 因素。例如，水泥品种的影响、试件含水量的影响及碳化影响等，都不再像原来单一指标所造成的那么显著。这就使综合的 f-V-R 关系有更广的适应性和更高的精度，而且使不同条件的修正大为简化。

3. 影响 f-V-R 关系的主要因素

多年来，我国有关部门对超声-回弹综合法测定混凝土强度的影响因素进行了全面综合性研究，针对我国施工特点及原材料的具体条件，较全面地得出了切合我国实际的分析结论。

1）水泥品种及水泥用量的影响

用普通硅酸盐水泥、矿渣硅酸盐水泥及粉煤灰硅酸盐水泥所配制的C10、C20、C30、C40、C50级混凝土试件所进行的对比试验证明，上述水泥品种对 f-V-R 关系无显著影响，可以不予修正（图5.18）。

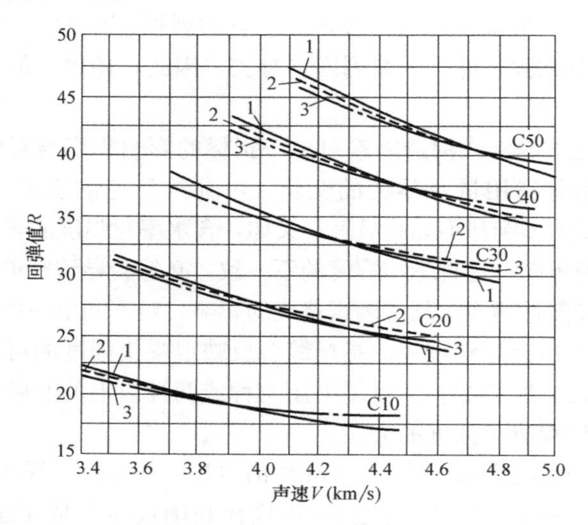

图5.18 不同水泥品种的 f-V-R 关系

1—普通水泥；2—矿渣水泥；3—粉煤灰水泥

一般认为，水泥品种对声速 V 及回弹值 R 产生影响的原因主要有两点：第一，由于各种水泥密度不同，导致混凝土中水泥体积含量存在差异；第二，由于各种水泥的强度发展规律不同，硅酸盐水泥及普通硅酸盐水泥中硅酸盐三钙（C_3S）的含量较高，因此强度发展较快，而掺混合材料的水泥则因硅酸盐三钙（C_3S）的相对含量较低，造成早期强度发展较慢，这样导致配合比相同的混凝土，由于水泥品种不同而造成在某一龄期区间内（28d以前）强度不同。但就测试中的实际情况进行分析可知，水泥密度不同所引起的混凝土中水泥体积含量的变化是很小的，不会引起声速和回弹值的明显波动。各种水泥强度存在不同的发展规律，但其影响主要在早期。据试验，在早期若以普通水泥混凝土的推算强度为基准，则矿渣水泥混凝土实际强度可能低于10%，即推算强度应乘以0.9的修整系数。但是28d以后这一影响已不明显，两者的强度发展逐渐趋向一致。而实际工程测试都在28d以后，所以在“超声-回弹”综合法中，水泥品种的影响可不予修正是合理的。

试验还证明，当每立方米混凝土中，水泥用量在200kg、250kg、300kg、350kg、400kg、450kg范围内变化时，对 f-V-R 综合关系也没有显著影响。但当水泥用量超出上述范围时，应另外设计专用曲线。

2）碳化深度的影响

在回弹法测强中，碳化对回弹值有显著影响，因而必须把碳化深度作为一个重要参量。但是，试验证明，在综合法中碳化深度每增加 1mm，用 f-V-R 关系推算的混凝土强度仅比实际强度高 0.6%左右。为了简化修正项，在实际测试中基本上可不予考虑碳化因素。

在综合法中碳化因素可不予修正的原因，是由于碳化仅对回弹值产生影响，而回弹值 R 在整个综合关系中的加权比单一采用回弹法时的影响要小得多。同时，一般来说，碳化深度较大的混凝土含水量相应降低，导致声速增长率下降，在综合关系中也抵消因回弹值上升所造成的影响。

3）砂子品种及砂率的影响

用细砂、特细砂及中河砂所配制的混凝土进行对比试验，结果证明，砂的品种对 f-V-R 综合关系也无明显影响。其主要原因是，在混凝土中常用砂率的波动范围有限，同时砂的粒度远小于超声波长，对超声波在混凝土中的传播状态不会造成很大影响。但当砂率明显超出混凝土常用砂率范围（例如小于 28%或大于 44%）时，也不可忽略，而应另外设计专用曲线。

4）石子品种、用量及石子粒径的影响

以卵石和碎石进行比较，试验证明，石子品种对 f-V-R 关系有十分明显的影响。由于碎石和卵石的表面情况不同，使混凝土内部界面的粘结情况也不同。在配合比相同时，碎石因表面粗糙，与砂浆的界面粘结较好，因而混凝土的强度较高，卵石则因表面光滑而影响粘结，混凝土强度较低。但超声速度和回弹值对混凝土内部的界面粘结状态并不敏感，所以若以碎石混凝土为基础，则卵石混凝土的推算强度平均约偏高 25%左右，而且许多单位所得出的修正值并不一样，为此，一般来说，当石子品种不同时，应分别建立 f-V-R 关系。

当石子用量变化时，声速将随含石量的增加而增加，回弹值也随含石量的增加而增加。

当石子最大粒径在 2～4cm 范围内变化时，对 f-V-R 的影响不明显，但超过 4cm 后，其影响也不可忽略。

5）测试面的位置及表面平整度的影响

当采用钢模或木模施工时，混凝土的表面平整度明显不同，采用木模浇筑的混凝土表面不平整，往往影响探头的耦合，因而使声速偏低，回弹值也偏低。但这一影响与木模的平整程度有关，很难用一个统一的系数来修正，因此一般应对不平整表面进行磨光处理。

当在混凝土浇筑上表面或在底面进行测试时，由于石子下沉量大及表面浮浆、泌水等因素的影响，其声速与回弹值均与侧面测量时不同。若以侧面量测为准，则上表面或底面量测时对声速及回弹值均应乘以修正系数。

从以上分析来看，超声-回弹综合法的影响因素，比声速或回弹单一参数法要少得多。

4. 超声-回弹综合法测试

1）测区的布置和抽样方法

超声-回弹综合法所推算的强度，是相对于结构或构件混凝土制成边长为 150mm 的立方体试块的抗压强度。因此，一个测区仍然相对于一个试块。在构件上测区应力均匀分布，测试面宜布置在浇筑的对侧面，避开钢筋密集区及预埋铁件处，侧面应清洁、平整、干燥、无蜂窝麻面和饰面层，必要时可用砂轮片清除浮浆、油污等杂物，或磨去不平整的模板印痕。测区的构件测试分为单个测试或按批测试两种情况：按单个构件测试时，测区数应不少于10个。若构件长度不足2m，测区数可适当减少，但最少不得少于3个；按批测试时，可将构件种类和施工状态相同，强度等级相同，原材料、配合比、施工工艺及龄期相同的构件或施工流程中同一施工段的构件作为一批。同一批的构件抽样数量应不少于同批构件总数的30%，而且不少于10个，每个构件上测区数不少于10个。测区的尺寸为200mm×200mm，每一个构件上测区数不少于10个。测区的尺寸为200mm×200mm，每一个构件上相邻测区的间距不少于2m。

2）回弹值的量测和计算

在测区内回弹值的量测、计算及其修正，均与5.1节所述方法相同。

3）超声值的量测与计算

超声的测试点应布置在同一个测区的回弹值测试面上，但探头安放位置不宜与弹击点重叠。每个测区内应在相对测试面上对应地布置3个测点，相对面上的收、发探头应在同一轴线上（图5.19）。

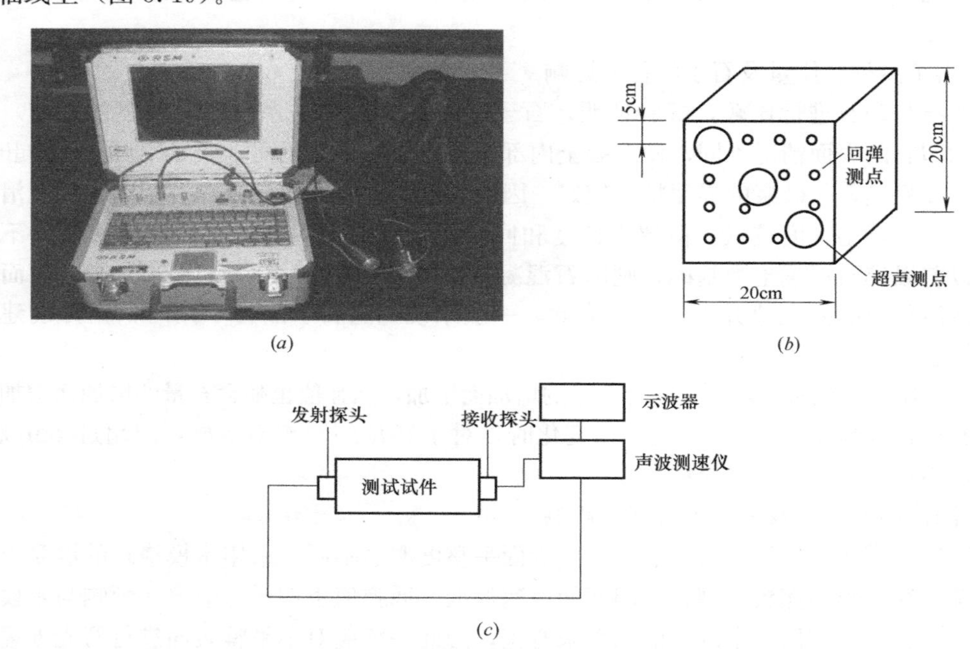

图5.19 超声测试仪器与实测图

(*a*) RSM-SY5型声波测速仪；(*b*) 声波测点布置；(*c*) 声波测试示意图

只有在同一测区内所得的回弹值和声速值才能作为推算强度的综合参数，不同测区的测值不可混淆。声时和声程的量测应完全按本节所述的规定进行，然后按下式计算：

$$V_i=\frac{L}{t_i}k \tag{5.32}$$

式中 V_i——测区的声速，精确至0.01km/s；

L——声程，精确至0.001m，量测误差不大于±1%；

$\overline{t_i}$——测区内的平均声时，以秒计，按下式计算：

$$\overline{t_i}=\frac{t_1+t_2+t_3}{3}\times10^{-6} \tag{5.33}$$

其中：t_1、t_2、t_3为测区中3个测点的声时值，以μs计，精确至0.1μs；k为声速测试面的修正系数，在浇筑侧面测试时取1，在浇筑的上表面或底面测试时取1.034。

5. 混凝土抗压强度的推定

按照测试的平均回弹值和平均声速值，用f-V-R关系基准曲线所换算的强度是每一个测区的强度，即相当于一个试块的强度。

根据已颁布实施的地区或专用曲线的数学公式，应用无损测试的回弹平均值、碳化深度的平均值和超声声速平均值换算测区的强度值。为了对构件或结构的混凝土强度作出总体评价，应根据我国《混凝土结构工程施工质量验收规范》GB 50204—2015的验收原则推定混凝土的强度。其推定方法如下：

1）当结构或构件中的测区数不少于10个时，各测区混凝土抗压强度换算值的平均值和标准差按下列公式计算：

$$m_{f_{cu}^c} = \frac{1}{n}\sum_{i=1}^{n} f_{cu,i}^c \tag{5.34}$$

$$S_{f_{cu}^c} = \sqrt{\frac{\sum_{i=1}^{n}(f_{cu,i}^c)^2 - n(m_{f_{cu}^c})^2}{n-1}} \tag{5.35}$$

式中 $f_{cu,i}^c$——结构或构件第i个测区的混凝土抗压强度换算值（MPa）；

$m_{f_{cu}^c}$——结构或构件测区混凝土抗压强度换算值的平均值（MPa），精确至0.1MPa；

$S_{f_{cu}^c}$——结构或构件测区混凝土抗压强度换算值的标准值（MPa），精确至0.1MPa；

n——测区数。对单个测试的构件，取一个构件的测区数；对批量测试的构件，取被抽检构件测区数的总和。

2）当结构或构件所采用的材料及其龄期与制定测强曲线所采用的材料及其龄期有较大差异时，应采用同条件下的立方体试件或从结构或构件测区中钻取的混凝土芯样试件的抗压强度进行修正。试件数量不应少于4个。此时，计算测区混凝土抗压强度换算值应乘以下列相应的修正系数η。

采用同条件立方体试件修正时：

$$\eta = \frac{1}{n}\sum_{i=1}^{n} f_{cu,i}^o / f_{cu,i}^c \tag{5.36}$$

采用混凝土芯样试件修正时：

$$\eta = \frac{1}{n}\sum_{i=1}^{n} f_{cur,i}^o / f_{cu,i}^c \tag{5.37}$$

式中 η——修正系数，精确至小数点后两位；

$f_{cu,i}^c$——对应于第i个立方体试件或芯样试件的混凝土抗压强度换算值（MPa），精确至0.1MPa；

$f_{cu,i}^o$——第i个混凝土立方体（边长150mm）试件的抗压强度实测值（MPa），精确至0.1MPa；

$f_{cur,i}^o$——第i个混凝土芯样（ϕ100×100）试件的抗压强度实测值（MPa），精确至0.1MPa；

n——试件数。

3）结构或构件混凝土抗压强度推定数值 $f_{cu,e}$应按下列规定确定：

（1）当结构或构件的测区抗压强度换算值中出现小于 10.0MPa 的值时，该构件的混凝土抗压强度推定值 $f_{cu,e}$取小于 10MPa。

（2）当结构或构件中测区数少于 10 个时：

$$f_{cu,e}=f^{c}_{cu,min} \tag{5.38}$$

式中 $f^{c}_{cu,min}$——结构或构件最小的测区混凝土抗压强度换算值（MPa），精确至 0.1MPa。

（3）当结构或构件中测区数不少于 10 个或按批量测试时：

$$f_{cu,e}=m_{f^{c}_{cu}}-1.645S_{f^{c}_{cu}} \tag{5.39}$$

4）对按批量测试的构件，当一批构件的测区混凝土抗压强度标准差出现下列情况之一时，该批构件应全部按单个构件进行强度推定：

（1）一批构件的混凝土抗压强度平均值 $m_{f^{c}_{cu}}<25.0$MPa，标准差 $S_{f^{c}_{cu}}>4.50$MPa。

（2）一批构件的混凝土抗压强度平均值 $m_{f^{c}_{cu}}=25.0\sim50.0$MPa，标准差 $S_{f^{c}_{cu}}>5.50$MPa。

（3）一批构件的混凝土抗压强度平均值 $m_{f^{c}_{cu}}>50.0$MPa，标准差 $S_{f^{c}_{cu}}>6.50$MPa。

5.3 超声波测试技术应用

5.3.1 混凝土裂缝深度测试

混凝土出现裂缝十分普遍，不少钢筋混凝土结构的破坏都是从裂缝开始的。因此，必须重视混凝土裂缝检查、分析与处理。混凝土除了荷载作用造成的裂缝外，更多的是混凝土收缩和温度变形导致开裂，还有地基不均匀沉降引起的混凝土裂缝。不管何种原因引起的混凝土裂缝，一般都需要进行观察、描绘、量测和分析，并根据裂缝性质、原因、尺寸及结构危害情况做适当处理。其中裂缝分布、走向、长度、宽度等外观特征容易检查和量测，而裂缝深度以及是否在结构或构件截面上贯穿，无法用简单方法检查，只能采用无破损或局部破损的方法进行测试。过去传统方法多用注入渗透性较强的带色液体，再局部凿开观测，也有用跨缝钻取芯样或钻孔压水进行裂缝深度观测。这些传统方法既麻烦又对混凝土造成局部破坏，而且检测的裂缝深度局限性很大。采用超声脉冲法测试混凝土裂缝深度，既方便，又不受裂缝深度限制，而且可以进行重复测试，以便观察裂缝发展情况。超声法测试混凝土裂缝深度（图 5.20），一般根据被测裂缝所处部位的具体情况，采用单面平测法或双面斜测法。

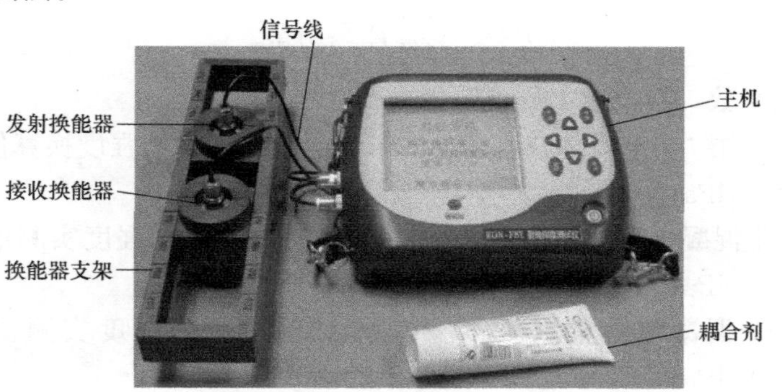

图 5.20 KON-FSY 裂缝深度测试仪

1. 单面平测法

当混凝土结构被测部位只有一个表面可供超声检测时，可采用单面平测法进行裂缝深度测试，如混凝土路面、飞机跑道、隧道、洞窟建筑裂缝检测以及其他大体积混凝土的浅裂缝测试。

1）单面平测法的适用范围

（1）由于平测时传播距离有限，因此只适用于检测深度为500mm以内的裂缝。

（2）结构的裂缝部位只有一个可测表面。

2）单面平测法的基本原理（图5.21）

（1）裂缝附近混凝土质量基本一致。

（2）跨缝与不跨缝测试，其声速相同。

（3）跨缝测读的首波信号绕裂缝末端至接收换能器。

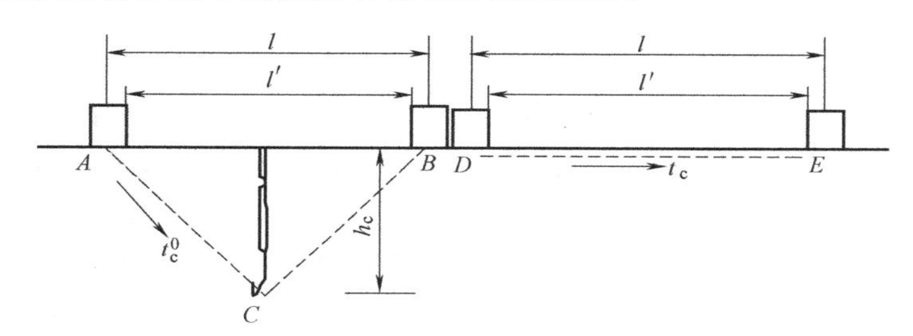

图5.21　单面平测裂缝示意图

根据几何学原理，由图5.21可知：$h_c^2=AC^2-(l/2)^2$

因为$AC=vt_c^0/2$，而$v=l/t_c$，$AC=\dfrac{\dfrac{l}{t_c}t_c^0}{2}$，所以$h_c^2=\dfrac{\left(\dfrac{l}{t_c}t_c^0\right)^2}{4}-\dfrac{l^2}{4}$，则有

$$h_c=\sqrt{[l^2(t_c^0/t_c)^2-l^2]/4}=l/2\cdot\sqrt{(t_c^0/t_c)^2-1}=l/2\cdot\sqrt{(t_c^0v/l)^2-1} \tag{5.40}$$

式中　h_c——裂缝深度；

t_c——不跨缝量测的混凝土声时；

t_c^0——跨缝量测的混凝土声时；

l——超声测距；

v——不跨缝量测的混凝土声速。

需要说明的是，修改了的《超声法检测混凝土缺陷技术规程》标准中采用$h_{ci}=l_i/2\sqrt{(t_i^0v/l_i)^2-1}$计算式，而不是原来传统的计算式$h_{ci}=l_i/2\sqrt{(t_i^0/t_i)^2-1}$，其理由如下：

（1）该计算式推导的基本原理是：跨缝与不跨缝测试的混凝土声速一致；跨缝测试的声波绕过裂缝末端形成折线传播；不跨缝测试的声波是直线传播到接收换能器。但实际测试中，不跨缝测出的各测距声速值往往存在一定差异，如按单点声时值计算缝深，会产生较大误差。因此取不跨缝测试的声速平均值，代入原计算式更为合理。

（2）试验和工程实测证明（图5.22），有时工程中要满足跨缝、不跨缝等距测点的布置有困难（如表面不平整）。因此，先将不跨缝测试的混凝土声速（v）利用图5.23所示的时距图或统计回归法计算出来，再以$t_i=l_i/v$代入原式，可省略与跨缝等距测试的不跨缝测点的测试工作。

（3）由于不需要同时满足跨缝、不跨缝等距测点的布置，因此应用更为方便，跨缝测点可以随意取点。

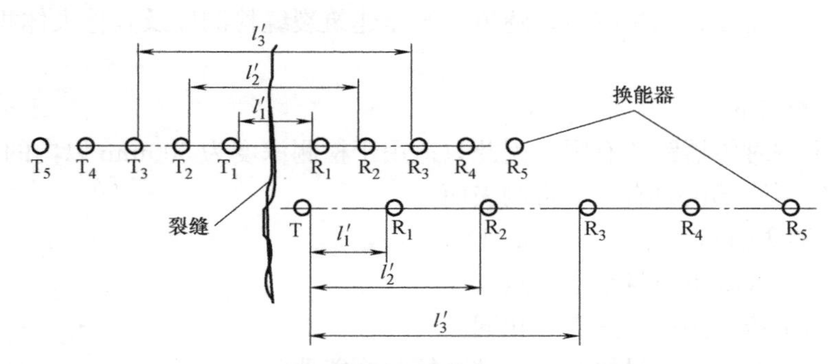

图 5.22　单面测裂缝平面示意图

3）检测步骤

（1）选择被测裂缝较宽、尽量避开钢筋的影响且便于测试操作的部位。

（2）打磨清理混凝土表面。当被测部位不平整时，应打磨、清理表面，以保证换能器与混凝土表面耦合良好。

（3）布置超声测点。所测得每一条裂缝，在布置跨缝测点的同时，都应在其附近布置不跨缝测点。测点间一般可设 T、R 换能器内边缘 $l'_2=2l'_1$，$l'_3=3l'_1$……（图 5.22）

（4）分别以适当不同的间距做跨缝超声测试，测试中注意观察首波相位变化。

（5）记录首波反相时的测试距离 l' 与裂缝深度 h_c 存在一定关系，其关系式是 $l'/2\approx h_c$。在实验室模拟带裂缝试件及工程测试中发现，当被测结构断面尺寸较大，且不存在边界面及钢筋影响的情况下，首波反相最为明显。当 $l'/2>h_c$ 时，首波呈现如同换能器对测时一样的波形，即首波拐点向下为山谷状，如图 5.23（*a*）所示；当 $l'/2<h_c$ 的情况下各测点首波都反相，即首波拐点向上为山峰状，如图 5.23（*b*）所示，此时如果改变换能器平测距离，使 $l'/2<h_c$，首波相位恢复正常，如图 5.23（*c*）所示。

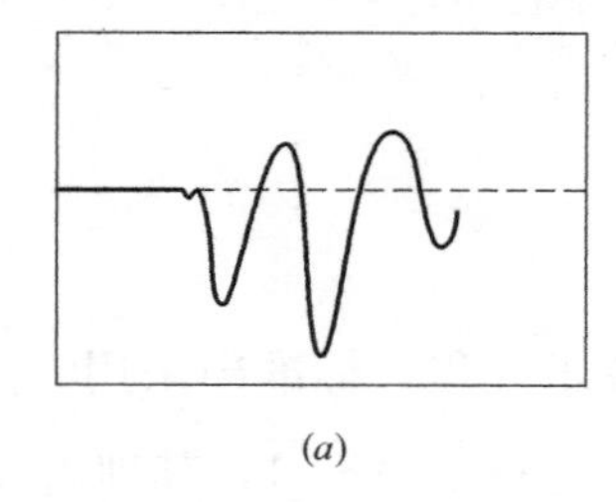
(*a*)

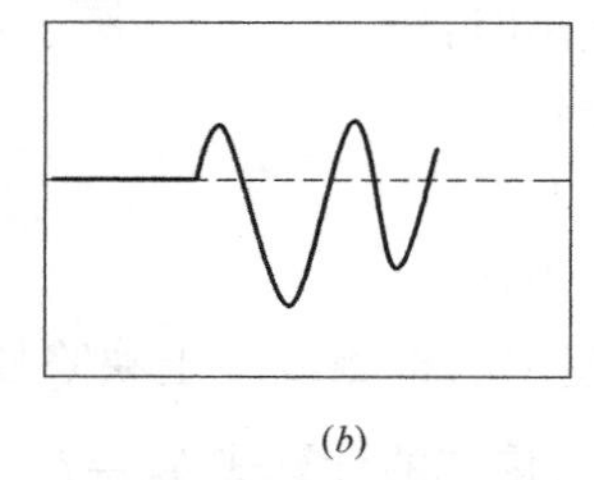
(*b*)

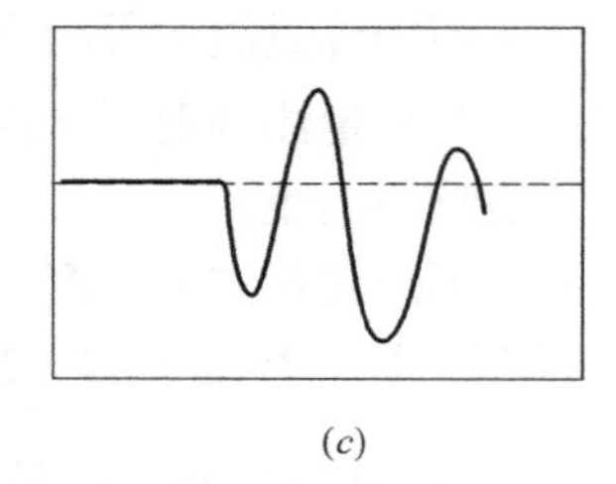
(*c*)

图 5.23　首波反向示意图

（6）求不跨缝各测点的声波实际传播距离 l' 及混凝土声速 v。

用回归分析方法：$l'=a+bt_i$（mm）；a、b 为回归系数，混凝土声速 $v=b$（km/s）。

绘制“时-距”坐标图法：如图 5.24 所示，从图中可以看出每一测点超声实际传播距离 $l_i=l'_i+|a|$，考虑 a 是因为声时读取过程中存在一个与对测法不完全相同的声时初读数 t_o 及首波信号的传播距离并非是 T、R 换能器内边缘的距离，也不等于 T、R 换能器中心的距离，所以 a 是一个 t_o 和声传播距离的综合修正值。

4）裂缝深度计算

（1）各测点裂缝深度计算值按式（5.41）计算：

$$h_{ci}=l_i/2\sqrt{(t_i^{o}v/l_i)^2-1} \quad (5.41)$$

（2）测试部位裂缝深度的平均值按式（5.42）计算：

$$m_{h_c}=1/n\sum h_{ci} \quad (5.42)$$

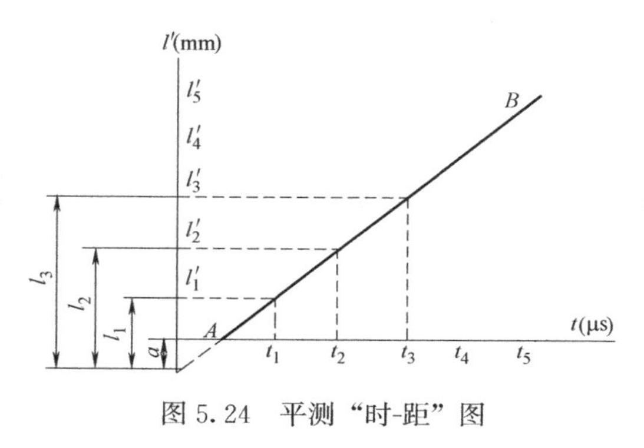

图 5.24　平测“时-距”图

单面平测法是基于裂缝中完全充满空气，超声波只能绕过裂缝末端传播接收换能器，当裂缝中填充了水或砂浆，超声波将通过水耦合层穿过裂缝直接到达接收换能器，不能反映裂缝的真实深度。因此，检测时裂缝中不得填充水和泥浆。

当有钢筋穿过裂缝时，如果 T、R 换能器的连线靠近该钢筋，则沿钢筋传播的超声波首先到达接收换能器，检测结果也不能反映裂缝的真实深度。因此，布置测点时应使 T、R 换能器的连线离开穿缝钢筋一定距离，但实际工程中很难离开足够距离，一般采用使 T、R 换能器连线与穿缝钢筋轴线保持一定夹角（40°～50°）的方法加以解决。

2. 双面斜测法

由于实际裂缝中不可能被空气完全隔开，总是存在局部连通点，单面平测时超声波的一部分绕过裂缝末端传播，另一部分穿过裂缝中的连通点，以不同声程达到接收换能器，在仪器接收信号首波附近形成一些干扰波，严重时会影响首波起始点的辨认，如操作人员经验不足，便产生较大的测试误差。所以，当混凝土结构的裂缝部位，具有一对相互平行的表面时，宜优先选用双面斜测法。

1）适应范围

只要裂缝部位具有两个相互平行的表面，都可用等距斜测法测试。如常见的梁、柱及其结合部位。这种方法较直观，测试结果较为可靠。

2）测试方法

如图 5.25 所示，采用等测距、等斜角的跨缝与不跨缝的斜测法测试。

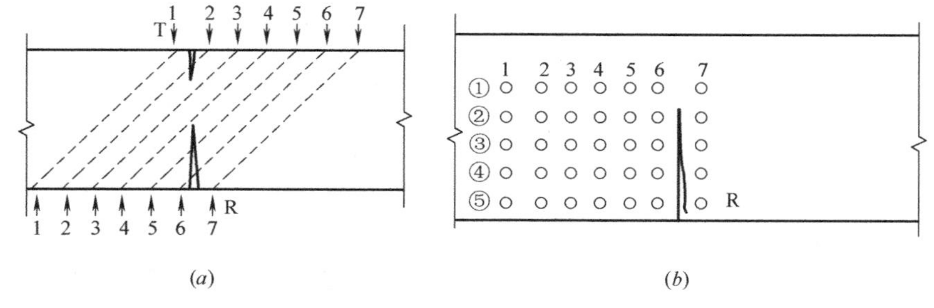

图 5.25　斜测裂缝测点布置示意图

（a）平面图；（b）立面图

3）裂缝深度判定

该方法是在保持 T、R 换能器连线的距离相等、倾斜角一致的条件下进行跨缝与不跨缝测试，分别读取相应的声时、波幅和主频值。当 T、R 换能器连线通过裂缝时，由于混凝土失去连续性，超声波在裂缝界面上产生很大衰减，仪器接收到的首波信号很微弱，其波幅、声时测值与不跨缝测点相比较，存在显著差异（一般波幅差异最明显）。据此便可判定裂缝深度以及是否在所处断面内贯通。

5.3.2 混凝土损伤层测试

1. 基本原理概述

混凝土构件或结构，在施工或使用过程中，其表层有时会在物理或化学因素作用下受到损伤，物理因素如火焰、冰冻等；化学因素如一些酸和盐碱类等。结构物受到这些因素作用时，其表层损伤程度除了与作用时间长短及反复循环次数有关外，还与混凝土本身某些特征有关，如表面积大小、水泥用量、龄期长短、水灰比及捣实程度等。

当混凝土表层受到损伤时，其表面会产生裂缝或疏松脱离，降低对钢筋的保护作用，影响结构的承载力和耐久性。用超声法检测混凝土损伤层厚度，既能查明结构表面损伤程度，又为结构加固提供了技术依据。

在考虑上述问题时，人们都假定混凝土的损坏层与未损伤部分有一个明显分界线。实际情况并非如此，国外一些研究人员曾用射线照相法，观察化学作用对混凝土产生的腐蚀情况，发现损伤层与未损伤部分不存在明显的界限。通常总是最外层损伤严重，越向里深入，损伤程度越轻微，其强度和声速的分布曲线应该是连续圆滑的，但为了计算方便把损伤层与未损伤部分截然分成两部分来考虑。

该方法的基本原理如图 5.26 所示。

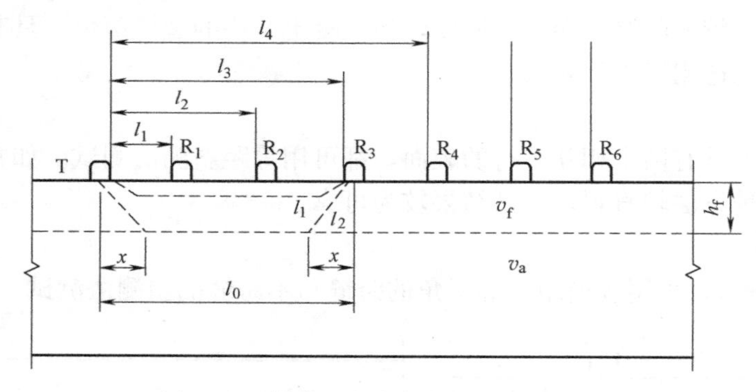

图 5.26 损伤层与未损伤测试基本原理

当 T、R 换能器的间距较近时，超声波沿表面损伤层传播的时间最短，首先到达 R 换能器，此时读取的声时值反映了损伤层混凝土的传播速度。随着 T、R 换能器间距增大，部分声波穿过损伤层，沿未损伤混凝土传播一定间距后，再穿过损伤层达到 R 换能器。当 T、R 换能器间距增大到某一距离（l_o）时，穿过损伤层未经损伤混凝土传播一定距离再穿过损伤层到达 R 换能器的声波，比沿损伤层直接传播的声波早到达或同时到达 R 换能器，即 $t_2 \leqslant t_1$。

由图 5.26 得到，$t_1 = l_o / v_f$

$$t_2 = 2\sqrt{h_f^2 + x^2} / v_f + (l_o - 2x) / v_a \tag{5.43}$$

则

$$l_o / v_f = 2 / v_f \sqrt{h_f^2 + x^2} + (l_o - 2x) / v_a \tag{5.44}$$

因为 $l_o = t_1 v_f$，所以 $t_1 = 2/v_f\sqrt{h_f^2+x^2}+(l_o-2x)/v_a$，

为使 x 值最小，可取 t_1 对 x 的导数等于 0。

则 $\quad dt_1/dx = 2/v_f 2x/(2\sqrt{h_f^2+x^2})-2/v_a = 2x/(v_f\sqrt{h_f^2+x^2})-2/v_a = 0$

$$x/(\sqrt{h_f^2+x^2}) = 1/v_a \tag{5.45}$$

将式（5.45）整理后得 $x = h_f v_f/\sqrt{v_a^2+v_f^2}$

将 x 代入式（5.44）得：

$$l_o/v_f = 2/v_f\sqrt{h_f^2+v_f^2 h_f^2(v_a^2-v_f^2)}+l_o/v_a-2h_f v_f/(v_a\sqrt{v_a^2-v_f^2}) \tag{5.46}$$

将式（5.46）整理后得：

$$h_f = l_o/2\sqrt{(v_a-v_f)/(v_a+v_f)} \tag{5.47}$$

式（5.47）便为当前国内外用于测试混凝土损伤层厚度的通用公式。

2. 测试方法

1）基本要求

（1）选取有代表性的部分。选取有代表性的部位进行测试，既可减少测试工作量，又可使测试结果更符合混凝土实际情况。

（2）被测表面应处于自然干燥状态，且无接缝和饰面层。由于水的声速比空气声速大 4 倍多，疏松或有龟裂的损伤层很易吸收水分，如果表面潮湿，其声速量测值必然偏高，与未损伤的内部混凝土声速差异减小，使检测结果产生较大误差。测试表面存在裂缝或饰面层，也会使声速测值不能反映损伤混凝土真实情况。

（3）如条件允许，可对测试结果作局部破损验证。为了提高检测结果的可靠性，可根据测试数据选取有代表性的部位，局部凿开或钻取芯样验证其损伤层厚度。

（4）用频率较低的厚度振动式换能器。混凝土表面损伤层检测，一般是将 T、R 换能器放在同一表面进行单面平测，这种测试方法接收信号较弱，换能器主频愈高，接收信号愈弱。因此，为便于测读，确保接收信号具有一定首波幅度，宜选用较低频率的换能器。

（5）布置测点应避开钢筋的影响。布置测点时，应使 T、R 换能器的连线离开钢筋一定距离或与附近钢筋轴线形成一定夹角。

2）测试步骤

如图 5.26 所示，先将 T 换能器通过耦合剂与被测混凝土表面耦合好，且固定不动，然后将 R 换能器耦合在 T 换能器旁边，并依次以一定间距移动 R 换能器，逐点读取相应的声时值 t_1、t_2、t_3……，并量测每次 T、R 换能器内边缘之间的距离 l_1、l_2、l_3……。为便于测试较薄的损伤层，R 换能器每次移动的距离不宜太大，以 30mm 或 50mm 为好。为便于绘制“时-距”坐标图，每一测试部位的测点数应尽量的多，尤其是当损伤层较厚时，应适当增加测点数。当发现损伤层厚度不均匀时，应适当增加测位的数量，使检测结果更具有真实性。

3. 数据处理及判断

1）绘制“时-距”坐标图

以测试距离 l 为纵坐标、声时 t 为横坐标，根据各测点的测距（l_i）和对应的声时值（t_i）绘制“时-距”坐标图（图 5.27）。其中前三点反映了损伤混凝土声速（v_f），$v_f =$

$(l_3-l_1)/(t_3-t_1)$；后三点反映了未损伤混凝土的声速（v_a），$v_a=(l_6-l_4)/(t_6-t_4)$。

2）求损伤和未损伤混凝土的回归直线方程

由图 5.27 可以得出，在斜线中间形成一拐点，拐点前、后分别表示损伤和未损伤混凝土的 l 与 t 相关直线。用回归分析方法分别求出损伤、未损伤混凝土 l 与 t 的回归直线方程。

损伤混凝土：
$$l_f=a_1+b_1t_f \tag{5.48}$$

未损伤混凝土：
$$l_a=a_2+b_2t_a \tag{5.49}$$

式中 l_f——拐点前各测点的测距（mm），对应图 5.27 中的 l_1、l_2、l_3；

t_f——拐点前各测点的声时（μs），对应图 5.27 中的 t_1、t_2、t_3；

l_a——拐点后各测点的测距（mm），对应图 5.27 中的 l_4、l_5、l_6；

t_a——拐点后各测点的声时（μs），对应图 5.27 中的 t_4、t_5、t_6；

a_1、b_1——回归系数，即图 5.27 中损伤混凝土直线的截距与斜率；

a_2、b_2——回归系数，即图 5.27 中未损伤混凝土直线的截距与斜率。

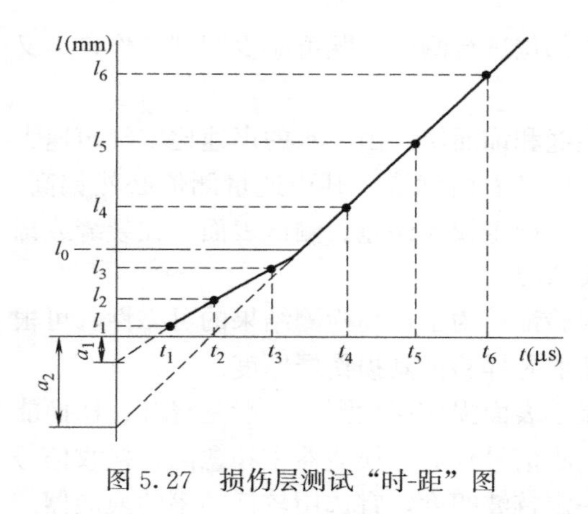

图 5.27　损伤层测试“时-距”图

3）损伤层厚度计算

两条直线的交点对应的测距：
$$l_o=(a_1b_2-a_2b_1)/(b_2-b_1) \tag{5.50}$$

损伤层厚度：
$$h_f=l_o/2\sqrt{(b_2-b_1)/(b_2+b_1)} \tag{5.51}$$

由图 5.26 可知，采用平测法测量损伤层厚度时，测点的布置数量是非常有限的。在采用数学回归处理的场合，拐点前后的测点数量似乎是偏少的，尤其是拐点前后的测点，当表面损伤层不深时，拐点前恐怕有时只能是 1～2 个测点（《超声法检测混凝土缺陷技术规程》CECS 21—2000 在“量测空声声速进行声时计量校验”中规定：用于回归的测点数应不少于 10 个）。仅用拐点前后的少数几个测点计算回归直线方程，往往会由于个别量测数据误差产生的“跷跷板”的效应，直线方程斜率差异造成的量测随机误差会特别大。规程中超声法测试表现损伤层厚度的方法已经流行了许多年，但依据少数几个测点回归声速值计算的表面损伤层厚度的测试精度不得而知。

5.3.3　混凝土均质性测试

1. 概述

均质性测试，是对整个结构物或同一批构件的混凝土质量的均匀性进行检验。混凝土均质性测试的传统方法，是在浇筑混凝土的同时，现场取样制作混凝土标准试块，以其破坏强度的统计值来评价混凝土的均质性水平。这种方法存在以下局限性：试块的数量有限；几何尺寸、浇筑养护方法与结构不同；混凝土硬化条件与结构存在差异。可以说标准试块的强度很难全面反映结构混凝土的质量情况。

超声法是直接在结构上进行全面测试，虽然测试精度不太高，但其数据代表性较强，因此用该法测试混凝土的均质性具有一定实际意义。国际标准及国际材料和结构实验室协会都认为用超声法测试混凝土的均质性是一种较为有效的方法。

2. 测试方法

一般采用厚度振动式换能器进行穿透对测法测试结构混凝土的均质性，要求被测结构应具备一对相互平行的测试表面，并保持平整、干净。先在两个相互平行的表面分别画出等间距网格，并编上对应的测点序号，网格间距大小由结构类型和测试要求确定，一般为200～500 mm，对于断面尺寸较小、质量要求较高的结构，测点间距可小一些；对尺寸较大的大体积混凝土，测点间距可取大一些。

测试时，应使 T、R 换能器在对应的一对测点上保持良好耦合状态，逐点读取声时 t_i。超声测距量测，可根据构件实际情况确定，若各点测距完全一致，可在被测构件的不同部位量测几次，取其平均数作为该构件的超声测距值 l。当各测点的测距不相同时，应分别进行量测。如条件许可，最好采用专用工具逐点量测 l_i 值。

3. 数据处理与分析

为了比较或评价混凝土质量均匀性的优劣，需要应用数理统计学中两个特征值、标准差和离差系数。在数理统计中，常用标准差来判断一组观测值的波动情况或比较几组量测过程的准确程度。但标准差只能反映一组观测值的波动情况，要比较几组量测过程的准确程度，则概念不够明确，没有统一的基准，缺乏可对比性。例如，有两批混凝土构件，分别量测混凝土强度的平均值为 20MPa 和 45MPa，标准差为 4MPa 和 5MPa，仅从标准差来看，前者的强度均匀性较好，其实不然，若以标准差除以平均值，则分别为 0.2 和 0.11，实际上是后者的强度均匀性较好。所以人们除了用标准差以外，还常采用离差系数来反映一组或比较几组观测数据的离散程度。

1）混凝土的声速值计算

$$v_i = l_i / t_i \tag{5.52}$$

式中 v_i——第 i 点混凝土声速值（km/s）；

l_i——第 i 点超声测距值（mm）；

t_i——扣除初读数 t_0 后的第 i 点测读声时值（μs）。

2）混凝土声速的平均值、标准差及离差系数按下列公式计算：

$$m_v = 1/n \sum v_i \tag{5.53}$$

$$S_v = \sqrt{\left(\sum_{i=1}^{n} v_i^2 - n m_v^2\right) / (n-1)} \tag{5.54}$$

$$C_v = S_v / m_v \tag{5.55}$$

式中 m_v——混凝土声速平均值（km/s）；

S_v——混凝土声速的标准差（km/s）；

C_v——混凝土声速的离差系数；

n——测点数。

由于混凝土的强度与其声速之间存在较密切的相互关系，混凝土各测点声速值的波动，基本反映了混凝土强度质量的波动情况。因此，可直接用混凝土声速的标准差（S_v）和离差系数（C_v）来分析比较相同测距的同类混凝土质量均匀性优劣。

但是，由于混凝土声速与强度之间存在的相互关系并非线性，所以直接用声速的标准差和离差系数，与现行验收规范以标准试块 28d 抗压强度的标准差和离差系数，不属于同一量值，因此如果事先建立有混凝土强度与声速的相关曲线，最好将测点声速值换算成混凝土强度值，并进行强度平均值、标准差和离差系数计算，再用混凝土强度的标准差和离差系数来评价同一批混凝土的均质性等级。

5.4 岩体声波测试技术

5.4.1 岩体声波测试概述

在岩体中传播的声速是机械波。由于其作用力的量级所引起的变形在线性范围内，符合胡克定律，也可称其为弹性波。岩体声波测试（Rock Mass Sound Wave Detecting）所使用的波动频率从几百赫兹到50kHz（现场岩体原位测试）及100～1000kHz（岩体样品测试），覆盖了声频到超声频频段，但在检测声学领域中，简称其为“声波检测”。应提及的是，这里所阐述的声波测试还包含一些被动声波测试，即不需要振源的地声测试技术概述。

1. 声波测试进展概述

我国岩体声波测试技术的应用研究，是在20世纪60年代中期开始的。它的起步借鉴了金属超声测试和水声测试技术，从仪器研发、换能器的仿制到研制、现场原位测试及室内试件测试方法的研究，经历了近40载，是在一代科研工作者多学科群体的努力下完成的。

截至目前，测试仪器由第一代电子管式、第二代晶体管式、第三代小规模集成电路式，发展到现今的第四代，即由声波发射电路、大规模集成电路的数据采集系统、计算机嵌入式主板、操作系统软件、信号分析处理软件等组成，成为具有一定智能分析功能的声波测试分析仪，换能器多达10余个品种。同时，由纵波测试应用发展到横波测试；由声学参量声时的应用，发展到波幅、频率的应用。

目前，声波测试技术已纳入了不同行业的多个规程、规范，说明该项目技术的发展日趋成熟。

2. 声波测试常用频率

岩体声波测试随测试目的、测试距离的不同，应用不同频率的振源，表5.8列举了声波测试的常用频率。

不同频率振源的测试目的、测试距离 **表5.8**

测试目的	所选振源	振源频率(kHz)	测试距离(m)	备注
大距离测试岩体完整性	锤击振源	0.5～5.0	1～50	
垮孔测试岩体溶洞、软弱结构面	电火花振源	0.5～8.0	1～50	
岩体松动范围、风化壳划分评价	超声换能器	20～50	0.5～10	
岩体灌浆补强效果测试	超声换能器	20～50	1～10	
岩体动弹性力学参数、横波测试	换能器/锤击	20～50/0.5～5.0	0.5～10/1～50	
岩石试件纵波与横波声速测试、矿物岩石物性测试研究	超声换能器	100～1000	0.01～0.15	取决于岩石试件的尺寸
地质工程施工质量测试	换能器/锤击	20～50/0.5～5.0	0.5～10/1～50	

5.4.2 岩体声波测试仪器

声波测试（主动式）的全过程，可用图 5.28 所示的原理图展开阐述。目前，声波测试仪已基本数字化，现以数字化声波测试仪的发射、接收、数据采集及信号处理过程说明声波测试中各部分的作用及测试原理。

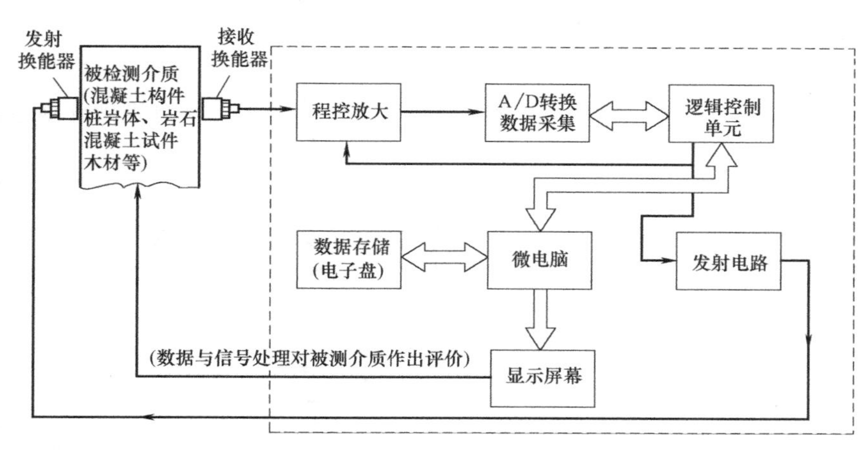

图 5.28　非金属数字化声波测试仪原理示意

1. 声波的发射

声波的发射方式有多种方式：

1）换能器发射：频率在 20～50kHz，发射的能量较小，频率高，透射距离在 10m 以内。

2）锤击振源：激励频率 0.5～8.0kHz，击振一致性不太好，对于坚硬完整致密的岩体，可穿透百米。

3）电火花振源：击振频率 0.5～8.0kHz，在红色砂岩中的穿透距离达 50m 以上，回填土穿越距离达 30m。

4）其他振源：有近期开发的超磁致伸缩振源，和锤击、电火花振源，它们同为单次瞬态激励振源，在数字化声波仪已广泛应用的今天，都是可以使用的大穿透距离振源。

上述 2）～4）项单次击振振源，需要超声波测试仪器提供“外触发”功能，以便在击振时仪器可同步采集数据。

2. 声波的接收

传统的声波仪多使用压电型接收换能器，利用压电效应将经岩体传播后的声波信号转换成电信号，这些信号携带了岩体的物理力学及地质信息。

3. 放大及数据采集

当今国产性能的声波测试仪，在将波形显示在屏幕上的同时，可将接收信号的首波波幅及首波的到达时间（即声时）自动加以判读，同时显示其数值。对接收到的波形、波幅、声时等可随时存入电脑硬盘（或电子盘、储存卡），做下一步的分析处理。上述声波信息可在专用的数据和信息处理软件的支持下，对被测介质作出评价。

4. 被动式声波测试

岩体中的声发射信号、滑坡体蠕动产生的摩擦声信号统称为“地声信号”。这些信号的接收过程与图 5.28 所示基本相同，只不过它没有声波发射系统，但接收是多通道的（三个以上），故称之为被动式声波测试。另一个重要的不同点是：它需要计时系统，记录出现地声的时刻，同时需对地声脉冲信号的主频、波幅量化处理后，存储、记录，统计出地声试件出现的频率。它必将长时间连续工作，提供不间断的观测记录。地声监测是地质灾害的勘察手段之一，是研究地质灾害发展规律的重要手段。

5.4.3 岩体声波测试方法

根据测试对象与目的的不同，声波测试的常用方法也不同，将分别展开阐述：

1. 对测法

工程场地的岩体如需测试内部结构、缺陷、完整性、力学性能，而又有外露的两个测试面，可采用对测法（图 5.29）。对测法多用于岩石试块、地下硐室、隧道、金属矿山的矿柱等的纵波声速测试。岩石样品的横波声速测试方法如图 5.30 所示，横波测试要使用横波换能器，采用多层平整的铝箔进行横波耦合。

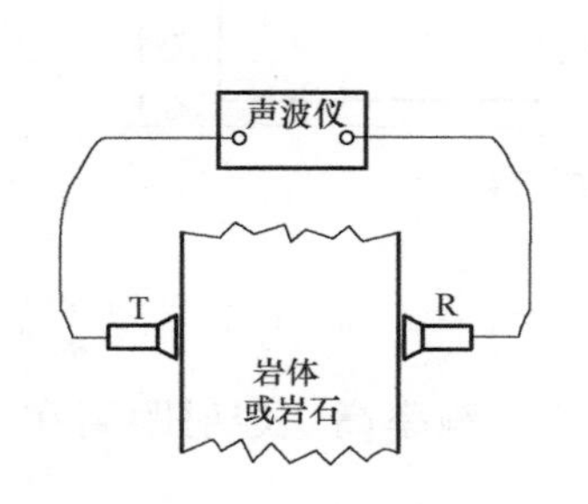

图 5.29 表面对测
（T 为发射换能器，R 为接收换能器）

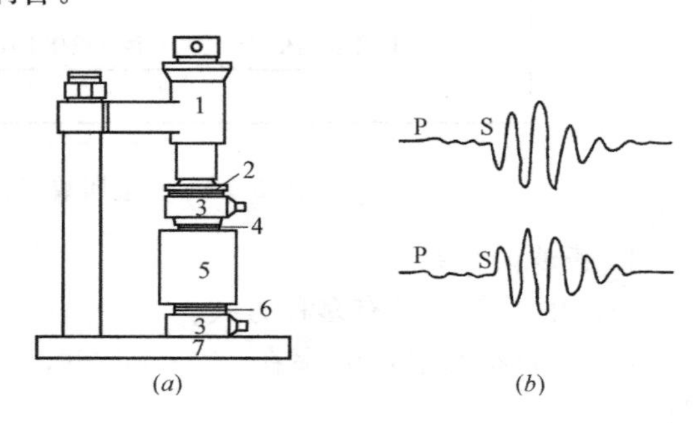

图 5.30 岩样横波测试方法
（a）横波换能器耦合示意；（b）横波波形示意图
1—加压装置；2—球面传压板；3—横波换能器；
4—铝箔；5—岩石试样；6—铝箔；7—底座
P—纵波；S—横波

岩石试件的测试使用对测法。使用纵波换能器测取纵波声速；使用横波换能器测取横波声速，横波测试不可使用黄油、凡士林一类的耦合剂，应使用多层平整的铝箔来耦合，才能使发射换能器的横波传入岩石，再由岩石传给接收换能器。

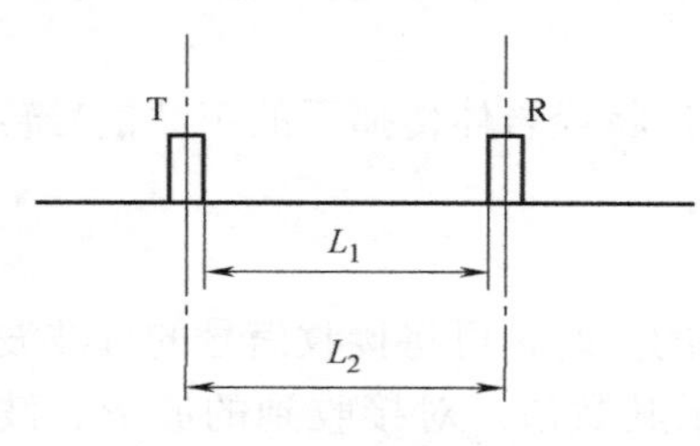

图 5.31 表面平测法

2. 平测法

当只有一个测试面，如隧道边墙、边坡、待浇筑混凝土的坝基岩体表面等，可采用平面测试法（图 5.31）。

但是，图 5.31 的测试存在一定问题，即换能器的间距是边到边的距离 L_1，还是换能器轴线间的距离 L_2，实际两者都不是，而是 L_2 与 L_1 之间的距离。在并不需要精确测试的情况下，考虑到换能器辐射面的直径在 40mm 左右，平测法的测距一般又约 500mm 左右，笔者认为对于非均质的岩体选取哪一个距离，问题都不大，也就是带来一点系统误差而已，不必过于计较，但距离的选测方法要一致。

3. 时距曲线法测纵波声速

如果我们一定要精确量测岩体声速，可用如图5.32所示的时—距测试法。发射换能器T固定不动，接收换能器R依次移动距离L，量测3～5个点，通过二元线性回归，在图5.32（b）中选取ΔL及Δt可计算出声速：$V_P=\Delta L/\Delta t$。

上述计算可由二元线性回归，直接计算出声速，也可使用软件Excel实现。

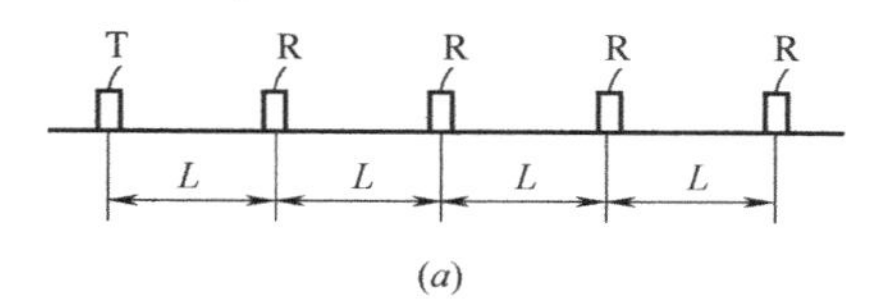

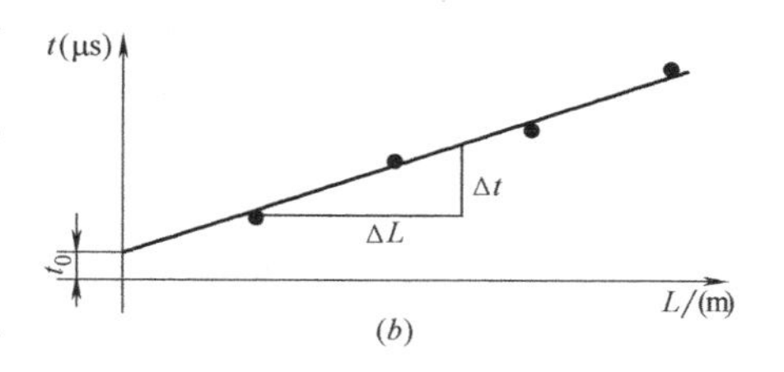

图5.32 时—距曲线法测声速

（a）换能器的测试布置；（b）绘制的时—距曲线

4. 时—距曲线法测横波声速

测试方法如图5.33所示，该方法利用朗芝万换能器T的径向振动，在岩体表面产生向侧面传播的纵波，而换能器轴向振动在岩体表面产生向侧面传播的横波。当发收距拉大到一定距离后，纵波与横波开始分离，如图5.33中的接收换能器R_6，不仅观测到横波还能看到面波。

图5.33是在混凝土模型上测试的结果，可见，纵波相同轴PP′的斜率计算的纵波声速$V_P=4500$m/s、横波的同相轴SS′的斜率计算的横波声速$V_s=2670$m/s、面波的同相轴RR′的斜率计算的面波声速$V_R=2460$m/s。说明时—距曲线法量测横波声速是有效的。

5. 锤击大距离测试

实践证实，声波测试即便使用10kHz换能器用于岩体表面平测法，其测试距离也是很有限的，特别是裂隙发育的岩体。于是兴起采用锤击作为振源，运用压电换能器和声波仪接收采集信号，如图5.34所示，其测试距离L可达1～50m。

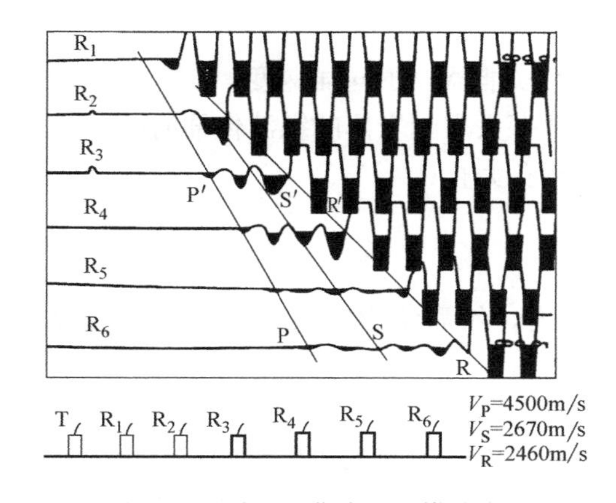

图5.33 时—距曲线法测横波声速

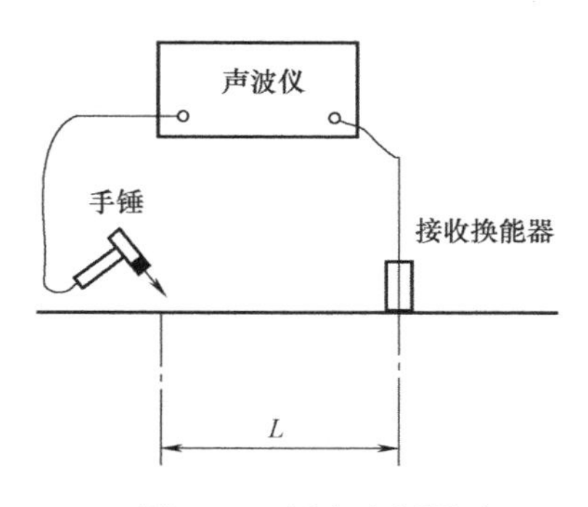

图5.34 锤击击振测试

下面介绍一个利用声波测试原理，获取围岩松动圈范围的现场应用实例。

结合相关专业知识，我们了解到硐室围岩处在不同的应力状态之中，在应力作用下，硐室围岩的动弹性模量、动泊松比以及密度值都会有所变化，三个参数值的改变致使岩体中的纵波波速也随之发生改变。同时，硐室围岩处于高应力作用区，声波在高应力围岩中的传播速度相对较大，相反，在应力松弛的低应力区，声波波速相对降低。依据上述原理，开展对硐室围岩的声波波速测试，再结合具体的工程地质条件，对测得的围岩纵波波速进行分析，确定围岩是否松动，松动范围如何。

1）测试准备

首先选择岩性、岩体结构、岩体工程地质性质及风化状况有代表性的不同硐段，然后在硐室的横剖面方向打一组 $\phi40$ 的钻孔，分布在边墙、顶拱和拱角等部位。每个测点可打 2～3 个测孔（若岩性完整，可打 2 个测孔；若岩性及结构面具方向性时，打 3 个测孔）。3 个测孔一般以直角三角形分布，以便试验不同方向上的波速。为计算方便，测孔尽量平行。测孔距离可视岩体完整情况决定，完整的可相距 1～2m，破碎者可为 0.5～1.0m。每个测量剖面一般钻打 10～15 个测孔，当跨度较大（例如大于 10m）时可适当增加测孔数量。测孔深度应根据硐室围岩的岩性、完整程度、地应力大小、硐室断面等因素而定，一般应深入到岩体的天然应力区内一段距离。最后，向试孔内注水，直至注满试孔为止（图 5.35）。

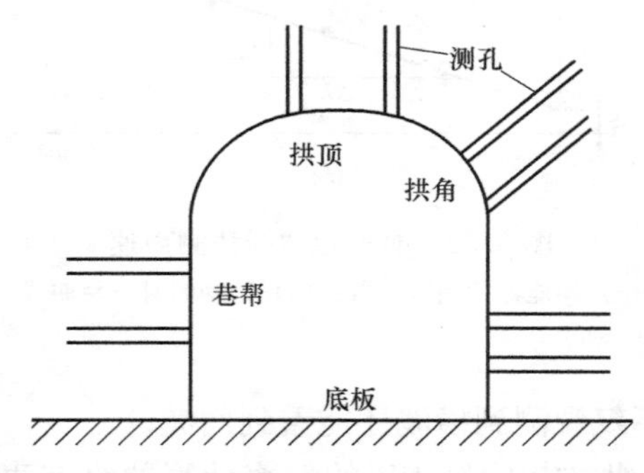

图 5.35　松动圈声波试验测控布置示意图

2）测试步骤

（1）测量钻孔孔口之间的距离。钻孔注水，作为探头与岩体间的耦合剂；

（2）根据岩体地质情况和岩性，决定采用的换能器频率；

（3）开机预热；

（4）设置仪器参数，如激发方式、通道号、采样频率、延迟时间等；

（5）设置试验参数，如钻孔深度、孔口、孔底坐标、起始深度、移动间隔等；

（6）零时校正；

（7）把接收和发射换能器置于测孔孔底，并使两换能器放于同样深度；

（8）读出起始信号到初至波的时标读数，即为两探头之间岩体的纵波传播时间；

（9）依次把两换能器同时外挪，直到测完整个测孔为止；

（10）数据存盘，做下一个钻孔。

3）测试数据处理

根据实测数据，计算出各测孔中测点的纵波速度，然后绘出纵波速度与测点深度 L 的关系曲线，即所谓纵波速度-测点深度曲线。

以下将对常见纵波速度-测点深度曲线的类型与含义进行阐述。

第一种类型曲线：此类曲线的纵波速度随着测孔深度的增加基本保持不变，接近未开挖前岩体的波速。这说明岩体的完整性受开挖爆破和应力集中影响较小，可以认为围岩在弹性变形范围内没有塑性破坏区，如图 5.36（*a*）所示。

第二种类型曲线：此类曲线前部波速较低，随着深度的增加，其波速也随之增加。当波速增加到某一值后，不再有明显增加，如图 5.36（*b*）所示。这种曲线说明，岩体靠近硐壁附近完整性降低，出现塑性破坏区，将图中 A 点的深度定为松动圈厚度。

第三种类型曲线：此类曲线前部波速较高，随着试验深度的增加，波速降低，而后逐渐趋于稳定，如图 5.36（*c*）所示。这种曲线说明，靠近硐壁的围岩为弹性变形，没有塑

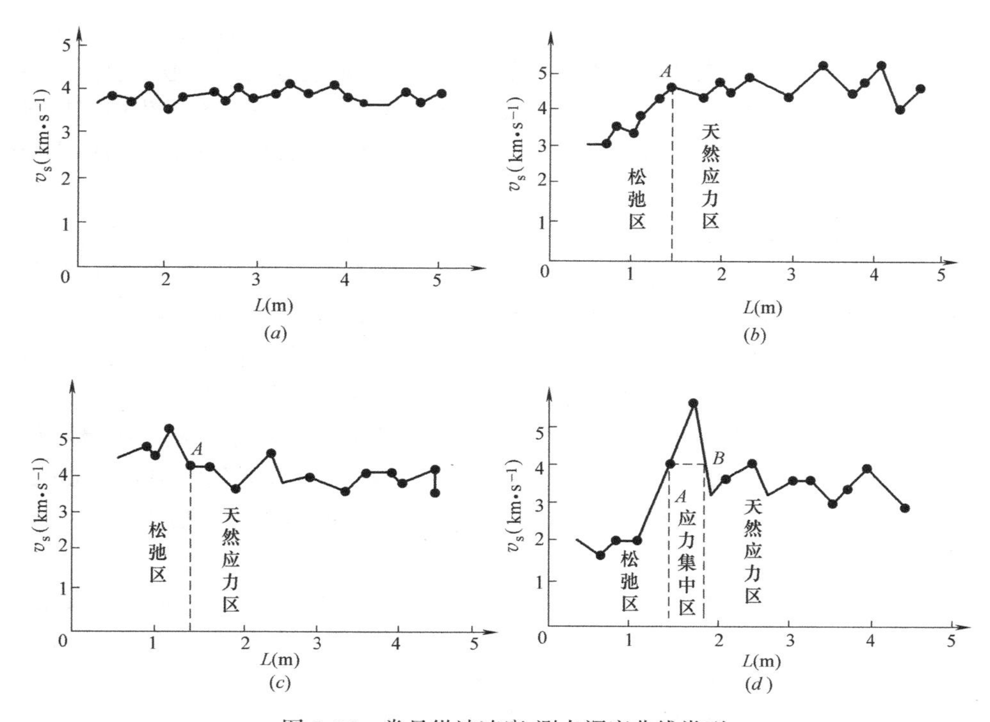

图 5.36　常见纵波速度-测点深度曲线类型

(*a*) 第一类曲线；(*b*) 第二类曲线；(*c*) 第三类曲线；(*d*) 第四类曲线

性破坏区。图中 *A* 点为硐室围岩应力集中区与天然应力区的分界。

第四种类型曲线：此类曲线前部波速较低，随着点深度的增加，波速也增加。当增加到一定值时，波速反而逐渐降低，然后趋于定值，如图 5.36（*d*）所示。这类曲线说明，硐壁围岩出现了塑性破坏区，*A* 点所对应的深度为松动圈厚度，*A* 点以后为围岩的弹性变形区，只不过 *A*、*B* 间为应力增高区，*B* 点以后接近天然应力区。

综上所述，声波法是围岩松动圈测试技术中最常用的一种方法，通过钻孔测出距离围岩表面不同深度的岩体波速值，作出"波速—孔深曲线"并加以分析，来判定围岩的松动范围。声波在岩体中的传播速度与岩体的裂隙程度及受力状态有关，测得的声波波速高，则说明围岩完整性好；波速低说明围岩存在裂隙破坏。

5.5　声发射测试技术

5.5.1　声发射技术概述

当材料受到力的作用产生变形或断裂时，或者构件在受力状态下使用时，以弹性波形式释放出应变能的现象称为声发射（Acoustic Emission，简称 AE）。这是一种常见的物理现象，如果释放的应变能足够大，就会发射出可以听得见的声音。金属变形或断裂也有声发射，如弯曲锡片时，会听见噼啪声。在进行金属材料的断裂韧性试验时，当裂纹由稳定扩展进入失稳扩展时，可听到爆音。实际上，在裂纹稳定扩展时，也有声发射，只是发声的强度低或频率在可听的范围以外而已。除金属材料受力变形或断裂会产生声发射外，当岩石、混凝土受力变形时，其中原来存在的裂缝或新产生的裂缝的周围地区应力集中，应变能较高，当外力增加到一定大小时，在有裂纹的这样的缺陷地区就会发生微观屈服或变形，裂缝扩展，从而使得应力弛豫，贮藏的一部分能量将以弹性波（声波）的形式释放出来，这也是声发射现象。

现代声发射技术的开始以 Kaiser 20 世纪 50 年代初在德国所做的研究工作为标志。他观察到铜、锌、铝、铅、锡、黄铜、铸铁和钢等金属和合金在形变过程中都有声发射现象。其中，最有意义的发现是材料形变声发射的不可逆效应，即："材料被重新加载期间，在应力值达到上次加载最大应力之前不产生声发射信号。"现在人们称材料的这种不可逆现象为"Kaiser 效应"。Kaiser 同时提出了连续型和突发型声发射信号的概念。

20 世纪 50 年代末和 60 年代，美国和日本许多工作者在实验室中做了大量工作，研究了各种材料声发射源的物理机制，并初步应用于工程材料的无损检测领域。Dunegan 首次将声发射技术应用于压力容器的检测。美国于 1967 年成立了声发射工作组，日本于 1969 年成立了声发射协会。

声发射是材料受力或其他作用后，当某个局部点上的应变超过弹性极限，发生位错、滑移、相变、压碎或微裂缝等，被释放出来的动能而形成弹性应力波。这种应力波虽然振幅很小，但能在材料中传播，可由紧贴于材料表面的传感器接收到。

声发射技术与其他无损检测方法相比，具有两个基本差别：

1）检测动态缺陷，如缺陷扩展，而不是检测静态缺陷。

2）缺陷本身发出缺陷信息，而不是用外部输入对缺陷进行扫查。这种差别导致该技术具有以下优点和局限性。

1. 主要优点

1）对大型构件，可提供整体或范围内快速检测。只要布置好足够数量的传感器，经一次加载或实验过程，就可以确定缺陷的部位，从而易于提高检测效率。

2）可提供缺陷随载荷、时间、温度等外变量而变化的实时或连续信息，因而适用于工业过程在线监控及早期或临近破坏预报。

3）适于其他方法难于或不能接近环境下的检测，如高低温、核辐射、易燃、易爆及极毒等环境。

4）适于检测其他方法受到限制的形状复杂的构件。

2. 主要局限性

1）声发射特性对材料甚为敏感，又易受到机电噪声的干扰，因而，对数据的正确解释要有更为丰富的数据库和现场检测经验。

2）多数情况下，可利用现成的加载条件，但有时还需要特殊准备。由于声发射的不可逆性，实验过程的声发射信号不可能通过多次加载重复获得，因此，不可因人为疏忽而造成宝贵数据的丢失。

3）所发现缺陷的定性定量，仍需依赖于其他无损检测方法。

现阶段声发射技术主要用于：其他方法难以或不能适用的对象与环境；重要构件的综合评价；与安全性和经济性关系重大的对象。

因此，声发射技术不是替代传统的方法，而是一种新的补充手段。

5.5.2 声发射测试原理

1. 声发射源

声发射源主要有：材料塑性变形和位错运动；裂纹的形成与扩展。声发射的发生要具有两个条件：第一，材料要受外载作用；第二，材料内部结构或缺陷要发生变化。对于材料的微观形变和开裂以及裂纹的发生和发展，就可以利用声发射来提供它们的动态信息。声发射源往往是材料灾难性的发源地。由于声发射现象往往在材料破坏之前就会出现，因此只要及时捕捉这些 AE 信息，根据 AE 特征及其发射强度，不仅可以推知声发射源的目前状态，还可以知道它形成的历史，并预报其发展趋势（图 5.37）。

声发射测试的主要目的包括：确定声发射源的部位、分析声发射源的性质、确定声发射发生的时间或载荷，以及评定声发射源的严重性。

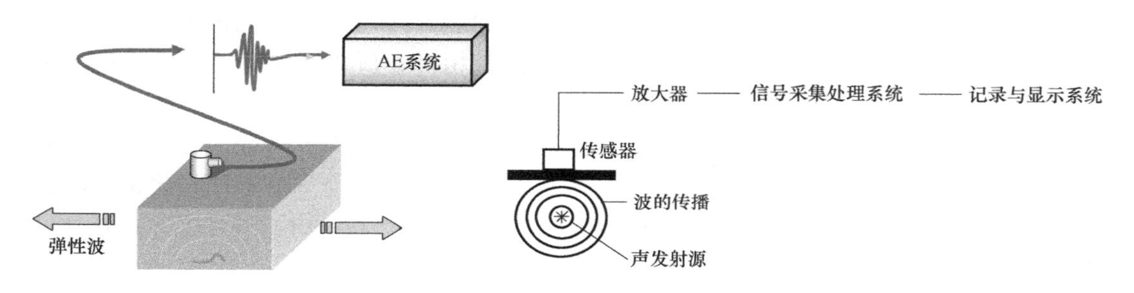

图 5.37 声发射测试示意图

2. 凯塞效应

材料的受载历史，对重复加载声发射特性有重要影响。重复载荷到达原先所加最大载荷以前不发生明显声发射，这种声发射不可逆性质称为凯塞效应（Kaiser），如图 5.38 所示。多数金属材料中，可观察到明显的凯塞效应。基于这一原理，有可能利用它对结构的受载历史作出判断，例如：在役构建的新生裂纹的定期过载声发射测试、岩体等原先所受最大应力的推定、疲劳裂纹起始与扩展声发射测试、通过预载措施消除夹杂的噪声干扰、加载过程中常见的可逆性摩擦噪声的鉴别等。

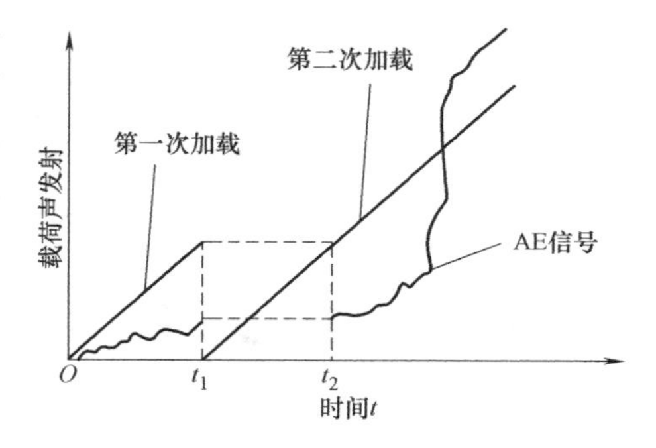

图 5.38 Kaiser 效应示意图

但在重复加载前，如果材料产生新裂纹，或其他可逆的声发射机制，则凯塞效应将会消失。

3. 费利西蒂效应与费利西蒂比

材料重复加载时，重复载荷到达原先所加最大载荷前发生明显声发射的现象，称为费利西蒂效应（Felicity），也可认为是反凯塞效应。重复加载时的声发射起始载荷 P_{AE} 对原先所加最大载荷 P_{max} 之比 P_{AE}/P_{max}，称为费利西蒂比。因此，费利西蒂效应是凯塞效应的补充，而费利西蒂比是凯塞效应失效程度的量度。

判定费利西蒂效应发生的关键是如何界定“明显”声发射现象，美国增强塑料声发射监测委员会（CARP）推荐的规范提出了三项判定“明显”声发射开始的指导性准则：

1）当负载增加 10%时，声发射超过 5 个事件计数。

2）当负载增加 10%时，声发射多于 20 个振铃计数。

3）在恒定荷载下的持续声发射。

我国航天业标准《复合材料结构件声发射检测方法》QJ 2914—1997 提出的确定二次加载声发射起始载荷的判据为：

1）在恒载 1min 周期内事件数不小于 5。

2）在 10%的载荷增量中事件计数不小于 10。

费利西蒂比对纤维增强复合材料的声发射是一个重要的技术参数。对纤维增强复合材料来说，第二次施加应力时应力在工件内可能重新分布，某些地方有新的变形和裂缝扩展，声发射将会提前出现。而影响费利西蒂比的变量很多，包括加载和卸载速率、峰值载荷的时间、加载周期之间的时间、加载过程中的应力状态、声发射系统的灵敏度、声发射源的机制、检测或等待（加载周期之间）环境，以及相对于预期最大强度的验证载荷的级别。

同时，费利西蒂比作为一种定量参数，也能够较好地反映材料中原先所受损伤或结构缺陷的严重程度，已成为缺陷严重性的重要评定判据。一般情况下，费利西蒂比越小，表示原先所受损伤或结构缺陷越严重。树脂复合材料等黏弹性材料，由于具有应变对应力的迟后效应而使其应用更为有效。

费利西蒂比大于 1 表示凯塞效应成立，而小于 1 则表示处在费利西蒂效应域里。一些复合材料构件中，将费利西蒂比小于 0.95 作为声发射源超标的重要判据。

5.5.3 声发射测试方法

1. 声发射信号的基本特征

声发射是物体受到外部条件作用使其状态发生改变而释放出来的一种瞬时弹性波。其波形可分为连续型和突发型两类（图 5.39）。

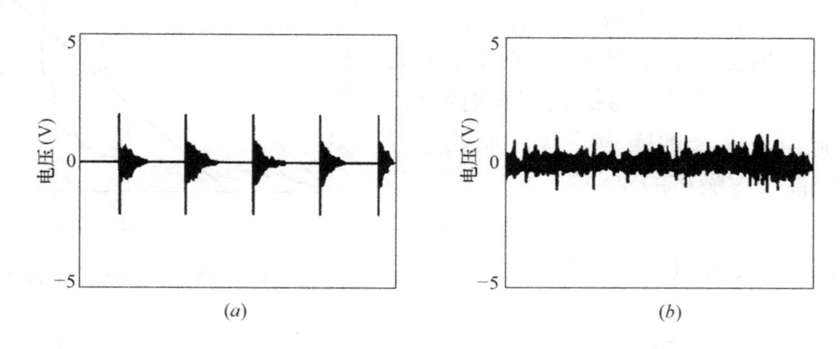

图 5.39 声发射信号的典型波型

（a）突发型；（b）连续型

充压系统的泄漏、材料屈服的过程、液压机械和旋转机械的噪声等都是连续型声发射信号。连续型信号的特点是波幅并无大幅度起伏，发射频度高但能量小。

金属、复合材料、地质材料等裂纹的产生和扩散及材料受到冲击作用都会产生突发型声发射信号，其表现为脉冲波形，脉冲的峰值可能很大但衰减很快。

需要指出，把声发射信号分为连续型和突发型并不是绝对的，当突发型信号的频度大时，其形式类似于连续型。另外，实际测得的声发射信号非常复杂，可能是两类基本信号复合的结果。实验表明，声发射信号通常有如下一些特征：

1）声发射信号是上升时间很短的振荡脉冲信号，上升时间约为 10^{-8}～10^{-4}s，信号的重复速度很高。

2）声发射信号有很宽的频率范围，通常从次声频到 30MHz。

3）声发射信号一般是不可逆的，就是说声发射信号具有不重现性。

4）声发射信号的产生不仅与外部因素有关，而且与材料的内部结构有关。由于影响因素复杂，致使声发射信号具有随机性，即对同一类试件在同一条件下进行观测，所得数据的分布范围可能差异较大。

5）声发射信号的机理各式各样，且频率范围很宽，使声发射信号具有一定的模糊性。

声发射信号的上述特性主要由材料强度、应变速率、晶体结构、温度等决定。

2. 声发射信号的表征参数

单个声发射信号及其表征参数如图 5.40 所示，声发射信号的表征参数主要有声发射事件、声发射振幅值、事件持续时间、上升时间等。

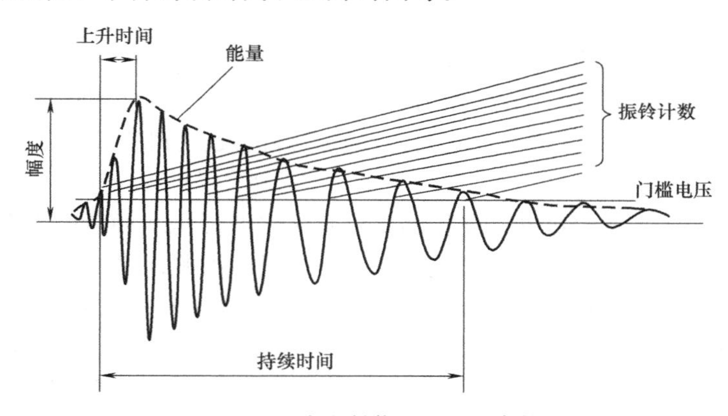

图 5.40　声发射信号的表征参数

1）撞击：超过门槛并使某一个通道获取数据的任何信号称之为一个撞击。它反映了声发射活动的总量和频度，常用于声发射活动性评价。

2）事件：一个声发射脉冲激发声发射传感器所形成的一个完整振荡波形，称为一个声发射事件，图 5.40 就是一个声发射事件。单个 AE 事件的持续时间很短，通常在 0.01～100μm 范围内。

3）计数：超过门槛信号的振荡次数，用于声发射活动性评价。

4）能量：信号检波包络线下的面积，反映信号的强度。

5）振幅值：一个完整的 AE 振荡波形中的最大幅值称为声发射振幅值。该振幅值反映了 AE 事件释放能量的大小。

6）持续时间：一个 AE 事件所经历的时间叫事件持续时间。通常用振荡曲线与门槛值的第一个交点到最后一个交点所经历的时间来表示。门槛值有固定和浮动两种。事件持续时间的长短反映了声发射事件规模的大小。

7）上升时间：振荡曲线与门槛值的第一个交点到最大幅值所经历的时间称 AE 信号的上升时间。声发射信号的上升时间一般在几十到几百毫微秒范围内。上升时间的大小反映了 AE 事件的突发程度。

声发射振幅、事件持续时间和上升时间三个参数从不同角度描绘了一个 AE 事件，如果测得这三个参数，就可以知道某 AE 事件的大致规模。

3. *声发射信号的测试与处理*

声发射信号测试过程如图 5.41 所示。

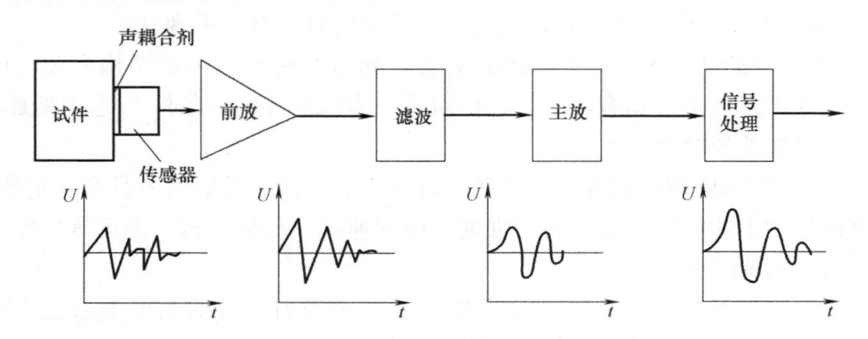

图 5.41　声发射信号测试过程

传感器用来接收 AE 信号；前置放大器对传感器输出的微弱信号（有时只有几十微伏）进行放大以实现阻抗匹配；滤波器用来选择合适的频率窗口以消除噪声的影响；主放大器对滤波后的声发射信号作进一步放大，以便进行记录、分析和处理。声发射信号的处理方法通常有以下几种。

1）振铃法：一个声发射脉冲激发传感器，其输出波形是一种急剧上升然后又按指数衰减，犹如振铃信息那样，“振铃（ringdown）”之意即由此而来。对记录到的声发射信号中超越门槛值的峰值数进行计数，这种方法称为振铃法（图 5.42）。

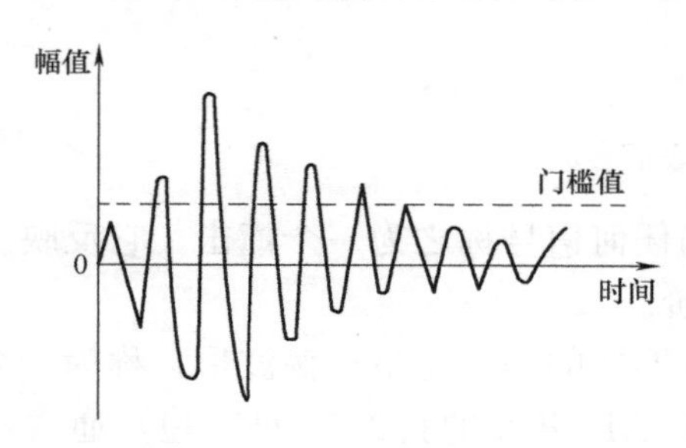

图 5.42　振铃法计数示意图

由图 5.42 可以看出，图示的声发射信号超越门槛值的峰值数为 5，故它的声发射计数值 $N=5$。

振铃法是处理声发射信号方法中最简单的一种。由于该方法简单，容易实现，因此被广泛应用，特别是用于疲劳裂纹扩展规律的研究，以建立声发射活动与裂纹扩展之间的某种关系。从方法本身来看，在给定的门槛值条件下，随着声发射事件的增大，由该事件中得到的计数值 N 也增大。因此可以说此种方法对较大事件有某些加权作用，虽然不是直接的度量，但却可以间接地反映声发射的大小。

应该指出，用振铃法获得的计数值与门槛值的大小有关，因此在试验中或在整理实验数据时必须注意到门槛值这个条件。

用振铃法获得的声发射数据中，除了上述的计数值 N 外，还采用单位时间的计数值，即用计数率来表示。这一数据可以间接地反映发生声发射的频繁程度。

2）事件法：事件法是指将一次声发射造成的一个完整的传感器振荡输出视为一次事

件。其处理数据用事件数或单位时间的事件数（即事件率）来表示。

事件法着重于事件的个数，不注重声发射信号振幅的大小。因此，该法在解释声发射信息方面有很大的局限性，通常情况下很少单独使用，它常与振铃法联用，这样可以反映出不同试验阶段声发射规模的相对大小程度。

3）能量分析法：能量分析法直接度量传感器中振幅（或有效值）和信号的持续时间，反映了声发射能量的特性。图 5.43 给出了能量量测的示意图。

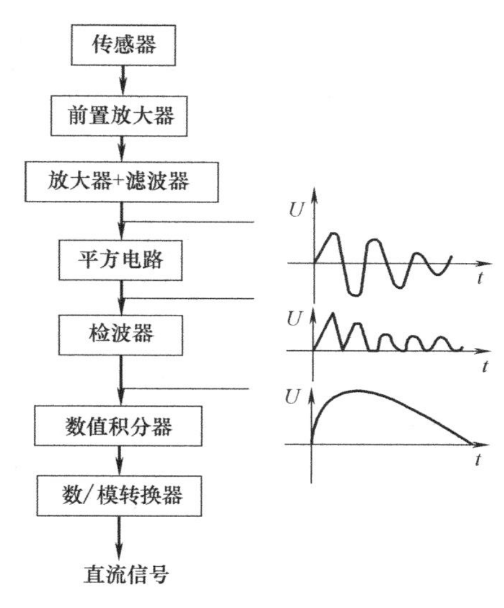

图 5.43　能量量测图

能量分析法通常以能量值和能量率两种数据形式给出。能量值是指在给定的量测时间间隔范围内所量测到的能量大小；能量率则为单位时间的能量值。

在裂纹开裂过程的研究中发现，能量分析法比振铃法更能反映裂纹开裂特征。

4）振幅分布分析法：在许多研究中更广泛使用振幅分布分析法，这是一种基于统计概念基础上的方法。所谓振幅分布分析法就是按信号峰值的大小范围分别对声发射信号进行事件计数。由于计数的方式不同，产生了两种不同的统计分析方法：事件分级幅度分布法和事件累计幅度分布法。

（1）事件分级幅度分布法：将测得的声发射信号振幅的变化范围以线性或以对数的方法按一定规律分成若干个等级，每一等级有一定的振幅变化范围，然后对声发射事件按分类的等级进行计数。图 5.44 给出了这一方法的应用实例。

（2）事件累计幅度分布法：与事件分级幅度分布分析相类似，仍将声发射信号振幅的最大范围按一定的方式分为数个等级（或称振幅带），每一个等级中都有自己的最小振幅值 A_i。将振幅值超过 A_i 的各等级中事件数累加，得到累计事件计数 N，然后列出 N 随 A_i 的变化关系曲线，它在对数坐标中可画成一直线，如图 5.45 所示。

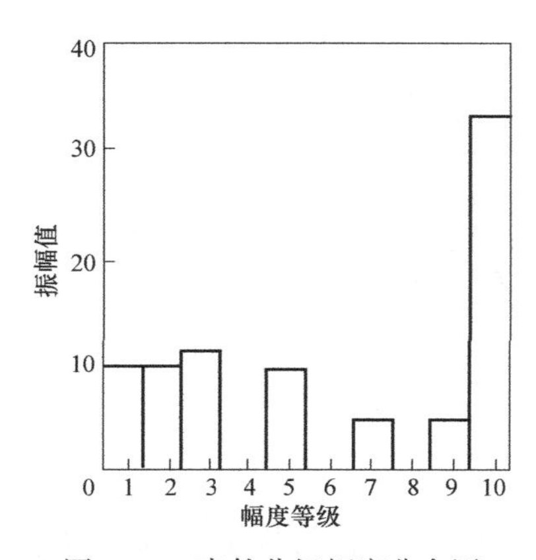

图 5.44　事件分级幅度分布图

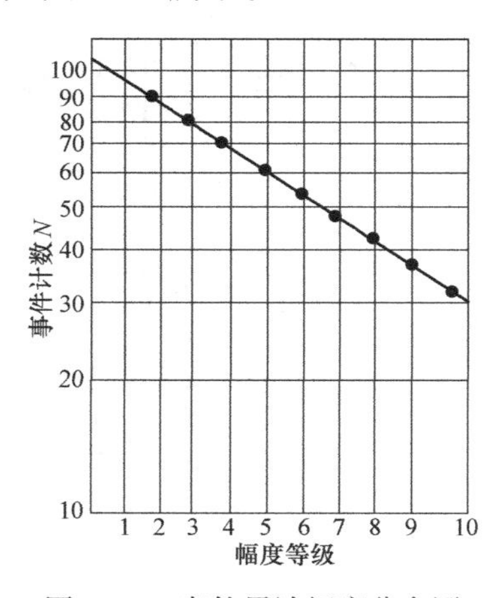

图 5.45　事件累计幅度分布图

振幅分布分析法是以振幅作为测量参数并进行统一分析的一种方法，它可以从能量角度来观察不同材料声发射特性的变化，或同种材料在各个不同阶段声发射特性的差异，这对于变化过程的机理研究极为有用。

5）频谱分析法

根据频谱分析法可知，任一瞬态信号，例如某一单一声发射事件，可以看成是大量稳态成分的叠加，可用时间域或频率域来表示此种信号。这两个域的变换可以用傅里叶积分来表示：

$$S(\omega)=\frac{1}{2\pi}\int_{-\infty}^{+\infty}G(t)e^{-j\omega t}\mathrm{d}t \tag{5.56}$$

式中 $G(t)$、$S(\omega)$——时间域和频率域内信号的幅值；

ω——$\omega=2\pi f$，f 为频率；

t——时间。

通常，函数 $G(t)$ 与信号的波形有关，而 $S(\omega)$ 与信号的频谱有关。频谱分析法就是通过量测各种频率成分来对声发射信号进行分析。

对声发射信号的测试与处理应考虑以下几点：

（1）要分析测试信号的类型。对连续型信号，能量参数最有物理意义；对突发型信号，振铃参数最为常用。

（2）能量参数对高幅值信号显得更有特色，但受到频率范围与动态范围的限制。

（3）在某种情况下，时间常数较小的快速峰值测试仪可给声发射活动以良好指示，其输出还可用来进行幅值分析。

5.5.4 声发射测试仪器

1. 声发射测试仪器的类型

声发射测试常用仪器如图 5.46 所示。仪器由信号接收（传感器）、信号处理（包括前置放大器、主放大器、滤波器及与各种处理方法相适应的仪器）和信号显示（各种参数显示装置）三部分组成。

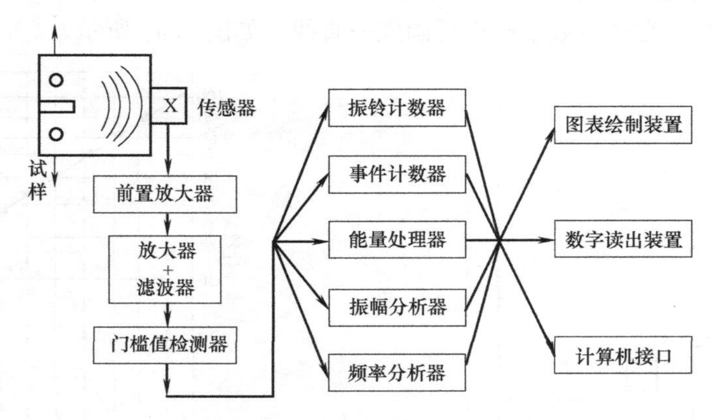

图 5.46 声发射测试常用仪器框图

传感器是声发射测试的一个重要环节，它将感受到声发射信息以电信号的形式输出，其输出值变化范围通常在 10^{-6}～1V。实践表明，大部分声发射传感器的输出值偏于上述范围较低一端。

前置放大器一方面进行阻抗变换，降低传感器的输出阻抗以减少信号的衰减，另一方面又提供20dB、40dB或60dB的增益，以提高抗干扰性能。前置放大器后设置带通滤波器，通常工作频率为100～300kHz，以便信号在进入主放大器前将大部分机械和电噪声除去。

主放大器最大增益可高达60dB，通常是可调的，调节增量为1dB。经前置放大和主放大以后，信号总的增益可达80～100dB。若原声发射信号是10μV，则经100dB的放大后可产生1V的电压输出。

门槛值测试器实际是一种幅度鉴别装置，它把低于门槛值的信号（大部分是噪声信号）遮蔽掉，而把大于门槛值的信号变成一种幅度的脉冲，供后面计数装置计数之用。

振铃计数器用来对门槛值测试器送来的脉冲信号进行计数，获得声发射的计数值。

实践计数器是将放大后的信号经平方电路检波，然后进行数值积分，便可得到反映声发射数量的数据。

振幅分析器由振幅探测仪和振幅分析仪组成。振幅探测仪用来测量声发射信号的振幅，它具有较宽的动态范围。振幅分析仪的功用是将声发射信号按幅度大小分成若干个振幅带，然后进行统计计数。按需要可给出事件分级幅度分布或事件累计幅度分布的数据。

频率分析器用来建立频率与幅度之间的关系。在采用频谱分析法处理声发射信息时，频率分析器只是整个信号处理系统中最后一个环节。由于测试的要求以及声发射本身的特性，进行频率分析时必须采用宽频带传感器（例如电容式传感器），并配有带宽达300 kHz的高速磁带记录仪或带宽高达3 MHz的录像仪，然后将记录到的声发射信号送入频率分析器进行分析，也可采用模/数转换器将声发射信号送入计算机进行分析处理。上述各个处理装置中获得的数据，可用数字图像进行显示或打印输出。各种声发射仪其特点与适用范围见表5.9。

声发射仪的类型、特点、适用范围　　表5.9

类型	特　点	适用范围
单(双)通道系统	(1)只有一个信号通道,功能单一,适于粗略测试,两个信号通道可能完成一维源定位功能; (2)多用模拟电路,处理速度快,适于实时指示; (3)多为测量计数或能量类简单参数,具有幅度及其分布等多参数测量和分析功能; (4)小型、机动、廉价	(1)实验室试样的粗略测试; (2)现场构件的局部监视; (3)管道、焊缝等采用两个信号通道进行一维的定位测试
多通道系统	(1)可扩展多达数十个通道,并具有二维源定位功能; (2)具有多参数分析、多种信号鉴别、实时或事后分析功能; (3)微机进行数据采集、分析、定位计算、存储和显示; (4)适于综合而精确分析	(1)金属材料方面的测试; (2)实验室和现场的开发及应用; (3)大型构件的结构完整性评价
全数字化系统	(1)可扩展多达几百个通道,并具有二维源定位功能; (2)具有多参数分析、多种信号鉴别、实时或事后分析功能; (3)采用DSP、FPGA等数字信号处理器件,具有分析、定位计算、存储和3D显示功能; (4)具有实时波形记录、频谱分析功能; (5)适于综合而精确分析	(1)进行材料的测试方法研究; (2)金属、岩石、混凝土等多种材料测试; (3)实验室和现场的开发及应用; (4)大型构件的结构完整性评价

续表

类型	特　点	适 用 范 围
工业专用系统	(1)多为小型、功能单一； (2)多为模拟电路，适于现场实时指示或报警； (3)价格为工业应用的重要因素	(1)刀具破损监视； (2)渗漏监视； (3)旋转机械异常监视； (4)电器件多余物冲击噪声监视； (5)固体推进剂药条燃速测量

2. 单通道声发射仪

单通道声发射仪，一般由传感器、前置放大器、主放大器、信号参数测量、数据分析、记录与显示等基本单元构成（图 5.47）。

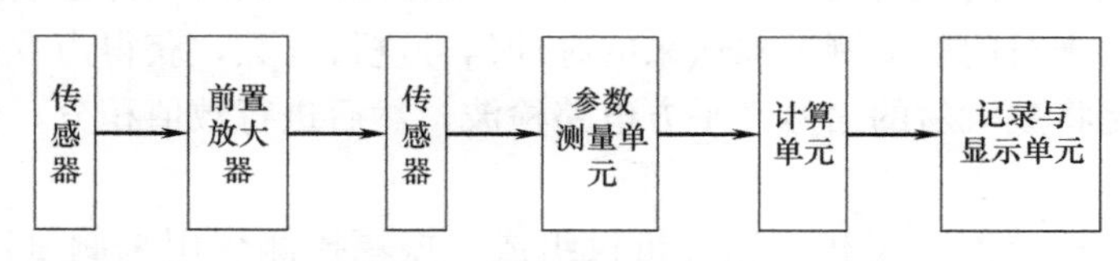

图 5.47　单通道声发射仪

3. 多通道声发射系统

微机控制式多通道系统如图 5.48 所示，采用多处理器并行处理结构，由高速采集用独立通道控制器、协调用总通道控制器、数据分析用主计算机构成。

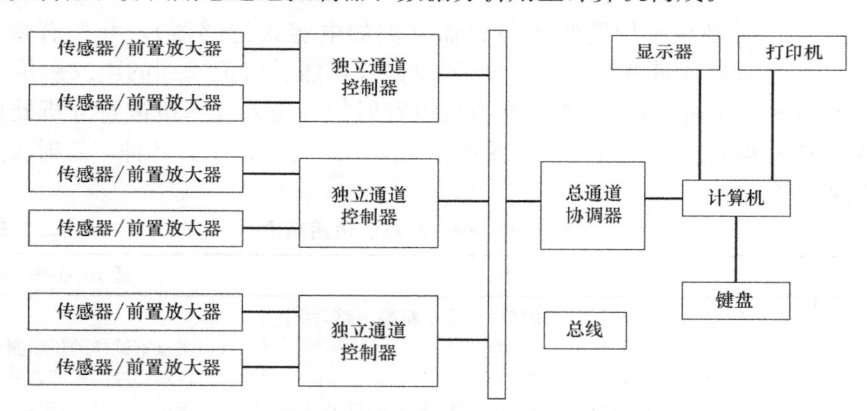

图 5.48　计算机控制式多通道系统

独立通道控制器分别控制着两个独立信号通道，进行撞击参数组的量测，包括撞击与振铃计数、能量、幅度、持续时间、上升时间、有效值电压、平均信号电平和到达时间等常规参数，并快速存储于大容量输出缓冲器。缓冲器在前端高速量测与后续低速主处理器之间提供速率匹配，以防止主机丢失高频度信号数据。由于采用并行处理结构，在不降低采集速度的情况下，可扩展达数十个测试通道。原理上可扩展达 128 个通道。

4. 多通道声发射系统

传感器可分为压电型、电容型和光学型。其中，常用的压电型又可分为：谐振式（单端和差动式）、宽频带式、锥形式、高温式、微型、前放内置式、潜水式、定向式、空气耦合式和可转动式。其主要类型、特点和适用范围见表 5.10。

传感器的类型、特点和适用范围　　　　**表 5.10**

类型	特　　点	适用范围
单端谐振传感器	谐振频率，多位于 50～300kHz 内，典型应用为 150kHz，主要取决于晶片的厚度，敏感于位移速度。响应频带窄，波形畸变大，但灵敏度高，操作简便，价格便宜，适于大量常规测试	大多数材料研究和构件的无损测试
宽频传感器	响应频率，为 100～1000kHz，取决于晶片的尺寸和结构设计。灵敏度低于谐振传感器，幅频特性不甚理想，但操作简便，适于多数宽带测试	频谱分析、波形分析等信号类型或噪声的鉴别
差动传感器	由两个压电晶片的正负极差接而成，输出差动信号。与单端式相比，灵敏度较低，但对共模电干扰信号有好的抑制能力，适于强电磁噪声环境	强电磁干扰环境下，要替代单端式传感器
高温传感器	采用居里点温度高的晶片，如铌酸锂晶片，使用温度可达 540℃	高温环境下的测试，如在线反应容器
微型传感器	一般为单端谐振传感器，因受体积尺寸限制，响应频带窄，波形畸变大	小制作试样的试验研究和无损测试
电容传感器	一种直流偏置的静电式位移传感器。直到 30MHz 时，频率响应平坦，物理意义明确，适于表面法向位移的定量测量，但操作不便，灵敏度较低，约为 1.0×10^{-12}m，适于特殊应用	源波形定量分析或传感器绝对灵敏度校准
锥形传感器	100～150kHz 内，频率响应平坦，灵敏度高于宽频带传感器。采用微型晶片和大背衬结构，尺寸大，操作不便，适用于位移测量类测试	源波形分析、频谱分析。也作为传感器校准的二级标准
光学传感器	属激光干涉计量的一种应用，直到 20MHz 时，频率响应平坦，并具有非接触、点测量等特点，适于表面垂直位移的定量测量，但操作不便，灵敏度低，约为 1.1×10^{-11}m，适于特殊应用	仅用于实验室定量分析，也可作为标准位移传感器

使用最普遍的声发射传感器是压电式传感器，它们大都具有很小的阻尼，在谐振时具有很高的灵敏度，使用时可根据不同的测试目的和环境条件进行选用。下面介绍几种常用的声发射传感器。

1）谐振式传感器：谐振式传感器是声发射测试中使用最多的一种。单端谐振式传感器结构简单（图 5.49）。将压电元件的负电极面用导电胶粘贴在底座上，另一面焊出细引线，与高频插座的芯线连接。不加背衬阻尼，外壳接地。

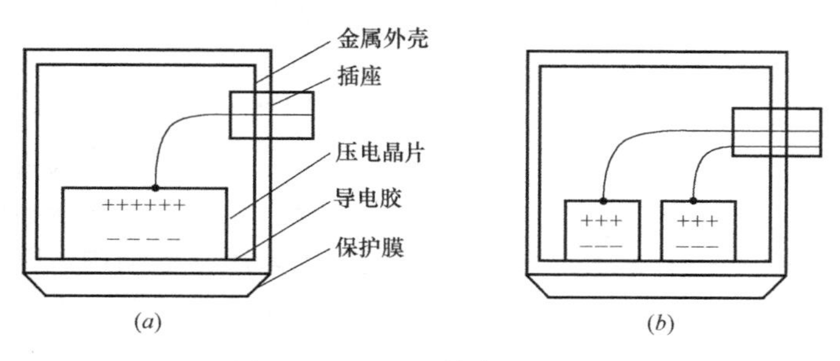

图 5.49　压电型传感器的结构

（a）单端式；（b）差动式

2）差动传感器：差动传感器由两只正负极差接的压电元件组成，输出为相应变化的差动信号，信号因叠加而增大。差动传感器结构对称，信号正负对称，输出也对称，所以抗共模干扰能力强，适用于噪声来源复杂的现场测试。差动传感器对两只压电元件的性能要求一致（尤其谐振频率和机电耦合系数），往往在同一规格、同一批产品中选择配对，或者将同一压电元件沿轴线剖成两半。

3）宽带换能器：声发射信号的出现往往是和材料或构件中局部能量的突然释放过程相关联的，具有很大的随机性，信号的频带很宽。因此要从 AE 信号中提取多种有用的信息（如时域或频域的波形分析等），离不开宽带接收的换能器。通常的声发射接收换能器的频段在几十千赫兹到两兆赫兹之间。

宽带换能器有多种类型。图 5.50 给出的是类似超声探头的 AE 换能器，它由共振频率为几兆赫的压电陶瓷加重背衬构成。

4）电容换能器：电容换能器是一种直流偏置的静电式位移换能器，如图 5.51 所示。它在很宽的频率范围内具有平坦的响应特性，因此，可用于声发射频谱分析和换能器标定。

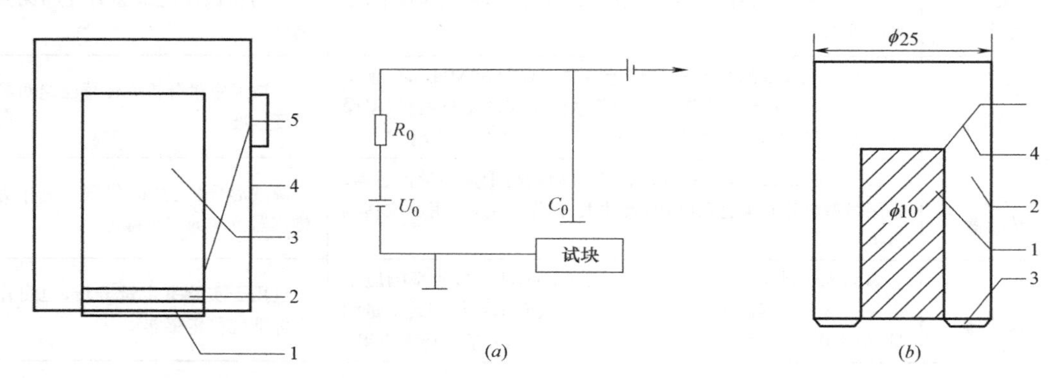

图 5.50　宽频带换能器

1—保护膜；2—压电片；3—背衬；4—外壳；5—插座

图 5.51　电容换能器结构

（a）电容换能器原理；（b）电容换能器结构

1—黄铜柱；2—聚四氟乙烯支架；3—衬垫薄膜；4—引线

5）锥形换能器：在点接触式宽带换能器中，美国国家标准局（MBS）提出了锥形换能器。图 5.52 给出的锥形换能器，是一种对（法向）位移敏感的传感器，在几十千赫兹至一兆赫兹范围内有平坦的响应和较高的灵敏度（10^2 V/μm）。

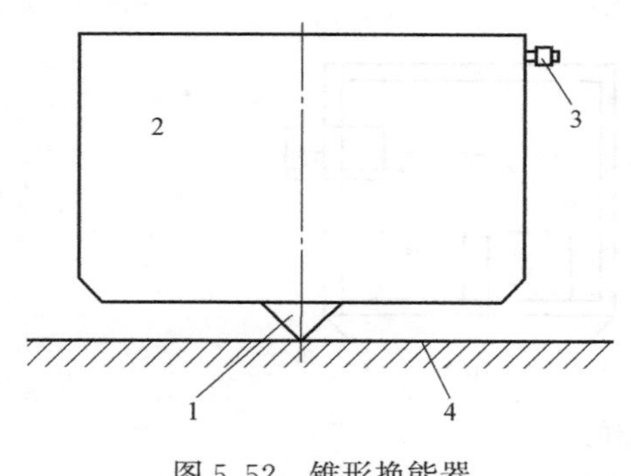

图 5.52　锥形换能器

1—锥形压电体；2—背衬；3—输出电缆；4—试件

锥形换能器在设计上的特点包括：换能器与被测表面的接触区域很小，以尽量减少孔径效应；采用黄铜背衬和压电晶体的声阻抗比较接近，并且在尺寸上要比晶体大得多，以衰减反射回晶体的声能，避免出现换能器的纵向共振；压电晶体的径向采用锥形结构，以避免换能器的径向共振；取消保护膜，以防止声波在其中反射而造成干扰。

5. 传感器灵敏度校准方法

声发射传感器标定过程中，要求波在介质中传播时不产生波形畸变。理论上半无限大介质由

δ 脉冲激励产生的瑞利波是一种沿介质表面传播的无频散（声速不因频率而变化）波，若不考虑介质的反射和吸收等效应，由不同频率组成的瑞利波在传播过程中将不会改变它的形状，其振幅按距离 $r^{-1/2}$ 衰减，所以，声发射传感器的标定应采用瑞利波。

声发射传感器标定方法因激励源和传播介质不同，可以组成多种多样的方法。激励源又分为噪声源、连续波源和脉冲波源三种类型。噪声源又有氦气喷射、应力腐蚀和金镉合金相变等；连续波源可以由压电传感器、电磁超声传感器和磁致伸缩传感器等产生；脉冲波源可以由电火花、玻璃毛细管破裂、铅笔芯断裂、落球和激光脉冲等产生。传播介质可以是钢、铝或其他材料的棒、板和块。

作为传感器标定的激励源，在测量的频率范围内，希望具有恒定的振幅。已知单位脉冲函数 δ(t) 的振幅频谱为：$G(\widetilde{w})=\int_{-\infty}^{\infty}\delta(t)\mathrm{d}t=1$，可见，理想的激励源应该是 δ 脉冲源。比较常用的产生脉冲源的方法有玻璃毛细管破裂方法、铅笔芯断裂法、电火花方法。

1）传感器绝对灵敏度校准

绝对灵敏度校准，是声发射定性定量分析、二级标准传感器选择所不可缺少的环节，常用的方法有表面波脉冲法和互易法两种。绝对灵敏度（M），一般用一定频率下传感器的输入电压（V）与表面垂直位移速度（m/s）之比来表示，其单位为 V/(m/s)。

（1）表面波脉冲法

在半无限体钢制试块表面上，以铅笔芯或玻璃毛细的断裂作为阶跃力点源，如果测得标准电容位移传感器和待校传感器对表面波脉冲的响应，则即可按定义算出绝对灵敏度。该校准方法已纳入 ASTM 标准［ISO 12713：1998（E）、ISO 12714：1999（E）］，在 100kHz～1MHz 频率内，校准的不确定度可达±15%（90%置信度）。国内也已建立起此类校准系统，传感器灵敏度校准曲线如图 5.53 所示。

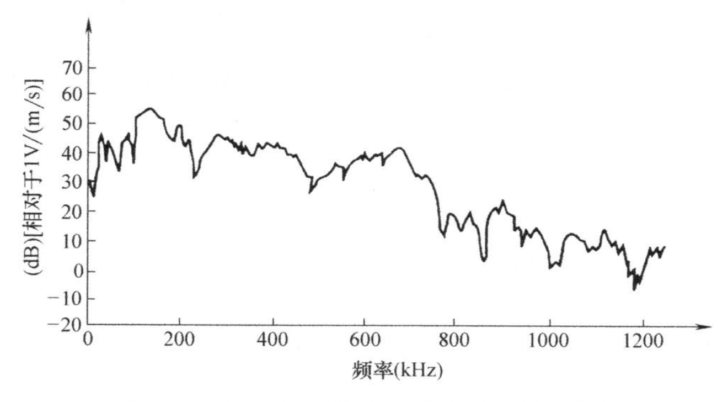

图 5.53　差动宽频带传感器绝对灵敏度曲线

表面波脉冲法，操作不便，但与测试实际相近，除了一般传感器校准外，还可用于二级标准传感器的校准。

（2）互易法

根据传感器的机电变换的可逆性原理，在半无限体试块表面上，只要比较一组同类传感器之间的电气特性，即可测出绝对灵敏度。此法不需直接测量表面的法向位移，因而操作比较简便，但是每次校准需提供三个同类待较传感器。该方法已纳入日本无损测试协会标准，在 50kHz～1MHz 频率内，可提供表面波和纵波灵敏度。

2）传感器相对灵敏度校准

在批量测试中，需要一种简便而经济的相对校准方法，以比较传感器灵敏度的变化。此类方法只提供传感器对模拟源的相对幅度或频率响应。

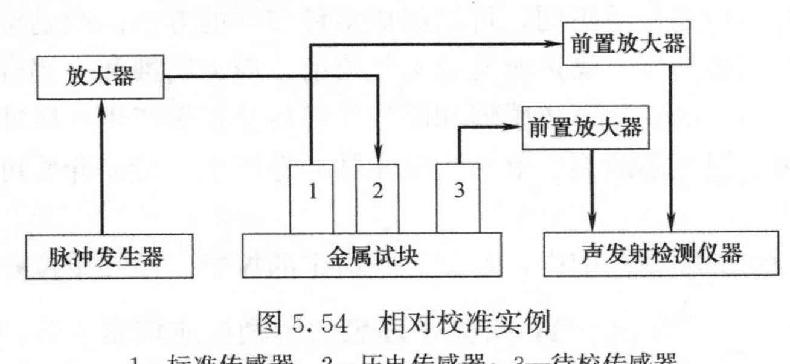

图 5.54　相对校准实例

1—标准传感器；2—压电传感器；3—待校传感器

常用的对接法，一般由小型试块、以扫频仪为激励源的超声传感器（谐振频率大于 2.5 MHz）及电压表构成，可用来比较传感器的频率响应。作为一种简便的方法，还可由小型试块、脉冲发生器、声发射仪等构成。用声发射仪记录传感器对模拟信号的响应幅度，也可与已知灵敏度的标准传感器作比较，其原理如图 5.54 所示。

5.5.5　声发射测试应用

1. 土木工程声发射技术研究综述

最早在土木工程材料方面对声发射进行研究的是 Obert（1941 年）和 Hodgson（1942 年），他们不仅提出了声发射测试的基本思想，而且研究出了发现破裂点的定位技术，并想据此确定岩石中的最大应力区。声发射技术用于混凝土的无损测试要晚一些，1959 年 Rusch 首次对混凝土受力后的声发射信号进行了研究，并证实在混凝土材料中，凯塞效应仅存在于极限应力的 70%～85%的范围内。1959 年和 1960 年 L・Hermite 报道了关于混凝土在变形过程中的声发射研究成果。1965 年 Robinson 研究了砂浆体及不同骨料掺量，不同骨料粒径时混凝土的声发射特征，并发现产生自混凝土的声发射信号有两个主频率，即 2kHz 和 13～14kHz，这两个主频信号主要发生在混凝土的声速和泊松比发生改变的荷载水平。并指出，声发射测试与其他惯用方法相比有两个优点：一是实时和动态；二是对结构的影响小。

1970 年 Green 发表了当时较为全面的研究工作的结果，他用了 12 个 ϕ15×30cm 的混凝土试块，分 4 组采用不同的骨料（石灰石、砂岩及黑硅石），按照 ASTM 标准，对混凝土的抗压强度、弹性模量、泊松比和劈裂抗压强度等指标进行了声发射的实时监测。另外，还对一个用预应力混凝土制成的压力容器模型在顶部进行加载，并同时测出了声发射过程。最后指出，声发射技术可以用来对混凝土破坏的全过程实施监测。产生自混凝土内部声发射信号是混凝土破坏的先兆。利用声发射的不可逆可以确定结构以前所经受过的应力的大小。此外，还用声发射定位技术指出了结构缺陷所在的位置。1988 年，日本学者 Enoki 和 Kischi 进一步发展了由 Aki 和 Richords 提出的定量声发射理论，使混凝土中的微裂纹的位置大小和方向完全能用张量来表征。并将反分析技术用于发射源的特征的研究。

1）混凝土材料声发射机理的研究

对混凝土受载后的声发射机理的研究一直是人们关注的热点问题之一。人们通过大量的实验研究发现，同其他材料的声发射机理一样，混凝土受载后声发射的产生，也主要是由于晶体的位错运动、晶体间的滑移、弹性和塑性变形、裂纹的产生和扩展以及摩擦作用等。但这种解释仅仅只是对混凝土中可能成为声发射源的几种因素的一般性描述，而没有触及声发射信号（声发射参数）同材料的特性及力学过程间的关系，尤其是定量关系，有些研究者试图把地震学中的震源机制分析技术应用到声发射源的特征分析当中。通过对观测信号的反演分析来建立声发射源的特征量。但由于材料特征的复杂性，通过反演所得出的结论与实际相差甚远。因此，目前这项技术还只停留在理论分析阶段。因而对材料在变形和破坏过程中的声发射因何会表现出不同的特性不能给出较为理想的解释。根据断裂力学中裂纹的开裂条件和扩展机理，对变形及裂纹开裂过程中声发射产生的机理进行了分析与探讨。但不过只是很初步的解释，实际情况则要复杂得多。

2）声发射参数与力学参数间的关系

声发射技术是理论落后于实践的少数学科之一，其主要原因就在于迄今为止，尚未建立起力学参数间的关系，因而在实际应用上缺少理论依据。最利于声发射参数和力学参数沟通的是损伤力学的观点，因为根据损伤的概念，材料产生声发射本身就意味着损伤。利用随机损伤理论从统计学的角度推导出了岩石的损伤参量同声发射参数间的关系，并获得单轴应力状态下岩石的本构方程。对如何根据混凝土材料的声发射测试来评价材料的损伤程度以及如何根据声发射测试动态测定损伤因子等问题进行了探讨。但我们知道，声发射参数的获得同时与仪器的性能、人为的操作及材料的性能有关。因此，若欲建立损伤参量同声发射参数间的关系，必须同时将这众多因素考虑在内。但还有大量问题有待进一步研究。

3）声发射在断裂力学中的应用

断裂力学分析是以主裂纹为研究对象，从而建立起了开裂的判据和扩展的条件，而对于混凝土这类复合材料来说，因其内部含有许多不同性质的缺陷、裂纹及微观构造上的不均匀性，从而使得其在受载后的断裂破坏过程是一个从原生裂隙开裂到微裂纹扩展，最后出现宏观断裂的连续过程。因此，当采用断裂力学理论解决混凝土的断裂力学问题时，一个很重要的问题就是如何确定临界状态。大量实验证明，混凝土材料在断裂过程中的不同阶段，声发射信号的空间位置、信号强度等都会发生许多相应的变化，可以较准确地判断此时此刻材料所处的状态和是否达到临界状态的“特征点”。文献曾经对混凝土试块在拉伸和三点弯曲状态下声发射源的空间演化特性进行观测和分析。有的学者就如何根据混凝土断裂过程中的声发射特征、构造特征函数，提取断裂临界状态的识别特征等问题进行了讨论。通过这方面的研究，有望为断裂力学在混凝土材料方向的应用提供新的实验依据，为混凝土材料破坏的声发射测试和预报提供理论基础。

4）混凝土材料的凯塞效应

凯塞效应在混凝土中的机理及应用，一直是研究的一个中心问题。对此也存有不同的观点。Wells 和 Rusch 分别通过实验验证了混凝土中凯塞效应的存在。而 John Nielsen 和 D. F. Griffin 则在大量实验研究后认为，凯塞效应并不能完全有效地显示混凝土的受力历史。尽管如此，有一点是肯定的，就是混凝土材料在一定应力水平以内才有凯塞效应存在，只是这个作为界限的应力水平不是固定不变的和确定的，因而才使得凯塞效应的应用受到怀疑。有的学者通过实验，详细考察了不同应力水平时声发射的不可逆程度，发现混凝土材料声发射的凯塞效应不仅有应力界限，而且声发射的不可逆程度同时还与损伤程度有关。

2. 声发射技术在混凝土损伤测试中的应用

1）混凝土损伤的声发射模型

混凝土声发射现象是局部应变快速释放而产生的瞬时弹性波，是材料内部由于不均匀的应力分布所导致的由不稳定的高能态向稳定的低能态过渡时产生的声发射过程，都是形变变量的函数。对于混凝土来说，这个变量就是应力强度因子。把这个变量用 x 表示，则在形变或断裂期间产生的事件数 φ 是形变状态的函数。

$$\varphi=\varphi(x) \tag{5.57}$$

同样，一个事件所产生的振铃计数 η 也是 x 的函数，即：

$$\eta=\eta(x) \tag{5.58}$$

设 $N(x)$ 是一种材料达到其形变状态 x 时所产生的振铃脉冲总数，则 $N(x)$ 为每个事件中振铃计数的函数，也是产生的事件数的函数，则声发射的振铃总计数可以表达为：

$$N(x)=\int \eta(x)\mathrm{d}\varphi \tag{5.59}$$

根据断裂力学理论，通过脆性材料产生裂缝与应力的关系，以及裂纹的开展与扩展同引起的声发射率的关系，可以推导出由声发射累积事件数表示的损伤因子表达式：

$$D(i)=N(i)/N \tag{5.60}$$

式（5.60）就是用声发射累积事件数表示的损伤因子表达式，其中 $i=1$，2，3，……，n，表示加载的事件顺序。式（5.60）给出了混凝土损伤的声发射模型，通过这一模型，我们就可以通过某一时刻的声发射振铃计数率与声发射总计数的比值来计算混凝土的损伤因子 D，从而掌握混凝土试块的损伤规律。

2）混凝土损伤的声发射试验研究

（1）原材料。见表 5.11。

原材料配合比 **表 5.11**

水(kg/m³)	水泥(kg/m³)	砂(kg/m³)	石(kg/m³)	强度等级
180	420	180	657	C30

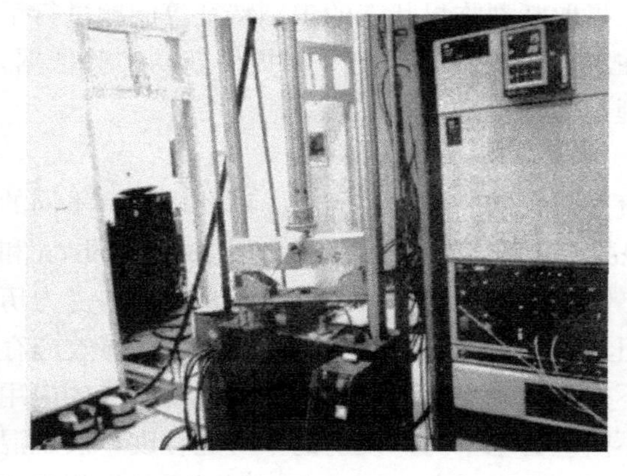

图 5.55　试件尺寸及声发射换能器位置示意图

（2）试件制备。试件成型为 10cm×10cm×51.5cm 的立方体试块，测试前用切割机切口，预制裂纹，测试龄期为 28d。切口深度为 2cm，试件尺寸以及试验装置如图 5.55 所示。

（3）试验系统。AE21C 声发射测试系统是沈阳计算机技术研究设计院最新研制的高速、多功能 AE 测试系统，MTS 液压伺服式控制试验机。此加载装置可以根据不同需要分别采用力控制和位移控制两种不同的加载方法，加载速度为 0.05mm/min。

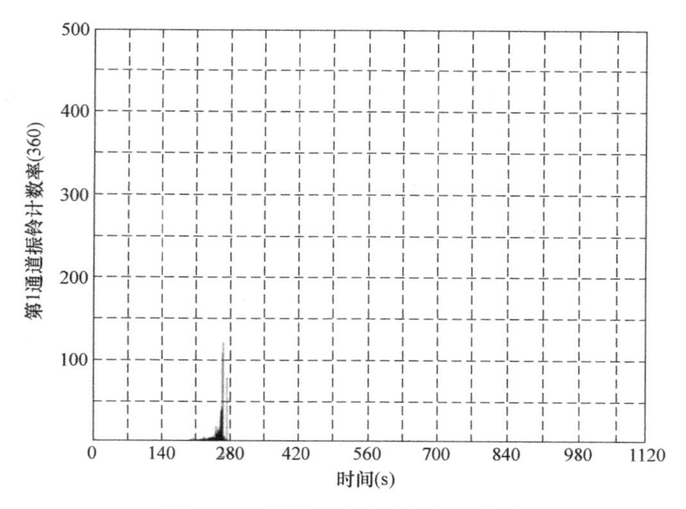

图 5.56 混凝土试块的振铃计数率

（4）结果分析。如图 5.56、图 5.57 所示分别表示了混凝土试块在加载-破坏过程中的声发射参数图谱、荷载-时间曲线。图 5.58 表示累计振铃与损伤因子曲线。

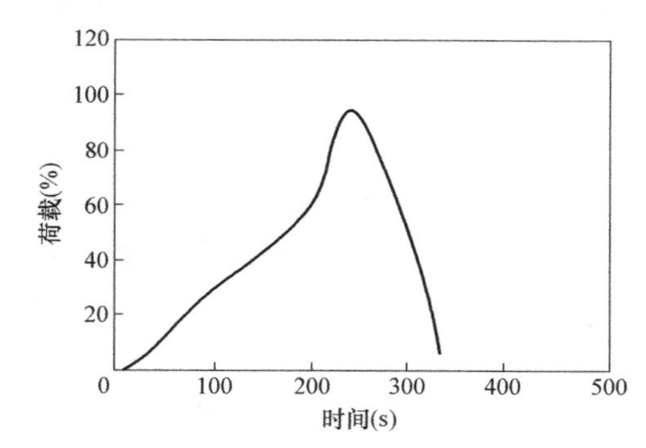

图 5.57 混凝土试块的应力（%）与时间曲线

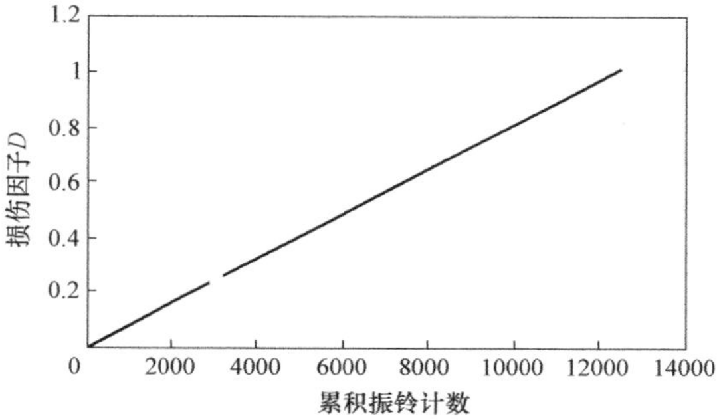

图 5.58 累计振铃数与损伤因子曲线

从上述图形可以看出，混凝土在受力过程中的损伤与其相应的声发射参数存在着十分相似的对应关系。在混凝土受力过程中，试件未出现声发射现象时，$N(i)=0$，$D=0$，混凝土没有出现损伤，随着荷载的逐渐加大，混凝土出现微裂隙，并且逐渐扩展。当试件完全破坏时，$N(i)=N$，$D=1$。

从图 5.56 可以看出当加载达到大约 270s 时，混凝土的振铃计数达到最大值。在荷载-时间曲线图（图 5.57）上表现为受力的荷峰，此时混凝土达到了受力的临界值，此时对应的临界损伤因子为 0.53。

由上述图形可以做出混凝土试块的损伤因子曲线，如图 5.59 所示。

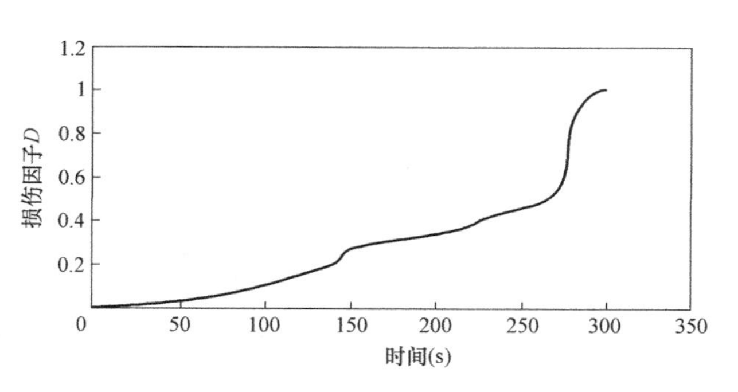

图 5.59 混凝土试块的损伤因子曲线

由此可知，混凝土试块的声发射过程大体可以分为三个阶段：

① 微裂纹稳定阶段：从破坏荷载的0～35%，其应力-应变曲线基本是线性的，混凝土内部微裂纹不会扩展，混凝土处于稳定阶段，声发射活动相对较少或水平很低。本阶段的损伤因子范围为0～0.1。

② 微裂纹扩展阶段：随着荷载的增加，主裂纹附近的微裂纹开始扩展，声发射事件也逐渐增多，曲线偏离原有的线性关系，该阶段对应的荷载为35%～70%。本阶段的损伤因子范围为0.1～0.5。

③ 不稳定阶段：当荷载超过70%以后，裂纹急剧扩展，曲线再次出现明显的变化，声发射活动频繁，接近破坏时，声发射数突然增加。本阶段的损伤因子范围为0.5～1.0，并出现明显的突变情形。

3. *声发射技术在岩石损伤测试中的应用*

国内外大量研究资料表明，岩体在破坏之前，必然持续一段时间以声的形式释放积蓄的能量，这种能量释放的强度，随着结构临近失稳而变化，每一个声发射与微震都包含着岩体内部状态变化的丰富信息，对接收到的信号进行处理、分析，可作为评价岩体稳定性的依据。

因此，可以利用岩体声发射与微震的这一特点，对岩体的稳定性进行监测，从而预报岩体塌方、冒顶、片帮、滑坡和岩爆等地压现象。

1）研究岩石脆性破坏机制

声发射与岩石脆性破坏四阶段相对应：

(1) 岩石中裂隙闭合阶段：在应力较低时，岩石试件内的先存裂隙发生闭合。

(2) 岩石发生线弹性变形阶段：当应力逐步增加，应力与应变间保持线性关系，在某些已闭合的裂隙面上产生滑移以及在垂直于先存裂隙的方向上形成微小裂纹，从而产生较小的声发射。

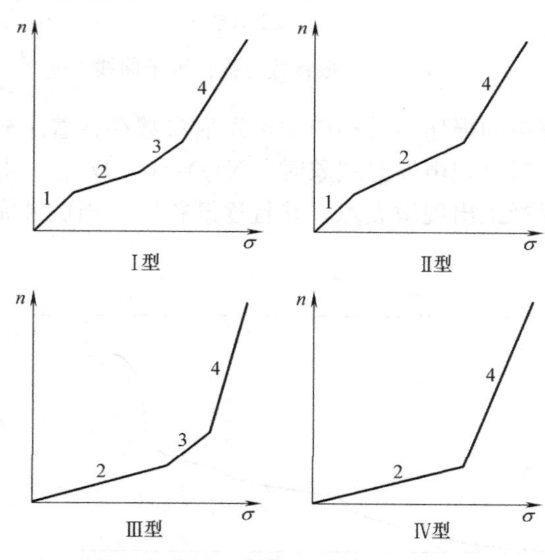

图5.60　不同岩性的声发射活动曲线

(3) 岩石裂隙的稳定扩展阶段：应力继续增大，开始出现新裂隙，岩石试件出现扩容现象，声发射活动明显增加。

(4) 岩石裂隙的失稳扩展阶段：当应力加大到某种程度时，岩石裂隙之间的相互作用加剧，分散的微裂纹发生聚合集中现象，声发射急剧增加，终致断裂破坏。

大量试验研究表明，岩石声发射活动的四个阶段并不是所有岩石的共同特征，保伊斯（Boyce）总结了大量的试验结果，归纳出四种类型（图5.60）：

Ⅰ型：裂隙闭合、线弹性变形、裂隙稳定扩展和裂隙的失稳扩展声发射四阶段完全具备的岩石，如花岗岩、片麻岩、白云岩和某些砂岩等。

Ⅱ型：声发射活动经历裂隙闭合、线弹性变形阶段后立即进入裂隙的失稳扩展阶段，缺失裂隙稳定扩展阶段的岩石，如大理岩及某些页岩等。

Ⅲ型：声发射活动只表现出线弹性变形、裂隙的稳定扩展和失稳扩展三个阶级，缺失一开始的裂隙闭合阶段的岩石，如云母片岩及某些页岩等。

Ⅳ型：声发射活动只有线弹性变形和裂隙的失稳扩展两个阶段，缺失裂隙闭合和裂隙的稳定扩展两个阶段的岩石，如石灰岩、粉砂岩等。

2）矿井内冒顶、岩爆的监测预报

岩体声发射技术是利用岩体受力变形和破坏后本身发射出的声波与微震，对工程岩体稳定性进行监测的技术方法。岩体的声发射与微震现象是20世纪30年代末由美国L. 阿伯特及W. L. 杜瓦尔发现的。

如图5.61所示，在顶板破坏前，声发射事件很少，声发射率处于较低的水平，每1min、2min发生一次。但在接近冒顶破坏前约半小时，声发射事件急剧增加，声发射率突然提高达到每分钟10次（曲线上的峰值），随后声发射率迅速降低，10min后降低至每分钟5次，这时顶板开始破坏冒落。图中，n为声发射频度，t为时间轴，单位小时，图中黑点表示顶板冒落。

以下引入工程实测数据图：

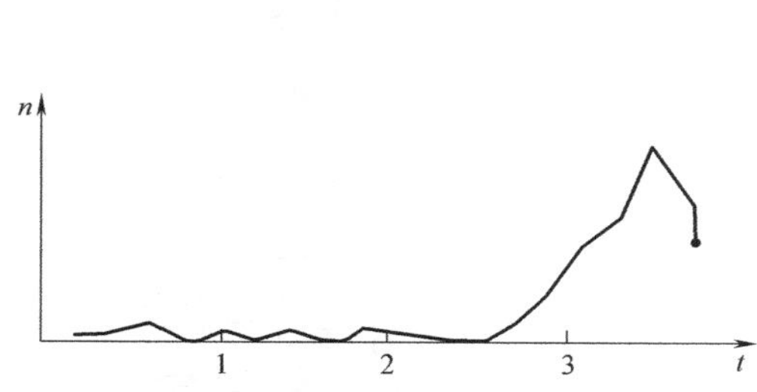

图5.61 冒顶前声发射记录曲线

注：所采用的声发射系统的探头为36Hz、44Hz。

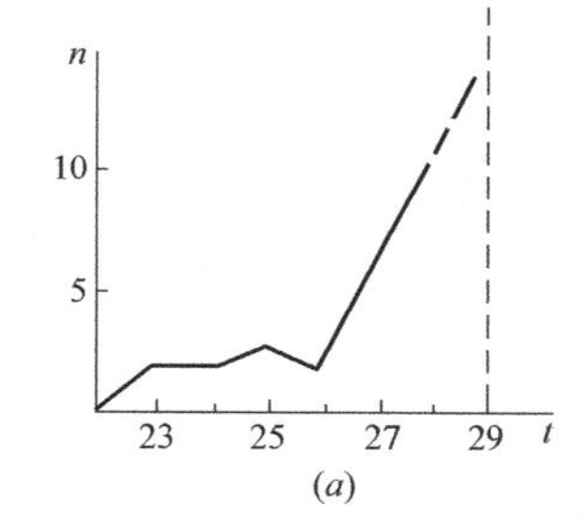

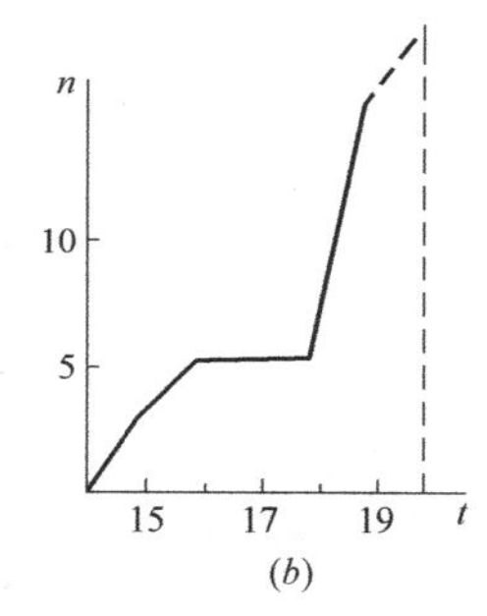

图5.62 矿井采场冒顶前声发射频度（n）—时间（t）曲线

注：仪器频响200～2000Hz。

从图5.62可以看到，在顶板冒落前声发射事件为2次/min、5次/min，在临近冒顶前1d、3d，声发射事件有显著增多的现象，达到10次/min、15次/min，增加至平时的2倍以上，最终在1d后发生冒落［焦家金矿在29日中午发生约400t的大冒顶，如图5-62（a）所示；凡口铅锌矿在20日中午发生约5t的冒落，如图5.62（b）所示］。

声发射测试技术也能够成功预测岩爆。使用20多枚20～2500Hz探头，布置在宽200m、长500m、高250m的范围内，探头之间最小距离为50m，对采用分层充填法开采时的声发射活动进行长期监测，多次成功地记录了岩爆发生前后声发射信号（图5.63）。图中横坐标的时间单位为小时，黑点代表岩爆发生时间。

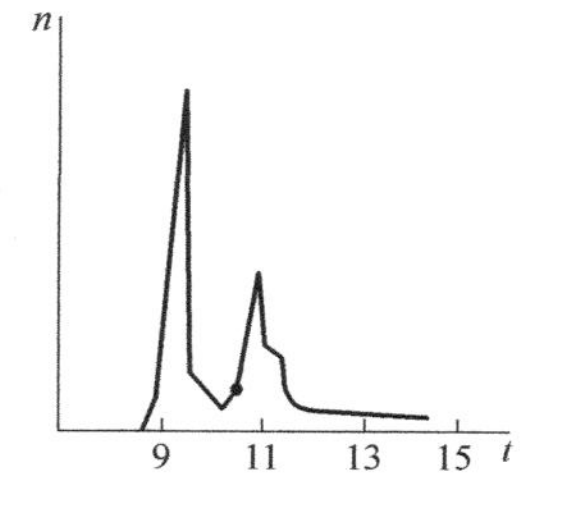

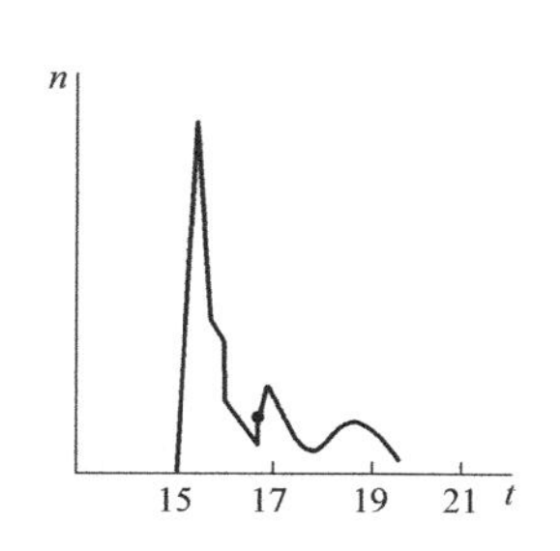

图5.63 岩爆发生前后声发射监测曲线

在正常情况下，声发射事件在30次/d以内，但在岩爆发生前2h左右，声发射事件激增至平时的数十倍，继而迅速减少，在1～2h之后发生岩爆。

与冒落、岩爆相类似，天然或人工边坡的崩塌滑动在地质灾害中占有较大比重，国内外也有不少利用声发射监测研究的报道。

美国内华达州的肯尼柯特露天矿提供了一个很好的实例。当在该露天矿边坡顶部发现一条明显的张开裂缝后，立即在裂缝两侧布设了位移计，同时安装了声发射监测系统，用于观测裂缝的发展动态和裂缝扩展与声发射之间的对应关系。探头阵的间距为8～25m不等，埋深2.5m，监测范围为裂缝两侧50m、200m。在位移速率最大的1d中，距裂缝最近的声发射系统探头在14h内接到平均为750次/h的声发射事件。该矿当即停止了在附近的采掘工作，结果是相当令人满意的，位移速率和声发射率都同步下降，并在10d内声发射事件下降至3次/h的稳定背景值。

3）室内岩石试件测试

室内研究表明，当对岩石试件增加负荷时，可观测到试件在破坏前的声发射与微震次数急剧增加，几乎所有的岩石当负荷加到其破坏强度的60%时，会出现声发射与微震现象，其中有的岩石即使负荷加到其破坏强度的20%，也可发生这种现象（图5.64）。

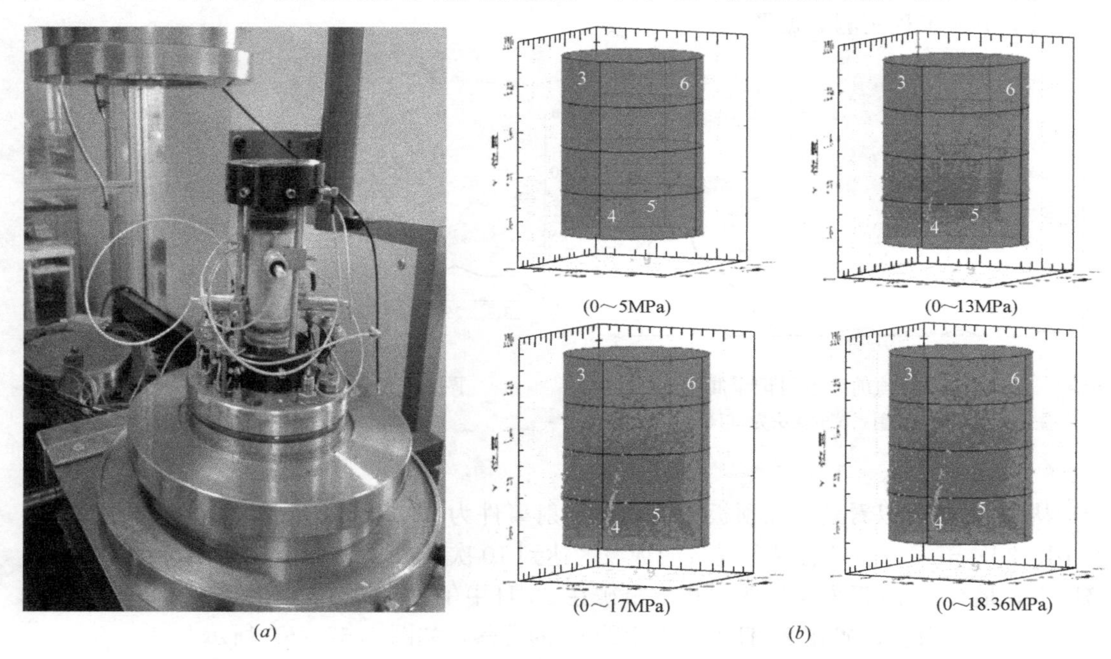

图5.64 岩石试件裂缝发展的声发射监测

（a）岩石试件单轴压缩测试；（b）声发射事件定位图

5.6 红外成像测试技术

5.6.1 红外成像技术概述

运用红外热成像仪探测物体各部分辐射红外线能量，根据物体表面的温度场分布状况所形成的热像图，直观地显示材料、结构物及其结合上存在不连续缺陷的测试技术，称为红外成像测试技术。它是非接触的无损测试技术，即在技术上可做上下、左右对被测物非接触的连续扫描，也称红外扫描测试技术。

显然，红外成像无损测试技术是依据被测物连续辐射红外物体的物理现象，非接触式不破坏被测物体，已经成为国内外无损测试技术的重要分支，它具有对不同温度场、广视域的快速扫描和遥感测试的功能，因而，对已有的无损测试技术功能和效果具有很好的互补性。

红外成像测试技术的特点：红外线的探测器焦距在理论上为 20cm 至无穷远，因而适用于做非接触、广视域的大面积的无损测试；探测器只响应红外线，只要被测物温度处于绝对零度以上，红外成像仪就不仅在白天能进行工作，而且在黑夜中也可以正常进行测试工作；现在的红外成像仪的温度分辨率高达 0.02～0.01℃，所以探测温度变化的精确度很高；红外热像仪测量温度的范围为－50～2000℃，其应用的测试领域十分广阔；摄像速度 1～30 帧/s，故适用静、动态目标温度变化的常规测试和跟踪测试。

红外成像技术已广泛用于电力设备、高压电网安全运转的检查，电子产品热传导、散热、电路设计等测试，石化管道泄漏、冶炼温度和炉衬损伤、航空胶结材料质量的检查，大地气象测试预报，山体滑坡的监测预报，医疗诊断等。总之，红外热成像技术的应用，已有文献报道，大至进行太阳光谱分析、火星表层温度场探测，小至人体病变医疗诊断检查研究。

红外测试技术用于房屋质量和功能检查评估，在我国尚处于起步阶段，但其应用前景是十分广阔的，诸如对建筑物墙体剥离、渗漏，房屋保温气密性的测试，其具有快速、大面积扫测、直观等优点，它有当前其他无损测试技术无法替代的技术特点，因而在建筑工程诊断中，研究推广红外无损测试技术是十分必要的。

5.6.2　红外成像技术原理

1. 红外线及测试依据

早在 1800 年英国物理学家 F. W. 赫胥尔就发现了红外线，它是介乎可见红光和微波之间的电磁波，其波长范围为 0.76～1000μm，频率为 $3\times10^{11}\sim4\times10^{14}$ Hz，图 5.65 为整个电磁辐射光谱。

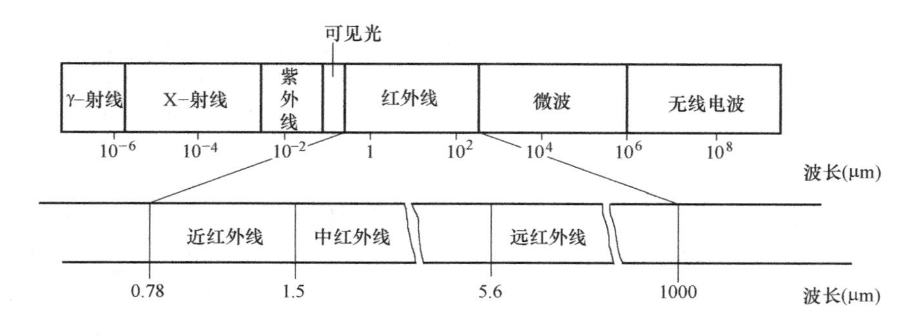

图 5.65　电磁波谱

从电磁辐射光谱看出，可见光仅占很小一部分，而红外线则占很大一部分，科学研究把0.76～2μm的波段称为近红外区；2～20μm的波段称为中红外区；20μm以上的波段称为远红外区。实际应用中，人们已把3～5μm的波段称为中红外区，8～14μm的波段称为远红外区。

在自然界中，任何温度高于绝对零度（－273℃）的物体都是红外辐射，由于红外线是辐射波，被测物具有辐射的现象，所以红外无损测试是通过量测物体的热量和热流来鉴定该物体质量的一种方法。当物体内部存在裂缝和缺陷时，它将改变物体的热传导，使物体表面温度分布产生差异，利用红外成像的测试仪量测物体表面的不同热辐射，可以查出物体的缺陷位置或结合上不连续的弊病。

从图5.66、图5.67可以看出，当光照或热流均匀注入时，对无缺陷的物体，经反射或物体热传导后，正面和背面的表层温度场分布基本上是均匀的；如果物体内部存在缺陷，将使缺陷处的表层温度分布产生变化。对于隔热性的缺陷，正面测试方式，缺陷处因热量堆积将呈现“热点”，背面测试方式，缺陷处将呈现低温点；而对于导热性的缺陷，正面测试方式，缺陷处的温度将呈现低温点，背面测试方式，缺陷处的温度将呈现“热点”。因此，采用热红外测试技术，可较形象地测试出材料的内部缺陷和均匀性。前一种测试方式，常用于检查壁板、夹层结构的胶结质量，测试复合材料脱粘缺陷和面砖粘贴的质量等；后一种测试方式可用于房屋门窗、冷库、管道保温隔热性质的检查等。

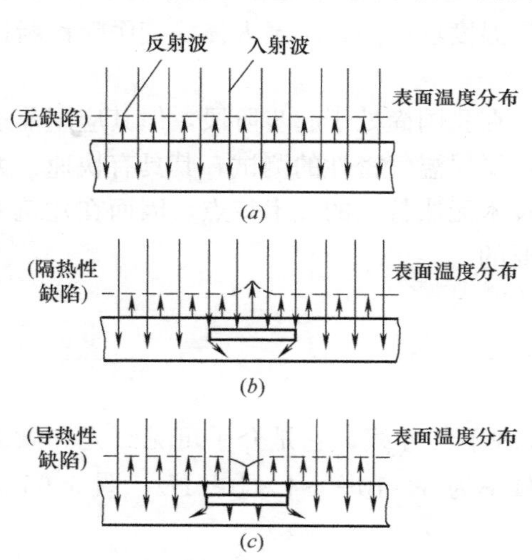

图5.66　向物体注入热量，从物体表面辐射状况来量测温度分布的方式

(a) 均质体；(b) 非均质体；(c) 非均质体

热流方向
(无缺陷)
表面温度分布
(a)
(隔热性缺陷)
表面温度分布
(b)
(导热性缺陷)
表面温度分布
(c)

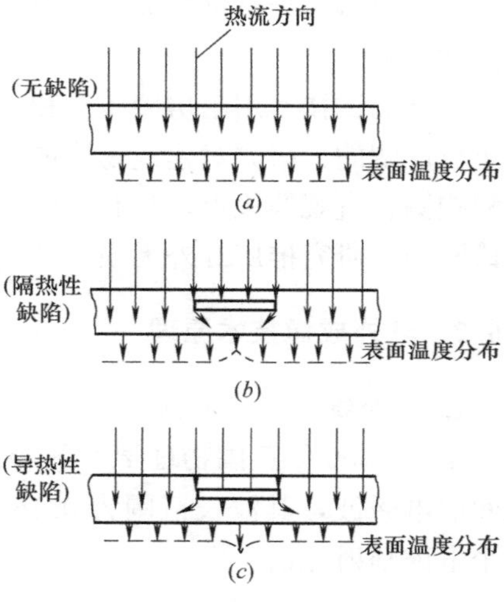

图5.67　热流通过物体内部的传导，从背面测量温度分布的方式

(a) 均质体；(b) 非均质体；(c) 非均质体

2. 红外线辐射性质

红外线辐射是自然界存在的一种最为广泛的电磁波辐射，它是基于任何物体在常规环境下产生自身的分子和原子无规则的运动，并不停地辐射出红外热量。这种分子和原子的运动愈剧烈，辐射的能量愈大，温度在绝对零度以上的物体，都会因自身的分子运动而辐射出红外线，显然红外线的辐射特性是红外成像的理论依据和测试技术的重要物理基础。

1) 辐射率

物体的热辐射总是从面上而不是从点上发出的，其辐射将向平面之上的半球体各个方向发射出去，辐射的功率指的是所有方向的辐射功率的总和，而一个物体的法向辐射功率与同样温度的黑体的法向辐射功率之比称为“比辐射率”，简称为辐射率。所谓黑体是对于所有波长的入射光（从 γ 射线到无线电波）能全部吸收而没有任何反射，即吸收系数为1，反射系数为0。

热像仪光学系统的参考黑体是不可缺少的部分，它提供一个基准辐射能量，使热成像仪据此进行温度的绝对量测。根据普朗克辐射定律，温度、波长和能量之间存在着一定关系，一个绝对温度为 T 的黑体，在波长为 λ 的单位波长内辐射的能量功率密度为（$W/cm^2 \cdot \mu m$）：

$$W(\lambda,T)=\frac{C_1}{\lambda^5}(e^{\frac{C}{\lambda T}}-1)^{-1} \tag{5.61}$$

式中 λ——波长（μm）；

T——黑体绝对温度（K）；

C_1——第一辐射常数，$C_1=2\pi hC_2^2=3.7402\times10^{-12}$（$W\cdot cm^2$）；

C_2——第二辐射常数，$ch/k=1.438$（$cm\cdot K$）；

h——普朗克常数；

k——玻尔茨曼常数；

c——光的速度。

根据普朗克定律可知，一个物体的绝对温度只要不为零，它就有能量辐射。

光谱辐射强度与温度的关系如图5.68所示，表明黑体波长辐射能量与温度的关系，辐射能量对于波长的分布有一个峰值，随着温度的升高，峰值所对应的波长越来越短，峰值波长的位置按 $\lambda_P=2890/T$ 方向移动。处于室温的物体（$T\approx300K$），由上式可以估算其辐射能量的峰值波长 $\lambda_P\approx10\mu m$。从图5.68中可看出，温度较高的分布曲线总是处于温度较低的曲线之上，即随着温度的升高，物体在任何波长位置辐射的能量总是增加的。

为了解释温度和辐射能量之间的关系，斯蒂芬-玻尔茨曼对波长从0到无穷大，对式（5.61）进行积分，得出黑体在某一温度 T 时所辐射的总能量，表明前面曲线包络下单位面积的红外线能量。

$$W=\int_{\lambda=0}^{\lambda=\infty}W_\lambda d\lambda=2\pi^5k^4T^4/15C^3h^3=\sigma T^4(W/cm^2) \tag{5.62}$$

式中 σ——斯蒂芬—玻尔茨曼常数 5.673×10^{-12}（$W/cm^2\cdot K^4$）；

λ——波长（μm）；

k——玻尔茨曼常数；

T——黑体的绝对温度（K）。

式（5.62）可阐述红外线能量和黑体温度之间的关系，物体辐射的总能量随着温度的4次幂非线性关系而迅速增加，当温度有较小的变化时，会引起总能量的很大变化。对辐射信号进行线性化，则通过所测得的能量就能计算出温度值。

物体的温度越高，发射的辐射功率就越大。在绝对黑体中，任何物体在520～540K的辐射波长达到暗红色的可见光，温度继续升高，电阻由暗红变亮，6000K的太阳光辐射波长为0.55μm，便呈白色。

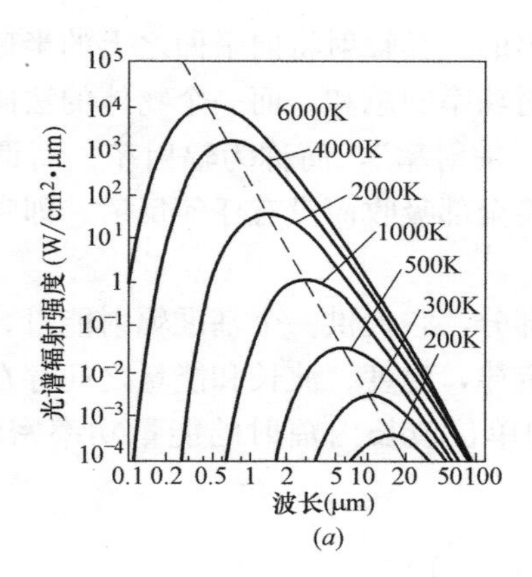

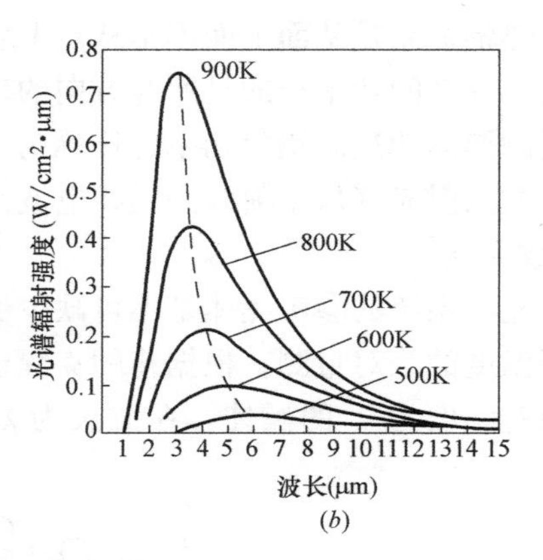

图 5.68　光谱辐射与温度的关系

(*a*) 对数坐标；(*b*) 线性坐标

2) 红外线辐射的传递

当红外线到达一个物体时，将有一部分红外线从物体表面反射，一部分波被物体吸收，一部分透过物体，三者之间的关系为：

$$\alpha+\beta+T=1 \tag{5.63}$$

式中　α——吸收系数（=发射率）；

β——反射系数；

T——透射系数。

如果物体不透射红外线，即 $T=0$，则有 $\alpha+\beta=1$。理论上可证明一个物体的吸收系数和它的发射率 ε 是相等的，即 $\alpha=\varepsilon$，故对于不透红外线的物体，则有 $\varepsilon+\beta=1$。

对于黑体，$\varepsilon=1$，$\beta=0$，即吸收全部入射能量。但我们周围的物体一般都可用“灰体”来模拟，即吸收系数 $\varepsilon<1$，反射系数 $\beta\neq0$。一个物体辐射率 ε 的大小决定于材料和表面状况，它直接决定了物体辐射能量的大小，即使温度相同的物体，由于 ε 不同，所辐射的能量大小也是不相同的。若要温度值测得正确，辐射率必须接近 1 或加以修正，修正辐射率意味着通过计算使被测物体的辐射率接近 1。参考基尔霍夫定律，减小反射率和透射率比例，可形成黑体，例如对任何被测物体打一个恒温封闭的小洞或涂上黑漆则可使辐射率 ε 为 1。

此外，测量仪器所接收到的红外线，包括大部分来自目标自身的红外线，还有周围物体辐射来的红外线，只有把物体表面辐射率和周围物体辐射的影响同时考虑，才能获得准确的温度量测结果。

3) 红外线的大气运输

处于大气中的物体辐射的红外线，从理论计算和大气吸收实验证明，红外线通过大气中的微粒、尘埃、雾、烟等，将发生散射，其能量受到衰减，衰减程度与粒子的浓度、大小有关，但在 3～5μm 和 8～14μm 波段，大气对红外线吸收比较小，可认为是透明的，称之为红外线的“大气窗口”(图 5.69)。

根据理论分析，双原子分子转动振动能级，正处在红外线波段，因而这些分子对红外线产生很强的吸收，大气中水汽、CO_2、CO 和 O_3 都属于双原子分子，它们是大气对红外线吸收的主要成分，且形成吸水带，如水汽吸收带在 2.7μm、3.2μm、6.3μm；CO_2 吸收

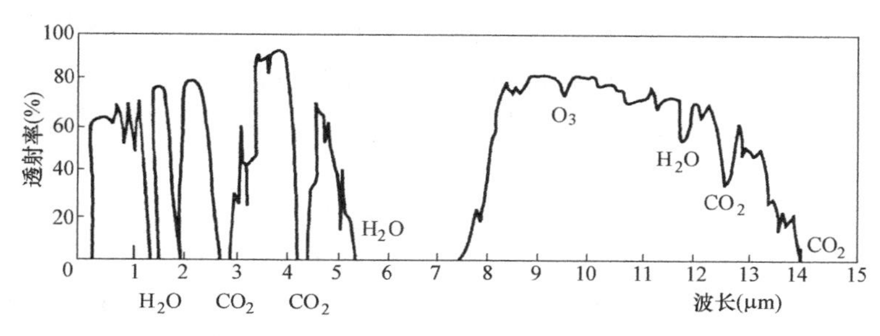

图 5.69　红外线在大气物质中的透射率

带在 2.7μm、4.3μm、15μm；O_3 吸收带在 4.8μm、9.5μm、14.2μm；N_2O 吸收带在 4.7μm、7.8μm；CO 吸收带在 2.7μm。

因而，在使用热像仪时，要尽量避免不受目标与热像仪之间水汽、烟、尘等的影响；即设法使这种环境对测量所选用的红外线波段没有吸收或吸收很小，使量测更为准确。

4）被测物体表面辐射率 ε 的作用与环境辐射的影响

在测试工作中，热像仪探测器所接收的来自物体的红外线辐射包括两个部分，即一部分来自物体自身辐射的红外线，另一部分是来自周围物体表面反射过来的红外线。只要被测物体的表面辐射率 ε 不等于 1，这后一部分的红外线就永远存在。物体辐射的红外线的大小决定于物体材料 ε 的大小、物体表面性质和周围物体的温度及其相对位置。周围物体反射的红外线的影响，可以近似地以一个温度为 T_B 的黑体来表示，所以热像仪接收到的红外线辐射 E 可表示为：

$$E=\varepsilon W(T)+(1-\varepsilon)W(T_B) \tag{5.64}$$

式中　$W(T)$——温度等于 T 的黑体辐射。

由式（5.64）可得如下结论：

（1）被测物体的 ε 越小，周围物体对量测结果的影响越大，要得到准确的量测结果就越困难，因为周围物体的影响 $W(T_B)$ 是很难正确估计的。当 ε 接近于 1 时（或>0.9），除非周围有很高温度的物体存在，热像仪才能够测得正确的结果。

（2）若被测物体的温度较低，而周围有高温物体存在，则由于 $W(T_B)$ 一项影响大，温度也不容易测准。

（3）若被测物体的温度很高，而周围物体的温度都比较低，则 $W(T_B)$ 一项可以忽略，热像仪能够测得正确的结果。

由此可知，使用热像仪时，应尽量避免对 ε 很小且表面光滑的物体进行测温。在必要测温时，可对这些物体的表面进行改装，使其具有较高的表面辐射率。例如，涂上一层油漆，蒙上一层反射率 ε 高的纸张或布匹等，都是行之有效的办法。

此外，在使用热像仪时，应当用东西遮挡周围高温物体，以避免对被测物体的影响，使真实的温度得到显示。总之，知道了红外线量测的基本原理，懂得了物体表面辐射率的作用和周围物体的影响后，就能正确地使用热像仪进行测温，并获得满意的结果。

5.6.3　红外成像系统简述

1. 红外成像仪工作原理

红外成像仪是利用红外探测器和光子成像物镜接收被测目标的辐射，将能量分布的图形反映到红外探测器的光敏元件上，从而获得红外热像图，这种热像图与物体表面的热分布场相对应，简单地说红外热像仪就是将物体发出的不可见红外能量转变为可见的热图像，热像上的不同颜色代表被测物件的不同温度。红外成像仪的工作原理如图 5.70 所示。

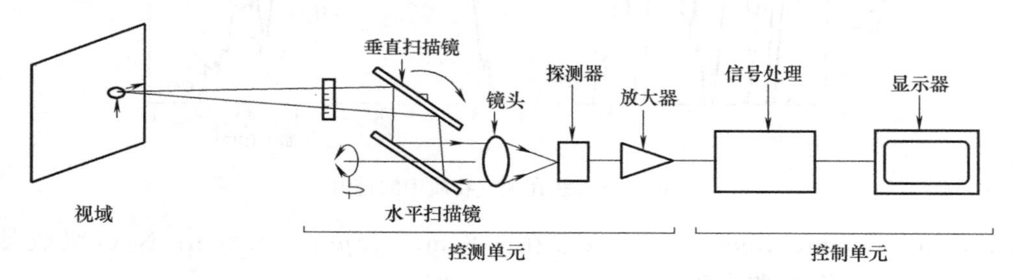

图 5.70　红外成像仪工作原理框图

图 5.70 表示从被测物体上某一点辐射的红外线能量入射到垂直和水平的光学扫描镜上，通过目镜聚集到红外线探测器上，把红外线能量信号转换成温度信号，经放大器和信号处理器，输出反映物体表面温度场热像的电子视频信号，在终端显示器上直接显示出来。用垂直和水平扫描镜在被测物上的某一点进行扫描，使采样与扫描同步，可以得到该点或视域范围的图像数据。

2. 红外成像仪组成系统与特性分析

热像仪的基本工作原理犹如闭路电视系统，由摄像机拍摄图像，然后在监视器上显示图像，但两者有本质的不同：1）普通电视摄像机接收的是可见光，不响应红外线，故夜间摄像需要灯光照明，而热像仪摄像器仅对红外线有响应，如前所述，由于任何物体日夜均辐射红外线，因而，它在白天、夜间均可以工作。2）普通电视摄像机摄像后显示的图像是人眼睛能感觉的物体亮度和颜色成分，大多数情况下，图像不反映物体的温度，而热像仪所显示的图像主要是反映物体的温度特性，可见的物体图像跟红外线热像没有直接的关系。

当前，国内外使用的热像仪均是利用光学机械方法扫描的，其工作原理如图 5.71 所示。

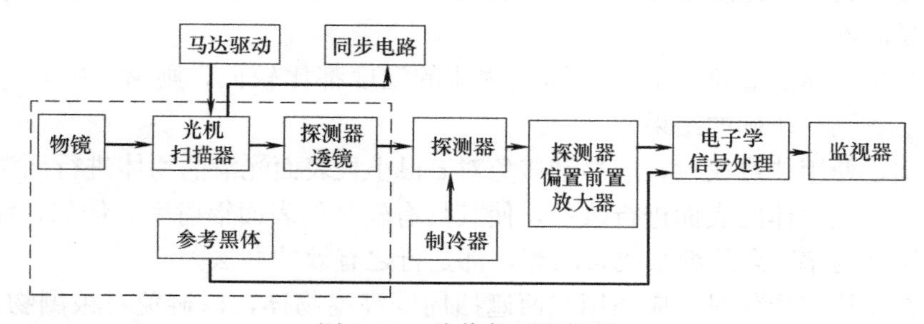

图 5.71　热像仪原理框图

综合图 5.70 与图 5.71，将热像仪的主要部件功能介绍如下：

1）光学系统

热像仪的光学系统由图 5.71 虚线框内的部分组成。物镜主要功能是接收红外线，保证有足够的红外线辐射能量聚集到热像仪系统，满足温度分辨率的要求。物镜往往是一个望远镜或近摄镜，起着变换系统视场大小的作用。如果物镜是一个望远镜，那么由扫描所决定的视场随望远镜的放大倍率而缩小，热像仪可以观察远处的目标，显示的图像将得到放大；如果物镜是一个近摄镜，由扫描所决定的视场将以近摄镜的倍率而放大，热像仪可以观察近处大范围内的物体，起到广角镜的作用。现代仪器的结构设计，使使用者在现场即可以更换物镜，方法简便。

扫描器采用光学机械的方法改变光路。自左至右水平扫描，称之为行扫描，自上至下垂直扫描，称为帧扫描，保证红外线探测器接收到视域范围内每一个单元的红外线辐射的能量，直至覆盖整个现场。由于光机扫描器的扫描速度是无法达到电视的电子扫描速度那么快，因而要提高帧频则需要采用多元探测器来实现。马达驱动和扫描器通常做成一个部件，并需要使用特殊的驱动电路。与扫描工作密切相关的是同步电路，它能精确地取出行、帧扫描的位置信号，保证行、帧扫描之间严格的相关关系。同步电路能把同步信号输送给热像信号处理器，使监视器上显示的图像与目标图像相同，它是保证热像仪内几何成像质量的关键部件。

探测器透镜最靠近红外探测器，由物镜收集视场范围内物体辐射的红外线，经扫描器后，由探测器透镜会聚于红外探测器的敏感元上，探测器敏感元的几何尺寸跟探测器的透镜的焦距之比称为瞬时现场，它是一个决定热像仪空间分辨本领的重要参数。

参考黑体是热像仪光学系统中不可缺少的部件，它提供一个基准辐射能量，热像仪据此能够进行温度的绝对测量，参考黑体应具有尽可能高的辐射系统（$\varepsilon=1$）。参考黑体在某扫描瞬间充满探测器瞬时视场，探测器此时输出的信号电平即对应于参考黑体的辐射能量。

2）红外探测器和前置放大器

红外探测器的作用在于把聚焦在敏感元上的红外线转换成电的信号，信号大小与红外线的强弱成正比，它是热像仪内最为关键的部位，其性能直接影响热像仪的性能。红外探测仪仅有一个敏感元件，称为单元探测器；包含 2 个或 2 个以上敏感元件，称为多元探测器，休斯 probage7000 系列热像仪采用锑化铟探测器。使用多元探测器可提高仪器的性能，一个 n 元的探测器相当于性能提高了$\sqrt{n}$倍的单元探测器。如果一个 n 元的探测器代替单元探测器，在并联使用情况下，若保持扫描速度不变，则可提高$\sqrt{n}$倍温度分辨率。但多元的探测器，价格较高，是否采用，需进行系统设计的综合平衡。一般来说，测量室温或更低温度的目标，选用光谱响应在 8～14μm 波段的探测器，低温碲镉泵要求液氮冷却。若量测高温目标（400℃以上），选用光谱响应在 3～5μm 波段的探测器，例如锑化铟，高温碲镉泵，并且要使用多极热电制冷器制冷。探测器工作制冷后，其性能会得到提高，制冷器是跟红外探测器配套使用的不可或缺的部件。

红外探测器的输出电信号是极其微弱的，一般在 μV 数量级。前置放大器的作用就是将探测器输出的弱信号进行放大，同时几乎不增加或者增加很少成分的噪声，这就要求前置放大器具有比探测器低得多的噪声，除要求前置放大器与探测器有最佳的源阻抗匹配外，前置放大器还应有优良的抗干扰性能。通常前置放大器不具有很高的放大倍数，而是由主放大器担负着将信号放大的任务。

3）信号处理机

由红外探测器把红外线信号转换成电信号，并由前置放大器和主放大器放大到一定电平的热图像信号，同时进入的还有同步信号、参考黑体温度信号等。信号处理机的主要任务是，恢复热图像信号的直流电平，使信号电平跟热图像所接收的能量有固定的关系，补偿摄像器因环境温度变化所引起的影响，使热像信号跟温度绝对值有一一对应的线性关系，操作时可随意改变热图像信号的电平和灵敏度以进行图像处理，提供显示器显示的热图像视频信号，其工作框图如图 5.72 所示。

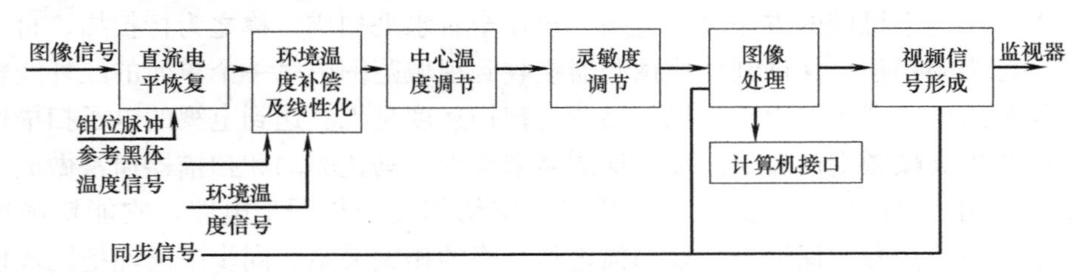

图 5.72　热像仪信号处理框图

由于红外探测器和前置放大器之间通常是采用交流耦合的，使信号失去了直流分量，这样信号电平不能代表辐射的绝对量，就无法从所接收的辐射能量计算得到物体的温度。而热像仪不仅显示分布，还需要知道温度的绝对值，因而，信号处理的第一步必需设法恢复热图像信号的直流电平。参考黑体的辐射能量是已知的一个能量基准，在扫描中，当参考黑体充满探测器的瞬时现场时，使用钳位脉冲把热像信号恢复直流电平。这个固定电平所对应的能量等于参考黑体的辐射能量，由其他物体的电平与固定电平之差，可以得到其他物体与参考黑体的辐射能量之差，推知其他物体辐射能量的绝对值。

环境温度补偿电路的作用就是当物体的表面辐射系统 $\varepsilon<1$ 时，同时考虑物体周围环境的红外辐射影响，对信号电平作相应的修正，使其跟温度有一一对应的线性关系。为此，根据参考黑体的温度求得相对应的直流电平，并把此直流电平叠加到信号电平中去，采用数字计算方法是解决这一问题的途径。

热图像信号反映物体温度的差别，它的电平变化比较大，也就是信号的动态范围相当大，因而在一幅图像上往往不可能反映温度分布的细节，为了让使用者观察和分析热图像，热像仪设置了中心温度和灵敏度两种调节电路，经过中心温度和灵敏度调节之后，监视器成为显示热图像的“窗口”。改变中心温度，即改变“窗口”的电平信号，则热图像反映的温度在测温范围内的位置也随之改变，所以，调节中心温度可以从高温区看到低温区。选择灵敏度，就是改变热像仪电子系统的放大倍率，即改变“窗口”的宽度，此宽度对应于热图像上反映的最大温差，因而，调节灵敏度度量可以在热图像上从全貌看到细节。

热图像处理实际上是利用信号处理器把热图像所包含的信号以各种人们易于接受的方式充分地显示出来，它所具有的功能反映了热像仪处理信息本领的大小。先进的热像仪采用数字方法对热图像信息进行处理，不仅大大增加了其功能，性能也得到了提高，例如，通过存储器的作用，可获得热像的电视制作的彩色显示，通过积累图像信息提高信噪比和温度分辨率，运用内插方法提高显示图像的像元数目等，它还配有多种接口，实现热图像的输出记录跟其他计算机的通信。

处理器的最后一部分是视频信号形成电路，把热图像和同步信号、消隐信号混合成一个视频信号，再输给监视器供显示热图像之用，也可以当记录信号输出时，跟随电视复合同步信号混合形成电视制式的热图像信号，此信号即可输入监视器获得电视热图像，而不必考虑热图像原先是由慢扫描摄取的。

4）监视器

监视器是显示热图像的终端设备，便携式的显示器往往与处理器连在一起，监视器的扫描速度要求跟摄像头部扫描器一致，便于实现同步成像。

先进的热像仪均采用彩色监视器显示热图像，用一种颜色表示温度或者一个等温区，这种假彩色显示，使人们更容易区分热像上温度的差别，一般采用 4 种、8 种、16 种颜色显示热图像。此外，还有一些文字信息，如日期、图片、温度值、系统设置等，便于人机对话。

5）热像仪特性分析

红外热像测试技术，由于测试往往受温度差异和现场环境复杂因素的影响，故好的热像仪必须具备高像素、分辨率小于 0.1℃、空间分辨率小、具备红外图像和可见光图像合成的能量。

比较和分析热像仪的技术特性，是综合评价热像仪性能和适用性的基本观点。评价仪器的性能高低，必然要涉及热像仪的价格指标。选择合适功能的仪器，首先应考虑仪器的技术指标要符合测试工作的要求。一味追求高科技性能，且不尽符合自身工作的需要，或“宽求窄用”的选择仪器，有可能造成经济上的浪费，为了选择仪器不至于盲目性，需要对热像仪的特性作些综合的分析。

决定热像仪技术特性的关键部件是红外探测器，因此，分析热像仪的特性，首先要介绍探测器的特性。

（1）红外探测器

能把红外辐射能转变为便于测量的电量器件，称为红外探测器，从如下的特性参数，可区别红外探测器的优劣：

① 探测器的敏感元面积 A：接收红外线产生信号的几何尺寸，光电型探测器的敏感元有碲镉汞（HgCdTe）三元化合物的半导体、锑化铟（InSb）探测器和硫化铅（P_bS）探测器。碲镉汞探测器的灵敏度高，响应速度快，能做成响应 3～5μm 和 8～14μm 的探测器，是大多数红外成像系统所使用的，也是世界上新型的红外探测器。1999 年日本 NEC 推出的 TH3105 型红外成像仪，选择了 5.5～8.0μm 波段的探测器，它的缺点是包含了水蒸气吸收红外线辐射能的波段，但与玻璃及主要建筑材料的低光谱反射相匹配，因而，其特点是降低了太阳光或天空反射对探测温度绝对值的影响。锑化铟探测器响应波长为 3～5μm，其性能佳，价格贵。硫化铅探测器响应波长为可见光到 2.5μm，灵敏度低，一般适用于高温目标的探测，但也可在常温下工作，价格便宜。碲镉汞、锑化铟探测器的工作温度为 77K，通常探测器工作时采用液氮、热电和氩气制冷。

② 响应率 R：红外探测器的输出电压（V）和输入的红外辐射功率（W）之比，称为响应率，它反映一个探测器的灵敏度，单位为 V/W，通常用 μV/μW。

③ 响应时间：当红外线辐射照到探测器敏感元的面 A 上时，或入射辐射去除后，探测器的输出电压上升至稳定值，或降至稳定值，这段上升或下降的延滞时间称为“响应时间”，它反映一个探测器对变化的红外辐射响应速度的快慢。

④ 响应波长范围：没有一个探测器能对所有波长的红外线都有响应。因而，在实际工作中通常根据要接收的红外线所在的波段来选择合适的红外探测器，使系统对该波段的

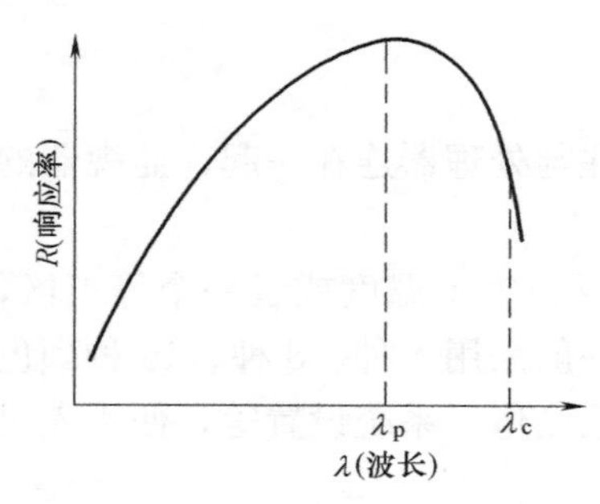

图 5.73　响应率和入射波长的关系

红外线产生响应。红外探测器的响应率和入射辐射的波长关系如图 5.73 所示。在波长为 λ_P 时，响应率缓慢下降，波长大于 λ_p 时，响应率急剧下降以至于零，通常把响应率下降到最大值的一半的波长 λ_c 称为"截止波长"，表明这个红外探测器使用的波长最长不得超过 λ_c。

⑤ 比探测率 D^*：定义为 $D^* = R\sqrt{A\Delta f}/V_N$ ($cm^2 \cdot Hz^{1/2}/W$)，V_N 为量测系统的频带宽度等于 Δf 的条件下所量测到的探测器噪声电压，比探测率是反映探测器分辨最小能量的本领，一般运用此参数表征一个探测仪性能的高低。

（2）热像仪温度分辨率

它是热像仪温度分辨率本领的基本参数，一般用噪声等效温差来表示，噪声等效温差定义为，当系统的信号跟噪声电压相等时热像仪所反映的温差，在热像仪的性能指标中温度分辨率通常都是指噪声等效温差这一个量。噪声电压是红外探测器输出端存在的毫无规律、无法预测、不可避免的电压起伏。因而，红外探测器辐射输出功率产生的电压信号至少大于探测器本身的噪声电压时，才能分辨和量测温度的变化，噪声等效温差用下式表示：

$$NETD = (T - T_B)/(V_s/V_N) \tag{5.65}$$

式中　T——目标温度；

T_B——背景温度；

V_s——目标信号峰值电压；

V_N——热像仪系统噪声电压。

根据上式，同一数值的温差，在高温时相对有较大的辐射能量差别，在低温时则对应于较小辐射能量的差别，因而在噪声等效温差量测中高温目标的同等目标的同等温差会产生较大信号，信噪比偏高，量测得到的信号等效温差也较小，亦即温差分辨率更高，可见噪声等效温差是依赖于被测目标的温度。热像仪这一参数是在室温目标（30℃）情况下量测的结果。

（3）空间分辨率

它是表征热像仪在空间分辨物体线度大小的本领。一般用热像仪的瞬时视场来表示空间分辨率，所谓瞬时视场是热像仪静态时探测器元件通过光学系统在物体上所对应线度大小对热像仪的空间张角。瞬时视场或空间张角越小，热像仪分辨细小物体的能力越强，如果要观察远距离的目标，热像仪应该具有较小的瞬时视场，即较高的空间分辨率，可在热像仪上添加望远物镜缩小瞬时视场，实现远距离观察的要求。

（4）视场范围

它表示在多大空间范围内热像仪能摄取热像图，用 X、Y 方向视场大小来表示，热像仪所包含的像元素等于视场范围除以瞬时视场，像元素越多，热图像越清晰，像质量越高，因此，成像清晰与否与视场范围或瞬时视场，以及像元素大小有关。

探测的距离与视场范围、空间分辨率的关系见 TH3101 系列、TH3104 系列的图例（图 5.74、图 5.75）。

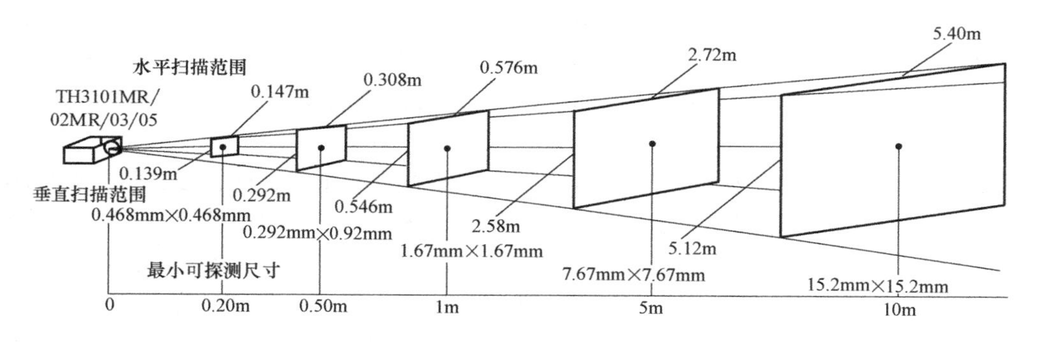

图 5.74 仪器探测距离与扫描范围的关系（1）

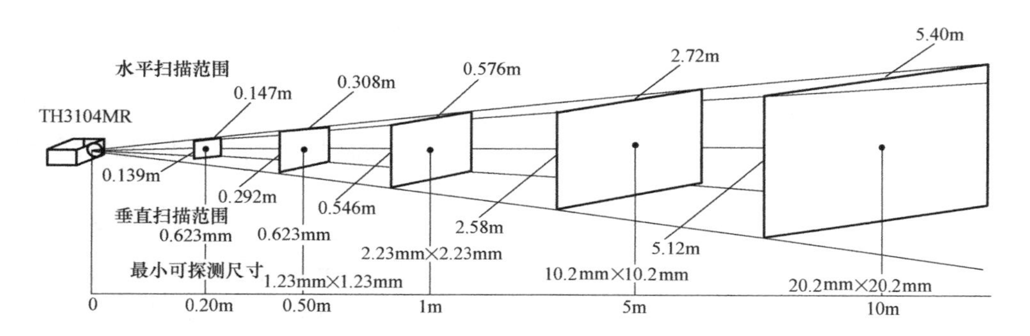

图 5.75 仪器探测距离与扫描范围的关系（2）

（5）帧频

它表示热像仪摄像器在 1s 内摄取多少帧热图像，帧频高，摄取的信息也多，越能观察运动目标或温度变化快的过程。

（6）响应波段

目前热像仪响应波段有 3～5μm 和 8～14μm 两类，前者适用于测量高温物体的温度，后者适用于测量室温和低温物体的温度。

（7）热图像信号处理功能

热图像信息的处理是反映热像仪先进性的一个重要方面。

5.6.4 红外成像技术应用

只要被测物体能够辐射红外能量，那么由于各种缺陷所造成的组织结构不均匀性，导致的物体表面温度场分布变异，便为红外成像提供了无损测试的条件。当前，红外成像测试仪具有 0.02～0.1℃的温度分辨率，可以广泛用于温度场变化的精确量测，近代红外成像仪功能较为完善，只要合理地选配和有效地利用光照条件，就能使红外成像技术的监测评估点效果得到充分的发挥。

1. 建筑节能中的应用

统计表明，在工业、运输和建筑三部分的能耗中，约 30%～50%的能量消耗集中在建筑住宅方面，其中一半的能耗同人们的生活舒适有关，可见，建筑领域节能的潜在效益极大。

建筑住宅能量的消耗来自热传导、热对流和渗漏受潮。对于安装隔热层的建筑围护结构，缺少隔热材料或安装不当，如隔热材料未填充设计空间、缝隙、孔洞，隔热层过薄，隔热材料沉降、收缩或受潮，从测试面的温度场分布或热图像中均可发现温度的起伏波动，使空间温度分布失衡。

在建筑结构中，砖墙或加气混凝土墙，金属，钢筋混凝土梁、柱、板和肋，夹心保温墙中金属连接杆、外保温墙中固定保温板的金属锚固体、内保温层中的龙骨，挑出阳台与主体结构的连接部分，保温门窗框等，统统这些都使得整体楼房存在大量的传热通道，称之为“热桥”。对于非节能型建筑，热桥附加能耗占30%以上，而在新型节能型建筑中，热桥附加能耗占总能耗的20%以内。从节能角度考虑，对热桥应设置隔热条对传热加以阻隔。这些热工现象，不是肉眼所能明察秋毫的，需要应用高精密度的红外热像仪测试、鉴别和判断，以提供房屋保温隔热节能的依据。另一方面，在刚性隔热体之间，因安装不当或损坏，使密封连接不良漏热，造成房内气流，也会使局部温度下降增加能耗。

总之，为了使建筑保温隔热良好、空间温控均衡、生活舒适降低无益的损耗，节能任务是相当繁重的，但也是具有相当潜力的，周密的静、动态温度测试，揭示出能耗大及温度失衡是重要的科技任务。

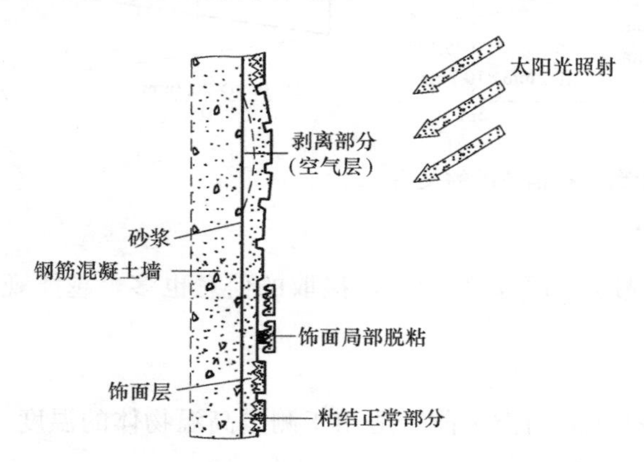

图 5.76　墙体构造及剥离、脱粘示意图

2. 建筑物外墙剥离层的测试

新旧建筑墙体剥离有砂浆抹灰层与主体钢筋混凝土局部或大面积脱开，形成空气夹层，通常称为剥离层（图 5.76）。

砂浆粉饰层剥离，将导致墙体渗漏；大面积的脱落，可能酿成重大事故。因剥离形成的墙身缺陷和损伤，降低了墙体的热传导性，在抹面材料产生剥离，外墙体和主体之间的热传导变小。因此，当外墙表面从日照或外部升温的空气中吸收热量时，有剥离层的部位，温度变化比正常情况下大。通常，当暴露在太阳光或升温的空气中时，外墙表面的温度升高，剥离部位的温度比正常部位的温度高；相反，当阳光减弱或气温降低，外墙表面温度下降时，剥离部位的温度比正常部位的温度低。由于太阳照射后的辐射和热传导，使缺陷、损伤处的温度分布与质量完好的面层的温度分布产生明显的差异，经高精度的温度探测仪分辨，红外成像后能直观测试出缺陷和损伤的所在，为诊断和评估提供了科学依据，具有测试迅速、工作效率高、热像反映的点和区域温度分布明晰易辨等优点。

3. 饰面砖粘贴质量大面积安全扫描

由于长期雨水冲刷、严寒酷热温度效应或受震冲击，使本来粘贴质量尚可的饰面砖与主体结构产生脱粘（图 5.76），对于施工时“空鼓”粘结性差的面砖则更有脱落的可能。此种危险现象在国内外均时有发生，若出现伤亡事故将会造成严重的后果。为此，国外很重视专项扫射检查，国内也已引起了相关关注。

面层与基体产生脱粘或“空鼓”，同样会造成整体导热性与正常部位导热性的差异，在脱粘部位，受热升温和降温散热均比正常部位快。这种温度场的差异提供了红外测试的可行性。对大面积非接触墙面的安全质量测试，红外遥感测试技术是很适用的，它可以根据阳光照射墙面的辐射能量，由红外热像仪采用和显示表面温度分布的差异，检出饰面砖粘贴的质量问题和在使用过程中局部粘贴的部位，为检修和工程评估提供确切的依据，对防患于未然具有十分重要的社会效益。

4. 玻璃幕墙、门窗保温隔热性、防渗漏的测试

气密性、保温隔热性检查，是根据房屋耐久性、防渗漏要求提出的，随着生活水平的提高，它也逐渐成为建筑节能的重要课题。冬夏季节室内外温差较大，内外热传导给红外检查门窗气密保温和渗漏性提供了良好的条件。对于构造漏热、气密性不良的部位，热传导性与气密性良好的部位比较，有较明显的差异，其形成的温度场分布也有明显的不同，红外热像仪能形象快速显示和分辨。测试工作对提供建筑保温隔热性，为施工装配质量检查和节能评估提供科学的依据，且扫测视域广，面积大，总之，非接触快速测试是其他无损测试方法无法替代的。

检查玻璃幕墙的气密性，防渗漏检查是一项重要的课题。红外测试技术视域广，非接触快速扫测效率高，很适合这种场合的测试任务。但由于玻璃幕墙是低光谱反射材料，玻璃的反射光谱如图 5.77 所示，测试时应注意太阳光或天空反射的影响，选择适用于被测物的波长的仪器。

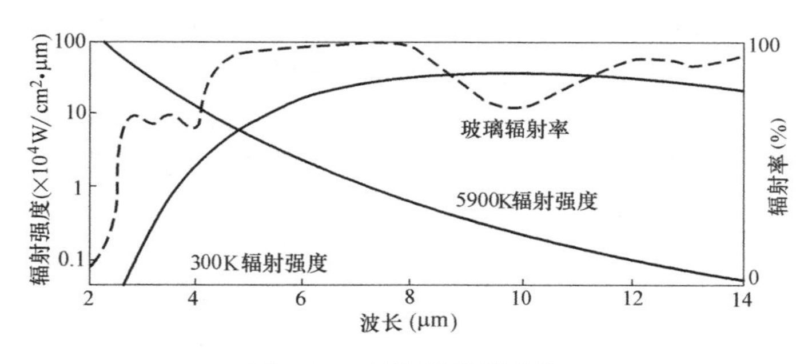

图 5.77　玻璃的光谱反射

日本 NEC 曾推出 TH3105 型红外成像仪，摄像头对 5.5～8.0μm 的波段十分灵敏。设计该波段的热像仪旨在与玻璃及一些主要的建筑材料的低光谱反射相匹配，使测试时红外成像受阳光或天空反射的影响大大降低，但该波段仍然处于受空间水蒸气吸收的范围，因而，测试时应尽可能避开大气中水蒸气吸红外辐射能的干扰影响。先进的红外成像仪，在常用波段的摄像头部（红外线的“大气窗口”）光学系统配上滤波器来降低太阳光或天空反射的影响，以适合于被测物低光谱反射特点的探测需要。

5. 墙面、屋面渗漏的检查

屋面防水层失效和墙面微裂所造成的雨水渗漏，是一种普遍性的房屋老化及质量问题，也是令广大用户十分烦恼的一个社会问题。对于这种缺陷用红外测试在国外已有成功的文献记载。屋面或墙面渗漏、隐匿水层的部位，其水分的热容和导热性与质量正常部位周边结构材料的热容和导热性是不同的。借太阳光照射后的热传导和反射扩散的结果，缺陷部位在表面层的温度场分布与周边表层的温度分布有明显的差异，红外测试技术可以检出面层不连续性或水分渗入隐匿部位，从室内热扩散、阳光被吸收和传导的物理现象给红

外成像测试提供了可行的依据。

6. *结构混凝土火灾受损、冻融冻坏的红外测试技术*

当前，对结构混凝土火灾的损伤程度和混凝土的强度下降范围，以及混凝土受冻融反复作用的损伤情况还缺乏破损和快速的有效测试手段，在国内近年来采用红外成像技术对上述混凝土损伤破坏进行测试研究。

混凝土火灾的物理化学反应，使混凝土表层变得疏松，表面因被直接火烧，其疏松尤为严重，其强度也随着疏松程度的加大而下降；混凝土受冻融作用，也会出现剥离破坏和局部疏松，以上均导致混凝土的导热性下降。在阳光或外部热照射后，损伤部位的温度场分布与完好部位或周边混凝土的温度场分布产生明显的差异。从红外成像显示的“热斑”和“冷斑”比较容易分辨出火烧和冻融破坏的损伤部位，这是红外成像作为非接触快速测试的特点。通过模拟试验，还可以建立一定条件下混凝土损伤的程度和灾后强度下降的大致对应范围，以作为工程实际检测热图像分辨判断的标识指标。半定量探测为工程修复加固处理提供参考，依据基本原理，进行广泛深入的试验，使红外成像技术适应不同的技术条件。提高判别的精度，将是可行、有效的新测试手段。

此外，铁路和公路沿线山体岩层扩坡的监测，国外已采用红外成像技术监测山体岩石的滑移活动，通过拍摄护坡层的温度场变化，预警可能出现坍塌、滑坡的交通事故；温窑炉、衬里耐火材料不同程度的磨损或开裂、因导热和泻热在窑炉表层造成的温度场分布的变异，采用红外成像技术非接触扫查窑炉外壳、显示耐火衬里、不同程度的磨损及开裂泄热的部位，为窑炉检修提供必要的科学信息，红外测试仪用于冶炼炉内温度分布变化的观察更是常用的工具；节能测试保温管道、冷藏库的保温绝热的局部失效，而导致泄热，均有温度场分布变异，红外成像技术具有简捷、直观的检查效果；电器测试，大至高压电网安全运输，小至集成电路工作故障的测试，在国内外均成了专业的测试手段；空间远距离的红外技术探测、大地的气象动态预报、星球的探测研究、夜幕的军事活动探测、导向攻击均有红外遥感探测技术的应用。

第6章　土木工程模型试验方法

随着我国国民经济的快速发展，许多在建和即将新建的工程项目不断走向深部，无论是交通建设的地下隧道、还是水电开发的地下洞室、能源储备的地下储库以及矿产开采的煤矿岩石井巷等都逐渐向深部地层发展。随着开挖深度不断增加，受"三高一扰动"（即高地应力、高渗透压、高低温及开挖扰动）的影响，往往伴随很多难以预测的工程问题，如岩爆、大变形、突水、强流变、顶板大面积垮落等一系列灾害性事故。由于地下工程结构多样且地质赋存环境复杂，传统的理论解析方法难以解决深部岩土体的非线性问题，同时，鉴于数值分析方法在处理介质大变形破坏问题时自身具有的局限性，迄今为止，数值方法在模拟深部工程破坏方面仍难以取得突破性进展。因此，相似理论与模型试验方法，以其形象、直观且真实的特性，成为探究土木工程非线性变形与强度破坏特性的重要手段。

6.1　概　　述

单一的数学推演或直接试验方法均难以解决复杂的土木工程问题，相似理论与模型试验方法应运而生。该方法汲取了数学法求解问题定量、规律性的优点，同时也保有了直接试验法描述研究对象客观、直接、准确的优势，以相似理论为根据，建立实验室模型，通过模型试验获得某些关键量间的影响关系与变化规律。

模型试验是根据相似理论对特定工程地质问题进行缩尺研究的一种物理模拟方法。模型试验是真实物理实体的再现，在基本满足相似理论的条件下，能够比较真实地反映地质构造和工程结构的空间关系，能够比较准确地模拟土木工程施工过程和把握岩土介质的力学变形特性。模型试验能较好地反映工程的受力全过程，从弹性到塑性，一直到破坏。尤其重要的是它可以比较全面真实地模拟复杂的土木工程地质构造，发现某些新的力学现象与规律，为建立新的理论和数学模型提供依据。因此，模型试验不仅可以研究工程的正常受力状态，还可以研究工程的极限荷载及破坏形态，并能对数值计算结果进行验证和补充。正是由于模型试验具有上述独特的优越性，因此被国内外土木工程界广泛重视和应用。

该方法具有下述特点：

1）模型试验方法作为一种独立性研修手段，能够严格控制试验对象的主要参量而不受外界条件或自然条件的限制，试验结果相对准确可靠。

2）模型试验方法可以有效地突出复杂试验过程中的主要矛盾，便于发现和把握研究对象的本质特性和内在联系，常用于复现复杂的实际工程难题。

3）实验室模型的几何尺寸通常比工程原型小很多，故模型制作较为简单、拆装方便且节约物料，同一模型可进行多个不同目的的试验。

4）对于自然界中某些变化过程极其缓慢的现象（如渗流与蠕变现象），模型试验方法能够加快其研究进程，反之，对于某些稍纵即逝的现象，该方法也可放缓变化过程，延长现象进程。

目前，清华大学、武汉大学、四川大学、山东大学、河海大学、中国矿业大学、西南交通大学、长江科学院、总参工程兵科研三所等单位，先后将相似理论与模型试验方法成功应用于国内许多大型水电、交通、能源和采矿地下工程中，试验研究成果解决了工程设计和施工中的许多关键性技术问题，产生了显著的经济效益与社会效益。

6.2 相似理论与量纲分析

土木工程模型试验的相似理论可表达为：若模型和原型为两个相似系统，则它们的几何特征和各物理量之间必然互相保持一定的比例关系，这样就可由模型系统的物理量推测原型相应物理量，这种模型与原型的几何特征和物理量之间的相似比例关系就是土木工程模型试验的相似条件。以下将系统性介绍相似理论相关的基本概念。

6.2.1 基本概念

1. 相似现象

在几何相似系统中，进行同一性质的物理过程，如果所有有关的物理量在其几何对应点及相对的瞬时都各自保持一定的比例关系，则将这样的物理过程叫做相似现象。

相似现象遵循相同的物理定律，相互相似的现象用文字表示的物理方程式是相同的。

2. 相似常数

相似常数也称相似比尺、相似系数。在相似现象中，各对应点上同种物理量的比值叫做该物理量的相似常数。通常用带下标的 C 表示，例如几何长度相似常数记作 C_L，时间相似常数记作 C_t。

在相似现象中，各相似常数之间受物理定律的约束，因此这些常数往往不能任意选取。

3. 相似指标

由于相似现象是性质相同的物理过程，与现象有关的各物理量都遵循相同的物理定律，从它们共同遵循的物理方程式中得到相似常数的组合，这些组合的数值受到了物理定律的约束，这就限制了各个物理量相似常数的自由选取，这种相似常数的组合就叫做相似指标。由此可见，相似现象的各个相似常数之间存在着一定的关系。

4. 相似模数

将相似指标中的同种物理量之比代入，使得同一体系中各物理量的无量纲组合，这种物理量的无量纲组合称为相似模数，有时也称为相似准则、相似判据、相似不变量。在具体问题中，各个相似模数均有它自己的物理意义。

6.2.2 相似三定律

模型试验一般包括模型设计、模型制作、模型测试和模型数据分析等几个方面，其中模型设计尤为重要，而模型设计的理论基础源于相似现象的三条普遍性结论，即相似三定理。

1. 相似第一定理

如果两个现象相似，则它们的相似指标等于 1，对应点上相似模数（相似判据、相似准则、相似不变量）数值相等。相似第一定理表明，彼此相似的现象其相似常数的组合，即相似指标的数值必须等于 1。

当已知描述现象的物理方程时，一般可以通过将相似常数代入方程式的方法求得相似指标。

2. 相似第二定理

相似第二定理也称做 π 定理，它的含义为：若物理系统的现象相似，则其相似模数方程（相似判据方程）就相同。换言之，对所有相似的现象来说，它们各自的相似模数之间的关系完全相同。

相似第二定理的作用在于，它表示任何物理方程均可转换为无量纲量间的关系方程。无量纲模数方程包括相似模数、同种物理量之比和无量纲物理量自身。

3. 相似第三定理

相似第三定理又称为相似逆定理，它描述的是现象相似的充分必要条件，即发生在几何相似系统中，物理过程用同一方程表达，包括单值量模数在内所有的相似模数在对应点上的数值相等。这说明，有些复杂现象，其物理过程要用微分方程来表达，尽管这些现象出现在几何相似系统中，表达的微分方程也相同，但还不能保证这些现象是相似的，还要求包括单值量组成的相似模数数值在对应点必须相等，才能保证现象是相似的。

相似第三定理所说的单值量条件就是得以从许多现象中把某个具体现象区分出来的条件，它包括：

1）几何条件：凡参与物理过程的物体的几何大小是应当给出的单值量条件。

2）物理条件：凡参与物理过程的物质的性质是需要给出的单值量条件，例如材料的弹性模量、泊松比、容重、重力加速度等。

3）边界条件：所有现象都必然受到与其直接相邻的周围情况的影响，因此，发生在边界的情况也是应当给出的单值量条件。例如，梁的支承情况、边界载荷分布情况、研究热现象时的边界温度分布情况等。

4）起始条件：任何物理过程的发展都直接受起始状态的影响，因此，起始条件也是应当给出的单值量条件，例如，振动问题中的初相位、运动问题中的初速度等，当单值量条件给定以后，现象中的其他量就可确定下来，单值量模数也就随之被确定了。

6.2.3 量纲分析

量纲分析是根据描述物理过程物理量的量纲和谐原理，寻求物理过程中各物理量间的关系而建立相似模数的方法。被测量的种类称为该物理量的量纲。量纲的概念是在研究物理量的数量关系时产生的，只区别物理量的种类，而并不区分物理量的不同度量单位。如测量距离用米、厘米、英尺等不同单位，上述单位均用于描述长度类物理量，因此可将长度称为一种量纲，以 $[L]$ 表示。再如，时间类物理量用时、分、秒、微秒等单位表示，它是有别于其他种类的另一种量纲，以 $[T]$ 表示。通常，每一种物理量都应有一种量纲。例如表示重量的物理量 G，它对应的量纲属于力的范畴，用量纲 $[F]$ 表示。

在一切自然现象中，各物理量之间存在着一定的联系。在分析一个现象时，可用参与该现象的各物理量之间的关系方程进行描述，因此各物理量的量纲之间也存在着一定的联系。如果选定一组彼此独立的量纲作为基本量纲 j，而其他物理量的量纲可由基本量纲组成，则这些量纲成为导出量纲。量纲分析中有两个基本量纲系统，即绝对系统和质量系统。绝对系统的基本量纲为长度、时间和力；而质量系统的基本量纲是长度、时间和质量。常用物理量的量纲见表 6.1

常用物理量与物理常数的量纲 **表 6.1**

物理量	质量系统	绝对系统	物理量	质量系统	绝对系统
长度	$[L]$	$[L]$	面积二次矩	$[L^4]$	$[L^4]$
时间	$[T]$	$[T]$	质量惯性矩	$[ML^2]$	$[FLT^2]$
质量	$[M]$	$[FL^{-1}T^2]$	表面张力	$[MT^{-2}]$	$[FL^{-1}]$
力	$[MLT^{-2}]$	$[F]$	应变	$[1]$	$[1]$
温度	$[\theta]$	$[\theta]$	比重	$[ML^{-2}T^{-2}]$	$[FL^{-3}]$
速度	$[LT^{-1}]$	$[LT^{-1}]$	密度	$[ML^{-3}]$	$[FL^{-4}T^2]$
加速度	$[LT^{-2}]$	$[LT^{-2}]$	弹性模量	$[ML^{-1}T^{-2}]$	$[FL^{-2}]$
角度	$[1]$	$[1]$	泊松比	$[1]$	$[1]$
角速度	$[T^{-1}]$	$[T^{-1}]$	动力黏度	$[ML^{-1}T^{-1}]$	$[FL^{-2}T]$
角加速度	$[T^{-2}]$	$[T^{-2}]$	运动黏度	$[L^2T^{-1}]$	$[L^2T^{-1}]$
应力	$[ML^{-1}T^{-2}]$	$[FL^{-2}]$	线热胀系数	$[\theta^{-1}]$	$[\theta^{-1}]$
力矩	$[ML^2T^{-2}]$	$[FL]$	导热率	$[MLT^{-3}\theta^{-1}]$	$[FT^{-1}\theta^{-1}]$
能量	$[ML^2T^{-2}]$	$[FL]$	比热	$[L^2T^{-2}\theta^{-1}]$	$[L^2T^{-2}\theta^{-1}]$
冲力	$[MLT^{-1}]$	$[FT]$	热容量	$[ML^{-1}T^{-2}\theta^{-1}]$	$[FL^{-2}\theta^{-1}]$
功率	$[ML^2T^{-3}]$	$[MLT^{-1}]$	导热系数	$[MT^{-3}\theta^{-1}]$	$[FL^{-1}T^{-1}\theta^{-1}]$

量纲间的相互关系可简要归纳如下：

1）两个物理量相等，是指不仅数值相等，而且量纲也要相同。

2）两个同量纲参数的比值是无量纲参数，其值不随所取单位的大小而变。

3）一个完整的物理方程式中，各项的量纲必须相同，因此方程才能用加、减并用等号联系起来，该过程被称为量纲和谐。

4）导出量纲可和基本量纲组成无量纲组合，但基本量纲之间不能组成无量纲组合。

5）若在一个物理方程中共有 n 个物理量 x_1，x_2，……，x_n 和 k 个基本量纲，则可组成（$n-k$）个独立的无量纲组合。无量纲参数组合简称"π 数"，公式形式可表示为：

$$f(x_1, x_2 \cdots\cdots x_n)=0 \tag{6.1}$$

上式亦可改写为：

$$\phi[\pi_1, \pi_2 \cdots\cdots \pi_{(n-k)}]=0 \tag{6.2}$$

式（6.2）即为 π 定理的方程表达式。

根据量纲关系，可证明两个相似物理过程的相对应 π 数必然相等，仅仅是相应各物理量间数值大小不同，这就是用量纲分析法求模型试验相似条件的理论依据。

【例题 6-1】 利用点源强爆炸问题，举例说明如何运用量纲分析法推导模型试验相似条件。

传统炸弹的机械效能是通过在有限的空间里短时释放大量高温、高压气体获得的。而对于原子弹，则需要利用核反应产生巨大能量，这种在极端聚焦条件的点源强爆炸（没有伴随气体的爆炸），其爆炸后的机械效能是否与通常炸弹类似，是亟须解决的问题。对于这个科学问题，科学家 G. I. Taylor 思考并计算空气在瞬间爆炸产生的运动和压力，他认为，爆炸会产生一个热冲击波，即一个点源强爆炸瞬间释放巨大但有限的能量 E，将对其周围的空气进行急剧的压缩和加温，并以超过声速的球形冲击波向外急速膨胀。初时，他列出了该问题的流体力学偏微分方程组，但方程组是非线性的，受限于当时的数学理论，无法展开准确求解。Taylor 选择借助量纲分析，进一步解决问题。

设空气的绝热指数为 γ（表征空气的可压缩性，无量纲），在爆炸时间为 t 时，球形冲击波的波阵面半径为 R，波阵面相当于一个球形边界面，内部是高热火球，外部为正常大气，其密度为 ρ_0，压强比球内压强小几个数量级，可以忽略不计。至此，该复杂问题已被简化为含有 5 个物理量的量纲分析问题（表 6.2），物理量的函数关系表达式为：

$$f(R, E, \gamma, \rho_0, t)=0 \tag{6.3}$$

点源强爆炸问题各物理量量纲 **表 6.2**

R	E	γ	ρ_0	t
L	ML^2T^{-2}	1	ML^{-3}	T

分析式（6.3）与表 6.2 可知，点源强爆炸问题共涉及物理量 $n=5$，其中包含基本量纲 M、L 和 T，即 $k=3$。根据 π 定理，可构造出 $n-k=2$ 个独立的无量纲物理量。取 E、t、ρ_0 为重复参量，则存在关系：

$$\pi_1=RE^{\alpha_1}\rho_0^{\beta_1}t^{\lambda_1} \tag{6.4}$$

$$\pi_2=\gamma E^{\alpha_2}\rho_0^{\beta_2}t^{\lambda_2} \tag{6.5}$$

因 γ 为无量纲量，故 $\alpha_2=\beta_2=\lambda_2=0$，即 $\pi_2=\gamma$。

对于 π_1，有：

$$\dim\pi_1=L(ML^2T^{-2})^{\alpha_1}(ML^{-3})^{\beta_1}T^{\lambda_1} \tag{6.6}$$

根据量纲和谐原理，可以写出基本量纲指数关系的联立方程，即量纲矩阵中各个物理量对应于每个基本量纲的幂数之和等于零。

$$\begin{cases}\text{对量纲 }[M]\text{：}\alpha_1+\beta_1=0\\ \text{对量纲 }[L]\text{：}1+2\alpha_1-3\beta_1=0\\ \text{对量纲 }[T]\text{：}-2\alpha_1+\lambda_1=0\end{cases}$$

计算得到： $\alpha_1=-\dfrac{1}{5}, \beta_1=\dfrac{1}{5}, \lambda_1=-\dfrac{2}{5}$

代入式（6.6）得到：$\pi_1=RE^{-\frac{1}{5}}\rho_0^{\frac{1}{5}}t^{-\frac{2}{5}}$

根据量纲分析理论，存在关系 $\pi_1=S(\pi_2)$，即：

$$RE^{-\frac{1}{5}}\rho_0^{\frac{1}{5}}t^{-\frac{2}{5}}=S(\gamma) \tag{6.7}$$

其中，$S(\gamma)$ 是常数，故可获得球形冲击波的波阵面半径函数表达式：

$$R=S(\gamma)E^{\frac{1}{5}}\rho_0^{-\frac{1}{5}}t^{\frac{2}{5}} \tag{6.8}$$

以上是 Taylor 著名的 $t^{2/5}$ 标度律，即冲击波波阵面半径与时间的 2/5 次方成正比，后

经计算确定 $S(\gamma)\approx1.033$。

综上所述，用量纲分析法确定无量纲 π 函数时（即相似模数），需明确物理过程中所包含的物理量所具有的量纲，无需明确描述该物理过程的具体方程或公式，因此，建立较复杂物理过程的相似模数时，选择量纲分析法是可行的。

6.3 模型试验相似条件

模型试验相似条件可表达为：若模型和原型为两个相似系统，则它们的几何特征和各物理量之间必然互相保持一定的比例关系，这样就可由模型系统的物理量推测原型相应物理量，这种模型与原型的几何特征和物理量之间的相似比例关系就是模型试验的相似条件。

6.3.1 相似比尺

我们将原型（p）和模型（m）之间相同的物理量之比称为相似比尺（或称相似常数、相似系数），用字母 C 代替。定义 L 为长度，γ 为容重，δ 为位移，σ 为应力，ε 为应变，σ^{t} 为抗拉强度，σ^{c} 为抗压强度，c 为黏聚力，φ 为摩擦角，μ 为泊松比，f 为摩擦系数，X 为体力，$\overline{X}$ 为边界面力，t 为时间。相应的几何、应力、应变、弹性模量、容重、泊松比、摩擦系数、内摩擦角、位移、体积力、边界面力、时间的相似比尺定义如下：

1. 几何相似比尺

$$C_L=\frac{\delta_{\mathrm{p}}}{\delta_{\mathrm{m}}}=\frac{L_{\mathrm{p}}}{L_{\mathrm{m}}} \tag{6.9}$$

2. 应力相似比尺

$$C_\sigma=\frac{(\sigma^{\mathrm{t}})_{\mathrm{p}}}{(\sigma^{\mathrm{t}})_{\mathrm{m}}}=\frac{(\sigma^{\mathrm{c}})_{\mathrm{p}}}{(\sigma^{\mathrm{c}})_{\mathrm{m}}}=\frac{c_{\mathrm{p}}}{c_{\mathrm{m}}}=\frac{\sigma_{\mathrm{p}}}{\sigma_{\mathrm{m}}} \tag{6.10}$$

3. 应变相似比尺

$$C_\varepsilon=\frac{\varepsilon_{\mathrm{p}}}{\varepsilon_{\mathrm{m}}} \tag{6.11}$$

4. 弹性模量相似比尺

$$C_E=\frac{E_{\mathrm{p}}}{E_{\mathrm{m}}} \tag{6.12}$$

5. 容重相似比尺

$$C_\gamma=\frac{\gamma_{\mathrm{p}}}{r_{\mathrm{m}}} \tag{6.13}$$

6. 泊松比相似比尺

$$C_\mu=\frac{\mu_{\mathrm{p}}}{\mu_{\mathrm{m}}} \tag{6.14}$$

7. 摩擦系数相似比尺

$$C_f=\frac{f_{\mathrm{p}}}{f_{\mathrm{m}}} \tag{6.15}$$

8. 内摩擦角相似比尺

$$C_\varphi=\frac{\varphi_{\mathrm{p}}}{\varphi_{\mathrm{m}}} \tag{6.16}$$

9. 位移相似比尺

$$C_\delta=\frac{\delta_{\mathrm{p}}}{\delta_{\mathrm{m}}} \tag{6.17}$$

10. 边界面力相似比尺

$$C_{\overline{X}}=\frac{\overline{X}_{\mathrm{p}}}{\overline{X}_{\mathrm{m}}} \tag{6.18}$$

11. 体积力相似比尺

$$C_X=\frac{X_{\mathrm{p}}}{X_{\mathrm{m}}} \tag{6.19}$$

12. 时间相似比尺

$$C_t=\frac{t_{\mathrm{p}}}{t_{\mathrm{m}}} \tag{6.20}$$

6.3.2 相似条件建立

下面将根据原型和模型的平衡方程、几何方程、物理方程、应力边界条件和位移边界条件建立地质力学模型试验的相似条件。

1. 由平衡方程出发建立的相似条件

原型平衡方程：

$$\begin{cases}\left(\dfrac{\partial\sigma_x}{\partial x}\right)_{\mathrm{p}}+\left(\dfrac{\partial\tau_{yx}}{\partial y}\right)_{\mathrm{p}}+\left(\dfrac{\partial\tau_{zx}}{\partial z}\right)_{\mathrm{p}}+X_{\mathrm{p}}=0\\ \left(\dfrac{\partial\sigma_y}{\partial y}\right)_{\mathrm{p}}+\left(\dfrac{\partial\tau_{zy}}{\partial z}\right)_{\mathrm{p}}+\left(\dfrac{\partial\tau_{xy}}{\partial x}\right)_{\mathrm{p}}+Y_{\mathrm{p}}=0\\ \left(\dfrac{\partial\sigma_z}{\partial z}\right)_{\mathrm{p}}+\left(\dfrac{\partial\tau_{xz}}{\partial x}\right)_{\mathrm{p}}+\left(\dfrac{\partial\tau_{yz}}{\partial y}\right)_{\mathrm{p}}+Z_{\mathrm{p}}=0\end{cases} \tag{6.21}$$

式中 X、Y、Z——体积力。

模型平衡方程：

$$\begin{cases}\left(\dfrac{\partial\sigma_x}{\partial x}\right)_{\mathrm{m}}+\left(\dfrac{\partial\tau_{yx}}{\partial y}\right)_{\mathrm{m}}+\left(\dfrac{\partial\tau_{zx}}{\partial z}\right)_{\mathrm{m}}+X_{\mathrm{m}}=0\\ \left(\dfrac{\partial\sigma_y}{\partial y}\right)_{\mathrm{m}}+\left(\dfrac{\partial\tau_{zy}}{\partial z}\right)_{\mathrm{m}}+\left(\dfrac{\partial\tau_{xy}}{\partial x}\right)_{\mathrm{m}}+Y_{\mathrm{m}}=0\\ \left(\dfrac{\partial\sigma_z}{\partial z}\right)_{\mathrm{m}}+\left(\dfrac{\partial\tau_{xz}}{\partial x}\right)_{\mathrm{m}}+\left(\dfrac{\partial\tau_{yz}}{\partial y}\right)_{\mathrm{m}}+Z_{\mathrm{m}}=0\end{cases} \tag{6.22}$$

将应力、几何及体积力的相似比 C_σ、C_L、$C_X=C_\gamma$分别代入式（6.21），得到：

$$\begin{cases}\left(\dfrac{\partial\sigma_x}{\partial x}\right)_{\mathrm{m}}+\left(\dfrac{\partial\tau_{yx}}{\partial y}\right)_{\mathrm{m}}+\left(\dfrac{\partial\tau_{zx}}{\partial z}\right)_{\mathrm{m}}+\dfrac{C_\gamma C_L}{C_\sigma}X_{\mathrm{m}}=0\\ \left(\dfrac{\partial\sigma_y}{\partial y}\right)_{\mathrm{m}}+\left(\dfrac{\partial\tau_{zy}}{\partial z}\right)_{\mathrm{m}}+\left(\dfrac{\partial\tau_{xy}}{\partial x}\right)_{\mathrm{m}}+\dfrac{C_\gamma C_L}{C_\sigma}Y_{\mathrm{m}}=0\\ \left(\dfrac{\partial\sigma_z}{\partial z}\right)_{\mathrm{m}}+\left(\dfrac{\partial\tau_{xz}}{\partial x}\right)_{\mathrm{m}}+\left(\dfrac{\partial\tau_{yz}}{\partial y}\right)_{\mathrm{m}}+\dfrac{C_\gamma C_L}{C_\sigma}Z_{\mathrm{m}}=0\end{cases} \tag{6.23}$$

比较式（6.22）和式（6.23），可得到应力相似比尺 C_σ、容重相似比尺 C_γ和几何相似比尺 C_L之间的相似关系为：

$$\frac{C_\gamma C_L}{C_\sigma}=1 \tag{6.24}$$

2. 由几何方程出发建立的相似条件

原型几何方程：

$$\begin{cases}(\varepsilon_x)_\mathrm{p}=\left(\dfrac{\partial u}{\partial x}\right)_\mathrm{p}\\(\varepsilon_y)_\mathrm{p}=\left(\dfrac{\partial \nu}{\partial y}\right)_\mathrm{p}\\(\varepsilon_z)_\mathrm{p}=\left(\dfrac{\partial w}{\partial z}\right)_\mathrm{p}\\(\gamma_{xy})_\mathrm{p}=\left(\dfrac{\partial u}{\partial y}\right)_\mathrm{p}+\left(\dfrac{\partial \nu}{\partial x}\right)_\mathrm{p}\\(\gamma_{yz})_\mathrm{p}=\left(\dfrac{\partial \nu}{\partial z}\right)_\mathrm{p}+\left(\dfrac{\partial w}{\partial y}\right)_\mathrm{p}\\(\gamma_{zx})_\mathrm{p}=\left(\dfrac{\partial u}{\partial z}\right)_\mathrm{p}+\left(\dfrac{\partial w}{\partial x}\right)_\mathrm{p}\end{cases} \tag{6.25}$$

模型几何方程：

$$\begin{cases}(\varepsilon_x)_\mathrm{m}=\left(\dfrac{\partial u}{\partial x}\right)_\mathrm{m}\\(\varepsilon_y)_\mathrm{m}=\left(\dfrac{\partial \nu}{\partial y}\right)_\mathrm{m}\\(\varepsilon_z)_\mathrm{m}=\left(\dfrac{\partial w}{\partial z}\right)_\mathrm{m}\\(\gamma_{xy})_\mathrm{m}=\left(\dfrac{\partial u}{\partial y}\right)_\mathrm{m}+\left(\dfrac{\partial \nu}{\partial x}\right)_\mathrm{m}\\(\gamma_{yz})_\mathrm{m}=\left(\dfrac{\partial \nu}{\partial z}\right)_\mathrm{m}+\left(\dfrac{\partial w}{\partial y}\right)_\mathrm{m}\\(\gamma_{zx})_\mathrm{m}=\left(\dfrac{\partial u}{\partial z}\right)_\mathrm{m}+\left(\dfrac{\partial w}{\partial x}\right)_\mathrm{m}\end{cases} \tag{6.26}$$

将应变、位移、几何的相似比尺 C_ε、C_δ、C_L分别代入式（6.26），得到：

$$\begin{cases}(\varepsilon_x)_\mathrm{m}\dfrac{C_\varepsilon C_L}{C_\delta}=\left(\dfrac{\partial u}{\partial x}\right)_\mathrm{m}\\(\varepsilon_y)_\mathrm{m}\dfrac{C_\varepsilon C_L}{C_\delta}=\left(\dfrac{\partial \nu}{\partial y}\right)_\mathrm{m}\\(\varepsilon_z)_\mathrm{m}\dfrac{C_\varepsilon C_L}{C_\delta}=\left(\dfrac{\partial w}{\partial z}\right)_\mathrm{m}\\(\gamma_{xy})_\mathrm{m}\dfrac{C_\varepsilon C_L}{C_\delta}=\left(\dfrac{\partial u}{\partial y}\right)_\mathrm{m}+\left(\dfrac{\partial \nu}{\partial x}\right)_\mathrm{m}\\(\gamma_{yz})_\mathrm{m}\dfrac{C_\varepsilon C_L}{C_\delta}=\left(\dfrac{\partial \nu}{\partial z}\right)_\mathrm{m}+\left(\dfrac{\partial w}{\partial y}\right)_\mathrm{m}\\(\gamma_{zx})_\mathrm{m}\dfrac{C_\varepsilon C_L}{C_\delta}=\left(\dfrac{\partial u}{\partial z}\right)_\mathrm{m}+\left(\dfrac{\partial w}{\partial x}\right)_\mathrm{m}\end{cases} \tag{6.27}$$

比较式（6.26）和式（6.27），可得位移相似比尺 C_δ、几何相似比尺 C_L和应变相似

比尺 C_ε 之间的相似关系为

$$\frac{C_L C_\varepsilon}{C_\delta}=1 \tag{6.28}$$

3. 由物理方程出发建立的相似条件

原型物理方程：

$$\left\{\begin{aligned}
&(\varepsilon_x)_p=\frac{1}{E_p}[\sigma_x-\mu(\sigma_y+\sigma_z)]_p\\
&(\varepsilon_y)_p=\frac{1}{E_p}[\sigma_y-\mu(\sigma_x+\sigma_z)]_p\\
&(\varepsilon_z)_p=\frac{1}{E_p}[\sigma_z-\mu(\sigma_x+\sigma_y)]_p\\
&(\gamma_{yz})_p=\left[\frac{2(1+\mu)}{E}\tau_{yz}\right]_p\\
&(\gamma_{zx})_p=\left[\frac{2(1+\mu)}{E}\tau_{zx}\right]_p\\
&(\gamma_{xy})_p=\left[\frac{2(1+\mu)}{E}\tau_{xy}\right]_p
\end{aligned}\right. \tag{6.29}$$

模型物理方程：

$$\left\{\begin{aligned}
&(\varepsilon_x)_m=\frac{1}{E_m}[\sigma_x-\mu(\sigma_y+\sigma_z)]_m\\
&(\varepsilon_y)_m=\frac{1}{E_m}[\sigma_y-\mu(\sigma_x+\sigma_z)]_m\\
&(\varepsilon_z)_m=\frac{1}{E_m}[\sigma_z-\mu(\sigma_x+\sigma_y)]_m
\end{aligned}\right. \tag{6.30a}$$

$$\left\{\begin{aligned}
&(\gamma_{yz})_m=\left[\frac{2(1+\mu)}{E}\tau_{yz}\right]_m\\
&(\gamma_{zx})_m=\left[\frac{2(1+\mu)}{E}\tau_{zx}\right]_m\\
&(\gamma_{xy})_m=\left[\frac{2(1+\mu)}{E}\tau_{xy}\right]_m
\end{aligned}\right. \tag{6.30b}$$

将应变、应力、弹性模量、泊松比的相似比尺分别代入式（6.29），得到：

$$\left\{\begin{aligned}
&(\varepsilon_x)_m=\frac{C_\sigma}{C_\varepsilon C_E}\frac{1}{E_m}[\sigma_x-C_\mu\mu(\sigma_y+\sigma_z)]_m\\
&(\varepsilon_y)_m=\frac{C_\sigma}{C_\varepsilon C_E}\frac{1}{E_m}[\sigma_y-C_\mu\mu(\sigma_x+\sigma_z)]_m\\
&(\varepsilon_z)_m=\frac{C_\sigma}{C_\varepsilon C_E}\frac{1}{E_m}[\sigma_z-C_\mu\mu(\sigma_x+\sigma_y)]_m\\
&(\gamma_{yz})_m=\frac{C_\sigma}{C_\varepsilon C_E}\left[\frac{2(1+C_\mu\mu)}{E}\tau_{yz}\right]_m\\
&(\gamma_{xz})_m=\frac{C_\sigma}{C_\varepsilon C_E}\left[\frac{2(1+C_\mu\mu)}{E}\tau_{xz}\right]_m\\
&(\gamma_{xy})_m=\frac{C_\sigma}{C_\varepsilon C_E}\left[\frac{2(1+C_\mu\mu)}{E}\tau_{xy}\right]_m
\end{aligned}\right. \tag{6.31}$$

比较式（6.30）和式（6.31），得到应力、应变和弹性模量相似比尺之间的相似关系为：

$$\frac{C_\sigma}{C_\varepsilon C_E}=1 \tag{6.32}$$

同时得到泊松比无量纲物理量的相似比尺 $C_\mu=1$。

4. 时间相似条件

对于工程岩体在长期荷载条件下的破坏，需要考虑的一个重要物理量为时间。在模型试验设计中如何选择适当的时间常数，是涉及蠕变、流变现象模型试验成败的关键。

在牛顿第二定律的基础之上，采用量纲分析方法可以推导出时间相似比尺 C_t 和几何相似比尺 C_L 之间的关系。在重力与惯性力作用下，具有以下关系：

$$a_\mathrm{p}=\frac{L_\mathrm{p}}{t_\mathrm{p}^2} \tag{6.33}$$

$$a_\mathrm{m}=\frac{L_\mathrm{m}}{t_\mathrm{m}^2} \tag{6.34}$$

$$\frac{a_\mathrm{p}}{a_\mathrm{m}}=\frac{L_\mathrm{p}t_\mathrm{m}^2}{L_\mathrm{m}t_\mathrm{p}^2}=1 \tag{6.35}$$

则

$$\frac{L_\mathrm{p}}{L_\mathrm{m}}=\frac{t_\mathrm{p}^2}{t_\mathrm{m}^2}=1 \tag{6.36}$$

因此获得原型和模型的时间相似条件：

$$C_t=\frac{t_\mathrm{p}}{t_\mathrm{m}}=\sqrt{\frac{L_\mathrm{p}}{L_\mathrm{m}}}=\sqrt{C_L} \tag{6.37}$$

6.4 正交试验方法

存在某些工程或生产过程中遇到的问题，人们依据生产实践仅仅能够得知一部分影响因素，尚未掌握全部的影响因素。并且，对这些已知的影响因素还缺乏深入了解，各因素间的定性关系也无法完全确定。这种情况下，模型试验相似准则难以求得，因此，也就不能运用模型试验法研究工程实际问题。

另外，优化模型试验方案也尤为关键，即如何用尽可能少的试验次数、较小的试验工作量以及合理的试验规划，总结出具有规律性的试验结果，完成试验任务。

解决上述两个问题的常用方法就是正交试验法，也称正交设计法。正交设计就是一种安排与分析多因素试验的方法，是从概率论与数理统计的基础上发展成的一种应用数学方法，该方法简单易行，灵活多样，应用效果良好。

正交试验方法利用正交表安排试验并分析试验结果。各个试验点在选优区的均衡分布，在数学上被称为“正交”，这就是正交试验方法中“正交”二字的由来。

正交试验方法能够实现：1）安排少量试验测试，获得较好的试验结果和分析出较为正确的结论，即可以作到试验方法上的优化。2）它是以实践经验为基础的试验方法，通过对试验数据的简单分析，在复杂的影响因素中，找到各因素作用的主次顺序，容易找出主要影响因素。3）对进一步试验研究提供方向。因此，正交试验方法是一种科学地安排与分析多因素试验的有效测试手段，在土木工程领域有着较为广泛的应用。

6.4.1 常用术语

为了方便介绍，以下将以举例的方式阐述几个正交试验的常用术语。

某掘进队为提高巷道的掘进速度与质量，选了三种爆破破岩设计图，本队可组成的装岩能力有 $40m^3/h$、$80m^3/h$、$120m^3/h$ 三种；支护方式有锚喷支护、砌块砌筑支护、现灌混凝土支护三种，欲探究由哪一个爆破设计、配合何种装岩能力、利用什么支护方式能达到最快的掘进速度？

1. 试验指标

巷道掘进速度和质量是在试验中用来衡量试验效果的，称为试验指标。巷道掘进速度是以“m/月”来表示的，这个可以用数量表示的指标称为定量指标。质量好坏除可用数量表示的部分外，还有一些只能用触摸（如平滑与否）和视觉（如整齐与否）进行判断，这样不能直接用数量来表示的指标称为定性指标。对于定性指标，可以按评定的结果给出等级或分数，就可以用数量来表示这一指标了，凡遇到定性指标总是把它加以处理使其定量化，因此，后续文中将不会对二者加以区分了。

2. 因素

在掘进试验中，爆破设计、钻研机具、装岩能力、施工组织、人工技术水平、岩石条件等都对试验指标存在影响，通常称这些为因素。在试验中，将可以人为加以调节和控制的因素（如钻眼机具、装岩能力）记为可控因素；将另一类暂时不能人为调节的因素（如岩石条件）记为不可控因素。正交试验法在设计试验方案时，一般只适用于可控因素。因此，后文中的因素，凡没有特别说明，均指可控因素。

3. 水平

因素在试验中发生变化将引起指标的变化。每个因素在试验中要比较的具体条件被称为因素的水平（简称水平），也就意味着，因素在试验中取几个具体数就称做有几个水平。

有些因素与试验指标的关系已被揭示，在新的试验中就不必再作为因素，而将其固定在适当的水平上。只考察一个因素的试验称为单因素试验；考察两个或两个以上因素的试验称为多因素试验。正交试验方法是一种适用于考察多因素试验的方法，尤其适用于三个或三个以上因素的试验。

6.4.2 正交试验设计

正交试验设计主要包含两部分内容：安排试验方案，分析试验结果。

1. 安排试验方案

正交试验在设计阶段利用正交表安排试验测试，为方便起见，仍用前面的工程实例对试验方案安排的具体方法进行阐述。

首先，需要根据生产实践分析影响掘进速度与质量的因素。一般与巷道尺寸、破岩、装岩、岩石条件、施工组织、支护方式以及掘砌关系等因素有关。如果在某一特定的工程条件和掘进队的条件下，则可认为：巷道尺寸、岩石条件、施工组织和掘砌关系为固定条件，一般不作为因素考虑。因此，因素只有爆破设计、装岩能力与支护方式三个。试验指标中如果是同一岩石条件和同一施工队，则可认为质量是相同的，即只考虑施工速度这一指标。

因素的水平，依照问题条件及现场实际，均选择三个水平。爆破设计为Ⅰ、Ⅱ、Ⅲ；出岩能力为 40m³/h、80m³/h、120m³/h；支护方式为锚喷支护（代号 A）、砌块砌筑（代号 B）、现浇混凝土支护（代号 C），现将因素与水平列于表 6.3 中。

正交表 L_9（3^4） **表 6.3**

因素 水平	爆破设计	出岩能力 (m³/h)	支护方式
1	Ⅰ	40	A
2	Ⅱ	80	B
3	Ⅲ	120	C

利用正交试验方法安排试验测试，是用一种事先已制定好的表格开展的，这种表格被称为正交表，其各符号的意义是：

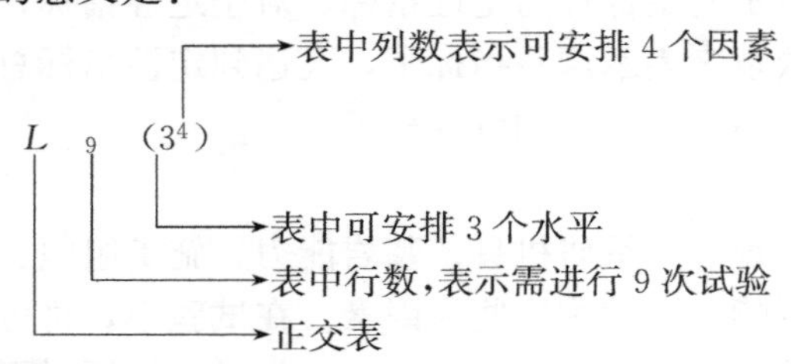

现将这三个因素分别填入正交表 6.3 中，获得表 6.4。

正交表计算结果 **表 6.4**

因素(列号) 试验号	爆破设计	出岩能力 (m³/h)	支护方式	掘进速度 (m/月)
1	Ⅰ	40	A	70
2	Ⅰ	80	B	70
3	Ⅰ	120	C	70
4	Ⅱ	40	B	45
5	Ⅱ	80	C	85
6	Ⅱ	120	A	75
7	Ⅲ	40	C	50
8	Ⅲ	80	A	80
9	Ⅲ	120	B	50

从表 6.4 可以看出，如果 3 因素 3 水平可存在 3×3×3=27 个不同的试验条件，而表 6.4 中仅选取 9 个，试验次数可大为减少。试验就依照表中所列组合进行，并将试验结果填入表 6.4 中掘进速度一项中。

综上所述，安排试验方案的步骤为：

1）明确试验任务，确定试验指标。

生产实践中存在的问题较多。例如，有速度（或产量）问题、质量问题、消耗问题以及成本问题等，这些不可能通过单一一次试验将所有问题全部妥善解决。应根据实际情况，确定这次需要解决的一个或几个主要问题，再针对一个或几个问题来确定相应的试验指标。

2）确定因素，选择水平。

根据试验任务和指标来分析对指标存在影响的诸因素。对于指标关系已掌握的因素（或影响不大的因素），固定在适当的水平上。而对那些与指标关系不清楚（或对指标影响较大）的因素，放在试验中进行考察，使试验取得应有的效果。根据生产实践和专业知识确定因素变化范围，并选择各因素的水平值。

3）选择与填写正交表。

4）列出试验方案与进行试验。

选出正交表后，按表中各项进行填写并按正交所示试验次数进行试验测试。

第1）、2）两步骤，不是用数学方法所能解决的，需要用实际条件根据专业知识与实践经验进行分析确定。

2. 正交表

正交表是为正交试验方法专门设计的表格。常用的正交表称为 $L_{t^u}(t^q)$ 型表，也称可安排交互作用的一类正交表。

式中 L——正交表；

t^u——表的行数；

t——水平数，t 必须限定为素数（2、3、5、7、11、13……）或素数幂（$4=2^2$，$8=2^3$，…，$9=3^2$……）；

u——基本列数；

q——列数，$q=(t^u-1)/(t-1)$。

例如，$L_9(3^4)$ 表示9行4列3水平的正交表。4列中有3列作为因素，一列用做试验指标（表6.4）。

例题中为何选用 $L_9(3^4)$ 表呢？按题意有3个元素（$q=3+1=4$）、3个水平（$t=3$），代入 q 值计算表达式，得：

$$4=\frac{3^u-1}{3-1} \tag{6.38}$$

求解上式得：$3^u=9$，$u=2$。则有，$L_{t^u}(t^q)=L_{3^2}(3^4)=L_9(3^4)$

若有4个因素（$q=4+1=5$）、4个水平（$t=4$），代入 q 值计算表达式，得：

$$5=\frac{4^u-1}{4-1}，即 u=2$$

则取 $L_{4^2}(4^5)=L_{16}(4^5)$ 正交表。

若有4个因素（$q=4+1=5$）、3个水平（$t=3$），代入 q 值计算表达式，得：

$$5=\frac{3^u-1}{3-1}，即 u=2.18$$

可取整数 $u=2$，则有 $q=\frac{3^2-1}{3-1}=4$，选用 $L_{3^2}(3^4)=L_9(3^4)$ 表就可以了。若要多取几个试验测试点，可取 $u=3$，则需取 $q=\frac{3^3-1}{3-1}=13$。需选 $L_{3^3}(3^{13})=L_{27}(3^{13})$ 正交表亦可。以下为几种常用的正交表（表6.5～表6.10）：

正交表 $L_4(2^3)$ 表 6.5

试验号 \ 列号	1	2	3
1	1	1	1
2	1	2	2
3	2	1	2
4	2	2	1

正交表 $L_8(2^7)$ 表 6.6

试验号 \ 列号	1	2	3	4	5	6	7
1	1	1	1	1	1	1	1
2	1	1	1	2	2	2	2
3	1	2	2	1	1	2	2
4	1	2	2	2	2	1	1
5	2	1	2	1	2	1	2
6	2	1	2	2	1	2	1
7	2	2	1	1	2	2	1
8	2	2	1	2	1	1	2

正交表 $L_9(3^4)$ 表 6.7

试验号 \ 列号	1	2	3	4
1	1	1	1	1
2	1	2	2	2
3	1	3	3	3
4	2	1	2	3
5	2	2	3	1
6	2	3	1	2
7	3	1	3	2
8	3	2	1	3
9	3	3	2	1

正交表 $L_{18}(3^7)$ 表 6.8

试验号 \ 列号	1	2	3	4	5	6	7
1	1	1	1	1	1	1	1
2	1	2	2	2	2	2	2
3	1	3	3	3	3	3	3
4	2	1	1	2	2	3	3

续表

列号 试验号	1	2	3	4	5	6	7
5	2	2	2	3	3	1	1
6	2	3	3	1	1	2	2
7	3	1	2	1	3	2	3
8	3	2	3	2	1	3	1
9	3	3	1	3	2	1	2
10	1	1	3	3	2	2	1
11	1	2	1	1	3	3	2
12	1	3	2	2	1	1	3
13	2	1	2	3	1	3	2
14	2	2	3	1	2	1	3
15	2	3	1	2	3	2	1
16	3	1	3	2	3	1	2
17	3	2	1	3	1	2	3
18	3	3	2	1	2	3	1

正交表 L_{16} (4^5) **表 6.9**

列号 试验号	1	2	3	4	5
1	1	1	1	1	1
2	1	2	2	2	2
3	1	3	3	3	3
4	1	4	4	4	4
5	2	1	2	3	4
6	2	2	1	4	3
7	2	3	4	1	2
8	2	4	3	2	1
9	3	1	3	4	2
10	3	2	4	3	1
11	3	3	1	2	4
12	3	4	2	1	3
13	4	1	4	2	3
14	4	2	3	1	4
15	4	3	2	4	1
16	4	4	1	3	2

正交表 L_{16} (4^5) 表 6.10

试验号 \ 列号	1	2	3	4	5	6	7	8	9
1	1	1	1	1	1	1	1	1	1
2	1	2	2	2	2	2	2	2	2
3	1	3	3	3	3	3	3	3	3
4	1	4	4	4	4	4	4	4	4
5	2	1	1	2	2	3	3	4	4
6	2	2	2	1	1	4	4	3	3
7	2	3	3	4	4	1	1	2	2
8	2	4	4	3	3	2	2	1	1
9	3	1	2	3	4	1	2	3	4
10	3	2	1	4	3	2	1	4	3
11	3	3	4	2	2	3	4	1	2
12	3	4	3	3	1	4	3	2	1
13	4	1	2	4	3	3	4	2	1
14	4	2	1	3	4	4	3	1	2
15	4	3	4	2	1	1	2	4	3
16	4	4	3	1	2	2	1	3	4
17	1	1	4	1	4	2	3	2	3
18	1	2	3	2	3	1	4	1	4
19	1	3	2	3	2	4	1	4	1
20	1	4	1	4	1	3	2	3	2
21	2	1	4	2	3	4	1	3	2
22	2	2	3	1	4	3	2	4	1
23	2	3	2	4	1	2	3	1	4
24	2	4	1	3	2	1	4	2	3
25	3	1	3	3	1	2	4	4	2
26	3	2	4	4	2	1	3	3	1
27	3	3	1	1	3	4	2	2	4
28	3	4	2	2	4	3	1	1	3
29	4	1	3	4	2	4	2	1	3
30	4	2	4	3	1	3	1	2	4
31	4	3	1	2	4	2	4	3	1
32	4	4	2	1	3	1	3	4	2

选取了正交表后，将因素填入正交表中，将因素所取水平编成 1、2……号码，按表中所写的号码将水平值填入正交表中（表 6.4）。

从表 6.4 可以看出，使用正交表安排试验测试有以下两个特点：

1）各因素的各个不同水平，在试验测试中出现的次数相同。例如，爆破设计Ⅰ在1、2、3试验中，出岩能力80m³/h，在2、5、8试验中，支护方式A在1、4、7试验中等。它们所出现的次数相等。

2）任何两个因素的各种不同水平的搭配，在试验中都出现了，并且出现的次数相同。例如，爆破设计和出岩能力两因素的不同水平全部搭配Ⅰ40、Ⅰ80、Ⅰ120；Ⅱ40、Ⅱ80、Ⅱ120；Ⅲ40、Ⅲ80、Ⅲ120分别出现在1号和9号试验中，每种搭配只出现一次。同样，出岩能力与支护方式两个因素的不同水平也全部搭配，也分别出现在1号和9号试验测试中。爆破设计与支护方式两因素亦是如此。

因此，正交试验方法安排的试验方案是有代表性的，能够比较全面地反映各因素、各水平对指标影响的大致情况。这也是用正交试验方法安排试验测试时能够减少试验次数的原因。

3. 试验结果分析

使用正交表分析试验结果的步骤（仍以上题举例说明），首先是将第一列三种爆破设计中取其平均值。第一个爆破设计的平均值为K_{11}：

$$K_{11}=\frac{70+70+70}{3}=70$$

40m³/h出岩能力和A支护的平均值分别为：

$$K_{12}=\frac{70+45+50}{3}=55$$

$$K_{13}=\frac{70+75+80}{3}=75$$

使用同样的方法求出K_{2i}和K_{3i}之值并填入表6.11中。

正交表计算结果 表6.11

试验号 \ 因素	爆破设计	出岩能力（m³/h）	支护方式	掘进速度（m/月）
1	Ⅰ	40	A	70
2	Ⅰ	80	B	70
3	Ⅰ	120	C	70
4	Ⅱ	40	B	45
5	Ⅱ	80	C	85
6	Ⅱ	120	A	75
7	Ⅲ	40	C	50
8	Ⅲ	80	A	80
9	Ⅲ	120	B	50
合计	210	165	225	总和 595
	205	235	165	
	180	195	205	
K_{1i}	70	55	75	
K_{2i}	68.3	78.3	55	
K_{3i}	60	60	68.3	
R	10	23.3	20	

注：表中$R=K_{i\max}-K_{i\min}$。

为了明显直观，将因素的水平作为横坐标，掘进速度作为纵坐标，作出因素与指标的关系图 6.1。图 6.1 中，对于定量的因素（例如出岩能力），按照该因素数量的大小顺序，用折线将各点连接起来。对于定性的因素（例如支护方式）则仅用虚线表示每种水平下的掘进速度平均值。

从表 6.11 与图 6.1 可以看出：第一种爆破设计、出岩能力为 $80m^3/h$、A 支护（即锚喷支护）的条件下，将能得到最高的掘进速度，在表 6.11 安排的试验中刚好没有这个条件。因此，需要再用第一种爆破设计、出岩能力为 $80m^3/h$、A 支护的条件下做试验，得出最高的掘进速度和合理的装备能力（出岩能力为 $80m^3/h$）来选配设备，按锚喷支护和第一种爆破设计选择相应的设备。

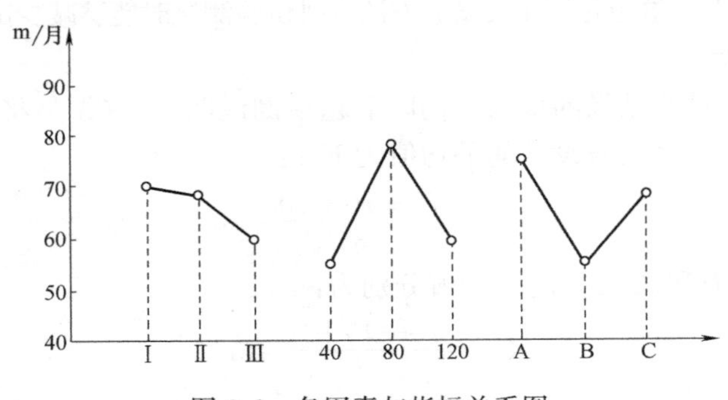

图 6.1　各因素与指标关系图

在这三个影响因素之间，其影响程度的顺序按极差方法判断，用 R 表示极差值。在第一列中，R_1＝最大值 K_{11} 与最小值 K_{31} 之差＝70－60＝10；在第二列，R_2＝78.3－55＝23.3；在第三列，R_3＝75－55＝20。然后，将计算结果填入表 6.11 中。

极差值的大小，反映了因素变化时试验指标变化的幅度。例如，在第一列中，Ⅰ、Ⅱ、Ⅲ三种爆破设计，每一种都与三种出岩能力和三种支护方式各相遇一次。将Ⅰ爆破设计时所得到三个指标取平均值，与Ⅱ爆破设计时所得三个指标取平均值所处的条件就完全相同了。就是说，变相地将出岩能力与支护方式两因素固定了。这时，K_1 值、K_2 值、K_3 值反映本因素变化时对指标的影响，所以，因素的极差越大，就说明该因素对指标的影响越大，也就是说，这个因素越重要。从以上试验可以看出，出岩能力是主要影响因素，支护方式次之，爆破设计的影响最小。

通过对 9 个试验结果进行分析所得到的结论是：

1）三个因素由主→次的依次顺序为：出岩能力、支护方式、爆破设计。

2）通过对试验的分析，取得高掘进速度的条件是：第一种爆破设计，$80m^3/h$ 的出岩能力和锚喷支护方式。

上述试验结果能否总结出 $80m^3/h$ 的出岩能力为最优的结论呢？尚不能。因为，严谨地讲，只是在 $40m^3/h$、$80m^3/h$、$120m^3/h$ 这三个出岩能力中，$80m^3/h$ 是最优的。如果 $80m^3/h$、$60m^3/h$ 与 $90m^3/h$ 出岩能力进行比较，结果如何？那仍需通过试验才能确定。如果岩石条件改变了，上述试验结果也不能盲目推广，因为岩石条件在上述试验中为定值，为作为因素，故还需要在新的条件下进行正交试验求得最优解。

如果进一步问当为 $80m^3/h$ 出岩能力时，选用几台、什么型号的装岩机，用什么调车方式能够得到最高的掘进速度？这又是一个新的课题。它应将岩石条件、第一种爆破设计、80m³/h的出岩能力与锚喷支护方式都作为固定条件，来对装岩机台数、机型组合（即如何配成80m³/h的装岩能力）和调车方法再进行正交试验设计，而后再进行试验求得这一新课题的最优解。

由上可以看出，正交试验方法非常适用于在特定条件下对因素与指标间关系不清楚、因素间重要程度不明确的情况下，通过试验解决具体问题。

6.4.3 不等水平正交试验

在某些正交试验中，或受试验条件的限制因素不能多选水平，或试验时偏重考察某些因素而多取几个水平，这样都能造成水平数不等的试验。安排水平数不等的试验有两种方法：一种是直接选用不等水平数的正交表（即混合型正交表）；另一种方法是拟水平法，即在等水平的正交表内安排不能水平的试验。仍以上题为实例，仅在支护方式上缺少现浇混凝土支护方式（即支护方式仅存在两个水平A和B），此时列成表6.12。

不等水平三因素试验正交表　　**表6.12**

因素 水平	爆破设计	出岩能力 (m³/h)	支护方式
1	Ⅰ	40	A
2	Ⅱ	80	B
3	Ⅲ	120	(A)或(B)

表6.12为一个不等水平的三因素试验，为了能应用等水平的正交表L_9（3^4），就将两水平的因素-支护方式变成三水平的。第三水平或与第一水平相同，或与第二水平相同。究竟选用哪一个，可根据人们的实践，认为哪个较为重要就选择哪一个（表6.12）。这样就将不等水平的问题化为等水平问题了，这个方法被称为拟水平法。当转化成等水平后，选表、填表与对试验的分析与前述相同。若仍用L_9（3^4）正交表，填成的正交试验设计表见表6.13（第三水平选A值时）。

拟水平法正交表　　**表6.13**

因素 试验号	爆破设计	出岩能力 (m³/h)	支护方式	掘进速度 (m/月)
1	Ⅰ	40	A	
2	Ⅰ	80	B	
3	Ⅰ	120	(A)	
4	Ⅱ	40	B	
5	Ⅱ	80	(A)	
6	Ⅱ	120	A	
7	Ⅲ	40	(A)	
8	Ⅲ	80	A	
9	Ⅲ	120	B	

6.4.4 多指标正交试验

如表 6.13 所示，例子的试验指标仅有一个（掘进速度），就被称为单指标试验。在实际生产中，用来衡量试验效果的指标往往不止一个，而是多个，这类试验被称为多指标试验，如上例中将掘进速度、质量（或更多指标）都作为试验指标就变成多指标试验了。在多指标试验中，有时某一项指标好了，但另一项指标却差了，这时应该怎样分析试验的结果呢？常用的方法有综合评分法与综合平衡法。

1. 综合评分法

综合评分法是将多个指标中每个指标都给予一个分数，将一个试验中几个指标所得分数相加，将这个总分作为一个总指标，这样就将多指标试验转化成单指标试验了。这样就可套用前述的试验结果分析法来找出优化条件，为了介绍方便，现举例说明。某工程有三种施工方案（分别取代号Ⅰ方案、Ⅱ方案、Ⅲ方案），运料能力取 $10m^3/h$、$20m^3/h$、$30m^3/h$，施工模板形式有滑升模板（代号 A）、金属组合模板（代号 B）、预制薄片模板（代号 C），今欲求在上面三因素三水平的条件下，哪种组合的施工速度和质量为最好。

对于三因素三水平的课题选择 L_9 (3^4) 正交表，将各水平值填入，经试验后把结果填入（表 6.14）。

综合评分法正交表计算结果 **表 6.14**

因素 / 试验号	施工方案	运料能力 (m^3/h)	模板形式	试验指标		综合评分
				施工速度 (m^3/月)	质量 (分)	
1	Ⅰ	10	A	500	8	18
2	Ⅰ	20	B	500	10	20
3	Ⅰ	30	C	500	6	16
4	Ⅱ	10	B	300	8	14
5	Ⅱ	20	C	700	6	20
6	Ⅱ	30	A	600	10	22
7	Ⅲ	10	C	350	4	11
8	Ⅲ	20	A	650	10	23
9	Ⅲ	30	B	320	5	11.4
K_{1i}	18	14.3	21			
K_{2i}	18.6	21	15.1			
K_{3i}	15.1	16.5	15.7			
R	3.5	6.7	5.9			

表 6.14 中综合评分的获得方式是将施工速度换算成分数。例题中取 $50m^3$/月为 1 分，则第 1 行中施工速度得 10 分，加上施工质量的 8 分，得到综合评分 18 分；第 2 行施工速度为 10 分，加上施工质量 10 分，获得综合评分 20 分；依次将第 3～9 行都算出综合评分，参照这种方式，即可将多指标转化为单指标。

不难看出，将 $50m^3$/月作为 1 分与将 $1m^3$/月作为 1 分所分析的结果是不相同的。选取换算分的标准按指标的重要性来确定权重。当将施工速度作为主要指标时，此项换算后的分值较高（如取 10m³/月为 1 分）。如果两项指标重要性近似则使换算后的分值对应近似。

依照表 6.14 对综合评分的分析，欲取得施工速度高、质量好的组配为第二种施工方案，20m³/h 的运料能力，A 式（滑升）模板。由极差值 R 可以看出，三个因素中由主→次的顺序是：运料能力为首，模板形式次之，施工方案影响最小。

2. 综合平衡法

综合平衡法是分别将各个试验指标按单一指标分别进行分析，然后再将各个指标的计算分析结果进行综合平衡，得出结论，仍以上例进行说明，将表 6.14 中的试验指标单独列出进行分析（表 6.15）。

综合平衡法正交表计算结果 **表 6.15**

指标 因素	施工速度（m³/月）			质量		
	施工方案	运料能力	模板形式	施工方案	运料能力	模板形式
K_{1i}	500	383	583	8	6.7	9.3
K_{2i}	533	617	377	8	8.7	7.7
K_{3i}	440	473	517	6.3	7	5.3
R	93	234	206	1.7	2	4

从表 6.15 可以看出，模板形式为第一种（即滑升模板）较好；运料能力为 20m³/h 较好；若考虑施工速度，则施工方案选择Ⅱ较好，若考虑施工质量，则施工方案选择Ⅰ和Ⅱ均可，如何进行组配，需要对施工方案进行分析。假设Ⅰ、Ⅱ两种施工方案都能满足施工质量的要求，那么选择方案Ⅱ还能获得较快的施工速度，但如果更强调对施工质量的把控，则建议选择方案Ⅰ。待选定施工方案后，即可获得优化的组配方案。

到此，笔者使用一个工程实例，分别介绍了综合评分法与综合平衡法处理试验指标的方法，二者得到的结论一致。这也能间接说明两种评分法都能够反映客观的实际工程情况，并且都可以揭示事物的内在规律性。应当指出，多指标的试验分析，不全是数学问题，须结合专业基础知识，并综合考虑工程实际，方能够较为全面地反映真实状况。

6.5 模型试验设计

模型是真实物理实体的再现，在基本满足相似条件的基础上，能够较为真实地反映土木工程结构与地质构造的空间关系、能够高仿真模拟工程施工过程、较准确地把握岩土体工程的力学特性。根据模型试验的特点可分为：1）按模拟范围大小，分为地壳构造机理模型和工程地质力学模型。2）按维数，分为二维和三维模型，二维模型中又可分为平面应力和平面应变模型。3）按制模方式，分为大块体和小块体，或现筑式和预制式模型。4）按试验性质，分为应力模型、强度破坏模型和稳定模型。

地质力学模型试验包括相似比尺的选择、相似材料的选择、测试元件的埋设、模型的制作与安装、试验与测试、试验结果分析等几大关键技术，其一般程序如图 6.2 所示。

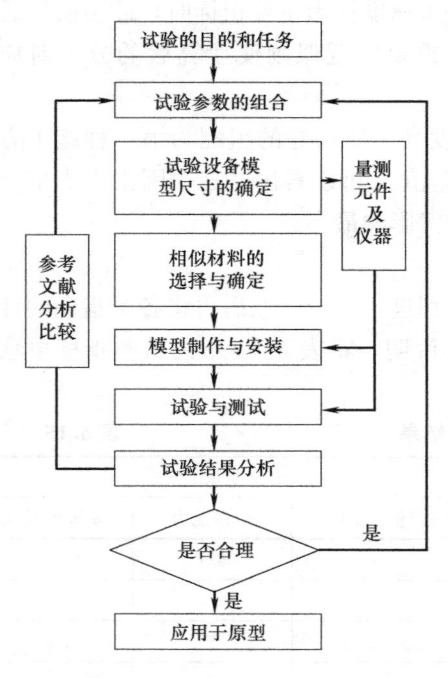

图 6.2　模型试验设计流程图

6.5.1　模型试验材料选择

能够满足模型试验相似条件的材料称为模型相似材料，选择一种符合相似条件的材料是进行模型试验的前提。由于模型试验研究对象的相似条件是千差万别的，因此在不同的模型试验中，相似材料的选择必须遵循不同的相似要求。对于模型试验来说，严格满足所有的相似条件是难以实现的，因此，在模型试验设计阶段，须尽可能满足主要参数的相似条件，同时顾及次要参数的取值范围，两者兼顾的模型试验材料选取就较为困难了。对于土木工程而言，主要的原型材料为岩土体，作为一种构造复杂的各向异性材料，其力学性能变化范围较广，既有高强度范畴，又需具备低强度配合比。故而，为尽量模拟强度变化范围较广的实际工程岩体，亟须研制力学性能变化范围较广、性能相对稳定的模型试验相似材料。

土木工程类模型试验设计同其他结构类型模型试验存在不同：就本构关系而言，首先是考虑了相似材料的弹塑性特性，其次应尽可能利用模型材料容重模拟工程原型自重。

从模型应力、弹性模量、容重和几何相似比尺的关系：

$$\frac{C_E}{C_\gamma C_L}=\frac{C_\sigma}{C_\gamma C_L}=1 \tag{6.39}$$

可以看出，为了使模型在几何尺寸方面能更广泛地模拟工程原型，需适当增大 C_L 值，且为满足式（6.39），还需相应增大应力相似系数 C_σ，同时减小容重相似系数 C_γ。因此，模型试验应尽量选择高容重、低强度、低变形模量类的材料，能够同时满足以上条件的天然材料是很少见的，大多需要通过人工合成的方式制备，制备的基本原则如下：

1）保证相似要求。模型试验材料的物理力学性能参数应尽量满足各项相似条件，确保模型试验结果准确可靠，经相似模数与相似条件计算后，试验结果可应用于工程原型。

2）保证数据量测要求。需要模型材料在试验过程中能够产生较大变形，便于数据量测元件捕捉模型关键部位的受力变形特性，因此，应在不影响试验结果的基础上，选择弹性模量较低的模型材料。

3）保证工作性能稳定。一般的模型体建设规模较小，对试验环境变化较为敏感，因此，需要尽量保证模型材料工作性能稳定，具有一定的电气绝缘度，且不易受到温度和湿度变化的影响。

4）保证快速干燥。制备模型材料时往往需要加入一定量的胶粘剂，这就存在材料的干燥问题，如果干燥时间过长，势必增加模型试验周期。另外，预埋在模型体内部的各种传感器也对材料干燥度要求较高。因此，胶粘剂宜选用易于挥发的有机溶剂，尽量避免使用难以蒸发的水溶液，模型体建成后能够迅速干燥，加快模型试验进程。

5）保证参数可调节。模型材料在仿真工程原型时往往处于被动地位，再考虑到试验成本因素，随着研究对象变化而随意更换模型材料类型是不现实的。因此，制备模型材料需要具有一定的灵活性，即要求通过调整模型材料各组分的掺入量，实现物理力学参数的大范围变化，以适应模拟不同的工程原型，这样的模型材料才具备了广泛的适应性和普遍的使用价值。

6）保证材料成本低廉。由于模型体需要重复建设，选用的模型材料需来源丰富、价格低廉，应采用价廉且易得的原材料，以降低模型体的制作成本和试验经费。

7）保证无毒无害。模型材料应没有任何毒副作用，不会对人体或环境造成伤害。

基于上述制备原则，韩伯鲤等以铁粉、重晶石粉、红丹粉为骨料，以松香酒精溶液为胶粘剂，氯丁胶为附加剂，研制出 MIB 和 MSB 模型试验材料；马芳平等以磁铁矿精矿粉、河砂、石膏或水泥、拌合用水及添加剂为原料，研制出 NIOS 模型试验材料，并成功应用于溪洛渡水电站地下洞群三维力学模型试验中；张杰等采用低熔点固体石蜡作为胶粘剂，研制出非亲水性固—液耦合模型试验材料；李树忱等选用砂和滑石粉作为主骨料，石蜡作为胶粘剂，研制了 PSTO 固流耦合相似材料；徐文胜等采用标准砂、水泥、石膏、减水剂和缓凝剂为原料，研制出模拟岩爆类工程问题的模型材料；何显松等使用重晶石粉、机油、可熔性高分子材料以及多种添加剂，并配合温控系统研制出可变温模型材料。

以下介绍两种常用的模型试验材料：

1. 铁晶砂类模型材料

材料以铁精粉、重晶石粉与石英砂为骨料，以石膏粉为调节剂，以松香酒精溶液为胶粘剂，通过改变组分含量和胶粘剂的浓度可以大幅度调整材料的物理力学参数，容重变化范围 23～30kN/m³、弹性模量变化范围为 30～1400MPa、抗压强度变化范围为 0.3～5.0MPa、黏聚力变化范围为 20～350kPa、内摩擦角变化范围为 27°～50°，可用于模拟大部分中硬性岩土体原型材料。

2. 石膏类模型材料

用石膏制作模型，其优点是易加工、成本低、弹性模量与泊松比可调，但抗拉强度偏低，凝结迅速。因此，制备时往往掺入一定量的掺合料（如化学纤维、硅藻土或其他有机物），同时控制拌合水量（一般将水膏比控制在 0.8～3.0），以改善石膏性能。加入掺合料的石膏类模型材料，其弹性模量可在 400～4000MPa 间调整，低应力时表现为弹性变形，在应力超过破坏强度的 50%后，将会出现塑性变形特性。

6.5.2 模型试验量测方法

模型试验主要的数据量测内容包含位移、应变和压力三部分。数据量测方法的选择、量测精度的把控以及采样频率的选取，都对模型试验成败与数据处理难易产生一定影响。随着机械工程与计算机技术的发展，模型中的数据量测精度越来越高，量测方法也越来越多，总体分为三类，即机械法、电测法和光测法。

1. 模型试验的应力量测方法

在模型试验中应力的量测主要有直接法和间接法两种。直接量测采用的仪器主要有土压力盒、测力计以及扁千斤顶等，其中测力计与扁千斤顶常用于量测模型体边界的初始应力，土压力盒则常被预埋在模型体内部，用于量测内部应力。测力计内部布设有一个厚约

1.3mm 的电容传感器，测力计表面荷载的变化将引发电容传感器上的振动频率的变化，继而转换为电压变化而被记录下来，最终转化为应力数据进行存储。模型试验专用的土压力盒，通常将一组应变花粘贴于钢膜上，制成封闭腔体。在外部应力状态改变时，压力盒的钢膜产生形变，应变花随之产生协同变形，如此进行应力数据的采集。对于模型体表面的应变测量，可将电阻应变片直接粘贴于模型体外表面上，而对于模型体内部的应变量测，则需预先使用与模型试验材料相同的材料制备小型立方体应变砖，而后将电阻应变花粘贴于相互正交的不同表面，以应变砖的形式预埋在被测位置，量测该位置的六个应变分量。

近年来光纤测试技术发展迅速，越来越多的科研院所采用光纤传感器开展模型体内部应变的量测。光能够发生干涉、衍射、偏振、反射、折射等多种现象，与光纤结合后，可制成多种传感器，稳定性较好且基本不受电磁干扰，因此光纤光栅测试技术在短时间内就获得了广泛的认可与应用。为将光纤光栅测试技术应用于模型试验，完成对模型体内部关键位置的应力应变量测，李术才教授与山东大学光纤传感技术工程研究中心合作，设计并制作了可粘贴于模型材料上的光纤光栅应变传感器。此外，还特别引入了光纤光栅温度传感器，以量测试验环境温度的变化，修正温度变化对应变数据的不良影响。

2. 模型试验的位移量测方法

对于模型试验位移的量测，传统方法常使用梁式、电阻式位移计或千分表，测试精度相对较低，模型试验过程中受干扰的可能性较大。

目前应用于模型试验的新型位移测试技术主要包括微型高精度位移量测技术、声波测试技术、光纤量测技术、内窥摄影技术、光弹性技术、激光散斑照相技术、CCD 画像处理技术及光学照相技术等。王湘乾等把白光散斑法应用于模型试验位移量测中，效果良好。任伟中等在小块体砌筑模型试验中运用 CCD 画像处理法进行位移测量，量测设备性能稳定、操作简单、对试验环境要求较低，具有较高的精度与自动化程度。白义如等首次采用改进的自动网格法程序研究地表沉降问题。任伟中等将数码相机数字化近景摄影测量方法应用于模型试验的位移量测中，获得了规律性较好的位移场变化。

6.5.3 模型试验模型制作

开展模型试验，必然涉及模型体的制作工艺与制作方法，目前国内外试验模型制作一般采用夯实法和块体砌筑法。夯实法使用夯实器将模型材料夯实成型，由于夯实器的型号、击实功、夯击高度和夯击次数的影响，往往导致模型体的密实度和均匀性不符合设计要求，造成模型试验结果失真；砌筑法是将预先压制成型的材料块体通过胶粘剂逐块砌筑成型，砌筑法虽然能够保证单个砌块力学参数符合设计要求，但因分块砌筑形成大量人工交界面和砌缝，从而影响试验模型的整体均匀性和力学特性。为克服现有模型体制作技术的不足，本书介绍一种新型分层拆卸压实试验装置，并提出相应的模型体分层压实风干制作与切槽埋设量测传感器的新方法。

1. 模型体分层压实装置

分层拆卸压实试验装置包括刚性承压板、底部连接柱和可拆卸承压柱。其中刚性承压板为锰合金高强度钢板，长宽尺寸与模型体横截面尺寸一致，钢板厚度 50mm。承压板上均匀设有四个卡槽，四组连接柱分别固定在四个卡槽中。每组连接柱上面均设有若干层依次卡接的可拆卸承压柱，可拆卸承压柱各层之间加工有榫卯结构，可拆卸承压柱通过榫卯结构相互卡牢固定（图 6.3）。每压实完一层后只需去掉一层可拆卸承压柱即可继续进行下一层模型材料的压制。压实模型的施力源采用数控液压加载控制装置，反力装置采用组合式模型反力架。

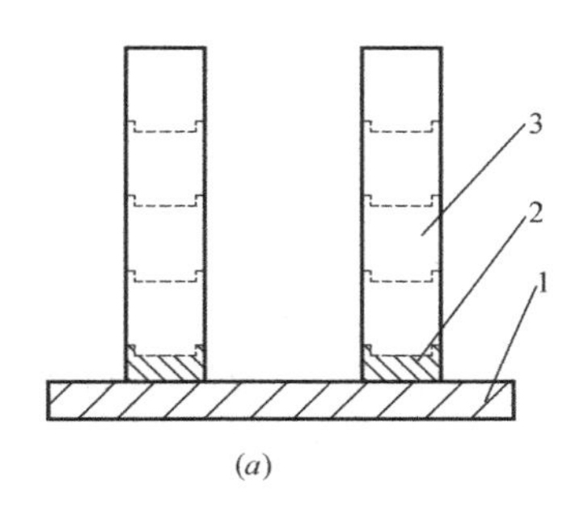

(a)

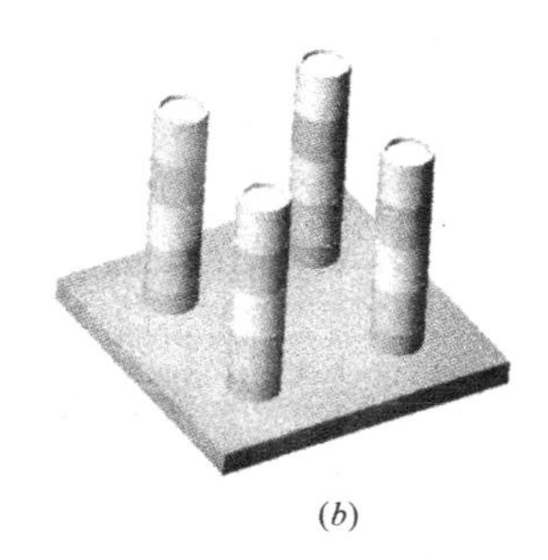

(b)

图 6.3　分层拆卸压实试验装置结构设计图

(a) 结构图；(b) 效果图

1—刚性承压板；2—底部连接柱；3—可拆卸承压柱

压实过程为：首先，将模型材料置入模型架后平摊铺匀，将整个压实装置放于摊铺的模型材料上，压实装置上方放置千斤顶，用模型液压加载控制系统控制千斤顶进行加载压实。每一层材料压制完成后，进行风干处理，将材料内的胶粘剂完全挥发，待模型体整体干燥后，埋设量测传感器，随后摊铺下一层模型材料，同时拆卸掉压实装置上的一层承压柱，按上述方式依次进行模型下一层的压实制作，直至模型体封顶（图 6.4）。

(a)

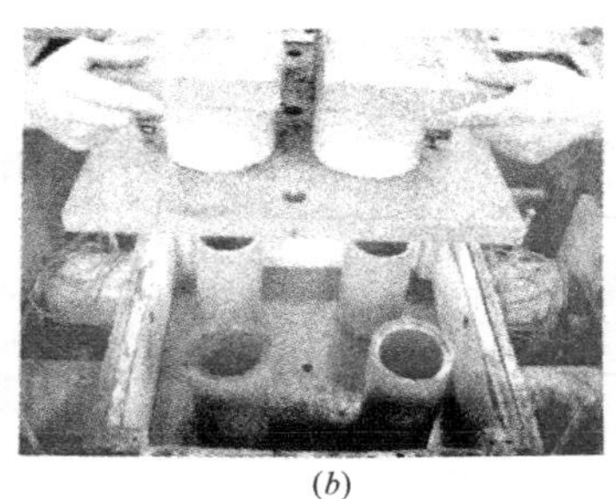

(b)

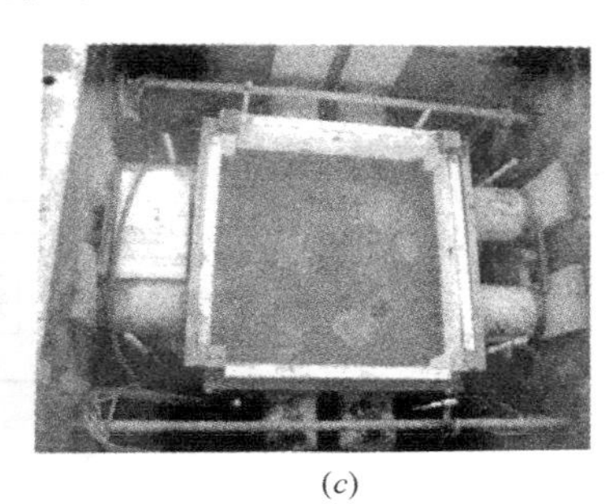

(c)

图 6.4　模型分层压实成型过程

(a) 装置就位；(b) 分层压实；(c) 模型封顶

2. 模型体制作具体步骤

1）确定压实载荷

压实模型体载荷大小为

$$P=S\sigma_{\mathrm{p}} \tag{6.40}$$

式中　S——模型体横截面积；

σ_{p}——制作标准试件的压实载荷。

2）摊铺材料

按照配合比均匀拌合材料，称重后分层均匀摊铺在模型试验装置内。称重的材料重量为：

$$W = Sh\gamma \tag{6.41}$$

式中 S——模型体横截面积；

h——模型体的分层高度；

γ——模型体容重。

3）分层压实

采用分层拆卸压实试验装置将均匀摊铺的模型材料按照确定的压实载荷进行分层压实。

4）分层风干

对于采用松香酒精溶液做胶粘剂的模型体材料，为保证压实后模型体内的酒精迅速挥发，需采用吹风器对分层压实的模型体进行风干。

5）切槽埋设测试传感器

根据测试传感器（如光纤应变计、电阻应变计）埋设标高，在压实风干成型的模型体中分层埋设测试传感器。

重复步骤2)～5)，直至完成整个模型体的制作（图6.5）。

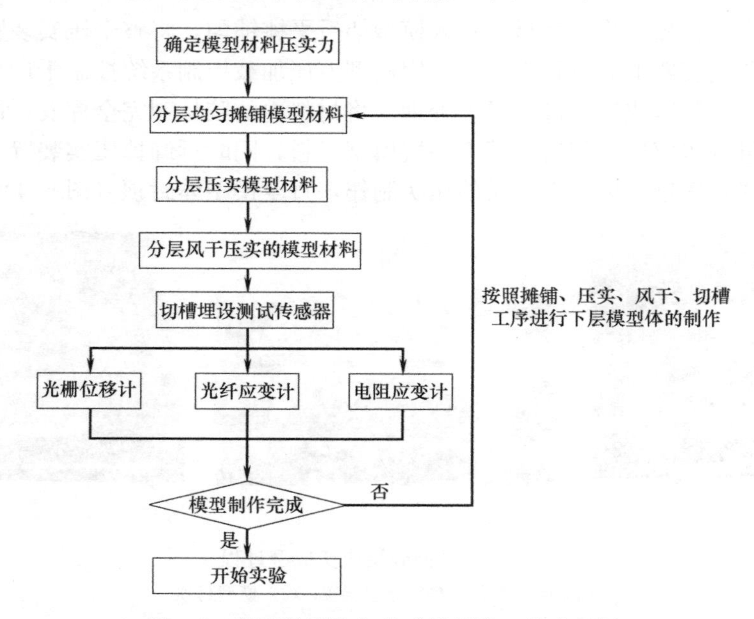

图6.5 模型体制作与传感器埋设工艺流程图

6.5.4 模型试验应用实例

1. 深部巷道围岩分区破裂模型试验设计

近年来，随着我国经济建设的快速发展，对能源的需求日益增长，开采强度不断加大，矿山开采不断向深部发展。随着开采深度的增加，深部岩体在“三高一扰动”条件下，洞室围岩将出现显著的非线性变形与强度破坏。

分区破裂现象是深部岩体非线性变形破坏的典型形式，其表现形式是：当在深部岩体中开挖洞室或巷道时，在其两侧和工作面前的围岩中，会产生交替的破裂区与非破裂区，这种现象被称为分区破裂现象，该现象在国内外许多深部洞室工程开挖中，通过多种物理探测手段得到证实。如 20 世纪 80 年代，Shemyakin 等在深部矿山 Taimyrskii 开采现场采用电阻率仪发现了分区破裂现象（图 6.6）。

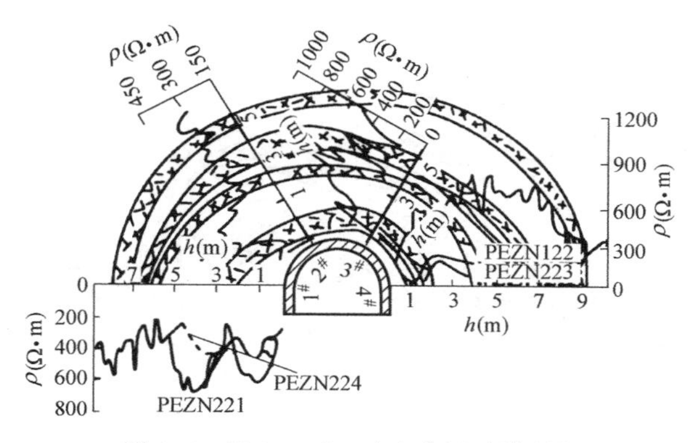

图 6.6　Taimyrskii 矿山分区破裂现象

Adams 和 Jager 在南非 Witwatersrand 金矿 2000～3000m 深处采场采用钻孔潜望镜观测到顶板间隔破裂情形。

方祖烈在我国金川镍矿区某深处巷道采用多点位移计观测围岩变形，得到如图 6.7 所示的围岩分区破裂现象。

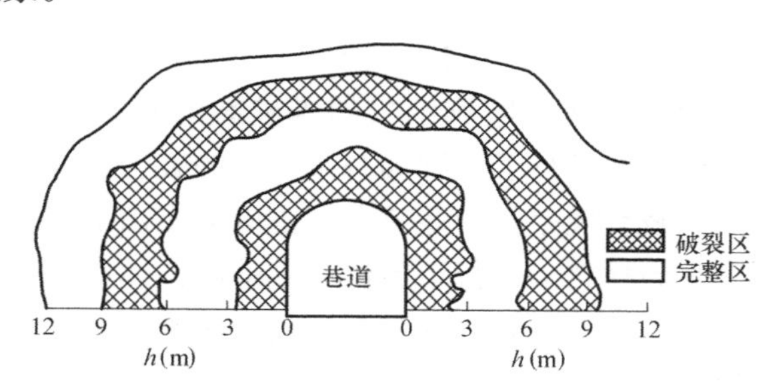

图 6.7　金川镍矿区深部巷道分区破裂现象

刘高等得到在我国金川镍矿区二矿区 1200m 中段某试验道中垂直于巷道侧墙的钻孔沿径向方向的围岩应力实测结果，该结果与浅部隧道围岩应力分布规律有很大不同，如图 6.8 所示。

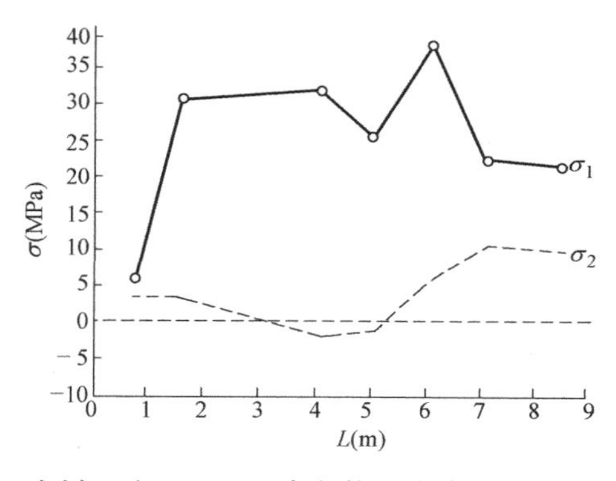

图 6.8　金川二矿区 1200m 中段某试验道围岩应力实测结果

李术才等在淮南矿区丁集煤矿深部巷道围岩中通过钻孔窥测仪探测并观察到了分区破裂现象，并以录像的形式记录下来，肯定了深部巷道围岩分区破裂效应的存在，如图 6.9 所示。

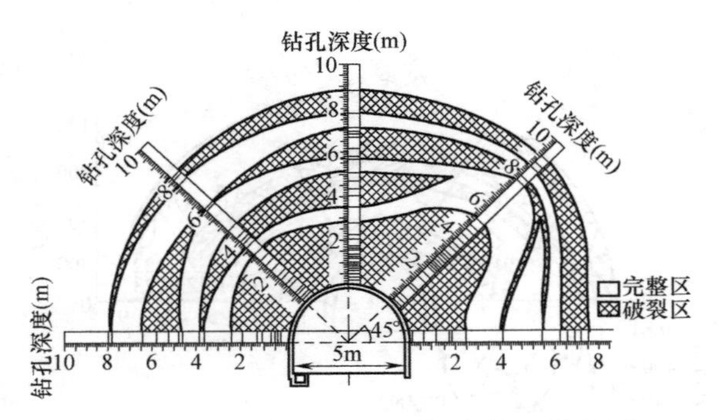

图 6.9 淮南矿区丁集煤矿巷道分区破裂现象

深部巷道围岩的分区破裂现象与浅埋地下洞室开挖时在其洞周出现破裂区、塑性区和未扰动弹性区依次排列的现象有很大不同，这引起了国际上岩石力学工程领域专家学者的极大关注，成为近几年该领域研究的热点。在分区破裂现象的试验研究方面，Shemyakin 等将深部矿山 Taimyrskii 开裂时，其承受荷载变化相当缓慢，可以当做静态看待，从而认为间隔破裂现象是在外部条件不变或缓慢变化时形成的，而且延续时间较长；Sellers 和 Klerck 通过试验研究了深埋隧洞围岩不连续面对间隔破裂的影响作用，发现在满足一定要求的情况下，不连续面可能成为隧洞围岩间隔破裂的起源之一；唐春安等用 RFPA 并行分析系统对含圆孔方形试件进行了三维加载条件下的破裂过程数值模拟，再现了分区破裂现象，结果表明，间隔破裂现象是沿巷道方向主应力作用下围岩中的环状张裂破坏的结果；顾金才等以水泥砂浆为材料，进行了预留洞室的圆柱体压缩的模型试验，发现在平行洞室轴向的高应力作用下，洞室围岩出现多条裂缝，裂缝之间存在未破坏区域，用模型试验方式证明了分区破裂的存在。

由于目前对深部岩体分区破裂的形成机制尚不清楚，因此，亟须通过相似材料模型试验研究分区破裂的衍生、发展和形成过程。正如钱七虎院士 2008 年 7 月在第十届全国岩石力学与工程学术大会上指出："我国在模拟材料模型上成功地进行深部围岩分区破裂效应的系统试验尚属空白，应在实验室模拟材料模型系统进行分区破裂效应试验，进一步总结分区破裂效应的发生发展规律。"

以下将系统地介绍山东大学张强勇与李术才教授开展的高地应力条件下深部巷道开挖与锚固的三维地质力学模型试验。通过相似材料三维地质力学模型试验，首次再现出淮南矿区丁集煤矿深部巷道开挖出现的分区破裂现象，揭示出深部巷道围岩的径向位移和径向应变呈现波峰与波谷间隔分布的波浪形变化规律；获得高地应力作用下深部巷道围岩潜在的分区间隔破裂导致锚杆受力呈现拉压交替的变化规律，揭示出系统锚杆对洞室分区破裂具有重要的抑制作用，研究成果为深部资源大规模安全开采提供了重要的试验依据。

1）模型制作

采用精铁粉、重晶石粉和石英砂作原料，松香酒精溶液做胶粘剂，模型材料配合比为：精铁粉∶重晶石粉∶石英砂＝1∶1.2∶0.38，松香酒精溶液的浓度为 25%，模型材料的抗压强度为6.2MPa，抗拉强度为0.21MPa，弹性模量为520MPa。

试验模型至于钢制厚壁圆筒内，由圆筒提供约束。钢筒内径为450mm、壁厚为12mm、高为380mm。模型采用逐层填筑、分层压实的方法制作而成。压制过程中使模型中间预留圆形洞室，用以模拟深部巷道。模型制作完成后，养护7d以使酒精充分挥发从而使模型体达到其设计强度。共制作了两个模型，以研究洞室大小对围岩方式的影响：模型A的洞室直径为100mm，模型B的洞室直径为150mm。圆形洞室中心轴线与钢筒筒体中心轴线重合。深部巷道预留洞室模型试验示意图如图6.10所示。

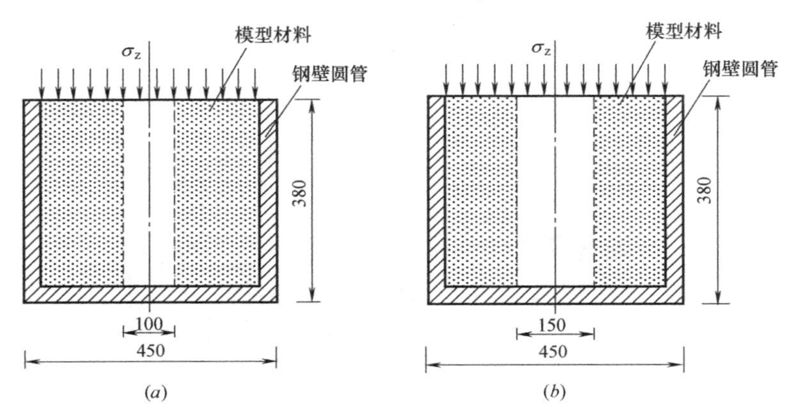

图6.10　深部巷道预留洞室模型试验示意图（mm）

（a）100mm洞径模型；（b）150mm洞径模型

2）模型加载

为使模型体均匀受压，模型制作完成后在其上面放置直径为450mm、厚为50mm的圆形钢板垫，在模型轴向方向施加轴向压力σ_z。由于厚壁圆筒为模型提供了侧向约束，因此相当于在四周对模型体施加了被动荷载，从而模拟了另外两个方向的地应力。模型轴向加载见表6.16。

深部巷道预留洞室模型试验加载次序及加载值　　表6.16

加载级数	第1级	第2级	第3级	第4级	第5级	第6级	第7级
材料抗压强度倍数	1倍	2倍	3倍	4倍	5倍	6倍	7倍
加载值(kN)	397	795	1191	1588	1985	2382	2780

将试验模型置于干燥阴凉处进行通风，待模型材料充分干燥后再进行加载。试验加载在300t压力试验机上进行。轴向加载分多级，第一级加载为1倍材料的抗压强度，第二级加载为2倍材料的抗压强度，依次递增，当荷载无法继续增加时，表明模型已破坏，即停止加载。试验加载过程如图6.11和图6.12所示。

在实际加载过程中，当加压至55t时，即约1.5倍材料抗压强度时荷载值无法进一步上升，同时模型体压缩位移量突然增大，表明模型体已产生明显破坏，模型体洞室可能坍塌，因此停止继续加载，将钢筒取下，剖开模型进行观察。

3）试验结果分析

将模型沿横截面剖开，并沿洞室轴向从上往下缓慢进行解剖，以观察洞室周围的破坏状况。图6.13所示即为洞径100mm的模型A的破坏照片。

图 6.11　预留洞室模型试验加载过程（模型 A）

图 6.12　预留洞室模型试验加载过程（模型 B）

由图 6.13 可知，洞径 100mm 的模型 A 破坏时，洞周围岩交错产生多条类似滑移线的裂纹。这些滑移破坏线大多都是在某点断开，而没有形成一个完整的破坏圆，这表明该模型体在沿洞室轴向加载下出现了类似的而并非真正意义上的分区破坏形态，而是夹杂有滑移线型破坏，该洞室围岩以滑移型破坏为主。

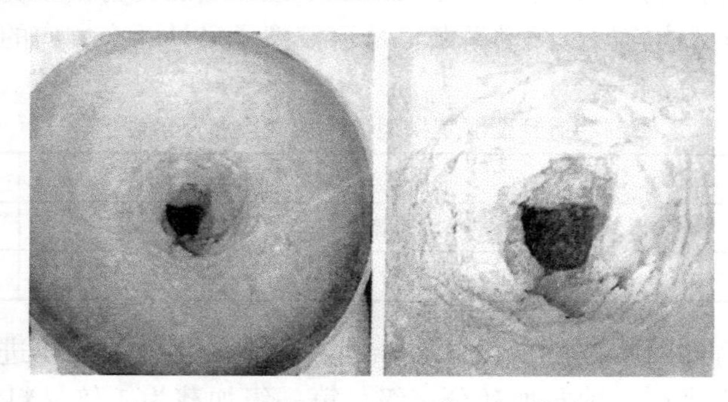

图 6.13　洞径为 100mm 模型 A 的破坏

图 6.14 为洞径 150mm 的模型 B 沿巷道轴向从洞口［图 6.14（a）］到模型远端［图 6-14（b）］的破坏照片。由图片可知，对于洞径较大的模型 B，当轴向荷载达到 2～3 倍材料抗压强度时，洞周围出现了相对较为明显的分区破裂现象。其洞壁附近的破坏特征与小洞径情况类似，主要为滑移线破坏。而在距洞壁较远处的围岩则出现了较为完整的圆弧形环状断裂，且相邻裂缝之间存在完整未破坏区域。可以推测出，轴向压力继续加大的情况下，在远离洞室处还会产生新的环状断裂，这表明在轴向高地应力下洞室围岩出现了分区破裂现象。预留洞室轴向压缩模型试验表明，洞周分区破裂现象的出现与洞径大小和轴

向压力高低密切相关，当洞径较小时，洞周主要以滑移线破坏为主，当洞径较大并且轴向荷载达到材料抗压强度的 2～3 倍时，洞周将出现较为明显的分区破裂现象。

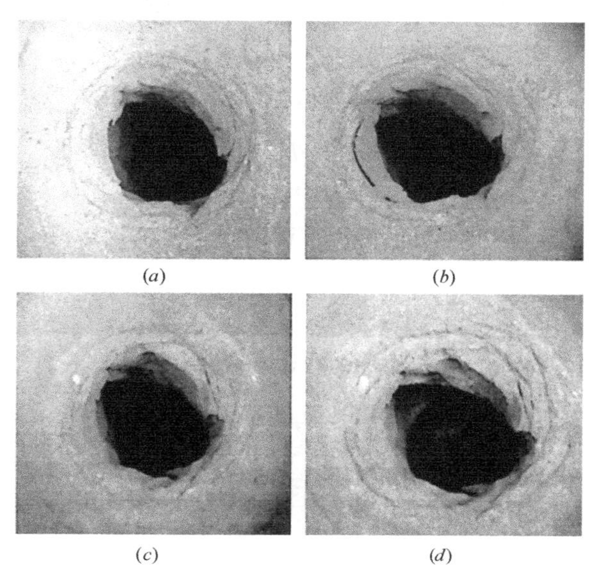

图 6.14　洞径为 150mm 模型 B 的破坏

2. 悬臂梁受集中力 P 作用模型试验设计

一悬臂梁结构，在梁端作用一集中荷载 P，如图 6.15 所示。

在 a 截面处的弯矩为：
$$M_P = P_P(l_P - a_P) \tag{6.42}$$

截面上的正应力为：
$$\sigma_P = \frac{M_P}{W_P} = \frac{P_P}{W_P}(l_P - a_P) \tag{6.43}$$

截面处的挠度为：
$$f_P = \frac{P_P a_P^2}{6E_P I_P}(3l_P - a_P) \tag{6.44}$$

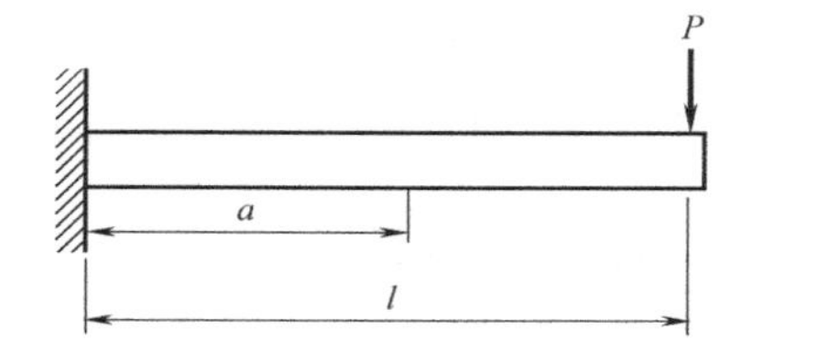

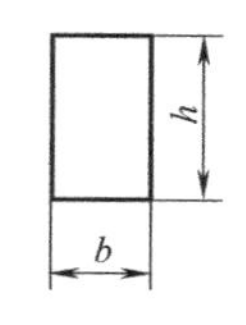

图 6.15　梁端受集中荷载 P 作用的悬臂梁

当要求模型与原型相似时，则首先要求满足几何相似：

$$\frac{l_m}{l_P} = \frac{a_m}{a_P} = \frac{h_m}{h_P} = \frac{b_m}{b_P} = C_l$$

$$\frac{W_m}{W_P} = C_l^3 ; \frac{I_m}{I_P} = C_l^4$$

同时，要求材料的弹性模量 E 相似，即 $C_E = \frac{E_m}{E_P}$

要求作用于结构的荷载相似，即 $C_P = \frac{P_m}{P_P}$

当要求模型梁上 a_m处的弯矩、应力和挠度与原型结构相似时，则弯矩、应力和挠度的相似常数分别为：

$$C_M=\frac{M_m}{M_P};\quad C_\sigma=\frac{\sigma_m}{\sigma_P};\quad C_f=\frac{f_m}{f_P}$$

将以上各物理量的相似常数关系代入公式（6.42）～式（6.44），则可得：

$$M_m=\frac{C_M}{C_P\cdot C_l}P_m(l_m-a_m) \tag{6.45}$$

$$\sigma_m=\frac{C_\sigma\cdot C_l^2}{C_P}\cdot\frac{P_m}{W_m}(l_m-a_m) \tag{6.46}$$

$$f_m=\frac{C_f\cdot C_E\cdot C_l}{C_P}\cdot\frac{P_m a_m^2}{6E_m I_m}(3l_m-a_m) \tag{6.47}$$

由以上公式（6.45）～式（6.47）可见，仅当：

$$\frac{C_M}{C_P\cdot C_l}=1 \tag{6.48}$$

$$\frac{C_\sigma\cdot C_l^2}{C_P}=1 \tag{6.49}$$

$$\frac{C_f\cdot C_E\cdot C_l}{C_P}=1 \tag{6.50}$$

才能满足：

$$M_m=P_m(l_m-a_m) \tag{6.51}$$

$$\sigma_m=\frac{P_m}{W_m}(l_m-a_m) \tag{6.52}$$

$$f_m=\frac{P_m a_m^2}{6E_m I_m}(3l_m-a_m) \tag{6.53}$$

这说明只有当公式（6.48）～式（6.50）成立，模型才能与原型结构相似，因此，公式（6.48）～式（6.50）是模型与原型应该满足的相似条件。

这时可以由模型试验获得的数据按相似条件推算得到原型结构的数据，即：

$$M_P=\frac{M_m}{C_M}=\frac{M_m}{C_P\cdot C_l} \tag{6.54}$$

$$\sigma_P=\frac{\sigma_m}{C_\sigma}=\sigma_m\cdot\frac{C_l^2}{C_P} \tag{6.55}$$

$$f_P=\frac{f_m}{C_f}=f_m\cdot\frac{C_E\cdot C_l}{C_P} \tag{6.56}$$

由上例可见，模型的相似常数的个数是多于相似条件的数目，模型设计时往往是首先确定几何比例，即几何相似常数 C_l。此外，还可以设计确定几个物理量的相似常数。一般情况下，经常是先定模型材料，并由此确定 C_E。再根据模型与原型的相似条件推导出其他物理量的相似常数的数值。表 6.17 列出了一般静力试验弹性模型的相似常数。当模型设计首先确定了 C_l及 C_E时，则其他物理量的相似常数就都是 C_l或 C_E的函数或是等于 1，例如应变、泊松比、角变位等均为无量纲数，它们的相似常数 C_ε、C_μ和 C_θ等均等于 1。

结构静力试验模型的相似常数与相似关系 　　　　**表 6.17**

类　型	物 理 量	量　纲	相似关系
材料特性	应力 σ	FL^{-2}	$C_\sigma = C_E$
	应变 ε	—	1
	弹性模量 E	FL^{-2}	C_E
	泊松比 μ	—	1
	质量密度 ρ	FT^2L^{-4}	$C_P = C_E / C_l$
几何特性	长度 l	L	C_l
	线位移 x	L	$C_x = C_l$
	角位移 θ	—	1
	面积 A	L^2	$C_A = C_l^2$
	惯性矩 I	L^4	$C_I = C_l^4$
荷载	集中荷载 P	F	$C_P = C_E C_l^2$
	线荷载 ω	FL^{-1}	$C_\omega = C_E C_l$
	面荷载 q	FL^{-2}	$C_q = C_E$
	力矩 M	FL	$C_M = C_E C_l^3$

在上例中如果考虑结构自重对梁的影响，则由自重产生的弯矩、应力与挠度如下式表示：

在 a 截面处的弯矩：

$$M_P = \frac{\gamma_P A_P}{2}(l_P - a_P)^2 \tag{6.57}$$

截面上的正应力：

$$\sigma_P = \frac{M_P}{W_P} = \frac{\gamma_P A_P}{2W_P}(l_P - a_P)^2 \tag{6.58}$$

截面处的挠度：

$$f_P = \frac{\gamma_P A_P a_P^2}{24E_P I_P}(6l_P^2 - 4l_P a_P + a_P^2) \tag{6.59}$$

式中　A_P——梁的截面积；

　　γ_P——梁的材料容重。

同样可以得到如下相似关系，即：

$$\frac{C_M}{C_\gamma \cdot C_l^4} = 1 \tag{6.60}$$

$$\frac{C_\sigma}{C_\gamma \cdot C_l} = 1 \tag{6.61}$$

$$\frac{C_f \cdot C_E}{C_\gamma \cdot C_l^2} = 1 \tag{6.62}$$

以上公式中 C_γ 为材料容重的相似常数。

在模型设计与试验时，如果假设模型与原型结构的应力相等，则 $\sigma_m = \sigma_P$，即 $C_\sigma = 1$，由公式（6.61）可知，这时

$$C_\sigma = C_\gamma C_l = 1$$

所以，

$$C_\gamma = \frac{1}{C_l}$$

如果 $C_l=1/4$，则 $C_\gamma=4$，即要求 $\gamma_m=4\gamma_P$，当原型结构材料是钢材，则要求模型材料的容重是钢材的 4 倍，这是很难实现的。即使原型结构材料是钢筋混凝土，也存在着相当的困难。在实际工作中，人们采用人工质量模拟的方法，即在模型结构上用增加荷载的方法，来弥补材料容重不足所产生的影响。但附加的人工质量必须不改变结构的承载力和刚度特性。

如果不要求 $\sigma_m=\sigma_P$，而是采用与原型结构同样的材料制作模型，满足 $\gamma_m=\gamma_P$ 和 $E_m=E_P$，这时 $C_P=C_E=1$，所以：

$$\sigma_m=C_l\cdot\sigma_P$$

$$f_m=C_l^2\cdot f_P$$

当模型比例很小时，则模型试验得到的应力和挠度比原型的应力和挠度要小很多，这样对试验量测提出更高的要求，必须提高模型试验的量测精度。

3. 简支梁受集中力 P 作用模型试验设计

设简支梁受静力集中载荷 P 作用（图 6.16），并假定梁都在弹性范围内工作，且时间因素对材料性能的影响（如时效、疲劳、徐变等）可忽略，同时也不考虑残余应力或温度应力的影响。下面按缩尺比例（几何相似常数 C_l）来设计模型。

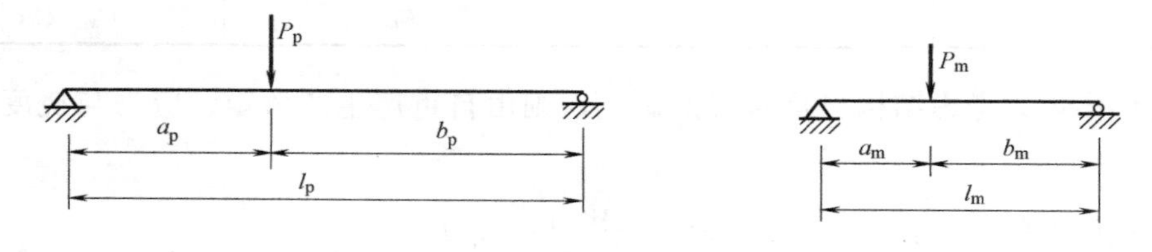

图 6.16　简支梁受集中力 P 作用

根据材料力学，梁在集中荷载作用下的作用点处的边缘纤维应力、弯矩、挠度可以分别用下列公式表示：

$$\left.\begin{aligned}\sigma&=\frac{Pab}{lW}\\ M&=\frac{Pab}{l}\\ f&=\frac{Pa^2b^2}{3EIl}\end{aligned}\right\}\tag{6.63}$$

式中　E——梁材料的弹性模量。

考虑到原型与模型的静力现象相似，则对应的物理量纲应保持为常数，可得到下列关系式：

$$\left.\begin{aligned}l_m=C_ll_P;a_m=C_la_P;b_m=C_lb_P\\ W_m=C_l^3W_P;I_m=C_l^4I_P;\sigma_m=C_\sigma\sigma_P\\ M_m=C_MM_P;f_m=C_ff_P;P_m=C_PP_P,E_m=C_EE_P\end{aligned}\right\}\tag{6.64}$$

式中　C_l、C_σ、C_M、C_f、C_P、C_E——长度、应力、弯矩、挠度、载荷和弹性模量的相似常数。

将公式（6.63）改写成为：

$$\left.\begin{array}{l}\dfrac{Pab}{lW\sigma}=1\\[2ex]\dfrac{Pab}{lM}=1\\[2ex]\dfrac{Pa^2b^2}{EIlf}=3\end{array}\right\}$$

则它们均是无量纲比例常数，即相似准则。由此得到模型与原型有如下关系式成立：

$$\left.\begin{array}{l}\dfrac{P_{\mathrm{m}}a_{\mathrm{m}}b_{\mathrm{m}}}{l_{\mathrm{m}}W_{\mathrm{m}}\sigma_{\mathrm{m}}}=\dfrac{P_{\mathrm{P}}a_{\mathrm{P}}b_{\mathrm{P}}}{l_{\mathrm{P}}W_{\mathrm{P}}\sigma_{\mathrm{P}}}\\[2ex]\dfrac{P_{\mathrm{m}}a_{\mathrm{m}}b_{\mathrm{m}}}{l_{\mathrm{m}}M_{\mathrm{m}}}=\dfrac{P_{\mathrm{P}}a_{\mathrm{P}}b_{\mathrm{P}}}{l_{\mathrm{P}}M_{\mathrm{P}}}\\[2ex]\dfrac{P_{\mathrm{m}}a_{\mathrm{m}}^2b_{\mathrm{m}}^2}{E_{\mathrm{m}}I_{\mathrm{m}}l_{\mathrm{m}}f_{\mathrm{m}}}=\dfrac{P_{\mathrm{P}}a_{\mathrm{P}}^2b_{\mathrm{P}}^2}{E_{\mathrm{P}}I_{\mathrm{P}}l_{\mathrm{P}}f_{\mathrm{P}}}\end{array}\right\} \tag{6.65}$$

将关系式（6.64）代入，则得到三个相似条件：

$$\frac{C_P}{C_l^2C_\sigma}=1\ \frac{C_PC_l}{C_m}=1\ \frac{C_P}{C_EC_lC_f}=1 \tag{6.66}$$

这三个相似条件包含六个相似常数，即意味着有三个相似常数可任意选择，而另外三个相似常数则需由条件式推出。现在已知模型是按缩尺比例进行设计，故 C_l 已知。而还有两个相似常数的选择则需根据试验目的、试验条件确定。

1）若要使模型上反应的挠度、应力与原型一致，即 $C_\sigma=1$ 和 $C_f=1$，则模型设计需满足下述条件：

$$C_P=C_l^2，C_M=C_l^3，C_E=C_l$$

即试验载荷是原型载荷按缩尺比例的平方缩小，模型材料也要求其弹性模量按缩尺比例减小。而 $C_M=C_l^3$ 只要上面两个条件满足，也自然成立。

2）若模型材料与原型一致，而又要求模型的应力也一致，即 $C_\sigma=1$ 且 $C_E=1$，则有：

$$C_P=C_l^2，C_M=C_l^3，C_f=C_l$$

该式与 1）的前两个条件式相同，只是这时所测的挠度比原型挠度按缩尺比例缩小。考虑到量测精度，一般要求模型缩尺比例不宜过小。

上面的例题中，忽略了结构自重对于应力与挠度的影响。对于大跨度结构，其自重是不应忽略的，此时应重新考虑。

4. *煤矿巷道开挖模型试验设计*

1）设计条件

根据现有资料显示，采场、露天边坡几何相似系数 C_L 一般取 50～100，地下硐室、巷（隧）道几何相似系数 C_L 取 20～50。设计采用大比例模型，计算和验证时相似系数取 10。假设原型巷道断面取 4000mm×3000mm，按埋深为 2000m 的地压，岩石的容重取 2.6kN/m^3 作为模型系统设计的外部条件。

2）模型几何尺寸设计

几何尺寸设计时必须考虑实验室能提供的空间高度和宽度，要求充分发挥实验室的空间，提高空间利用率。按照模拟原型巷道的断面尺寸为4000mm×3000mm，几何相似比取$C_L=10$，则模型巷道的断面尺寸为400mm×300mm。模型围岩不均匀应变场宽度单侧宽度取150mm，硐室应力影响范围通常为$3R\sim5R$。

根据以上参数计算模型宽度。模型巷道各部分尺寸如图6.17所示，图中模型巷道宽度之半为B_1，模型巷道一侧应力变化区间宽度B_2，应变场不均匀范围宽度B_3。则模型宽度为：模型巷道的宽度B_1＋应力变化区间宽度B_2＋应变场不均匀范围宽度B_3，即$2B_1+2B_2+2B_3=400\text{mm}+(3\sim5)\times400\text{mm}+300\text{mm}=1900\sim2700\text{mm}$。

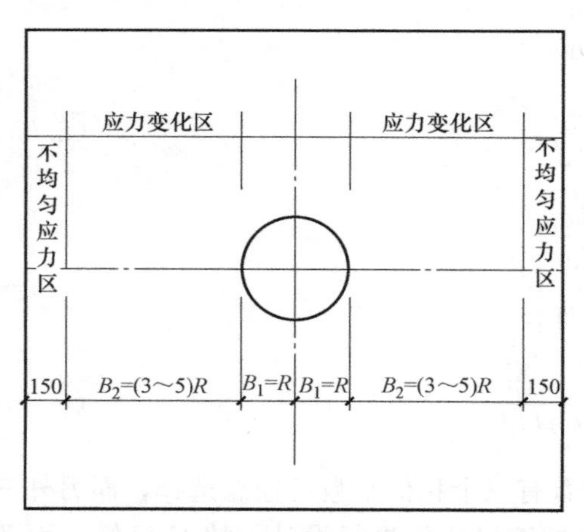

图6.17　模型巷道几何尺寸计算示意图

半圆拱模型巷道的高度近似为：模型巷道的高度H_1＋应力变化区间高度H_2＋应变场不均匀范围高度H_3，即$2H_1+2H_2+2H_3=300\text{mm}+(3\sim5)\times300\text{mm}+300\text{mm}=1500\sim1800\text{mm}$，当模型巷道的几何相似比取10时，巷道应力影响范围为$3R\sim5R$时，模型宽度为1900～2700mm，模型的高度为1500～1800mm。

综合考虑试验过程中的操作方便性和试验系统的安装空间范围，取模型断面尺寸宽度×高度为2000mm×1800mm。实际试验中，最大几何相似比可以取10。根据实际试验需要也可以将几何相似比取10～20，这样足以满足不同条件下的巷道试验要求。

3）荷载设计

按埋深为2000m的地压来计算，岩石的容重取2.6kN/m^3，则原岩压力σ_R为52MPa；试验中可以采用石膏、石蜡、松香等轻质试验材料，也可以采用重晶石粉等和现场岩石容重相近的高容重材料，现在分别按照两种材料来计算模型需要施加的荷载。

（1）采用轻质材料时，容重系数C_γ取值为17kN/m^3。

C_γ＝实际岩石的容重/实验材料岩石的容重＝26/17＝1.5倍，压力相似比为：

$C_\sigma=C_L\times C_\gamma=10\times1.5=15$倍

模型上下压力理论值：

$\sigma_{mo}=52/15=3.46\text{MPa}$

模型左右压力理论值，按1倍侧压力系数计算：

$\sigma_{mo}=1\times3.46=3.46\text{MPa}$

（2）采用接近原型材料的高容重材料时，容重系数C_γ取值为24kN/m^3。

C_γ＝实际岩石的容重/实验材料岩石的容重＝26/24＝1.083倍，压力相似比为：

$C_\sigma=C_L\times C_\gamma=10\times1.083=10.83$倍

模型上下压力理论值为：

$\sigma_{mo}=52/10.83=4.8\text{MPa}$

模型左右压力理论值，取1倍侧压力系数计算：

$\sigma_{mo}=1\times4.8=4.8\text{MPa}$

取模型架五个主动加载面的荷载均为5MPa，则采用通常轻质试验材料时应力富裕系数为 1.45，高容重试验材料时应力富裕系数为 1.04。实际试验过程中，大部分均采用轻质材料，而采用高容重材料作为备用功能使用相对较少。

综合考虑应用和制造成本，模型架最大应力集度取 5MPa 是可行的，这一荷载数值和目前国内有代表性的加载架荷载相当。

4）模型试验过程

本试验采用石膏为主要胶结料，细砂和水泥作为调节剂的相似模型材料。砌块规格包括 200mm×200mm×200mm 的标准砌块，以及 200mm×200mm×100mm 和 200mm×200mm×150mm 的非标准砌块。共使用约 900 块（图 6.18）砌块错缝砌筑制作了 2.0m×2.0m×1.2m 的立体模型（图 6.19）。并在砌筑过程中，采用环氧树脂对部分砌块进行粘结。

图 6.18　不同规格的石膏砌块

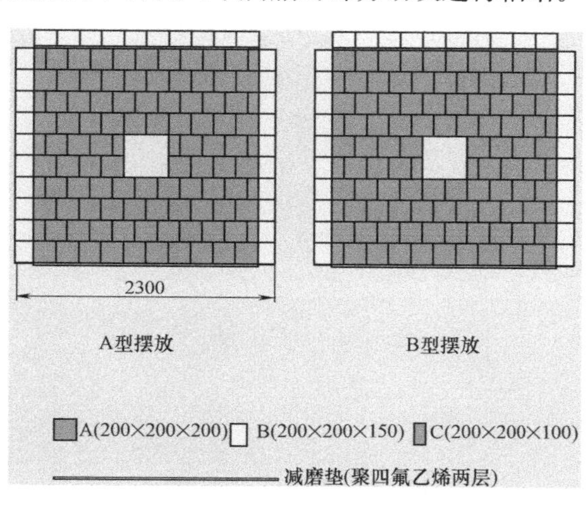

图 6.19　试验模型体砌筑方式（mm）

在模型内部每个测点处放置 3 个纸基丝绕电阻应变片（图 6.20），用来量测 X、Y、Z 三个方向的应变，共设计了 42 个测点，采用了 126 个应变片。在模型体与作动器之间设置聚四氟乙烯膜，减少作动器与模型体之间的摩擦效应。

图 6.20　应变片

图 6.21　巷道开挖

采用大口径台式水钻在模型中部开挖了直径为 300mm 的圆形巷道（图 6.21）。通过逐级加载，模拟了围岩和巷道的变形破坏现象（图 6.22、图 6.23）。

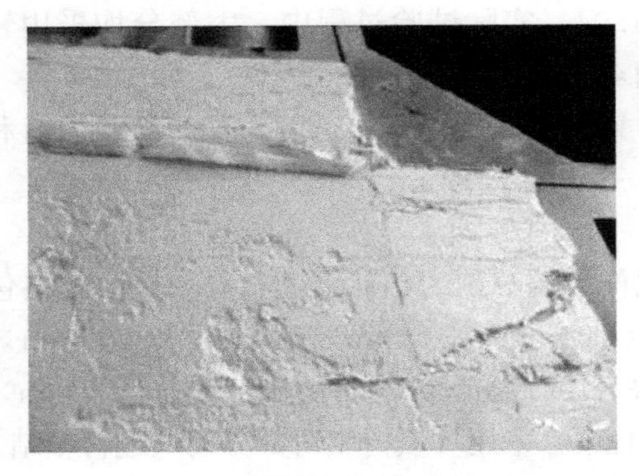

图 6.22 模型巷道围岩变形

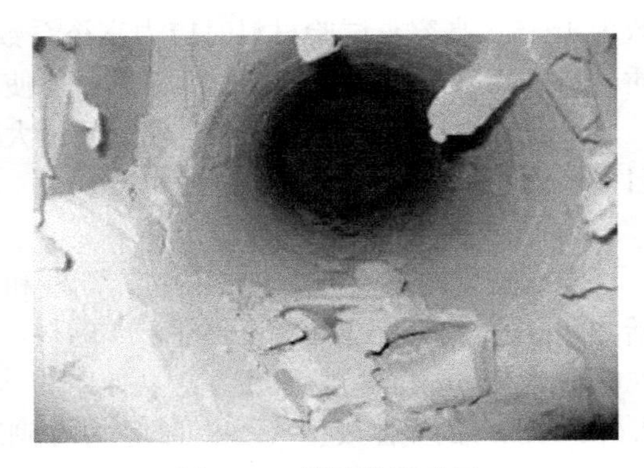

图 6.23 模型巷道破坏

第7章　实验力学光测技术

7.1　概　　论

实验力学光测技术是利用光学方法量测工程体变形、振动模态、损伤演化等力学参量。这些量与材料和结构的强度、刚度相关联，也是材料与结构的安全使用所特别关注的量。

最早的光学测试方法有平面光测弹性力学（简称光弹，Photoelasticity）和云纹(Moire)。一般使用白光或水银灯一类的准单色光作为光源，其非接触式的量测方式、全场检测的能力和可获得具有形象化效果的条纹图，都非常具有吸引力。1960年激光问世，由于激光是非常好的相干光源，很快便成为光学量测的强有力的工具，推动了光测力学突飞猛进的发展。相干光使人们可以利用光强、位相、波长、偏振态等来获得丰富的信息。

首先，用激光实现了全息照相。全息（Holography）是D. Gabor于1949年和1951年提出和实现的两步成像原理。此后，1962年E. N. Leith和J. Upatnicks运用Gabor的两步成像原理，以激光为光源和离轴方法再现了清晰的三维立体像——光波再现，引起了广泛关注。紧接着就实现了三维位移的全场量测、振动模态的量测、瞬态现象的量测等。与此同时，人们认识到全息照相中的噪声散斑（Speckle）是由光的干涉所形成的，必然携带了有用信息，利用它，发展出了激光散斑干涉计量这门全新的光学测试技术。

光测弹性力学由于使用了激光作光源，发展出激光全息光弹，它不仅可获得传统光弹的主应力差条纹图，还可获得新的主应力和条纹图。这使得分离两个主应力的处理工作大大简化，且条纹质量改善，精度提高。云纹利用激光的相干性，实现了条纹倍增；借助高密度栅的衍射，发展出灵敏度非常高的云纹干涉法。

这些发展比较集中地出现在20世纪七八十年代，方法的多样性和量测精度的提高，为力学基础研究和土木工程应用提供了便利，使光测力学在诸多领域都发挥了显著的作用。

精密光测力学对量测环境的要求比较高。同时，全场量测获得的信息量很大，条纹图中信息的提取和处理也是一个问题。20世纪80年代计算机普及之后，鉴于其强大的数据容量和图像处理功能，使得光学量测的研究也获得了飞速的发展。

随着CCD相机和图像处理板的发展，数字化处理已成为方便的工具。图像的生成当前主要是来自CCD相机，CCD是电荷耦合器件（charge coupled device）的简称，它能够将光线变为电荷并将电荷存储及转移，也可将存储之电荷取出使电压发生变化，因此是理想的CCD相机元件。以其构成的CCD相机具有体积小、重量轻、不受磁场影响、具有抗震动和撞击之特性而被广泛应用。从另一个角度看，要把这些光学精密量测方法推广到工程界，仅靠识别条纹级数以及插值等方法，是人们难以接受的，最好是给出数字结果。鉴于此，很快发展了几类方法：相移法、时间序列法、图像相关法和层析法等。虽然原有光测力学法的原理没有变化，但信息的提取发生了革命性的变革，原来只有条纹中心线上的信息，现在有所有像素点上的数字信息；原来要确定条纹级数，现在不需要了。同时，还有新的方法（如层析法）出现。

这些进展大致是从 20 世纪 90 年代到现在发展起来的，这也与科学技术的全面发展是分不开的。其中 CCD 数字相机的发展与普及、图像处理的硬件和软件的开发，是功不可没的。到现在，光测力学方法已从只能少数人掌握的、只有条件苛刻的实验室中使用的方法，发展成为了常规的测试手段和现场测试技术。

7.1.1 全息干涉计量法

全息（Holography）是 D. Gabor 于 1949 年和 1951 年提出和实现的两步成像原理。在 1962 年 E. N. Leith 和 J. Upatnicks 用 Gabor 的两步成像原理，以激光为光源和离轴方法再现了清晰的三维立体像——光波再现，引起了广泛关注。

全息原理是用记录介质（例如感光干板）记录来自物体漫射的物光波与一个参与光波相干涉的干涉图，它是一些不规则的高密度条纹，称全息图；用参考光波照明全息图，其衍射光波中的一束，是再现的物光波。这个再现的物光波达到人们的眼睛时，和实际物体漫射的光波到达眼睛是一样的，也就是说，物体虽已不存在，但全息术使它发出的光波再现了。

全息术可以使物光波再现是全息干涉计量法的基础：利用全息再现物光波的能力，可以使一个物体不同时存在的两个状态同时呈现（变形前后或运动前后两个状态同时再现），并通过光波的干涉（即比较）得到两者的变化量。变形前后双曝光全息图，使两状态同时再现并干涉，最终强度分布是 I，表现为条纹图：$I \propto 1+\cos\varphi$，根据几何推导可得：

$$\varphi=\varphi_1-\varphi_0=\frac{2\pi}{\lambda}(\vec{K}\cdot\vec{U}) \tag{7.1}$$

式中 φ_0、φ_1——变形前后物光波的位相；

λ——光波长；

$\vec{K}$——灵敏度向量；

$\vec{U}$——物体的位移。

以全场条纹图形像化地给出位移等值线，每条条纹间位移之差（即灵敏度）约 $\lambda/2$。以 He-Ne 激光为例，波长 0.6328μm，量测灵敏度约为 0.3μm，灵敏度是很高的。有趣的是，当物体处于稳态正弦振动时，所记录的全息图并非模糊的，而是带有清晰振动信息的“时间平均全息图”，获得时间平均全息图的条件是曝光时间远大于振动的周期。时间平均全息图再现像的强度分布为：

$$I \propto J_0\left(\frac{2\pi}{\lambda}\vec{K}\cdot\vec{V}\right) \tag{7.2}$$

式中 J_0——零阶 Bessel 函数；

$\vec{V}$——振幅向量。

以往用传感器量测振型，只能量测若干点的振幅，或对平板类型的板振动，可以用撒沙子的方法得到振动的节线。而时间平均全息图，可以给出全场的振幅分布，即振幅等值线，得到很形象的振型，而无论物体是否是平面的。形状复杂的叶片振型是较为典型的例子。

全息干涉计量法的功能性是很强大的，可以扩展为：

1）采用双脉冲激光，可测两个时间之间的物理量瞬态变化。

2）可以量测因压力或温度引起的流体密度的变化（表现为折射率的变化）。

3）配置“消转器”，可以量测稳态旋转件的变形。

利用全息干涉法，已经成功获得了航空发动机涡轮盘和叶片的振型、风洞中模型的流场和激波、流场中的等温线、受冲击板的瞬态变形、微重力下晶体的生长、裂纹尖端的变形场等。

全息图中的信息量是很大的，在提取信息的过程中，也遇到了一些问题，以下以静态变形的双曝光全息图为例，探讨信息提取中的潜在隐患：

1）在双曝光全息图的再现像上，布满了代表等位移线的条纹。物体位于三维空间中，条纹也定域在三维空间中。对纯离面位移，条纹定域在物体表面；对纯面内位移，条纹定域在无穷远；任意三维位移，条纹定域在物体表面外有限距离处。因此，对后两类情况，确定条纹落在物体上的坐标点，存在困难。

2）从全息图的光强表达式可知：在条纹中心线上，$\varphi=2n\pi$（n 是条纹级数），可获得其位移量，但条纹中心线以外的信息将丢失。

3）如何正确识别中心线。人为勾画具有一定的主观因素；若使用计算机处理条纹，会使原本光滑的中心线变得不光滑，甚至出现断点与分叉。

7.1.2 光测弹性力学法

光测弹性力学法（Photoelasticity，简称光弹）是 20 世纪 30 年代就已成熟的技术，所以光源是白光或准单色光源。其力学理论基础是基于弹性平面问题的应力分布，与材料无关，即用另一种材料制作模型，从测量模型的应力，可以推断部件的应力分布。其光学理论基础是“应力光率”，即原本自然状态的透明的光学各向同性材料，在有应力的情况下，表现出光学双折射，且两个主折射率之差与平面主应力之差呈线性关系。同时，模型试验中要求其尺度、加载和分析，都要遵从相似理论的相似准则。

基于此，可以用透明的具有人工双折射性质的材料，制作与待测部件相似的模型，按相似律加载；在光学系统中，由双折射效应获得的条纹图，是主应力差的等值线，称“等差线”。平面光弹以其清晰的等差线受到瞩目，应用较为广泛。

为了获得两个主应力之值，单有等差线是不够的，还需知道主应力的方向，再利用平面弹性力学理论，计算主应力。所以，还要用实验方法获得主应力方向相同的点的轨迹，即“等倾线”，然而等倾线的质量一般欠佳，给主应力的确定带来一定的困难。

在激光全息干涉出现后，发展了激光全息光弹。一般地说，实验分两步：第一步是获得等差线，方法和以前一样；第二步是用没有双折射效应的材料做模型，利用全息干涉的原理，获得模型受力后模型厚度的变化。在弹性平面问题中，厚度变化直接和两个主应力之和呈线性关系，因此，厚度变化的等值线，就是主应力之和的等值线，称“等和线”。

从应力分析的角度，有了主应力之和，又有了主应力之差，平面弹性力学的主应力即可获得。另一方面，从分析表达方面，采用Jonse向量和Jonse矩阵来表达包括双折射、平面偏振光和圆偏振光等，使全息光弹有了便利的表述。

在平面光弹发展后，还发展了三维光弹法，成为土木工程界较易接受的一种有效测试手段。在航空、造船、水利等部门，都可采用三维光弹获得复杂工程体的应力分布。虽然理论上，三维光弹仍存在一定障碍，但不乏为工程界提供有价值数据。面对三维问题，传统的方法是“冻结—切片”法：利用升温—降温程序，将受力模型中的人工双折射效应固定下来，称“冻结”；然后切片，用分析平面问题的方法，获得主次应力；继而获得一系列的主次应力分布状况。整个程序较为繁复，为了使三维光弹与全息相结合，进行了多种尝试，也有一些方法被提出，但得到实际应用的技术较少。截至目前，对复杂构件使用三维光弹展开应力分析实验，存在一定的应用价值。

7.1.3 散斑干涉计量法

当物体被激光照明，在物体的像上，由于表面漫反射形成的随机干涉，产生了随机分布的亮暗斑点，称为散斑。它似乎是信息中的噪声，人们很快发现，散斑是干涉产生的，必然带有物体的信息，进而发展了散斑干涉计量法，使散斑成为精密量测的载体与有力工具。前述的方法，如全息、云纹、光弹等，在激光出现之后，在技术上有了重大的突破，更得以发扬光大。唯有散斑是在激光出现之后才被人们注意到的。从散斑本身性质的研究到散斑干涉计量技术的发展，都是全新的领域，吸引了众多科技工作者的关注，从20世纪70年代起有了蓬勃的发展。

科学家首先研究了散斑的统计性质，给出了主观散斑和客观散斑的大小，给出了散斑亮度的统计分布，以及散斑场与散斑场相干叠加和非相干叠加的亮度统计分布。

1. 双散斑场干涉

当激光照明物面，由物面漫反射并干涉，在空间和像平面形成散斑场。如果来自同一个物面的两个散斑场相干涉，或来自不同物面的两个散斑场相干涉，均可以用来达到特定的量测目的。一般来说，可以分为以下三类：一个散斑场来自变形的物面，一个散斑场来自不变的参考面，它们的干涉可以量测离面位移；两束准直光对称照明变形物面，所形成的两个散斑场的干涉，可以量测面内的位移；一个光束照明物面，用光学元件在像平面上形成有错位量的两个散斑场之间的干涉，称散斑剪切干涉，可以量测位移的导数。

变形前记录的光强 $I_1=a+b\cos\varphi$，变形后记录的光强 $I_2=a+b\cos(\varphi+\Delta)$。其中 φ 是散斑随机起伏的位相；Δ 是变形引起的位相变化。

1）首先利用散斑量测变形的，是量测离面位移，也称为“双光束散斑干涉”方法，是1970年由Leendertz提出的。它是基于Mechellson干涉，但把两个反射镜换成两个漫反射面，一个漫反射面是将要变形的物面，另一个是不变的参考面，在像平面上产生干涉，使初始的像上就有了散斑场。当物面的 A 部分沿光束方向的位移 ω 是 $\lambda/2$ 的整数倍时（λ 为光波长），来自物面 A 部分的光和参考面的光程差就改变了波长的整数倍，在像平面上对应 A 部分的干涉结果却没有改变，即散斑分布不变，保持相关。这时离面位移 ω 引起的位相变化是：$\Delta=(4\pi/\lambda)\cdot\omega$。

2）如果用两束准直光对称照明，θ 是入射角，两束光因干涉在物面上形成间隔为 P 的等间隔的亮暗线。当物体的面内 B 区沿主方向 x 的位移 u 为 P 的整数倍时，在像平面

上对应 B 部分的干涉结果没有改变，即散斑分布不变，保持相关。这时 u 引起的位相变化是$\Delta=(4\pi/\lambda)u\sin\theta$。

3）剪切散斑干涉

1973 年报道了用迈克尔逊干涉式的剪切干涉，在两次曝光之间，把被测物面转动一个小角度。1974 年报道了剪切散斑干涉的新方法，它是在相机镜头前加一个器件（或是双孔屏，或是棱镜），就可以在像平面上实现两个散斑场的剪切干涉。从变形前后得到的双曝光剪切散斑图上，可以获得位移的导数。如果照明光在 xz 平面，并沿 x 方向剪切的剪切量为δ_x，这时由位移 u 和 ω 共同引起的位相变化是：

$$\Delta=(2\pi/\lambda)[\sin\theta(\delta u/\delta x)+(1+\cos\theta)(\delta\omega/\delta x)] \tag{7.3}$$

如何把散斑相关区从像上提取出来，是一个技术问题。在用感光干板做记录时，做相加是容易的，但无法做相减。将两次曝光光强相加记录的干板，置于 Fourier 变换——滤波系统中，可以获得 Δ 全场等值线。由于使用不便，没有得到广泛的应用。较好的办法是变形前后的两个像相减。这在采用数字散斑干涉技术后，就很容易实现了：

$$I_1-I_2=2b\sin\left(\frac{\Delta}{2}+\varphi\right)\sin\left(\frac{\Delta}{2}\right) \tag{7.4}$$

当 $\Delta/2=n\pi$ 时，表现为暗条纹，称相关条纹。

由于剪切散斑干涉有光路简单的优势，在无损检测方面有着广泛的应用，如轮胎、蜂窝夹层板、建筑物的面砖等的内部脱层、焊接件的缺陷等的无损检测。

随着 ESPI 的出现，特别是 DSPI 出现后，做图像相减就非常容易实现了，双散斑场干涉的方法也得到了广泛的应用，并可以用于现场量测。

2. 散斑照相

使用双散斑场干涉方法有一个限制，即为获得像平面上的相关条纹，在像平面上散斑的移动不能超过斑的大小，所以不适应量测较大的面内位移。人们发现，在激光照明的物体的像上，激光散斑像物面的标记一样随物体点的移动而移动。于是发展了单光束照明的散斑干涉方法，也称为散斑照相。因为它只是对被激光照明的物体照相，所以光路非常简单。这一方法在量测面内位移、面内振动、离面振动方面都有报道。

有了这些量测的结果，就必须弄清楚物体变形时物体表面的运动，与物体像上散斑的运动，或空间上散斑的运动，存在怎样的关系。Statson、伍小平等作了相关研究。从量测的角度来说，所研究的散斑都属于近场散斑。所以从 Fresnel 衍射出发，推导了空间散斑运动的公式。在量测时，不论是记录物面上的散斑或是离开表面一个距离处的散斑，散斑的运动与物面的运动都有明确的关系，这是单光束散斑干涉的研究基础。

在做单光束散斑干涉时，一般是用相机干板在变形前后各曝光一次。所得到的双曝光散斑图，具有“斑对”结构，即在物体的一个小区域上，变形前后的散斑群，有近于刚性位移式的移动（不同的小区域上，散斑的移动是不同的）。分析双曝光散斑图的方法有逐点分析法和全场分析法两种。

1）逐点分析法

双曝光散斑图的小区域中的斑对，均按相同的方位拉开相同的距离。用细的激光束照射小区域，所获得的衍射图就是光学中双孔衍射的杨氏（Young）条纹，即等间隔的平行线：平行线的方位和双孔拉开的方向垂直，平行线的距离与双孔拉开的距离成反比。

2）全场分析法

将双曝光散斑图置于 $4f$ 的 Fourier 变换——滤波系统的输入平面，在输出平面上得到全场等位移线图。滤波孔在谱平面上的位置不同，等位移线表示的位移值也不相同。通过调整滤波孔的位置，可以得到变灵敏度的全场等位移线。

单光束散斑干涉量测面内位移是比较方便的。

在振动量测方面，单光束散斑干涉做面内稳态正弦振动量测所得到的连续曝光散斑图，用逐点分析法得到的衍射图，不再是等间隔的平行线，而是贝塞尔函数调制的平行线。对于离面稳态正弦振动，可以通过望远镜聚焦在物面之外，目视观察到散斑往复运动造成的线纹图。在物面法线不动的位置斑不动，但有两种情况：在振动振幅极大的点（波峰和波谷），以不动的斑群为中心，线纹向外放射；在节线的马鞍点，线纹以不动的斑群为原点按双曲线型分布。

3. 电子散斑干涉（ESPI）与数字散斑干涉（DSPI）

用干板做记录的同时，就考虑了能否用电视摄像管做接收器，把记录的光信号转换为电信号，并做电子学上的处理。从 1971 年开始有报道，但是较成功的和影响较大的是 1974 年挪威的成果。这个仪器是以双光束散斑干涉为基础，用模拟量做实时运算的。可以做静态变形量测，也可以做振动量测，不论是稳态正弦振动或不规则的振动。由于仪器化，使操作简便了，隔振要求降低了，应用的前景广博。但是，仪器的性能有待提高，为能用到现场还要做很多努力，特别是当时价格相当高，难以被多数人采用。等到 CCD 相机和数字图像处理板得到普及，发展为数字散斑干涉（DSPI），散斑干涉计量技术才得以广泛的应用。利用 CCD 相机和数字图像处理板，应将实时采集的散斑图与初始散斑图相减，即可在屏幕上看到表示实时变形的等位移线。

已经发展了便携式散斑干涉仪，用于现场量测。不同的配置，可以做双光束散斑干涉，或做剪切干涉。

4. 非相干光散斑计量法

散斑起到了物表面上标记点的作用。人们考虑，不用激光的相干性去形成散斑，而是直接人工制斑。这样散斑的大小可以在很大的范围内变化，散斑直径可大到几十毫米（量测铁路桥在列车通过时的变形），可以进行毫米级量测（量测大型天线在日光下的热变形），也可以小到亚微米级量测（在电镜下加载观察全场变形），可测位移可以在很大的范围内变化。

如果可以采用双曝光记录，散斑图可以和单光束散斑干涉的双曝光散斑图样处理。如果只能单次记录，变形前后两张散斑图，就必须要用计算机做“相关法”的数字处理，提取位移信息，图像相关法是重要的数字处理方法，后续会进行详细阐述。

5. 其他散斑计量法

除了量测变形之外，还发展了多种计量技术，其中很多都得益于图像的数字处理发展。

1）粗糙度和疲劳检测：根据散斑统计，在一定范围内，表面的粗糙度与漫射散斑场的统计性质有关。但在应用上有许多限制，无法替代机械式的粗糙度测量仪。在疲劳检测中，疲劳的损伤累积导致表面粗糙度的变化，并有表面光学效应的变化，由此发展了激光散斑衍射谱方法、白光散斑相关法和亮点数量统计法。

2）形状测量：有移动光源法和旋转表面法，可以获得等高线。

3）瞬态运动和随机振动：瞬态运动非常需要非接触式测量。在记录一张空间散斑图并复位之后，物面漫射的光得以透过该散斑图的光能最少；物体运动使散斑移动，透过散斑图的光能开始增加；在一定范围内，透过的光能与移动量呈线性关系，用光电转换得到电信号，由此即可推断物体运动的速度，不论是瞬态的或是随机的运动均可。

4）温度场测量：由于物光束穿过被测空间，所获得的信息是整个光程的叠加。在被测场是准平面问题或轴对称问题的情况时，可以把信息解出。

5）流体速度场的测量：有粒子像速度测量技术，即 PIV，它和非相干光散斑的相关法是相同的概念。

综上所述，关于散斑的性质、散斑计量的原理和技术等，在 20 世纪 70～90 年代初约 20 年中，已基本发展完善，也在多方面得到应用。80 年代末期，由于计算机图像处理技术的发展，使光测力学技术有所提升，应用方面也得到一定程度的扩展。

7.1.4 云纹法

两个有些区别的栅线，重叠起来，在视觉上出现一组新的条纹图，称为云纹（Moire）。它是几何干涉的结果。一般地总是标准的不变形栅和一个带有变形信息的栅重叠，形成云纹，它是等位移或位移导数的等值线。通常用于量测的云纹，大致归为：平面云纹、反射云纹和影栅云纹。为了不希望出现衍射的干扰，这些方法中栅的密度一般不超过 100line/mm，因此灵敏度无法再提高。激光出现以后，该方法有了重要的发展。同时各种电镜的发展，也为云纹开辟了一条新路。

将包含两个重叠栅的云纹照片，放在以激光为光源的 $4f$ 成像系统中，用物理光学的方法，在谱平面上取高频的信息，在成像平面上，云纹将倍增。云纹法用的栅都是二值化的栅，如 n line/mm 的栅，在谱平面上，除了有 n line/mm 的谱之外，还有 $2n$ line/mm 甚至 $3n$ line/mm 以上的谱。如果在谱平面上取 $2n$ line/mm 的谱，像平面上的云纹就增加两倍，即灵敏度加倍。

1. Tablot 效应

当激光照明一个周期性的结构（平行线栅或正交线栅），在其后面的一系列位置上，形成自成像，称为 Tablot 效应。

云纹法要求变形栅和做基准的参考栅重合来形成云纹。但有些情况下，让两个栅靠在一起不容易实现，例如大变形、瞬态变形等。采用 Tablot 效应，可以使两个栅重合而又没有物质接触。

平面波照明时，自成像的位置与原结构的距离为：

$$Z_t = n(2d^2/\lambda) \tag{7.5}$$

式中 d——栅线的节距；

λ——光波长；

n——整数。

一个 Tablot 效应用于平面云纹的例子，是有中心圆孔的板受冲击荷载时的面内变形测量。栅的节距 $d=0.0254$mm，$\lambda=0.6328\mu$m，Tablot 效应将基准栅在距离 1309mm 远的构件表面形成参考栅，从而获得清晰的云纹。

2. 云纹干涉法

将栅线密度提高到600line/mm以上直到极限的约3000line/mm，利用衍射获得和上述云纹含义一样的条纹图，称干涉云纹。

D. Post对云纹干涉法的发展有重要的贡献。云纹干涉法要求在物体上制备高密度平行栅，栅距为P，置于主平面内两对称准直光照明的光路中。当入射角α满足$\sin\alpha=\lambda/P$，其1级衍射光沿物面法线传播。当物面上的栅为标准平行栅，两束光对称入射，形成两个沿物面法线传播的衍射光波，且两衍射光波的波阵面是平行平面，即都是$Ae^{i\varphi}$。这时在观察平面上没有条纹。当物面发生变形，两衍射光波的波阵面不再是平行平面，两个1级衍射波都发生了位相改变，表示为$Aei^{(\varphi_0+\varphi_1)}$和$Aei^{(\varphi_0+\varphi_2)}$。

两个波发生干涉，其光场为：$U=Ae^{i(\varphi_0+\varphi_1)}+Ae^{i(\varphi_0+\varphi_2)}$ (7.6)

光强为：

$$I=U^{*}\cdot U=4\cos^2\left(\frac{\varphi_1-\varphi_2}{2}\right) \quad (7.7)$$

根据几何关系有：

$$\varphi_1=\frac{2\pi}{\lambda}[\omega(x,y)(1+\cos\alpha)+u(x,y)\sin\alpha]$$

$$\varphi_2=\frac{2\pi}{\lambda}[\omega(x,y)(1+\cos\alpha)-u(x,y)\sin\alpha] \quad (7.8)$$

其中，$u(x,\ y)$和$\omega(x,\ y)$分别为沿栅线主方向和离面方向的位移。

当$\varphi_1-\varphi_2=\frac{4\pi}{\lambda}u(x,\ y)\sin\alpha=2n\pi$（$n=0$，1，2，……）是亮条纹，表示沿栅线主方向的位移等值线，即：$u(x,y)=n\left(\frac{p}{2}\right)$。

如采用的照明光虽然在主平面内，但不是对称入射，则条纹中将包含$\omega(x,\ y)$的信息。

云纹干涉法的优点是灵敏度高和条纹质量好，可以量测动态形变。

云纹干涉法的关键是在构件表面制高密度栅，方法有以下几种：压印法、刻蚀法和翻模法。

如果在表面制单方向平行栅，就只能获得其主方向的全场位移。要获得平面上两个方向的位移场，就必须在表面上制正交栅；同时要在两个主平面内，由两对对称光束照明。云纹干涉法被广泛应用于量测裂纹尖端场、复合材料界面层、孔周残余应力、高温下的变形等。其灵敏度已达到3000line/mm。

3. 电镜云纹

尽管云纹干涉法和其他光测力学方法相比，灵敏度是很高的，但在人们关注微米或纳米尺度下的力学问题时，就希望有更高的灵敏度。因为各种电镜已达到纳米尺度的分辨率，将它们引进光测力学的测试中是很自然的。最开始是Kichimoto报道了电子束云纹，灵敏度达到0.1μm。随后报道了若干方法，大致分三类：

1）在透射电子显微镜下拍摄晶格的像，作为试件栅。用标准的单向栅和试件栅重合，并放入Fourier变换/滤波系统中取1级衍射谱，在最终的像平面上得到云纹。灵敏度相当于0.3nm。

2）把试件在高分辨率显示的周期性结构作为试件栅，以电镜显示器的扫描线为参考栅，这样两者形成云纹。报道所采用的显微镜有：透射电子显微镜（TEM）、原子力显微镜（FAM）、扫描隧道显微镜（STM）、扫描探针显微镜（SPM）等。灵敏度均达到 0.2 nm 左右。

3）用电子束刻蚀法，在试件表面制微米或亚微米的栅作为试件栅。

用这些技术，已成功量测了裂纹尖端的位错、纳米碳管的变形等。

7.1.5 投影栅线法

投影栅线法是用结构光照明整个空间。通常的结构光是由平行栅线或网格栅投影所形成的，也有由特殊图形投影形成的。如果结构光是由平行栅线投影形成的，当一个平面放入空间，平面上就有平行栅线的投影，它也是平行线；当一个三维物体放入空间，表现上栅线的投影就不再是平行线了。根据几何关系，从畸变的栅影可以获得物面的信息。

1）测量运动物体的姿态：用网格栅投影，从一个或几个观察点记录不同时刻落在物体上的栅影，就可以获得物体在不同时刻的位置和姿态。

2）测量大物体的变形：例如数十平方米面积的卫星天线因太阳辐照产生的热变形。

3）测量回转体的形貌：在一根母线和中心轴的平面投影一片光，在另一根母线和中心轴的平面内观察记录。当物体旋转一周，就可获得物体的三维展开形貌图。

4）测量粗糙度：当片光足够精细，并用显微镜观察，可以获得表面的微小起伏。由这些数据可以获得描述粗糙度的参数。

7.1.6 焦散线法

如果准直光垂直照射一个平面透明模型，穿透之后仍是准直光。当模型受力，特殊点上会有应力奇异性，如裂纹尖端、集中力作用点等。在奇异点周围的高应变集中区，模型的厚度和折射率都发生了变化。从模型前表面反射的光线，和从后表面出射的折射光，都偏离了准直状态。这些光线在空间形成一个三维包络面，并在与模型平面平行的观察面上，形成很亮的曲线，称为焦散线（Caustics）。

焦散线法是 Manogg1964 年提出用于解决奇异性问题的光测力学实验方法，具有一定的特殊性，并不依赖干涉，所以也不一定用激光做光源。Manogg 用它研究了平板的撕裂问题，但没有引起广泛的重视。直到 1970 年 Theocaris 将激光用于焦散线法，得到了裂纹尖端周围凹陷区（dimple）的尺度、裂纹尖端的位置和应力强度因子，并用他们一系列的后续研究工作，使焦散线法形成了一门测试技术，使其受到了更为广泛的关注。

首先是针对弹性力学问题。以线弹性断裂力学问题为例，理论上已经获得了裂纹尖端的应力分布，应力强度因子可以说是一个参数。由线弹性断裂理论给出应力分布，可以给出模型厚度变化的表达式；用光学理论可以给出因模型厚度变化而形成的焦散线形状。因此，量测焦散线图形，就可以获得裂纹尖端的应力强度因子，还可以获得裂尖的弹性应变能分布，这是焦散线法最有影响的部分。

由于焦散线法的特点，使得用焦散线法研究动态断裂问题有独特的优势。只要使用高速摄像记录动态焦散线，就可以获得各个时刻的裂纹尖端位置和应力强度因子。Rosakis 给出形式非常简单的裂纹尖端动态扩展的焦散线方程，苏先基详尽地分析了裂纹扩展速度对焦散线图形的影响。其后的发展表明，焦散线法不仅可以研究弹性材料（各向同性或各向异性)，也可应用于黏弹性材料、韧性材料和幂硬化材料。焦散线法还成功地应用于接触问题和含有孔洞或夹杂的平面问题。

计算机普及之后，鉴于计算机强大的数据容量和图像处理功能，人们逐渐开始使用计算机处理一些事情。在全息干涉发展之初，就遇到条纹中心线的提取、中心线以外信息的利用等问题。面对光测得到的全场条纹图，首先想到用计算机提取中心线，为此发展出了一些方法。但计算机提取的中心线使原本光滑的中心线变得不再光滑，甚至断开或分叉，效果不太理想。人们还想到，条纹中心线以外的信息由插值来提取，由此提出了多种插值计算方法。复杂一些的条纹图（例如光弹条纹图），条纹级数的确定是个难点，也希望用计算机来完成。由于计算机的计数只能单调变化，为此发展了“载波法”，使条纹级数单调变化。上述情况，都可以归结为要计算机做人力能做，但是或因有人为因素介入而不客观，或是工作量大比较难以处理的情形。随着 CCD 相机和图像处理板的发展和降价，数字化处理已成为方便且实用的分析工具。

7.2 光测技术基础知识

7.2.1 光测技术概述

光具有波粒二象性。在光测法中所遇到的光学现象，一般可用光的波动性进行解释。光波是一种横波，光矢量的振动方向与它的传播方向垂直。光矢量按简谐振动规律进行振动。

光是一种电磁波，是电磁场中电场强度矢量与磁感应强度矢量周期性变化在空间的传播。光波中产生感光作用的是电场振动，光力学中只考虑电场振动。把电场振动称为光振动，电场矢量称为光矢量。

光波是一定波长范围内的电磁波，其中能够引起人眼视觉的那部分电磁波称为可见光。白光是由红、橙、黄、绿、青、蓝、紫七种可见光的混合，单色光是指只有一种波长或频率的光。光弹试验常用光源有白光、汞光和钠光等，汞光加绿色滤色片可获得 546.1nm 的单色绿光，钠光是 589.3nm 的单色黄光（图 7.1）。

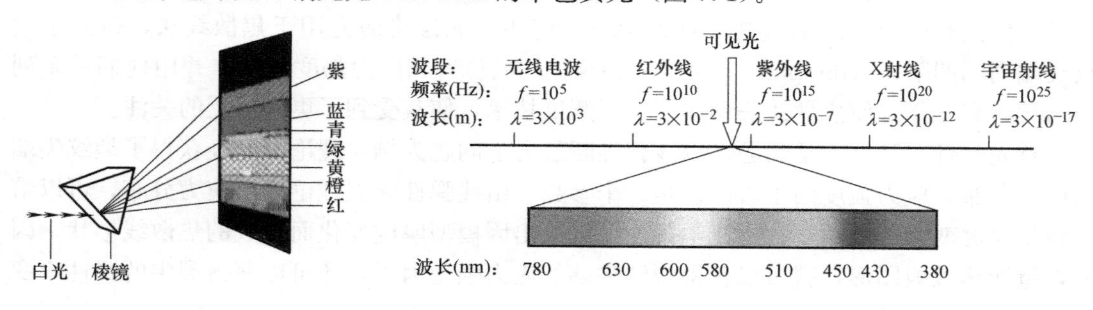

图 7.1 可见光的波长与频率

光测法是应用光学的基本原理，结合力学的理论，通过数学工具的推演，以实验为手段去研究结构物中的位移、应变和应力等力学量的一门学科。主要包含光测弹性力学法、全息干涉法、云纹法以及数字图像散斑法。可实现全场测量、无损检测以及三维应力分析，可观测任意形状模型，具有直观性强、灵敏度高等优势，适用范围较广（图 7.2）。

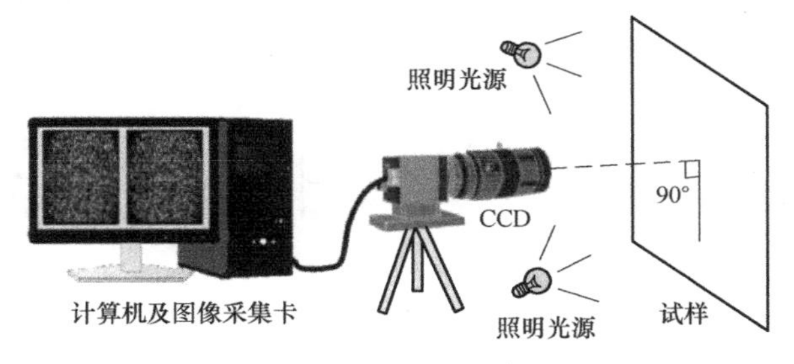

图 7.2　光测法示意图

7.2.2　光的干涉

当几列光波在空间传播时，它们都将保持原有的特性（光的独立传播原理）；在它们交叠的区域内各点的光振动是各列光波单独存在时在该点所引起的光振动的矢量和，即为光的叠加原理（图 7.3）。

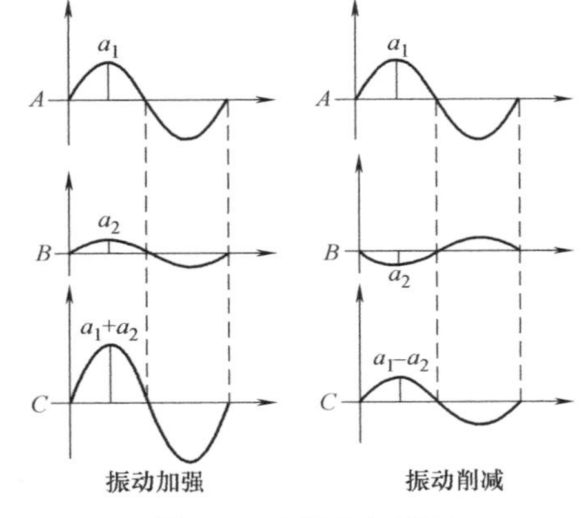

图 7.3　光的叠加原理

在几列光波交叠区域的某些位置上，振动始终加强；而在另一些位置上，振动始终减弱或抵消，这种现象称为光的干涉。能产生干涉现象的光叫相干光。相干光需同时具备以下三个因素：频率相同、振动方向相同、具有恒定的相位差。

假设发生干涉的两列相干光，其波动方程分别为：

$$E_1=A_1\cos(\omega t+\varphi_1-kx_1), E_2=A_2\cos(\omega t+\varphi_2-kx_2) \tag{7.9}$$

干涉发生后，干涉光的波动方程为：

$$E=A\cos(\omega t+\varphi) \tag{7.10}$$

其中：

$$A=\sqrt{A_1^2+A_2^2+2A_1A_2\cos(\varphi_2-\varphi_1-k(x_2-x_1))}$$
$$\varphi=\tan^{-1}\frac{A_1\sin(\varphi_1-kx_1)+A_2\sin(\varphi_2-kx_2)}{A_1\cos(\varphi_1-kx_1)+A_2\cos(\varphi_2-kx_2)} \tag{7.11}$$

7.2.3　光的偏振

偏振是指振动方向对于传播方向的不对称性。在垂直于光的传播方向的平面内，光矢量可以有各种不同的振动状态，称为光的偏振态。光的偏振态可分为五种：自然光、平面偏振光、部分偏振光、椭圆偏振光和圆偏振光（图 7.4）。

假设两列光的波动方程分别为：$E_x=a_1\cos(\omega t+\alpha_1)$，$E_y=a_2\cos(\omega t+\alpha_2)$

对其进行三角变换，可得：

$$\frac{E_x^2}{a_1^2}+\frac{E_2^2}{a_2^2}-2\frac{E_1E_2}{a_1a_2}\cos(\alpha_2-\alpha_1)=\sin^2(\alpha_2-\alpha_1) \tag{7.12}$$

方程式（7.12）最一般的形式为椭圆轨迹。当 $a_1=a_2$ 且 $\alpha_1-\alpha_2=\pi/2$ 时，该方程式退

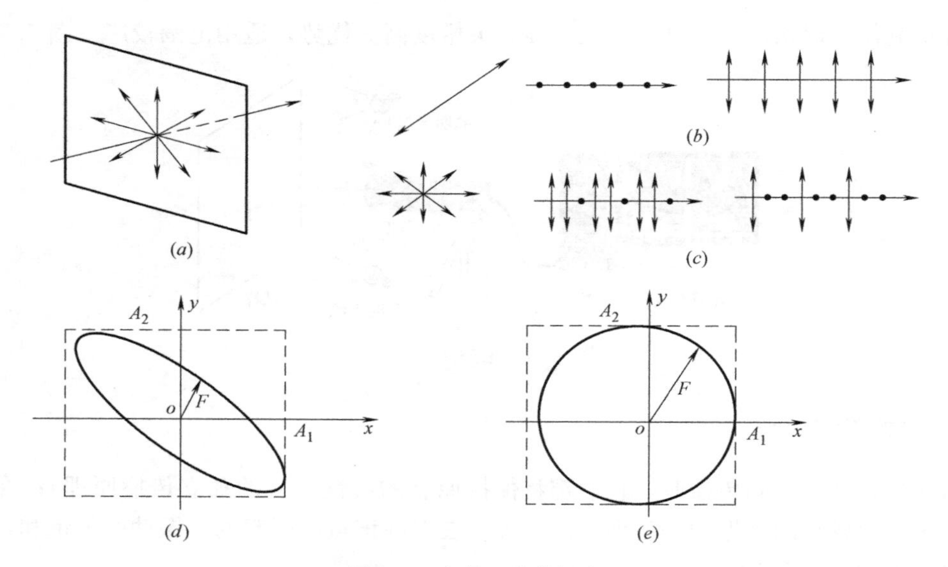

图 7.4　光的五种偏振态

（a）自然光；（b）平面偏振光；（c）部分偏振光；（d）椭圆偏振光；（e）圆偏振光

化为圆的轨迹；当 $\alpha_1-\alpha_2=0$ 或 $\pm\pi$ 时，该方程式退化为直线的轨迹。

使自然光变成偏振光的光学元件为偏振片，使光横向振动通过的方向为偏振轴。偏振片是获得线偏振光的最常用工具，在光测法中主要作为起偏器与检偏器使用。当光矢量通过两个偏振方向一致的偏振片时，光强最大，称为明场；当光矢量通过两个偏振方向正交的偏振片时，光完全被遮挡，称为暗场（图 7.5）。

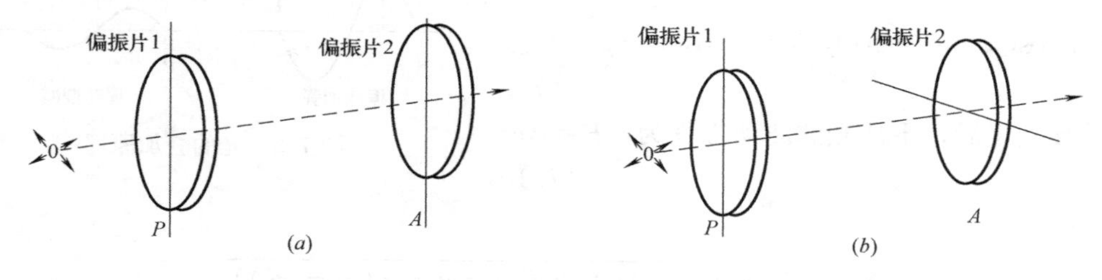

图 7.5　偏振光场

（a）明场；（b）暗场

7.2.4　光的双折射

对于各向同性介质，折射光只有一束。

当一束光入射到各向异性介质中，将折射光分解为两束光的现象称为光的双折射（Birefringent）。两束折射光都是平面偏振光，在互相垂直的平面内振动，传播速度不同，一束遵循折射定律，称为 o 光，另一束不遵循折射定律，称为 e 光（图 7.6）。各向异性透明晶体如方解石、石英等的双折射，是其固有的特性，称为永久双折射。

有些各向同性的非晶体材料，如环氧树脂、有机玻璃、聚碳酸酯等，虽然在自然状态下不会产生双折射，但当其受到载荷作用时，就会呈现光学各向异性，产生双折射现象，使一束垂直入射偏振光沿材料中的两主应力方向分解成振动方向互相垂直、传播速度不同的两束

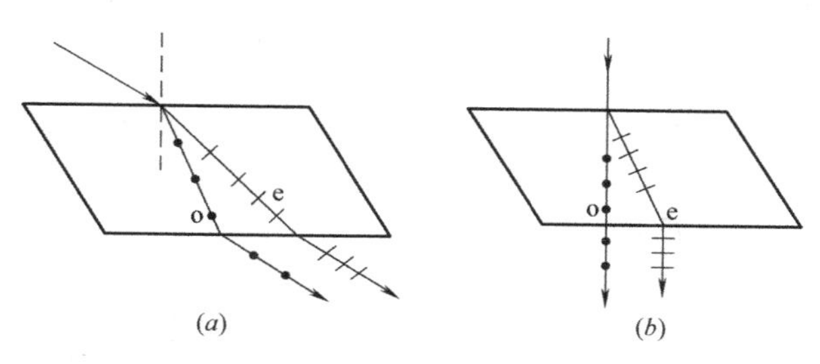

图 7.6 各向异性介质中的双折射

(a) 入射为斜射光；(b) 入射为垂直光

光；卸载后，又恢复光学各向同性。这种现象称为暂时双折射或人工双折射（图 7.7）。

晶体有一特定的方向不发生双折射现象，即当一束光沿此方向射入晶体时，射出的仍为一束光，此方向称为晶体的光轴。

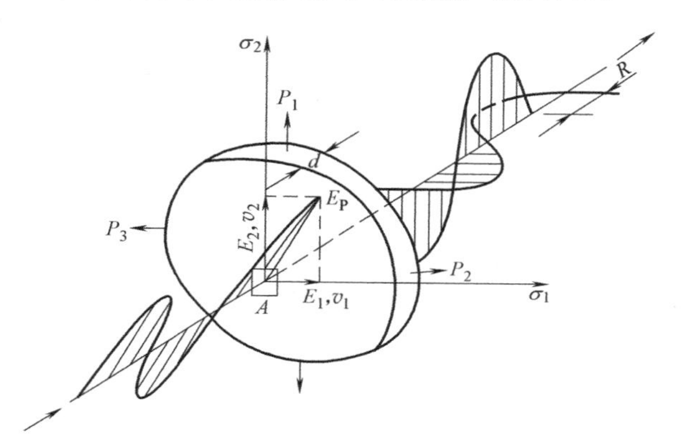

图 7.7 人工双折射示意图

当光垂直光轴入射时，两束光的传播方向相同，但振动方向相互垂直，o 光垂直光轴，e 光平行光轴，它们在晶体内的传播速度不同，速度快的振动方向称为快轴，速度慢的振动方向称为慢轴。

以晶体中平行于光轴方向切取的薄片称为波片。取适当厚度，使产生的光程差为入射光波波长 1/4 的波片，称为 1/4 波片。

根据 1/4 波片的特点可知，当一束平面偏振光通过 1/4 波片且其偏振方向与 1/4 波片的快慢轴成 45°时，出射光为两束互相垂直的、振幅相等、相位差为 $\pi/2$ 的线偏振光，这两束线偏振光合成后即为圆偏振光。

【例题 7-1】 借助 1/4 波片获得圆偏振光。

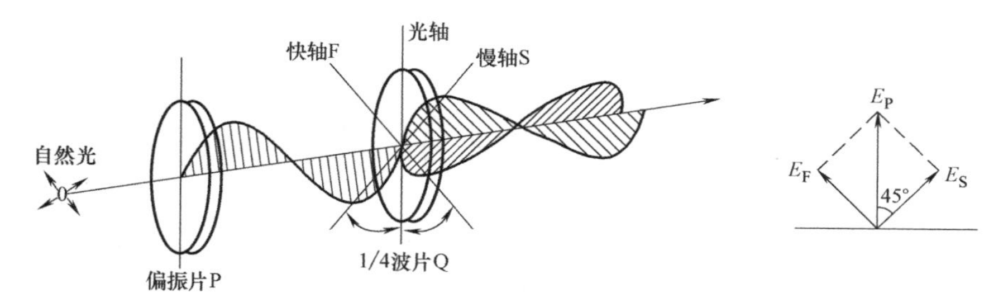

图 7.8 圆偏振光光路设计

如图 7.8 所示，自然光通过偏振片 P 后，成为一束传播方向单一的平面偏振光 E_P。设计使该束平面偏振光通过一个 1/4 波片 Q，且偏振方向与 1/4 波片的快慢轴成 45°时，出射光将会是两束互相垂直的、振幅相等的、相位差为 $\pi/2$ 的线偏振光 E_F 和 E_S，这两束线偏振光合成后即为圆偏振光（图 7.8），推导过程如下：

$$E_{o}=A_{o}\cos(\omega t+\varphi-kx)\quad \text{入射光光强 } E_{o}$$

$$E_{F}=E_{o}\cos45^{\circ}=\frac{\sqrt{2}}{2}A_{o}\cos(\omega t+\varphi-kx)\quad \text{线偏振光光强 } E_{F}$$

$$E_{S}=E_{o}\cos45^{\circ}=\frac{\sqrt{2}}{2}A_{o}\cos(\omega t+\varphi-kx-\pi/2)$$

$$=\frac{\sqrt{2}}{2}A_{o}\sin(\omega t+\varphi-kx)\quad \text{线偏振光光强 } E_{S} \tag{7.13}$$

将 E_{F}、E_{S}合成为运动方程的形式：$(E_{F})^{2}+(E_{S})^{2}=\left(\frac{\sqrt{2}}{2}A_{o}\right)^{2}$ (7.14)

即通过 1/4 波片后，光的轨迹为圆，获得圆偏振光。

7.3 光弹性法测试技术

7.3.1 光弹性法原理

光弹性法是一种用光学方法测量受力模型上各点应力状态的实验应力分析方法。其采用具有双折射性能的透明材料，制作与实际构件形状相似的模型，并在模型上施加与实际构件形状相似的外力，把承载的模型置于偏振光场中，在承受一定荷载之后，放置于偏振光场中会显现出与应力场有关之光学干涉条纹，可借着观察光学条纹了解主应力方向与应力分布情形。由于简单构件在拉伸、压缩、扭转和弯曲变形下，其应力分布与材料的弹性常数 E 和 μ 无关，因此，实际构件中的应力可以运用相似原理，由模型的应力换算出来。

根据光的波动理论，由光源发出的光经过偏振片 P 成为平面偏振光，它通过在应力作用下，用具有光敏性材料制成的模型后，产生双折射，使光沿着两个主应力方向分解为两个折射率不同的平面偏振光，其传播速度不同，产生光程差 δ，当检偏镜 A 的震动轴与起偏镜 P 转动轴正交时，这样光通过 A 镜后，就变成了与 A 镜振动轴平行的平面震动波，并产生光干涉现象（图 7.9）。

总的来说，光弹性法是光学与力学紧密结合的一种实验测试技术，具备实时性、非破坏性、全域性等优点。

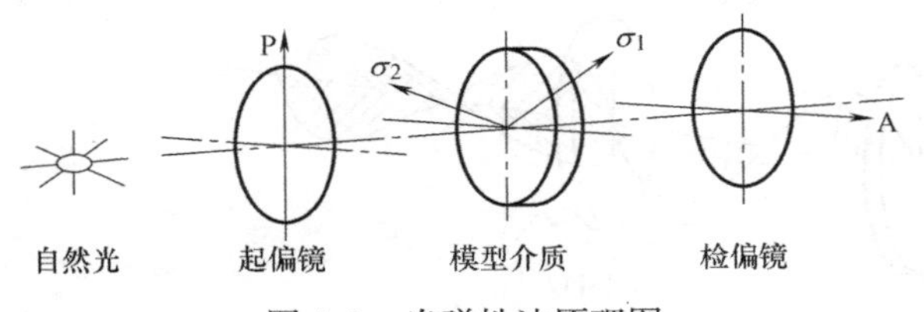

图 7.9 光弹性法原理图

7.3.2 应力一光学定律

用透明的材料如环氧树脂等制成平板模型，并使模型受力处于平面应力状态（图 7.10）。当光束垂直入射到受力模型内部时，就会产生人工双折射现象。通过模型后的光波将遵循以下规律：

1）一束平面偏振光通过平面受力模型内任一点，它将会沿主应力方向分解为两束振动方向互相垂直的平面偏振光。

2）两束偏振光在模型中具有不同的传播速度，其折射率的改变与主应力大小呈线性关系，可表示为：

$$\left.\begin{aligned} n_1-n_0=A\sigma_1+B\sigma_2 \\ n_2-n_0=A\sigma_2+B\sigma_1 \end{aligned}\right\} \Rightarrow n_1-n_2=C(\sigma_1-\sigma_2) \tag{7.15}$$

式中 n_1、n_2——沿 σ_1、σ_2 方向模型介质对偏振光的绝对折射率；

C——与模型介质有关的常数，称为绝对应力光性常数。

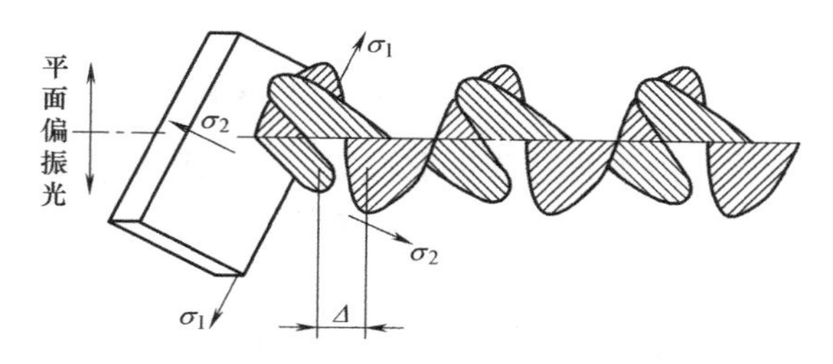

图 7.10 平面偏振光通过受力模型

设沿 σ_1 和 σ_2 方向振动的线偏振光在模型内的传播速度分别为 v_1 和 v_2，模型厚度为 h，则两束线偏振光以不同速度通过模型后产生的光程差 Δ 为：

$$\Delta=v(t_1-t_2)=v\left(\frac{h}{v_1}-\frac{h}{v_2}\right)=h(n_1-n_2) \tag{7.16}$$

代入：

$$n_1-n_2=(A-B)(\sigma_1-\sigma_2)=C(\sigma_1-\sigma_2) \tag{7.17}$$

可获得：

$$\Delta=Ch(\sigma_1-\sigma_2) \tag{7.18}$$

若模型介质厚度 h 一定，由光程差即可确定主应力差，此为光弹性原理，又称应力—光学定律。至此，光弹性法将力学问题转变为如何确定光程差 Δ 的问题。

7.3.3 等倾线与等差线

在光弹性实验中，等倾线及等差线是最基本的两种实验数据，必须准确地测取。在模型上一系列主应力倾角都相同的点构成的线，称为等倾线，用等倾线可以求出模型上各点主应力的方向；而主应力差值都相同的点构成等差线，根据等差线可以定性判断模型上各点主应力的大小。因此，光弹性法在实际应用中对应力光图的分析也主要是基于对等倾线和等差线条纹的分析。

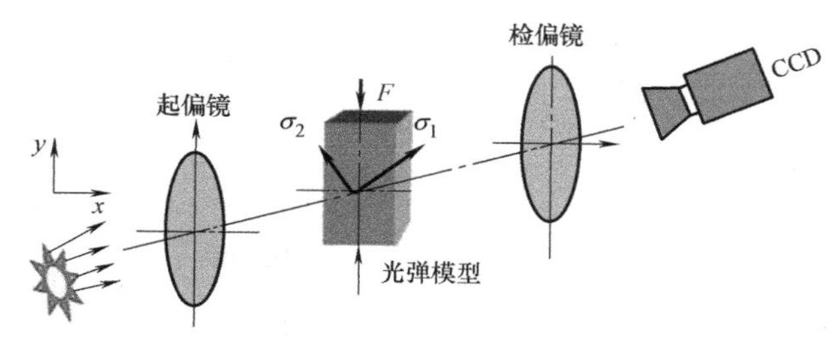

图 7.11 光弹性法光路布置图

图 7.11 为光弹性法的常见光路布置图，首先，单色光或白光光源通过起偏镜后变成线偏振光（图 7.12），光强为 $E_P = A\sin\omega t$。

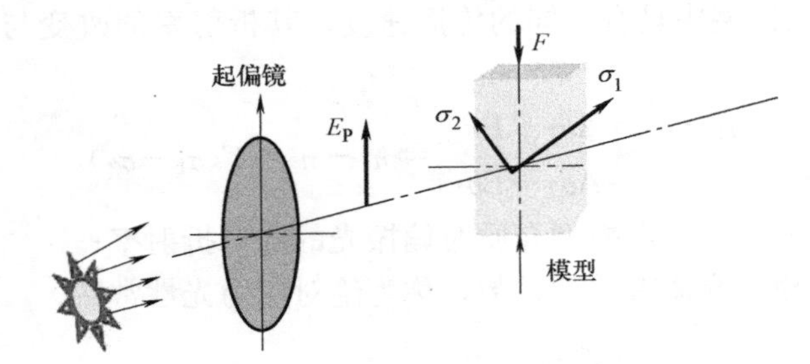

图 7.12　光源经起偏镜后变成线偏振光

入射到受力模型表面后，由于暂时双折射现象，线偏振光 E_P 将沿主应力方向分解两束线偏振光 $E_{\sigma1}$、$E_{\sigma2}$，其中，α 为主应力与偏振轴夹角，Δ 为应力双折射效应引起的光程差（图 7.13）。

$$E_{\sigma_1} = E_P\cos\alpha,\quad E_{\sigma_2} = E_P\sin\alpha \tag{7.19}$$

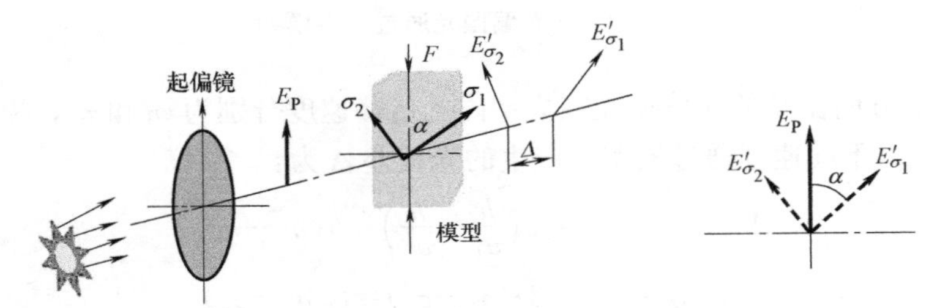

图 7.13　线偏振光通过受力模型后分解

两束偏振光在受力模型中传播速度不同，通过后产生相对位相差（假设 σ_1 方向相位超前 $\varphi = 2\pi\Delta/\lambda$）：

$$\begin{aligned} E'_{\sigma_1} &= A\cos\alpha\sin(\omega t + \varphi) \\ &= A\cos\alpha\sin\left(\omega t + 2\pi\frac{\Delta}{\lambda}\right) \\ E'_{\sigma_2} &= A\sin\alpha\sin\omega t \end{aligned} \tag{7.20}$$

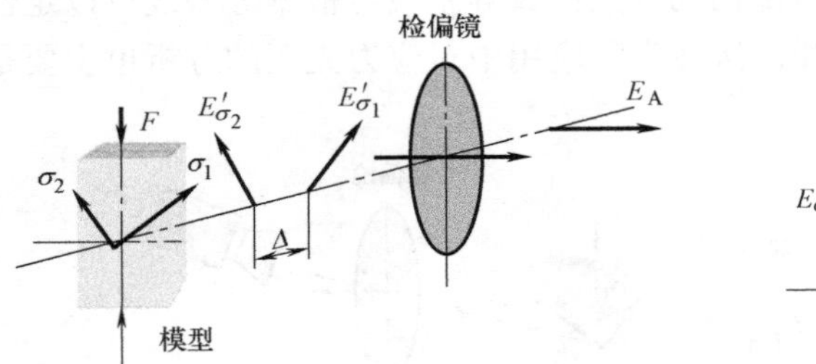

图 7.14　两束偏振光通过检偏镜

最终通过检偏镜后（图 7.14），合成光波的光强为：

$$E_A = E'_{\sigma_1}\sin\alpha - E'_{\sigma_2}\cos\alpha$$

$$=A\cos\alpha\sin\alpha\sin(\omega t+\varphi)-A\sin\alpha\cos\alpha\sin\omega t$$
$$=\frac{1}{2}A\sin2\alpha[\sin(\omega t+\varphi)-\sin\omega t]$$
$$=A\sin2\alpha\sin(\varphi/2)\cos(\omega t+\varphi/2) \tag{7.21}$$

则光弹条纹场的强度分布表达式为：

$$I=A^2\sin^2 2\alpha\sin^2(\varphi/2) \tag{7.22}$$

由于 $A\neq0$，因此暗条纹（图 7.15）的出现情况有且仅有以下两种，即：

1）$\sin2\alpha=0$，α 为主应力与偏振轴的夹角。

2）$\sin(\varphi/2)=0$，φ 为应力双折射效应引起的相位差。

以下将分别对两种情形展开探讨。

情形一：$\sin2\alpha=0$

若 $\sin2\alpha=0$，则光弹条纹场光强 $I=0$，此时，$\alpha=0°$或 $\alpha=90°$（α 为 P_1、P_2的偏振光与主应力 σ_1、σ_2间的夹角）。

满足这一条件的模型上的所有点在检偏镜后面的屏幕上形成暗点轨迹，称为等倾线(Isochromatic)，如图 7.15 所示。$\alpha=0°$，说明起偏镜与主应力 σ_1 的方向一致；$\alpha=90°$，说明起偏镜与主应力 σ_1的方向垂直，即与主应力 σ_2 的方向一致。等倾线反映了模型的主应力方向，即等倾线上各点的主应力方向均相同，且都为偏振轴方向。

受力模型内各点的主应力方向一般是不同的，故若将起、检偏镜同步转过某一角度，就会得到另一组等倾线。通常取水平方向作为基准方向，从投影屏向光源看去，当逆时针同步旋转起、检偏镜 α 角度时（α 角称为等倾线参数），对应的等倾线称为 α 角等倾线（图 7.16）。

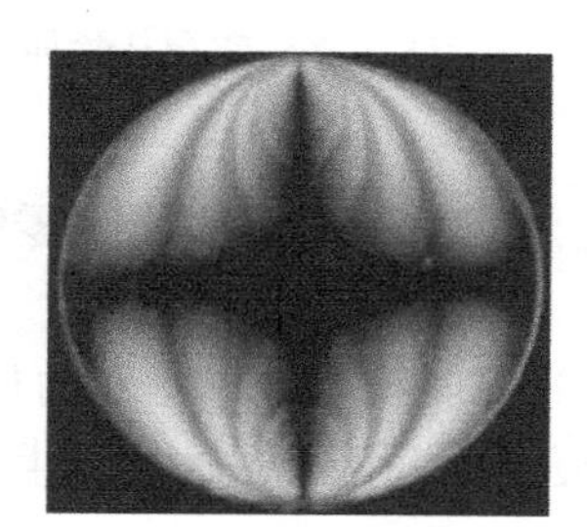

图 7.15　十字条纹等倾线

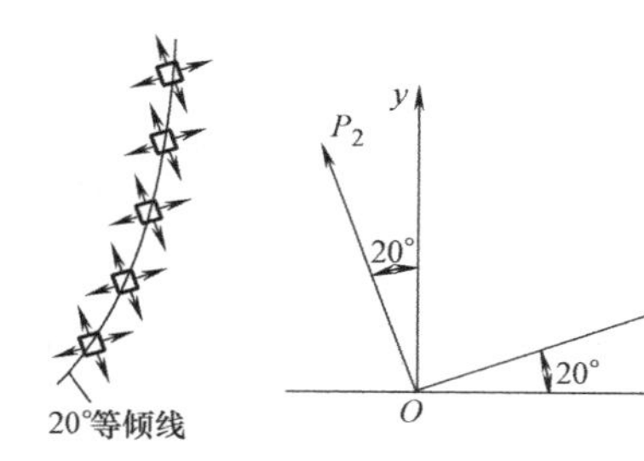

图 7.16　20°等倾线

情形二：$\sin(\varphi/2)=0$

若 $\sin(\varphi/2)=0$，则光弹条纹场光强 $I=0$，此时，$\varphi/2=n\pi(n=0,\pm1,\pm2,\cdots\cdots)$。

满足这一条件的模型上的所有点在检偏镜后面的屏幕上形成暗点轨迹，称为等差线(Isoclinic)。等差线反映了模型介质的主应力差值，同一级等差线上各点的主应力差相等，所有的等差线构成模型介质的等差线图。推导过程如下：

$$\left.\begin{array}{l}\left.\begin{array}{l}\dfrac{\varphi}{2}=n\lambda \\ \varphi=2\pi\dfrac{\Delta}{\lambda}\end{array}\right\}\Rightarrow\Delta=n\lambda \\ \text{应力光学定律}:\Delta=Ch(\sigma_1-\sigma_2)\end{array}\right\}\Rightarrow n\lambda=Ch(\sigma_1-\sigma_2)\Rightarrow(\sigma_1-\sigma_2)=\frac{n\lambda}{Ch} \tag{7.23}$$

令 $f=\lambda/C$，这里 f 代表模型介质的应力条纹值，可由实验测得，单位为 MPa·cm/条，当平面应力状态模型上某点处的主应力差满足表达式：

$$\sigma_1-\sigma_2=n\frac{f}{h} \tag{7.24}$$

则可判定条纹场上该点的光强为零。

模型介质上所有满足 $\sigma_1-\sigma_2=nf/h$（n 为一个特定数值）的连续分布的点，组成了一条黑色条纹，该条纹上所有点处的主应力差都是用一个常数。该条纹称为等差线（图 7.17），与该条纹对应的 n 称为该条纹的等差线条纹级数。

综上所述：在暗场条件下，屏幕上的暗点形成等倾线或等差线，分别反映了主应力方向和主应力差值。同理可得：当光场为明场时，屏幕上的亮点形成等倾线或等差线，分别反映了主应力方向和主应力差值。

采用目前光路，等差线与等倾线将出现相互重叠、相互干扰等现象（图 7.18），影响条纹观测以及应力的准确量测。为获得较为准确的量测值，如何区别等倾线与等差线较为关键。

图 7.17　等差线

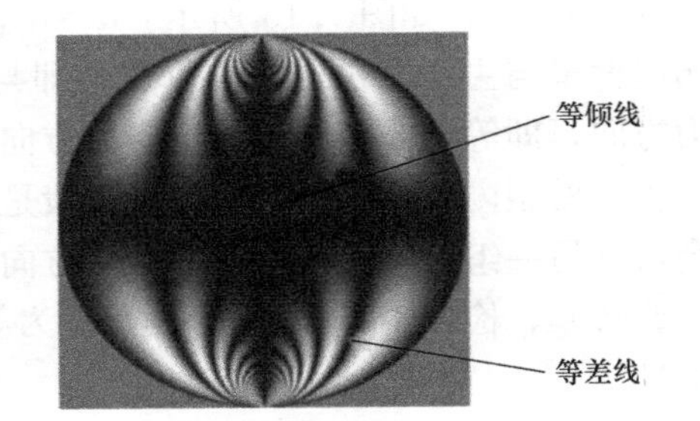

图 7.18　等差线与等倾线相互叠加、重叠

可尝试参考以下方法，实现等差线与等倾线的分离：

1）如果采用白光为光源，在暗场条件下，等倾线是黑色的，而等差线除零级条纹外均为彩色。因此，等差线又称等色线。

2）同步旋转起偏镜和检偏镜，位置发生移动的条纹为等倾线，位置不变的是等差线。

3）改变模型介质受荷载值的大小，等差线除零级条纹外其位置一般会发生移动，位置不变的是等倾线。

7.3.4　正交圆偏振光场法

为实现等差线与等倾线的相互分离，在光路设计时，常将起偏镜与检偏镜的偏振轴设置为相互垂直的结构，制造暗场；并结合两片 1/4 波片，使其快慢轴相互垂直；调整 1/4 波片的快慢轴，使其与两偏振片的偏振轴成 45°夹角。因单色光或白光通过该光路后将获得圆偏振光，且可成功实现等差线与等倾线的分离，固将该方法命名为正交圆偏振光场法，应用较为广泛。

图 7.19 为正交圆偏振光场法的光路布置图，首先，单色光或白光光源通过起偏镜后变成沿 P 方向的线偏振光（图 7.20），光强为 $E_P=A\sin\omega t$。

入射到第一片 1/4 波片后，线偏振光 E_P 将沿其快慢轴分解为两束正交的线偏振光 E_1、E_2（图 7.21），光强分别为：

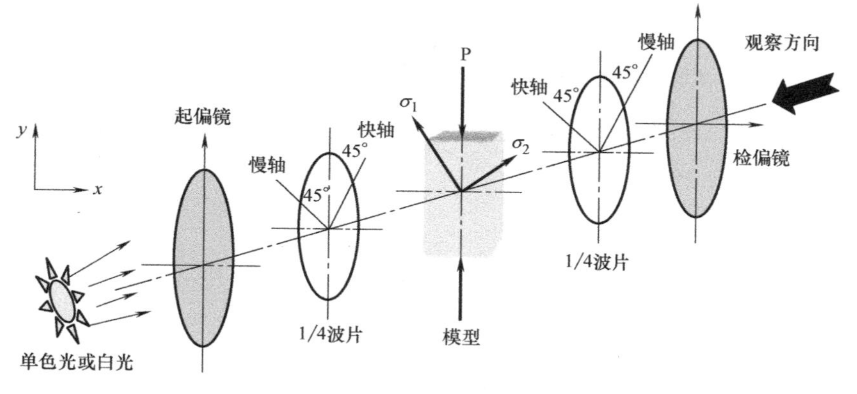

图 7.19　正交圆偏振光场法光路图

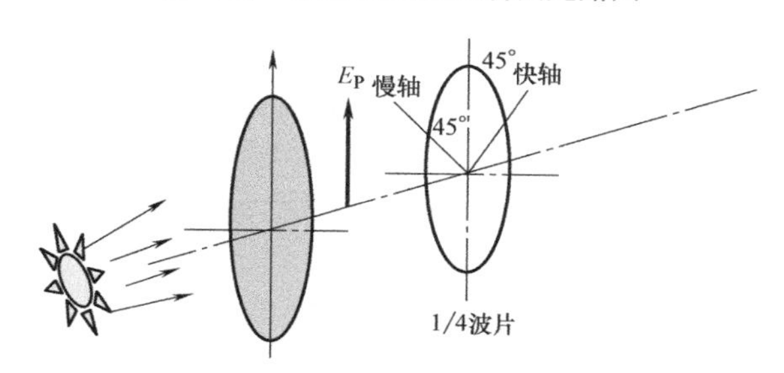

图 7.20　通过偏振片后变成线偏振光

$$E_1 = A\sin\omega t\cos 45° = \sqrt{2}/2A\sin\omega t \text{（沿慢轴）}$$

$$E_2 = A\sin\omega t\sin 45° = \sqrt{2}/2A\sin\omega t \text{（沿快轴）} \tag{7.25}$$

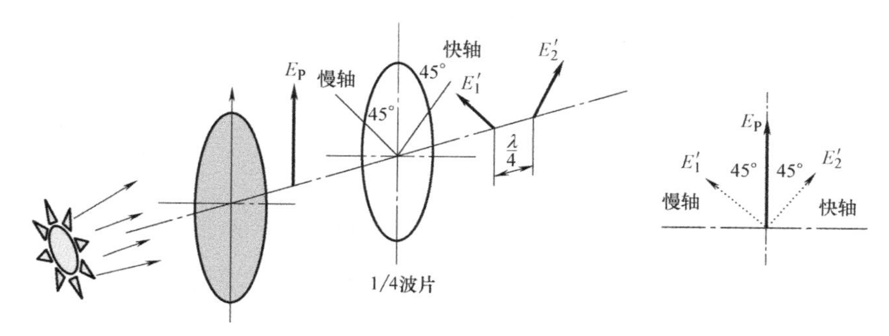

图 7.21　通过第一片 1/4 波片

通过第一片 1/4 波片后，两束正交的线偏振光 E_1、E_2将产生 π/2 的相位差，光强变为：

$$E'_1 = A\sin\omega t\cos 45° = \frac{\sqrt{2}}{2}A\sin\omega t \text{（沿慢轴）}$$

$$E'_2 = A\sin\omega t\sin 45° = \frac{\sqrt{2}}{2}A\sin\left(\omega t + \frac{\pi}{2}\right) = \frac{\sqrt{2}}{2}A\cos\omega t \text{（沿快轴相位超前）} \tag{7.26}$$

入射到受力模型介质表面后，假设模型上一点 σ_1 方向与第一片 1/4 波片的慢轴成 β 角，与快轴成 $\pi/2-\beta$ 角（图 7.22）。

$$E_{\sigma_1} = E'_1\cos\beta + E'_2\sin\beta = \frac{\sqrt{2}}{2}A\sin(\omega t + \beta) \text{（沿 } \sigma_1 \text{ 方向）}$$

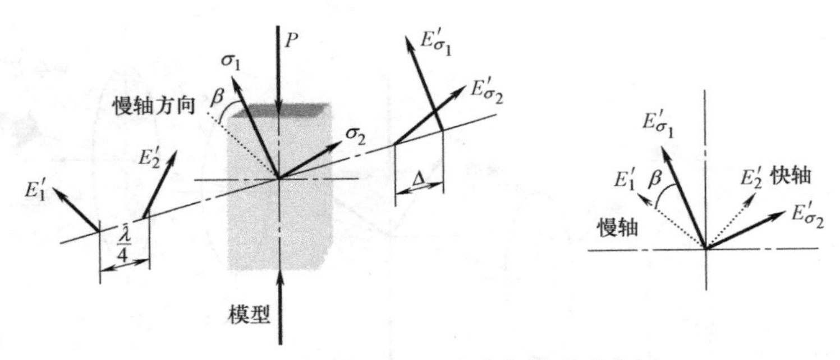

图 7.22　线偏振光通过受力模型后分解

$$E_{\sigma_2}=-E_1'\sin\beta+E_2'\cos\beta=\frac{\sqrt{2}}{2}A\cos(\omega t+\beta)\text{（沿 }\sigma_2\text{ 方向）} \tag{7.27}$$

通过受力模型介质后，将产生 φ 的相位差，则：

$$E_{\sigma_1}'=\frac{\sqrt{2}}{2}A\sin(\omega t+\beta+\varphi)\text{（沿 }\sigma_1\text{ 方向相位超前）}$$

$$E_{\sigma_2}'=\frac{\sqrt{2}}{2}A\cos(\omega t+\beta)\text{（沿 }\sigma_2\text{ 方向）} \tag{7.28}$$

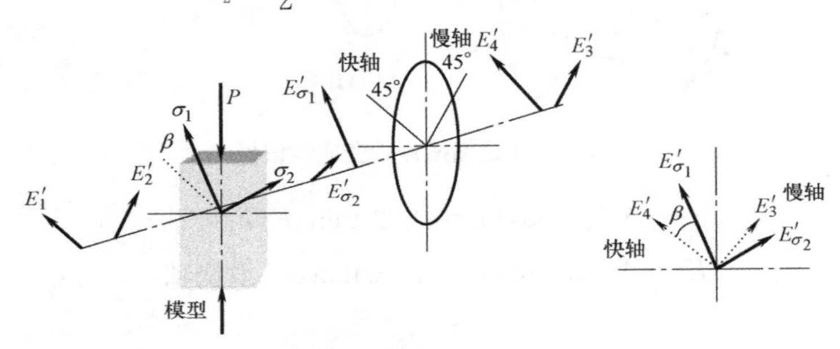

图 7.23　通过第二片 1/4 波片

模型介质上一点 σ_1 方向与第二片 1/4 波片快轴成 β 角（图 7.23），沿此片快、慢轴分解成的两束相互正交的线偏振光为：

$$E_3'=E_{\sigma_1}'\sin\beta+E_{\sigma_2}'\cos\beta=\frac{\sqrt{2}}{2}A[\sin(\omega t+\beta+\varphi)\sin\beta+\cos(\omega t+\beta)\cos\beta]\text{（沿慢轴）}$$

$$\begin{aligned}E_4'=E_{\sigma_1}'\cos\beta-E_{\sigma_2}'\sin\beta&=\frac{\sqrt{2}}{2}A\left[\sin(\omega t+\beta+\varphi+\frac{\pi}{2})\cos\beta-\cos\left(\omega t+\beta+\frac{\pi}{2}\right)\sin\beta\right]\\&=\frac{\sqrt{2}}{2}A[\cos(\omega t+\beta+\varphi)\cos\beta+\sin(\omega t+\beta)\sin\beta]\text{（沿快轴相位超前）}\end{aligned}$$

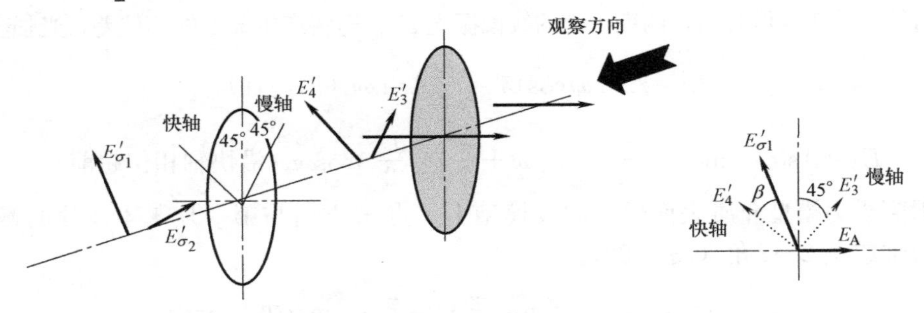

图 7.24　两束偏振光通过检偏镜

E_3'、E_4'通过检偏镜后，最终合成的偏振光为（图 7.24）：

$$E_A = E_3'\cos45° - E_4'\cos45° = \frac{1}{2}A\left\{\begin{matrix}[\sin(\omega t+\beta+\varphi)\sin\beta+\cos(\omega t+\beta)\cos\beta] \\ -[\cos(\omega t+\beta+\varphi)\cos\beta+\sin(\omega t+\beta)\sin\beta]\end{matrix}\right\}$$

$$= \frac{1}{2}A[\cos(\omega t+2\beta)-\cos(\omega t+2\beta+\varphi)]$$

$$= -A\sin\frac{\varphi}{2}\sin\left(\omega t+2\beta+\frac{\varphi}{2}\right) \tag{7.29}$$

则光弹条纹的强度分布表达式为：

$$\left.\begin{matrix} I=\left(A\sin\frac{\varphi}{2}\right)^2 \\ 代入:\varphi=\frac{2\pi}{\lambda}\Delta \end{matrix}\right\} \Rightarrow I=\left(A\sin\frac{\pi\Delta}{\lambda}\right)^2 \tag{7.30}$$

结合消光点表达式 $\Delta=n\lambda$，以及应力光学定律 $\Delta=Ch(\sigma_1-\sigma_2)$，获得主应力差表达式：

$$(\sigma_1-\sigma_2)=\frac{n\lambda}{Ch}=\frac{nf}{h} \tag{7.31}$$

此时光强只与光波通过受力模型介质的相位差或光程差 Δ 有关，表达式中不出现 β，与主应力和偏振轴之间的夹角无关。即，只出现等差线，不出现等倾线（图 7.25）。

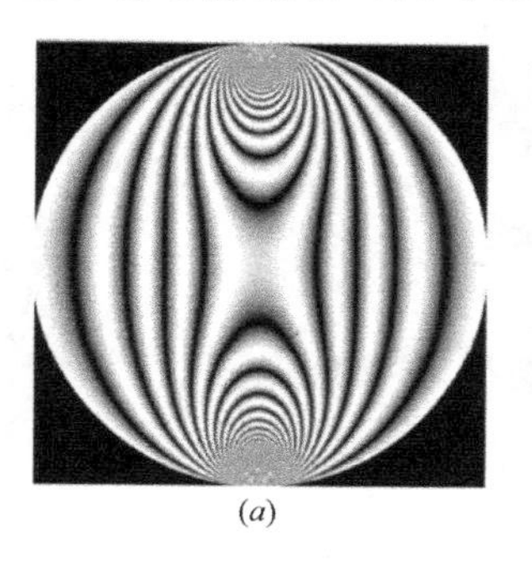

(a)

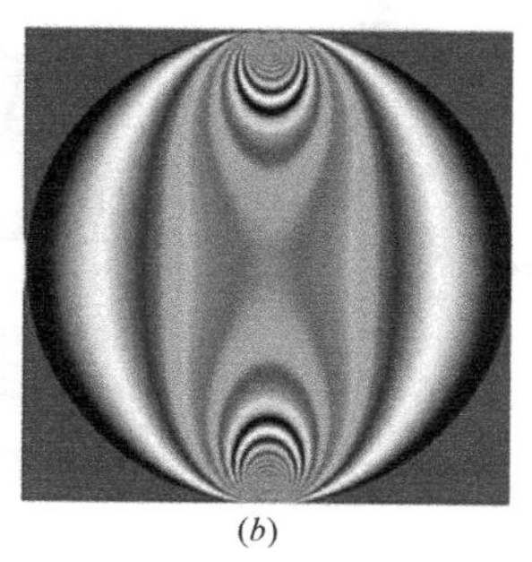

(b)

图 7.25　正交圆偏振光场法等差线图

(a) 单色光源等差线；(b) 白光光源等差线

7.3.5　光弹性法实验装置

纵观光测实验力学的发展，光源和相机的改进无疑是推动其发展的最大贡献者。目前，最著名的光测力学仪器是 Cranz 等在 1929 年提出的多火花高速摄影系统（Cranz-Schardin 相机），该系统属于等待性光学分幅式多闪光高速摄像机，可以一次获得多幅照片，具有无运动部件、幅间间距可调、物像比较小和相对价廉等优点。随后，Christie、Dally 等、Boleslaw 等、Meier 等对这种高速摄影系统的光源和控制系统进行了升级改造，并在光测实验力学中广泛应用。但沙丁相机由于自身局限性，也有一些不足，光路系统中，每个火花和镜头没有在透镜的主光轴上，每一个成像具有一定的像差，给实验结果带来误差；单次拍摄照片的幅数有限，得到的信息较少；对实验环境要求较高，需要在暗室中进行，且需要冲洗胶片，程序繁琐，技术要求高。另外一种应用范围较广的高速摄影系统是转镜式高速相机，但由于体积庞大、价格昂贵、控制系统复杂，阻碍了其推广应用。近年来，数字高速相机的出现给光测实验力学带来了新的发展。马少鹏等采用数字高速相机进行了数字图像相关实验，杨国标等采用数字高速相机建立了新型动态数字光弹性系统，杨立云等建立了新型数字激光动态焦散线实验系统，都取得了较好的效果。目前，数字高速相机拍摄速度已经达到了百万帧，且图像保持全幅分辨率 924pixels×768pixels，如英国 Specialized Imaging 公司的 Kirana-5M 相机。同时，激光技术的发展，也很好地满足了高速相机拍摄过程中对曝光的要求。本文提出一种基于泵浦激光器和 Fastcam-SA5 数字高速相机的数字激光高速摄影系统，并研究其在焦散线、光弹性和纹影实验中的应用。

1. 数字激光高速摄影系统

数字激光高速摄影系统主要由激光器、扩束镜、场镜和高速数字相机等组成（图 7.26），激光束、扩束镜、场镜的主轴和高速相机均位于同一水平线上，扩束镜位于场镜 1 的左焦点处，高速相机位于场镜 2 的右焦点处。激光器发出的激光束经扩束镜变为发散光，再经场镜 1 变成平行光束，该平行光束经场镜 2 汇聚成像在高速相机镜头中，高速相机对平行光场内的某一平面（事件发生平面）进行聚焦拍摄。场镜 1、场镜 2 为凸透镜，其镜面直径越大，产生的平行光场越大，即实验可观测的视野越大；该凸透镜的焦距宜与相机镜头焦距、光圈等参数相配合。

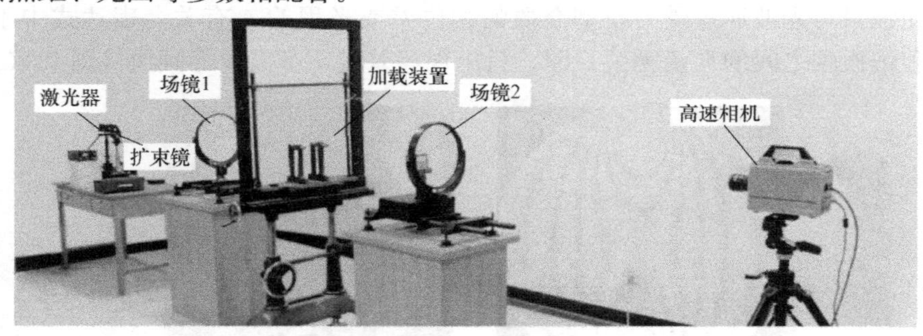

图 7.26　数字激光高速摄影系统

该实验系统可用于测量裂纹尖端的塑性区和应力强度因子，测量角隅区（如锐角、直角或钝角部位）的应力奇异性，测量两物体间的接触应力，研究复合材料物体结合区的应力强度。

由于系统具备高速图像采集的功能，对爆炸、冲击等高速加载条件下材料动态特性（动态应力强度因子、裂纹扩展速度）的研究有很大优势（图 7.27）。

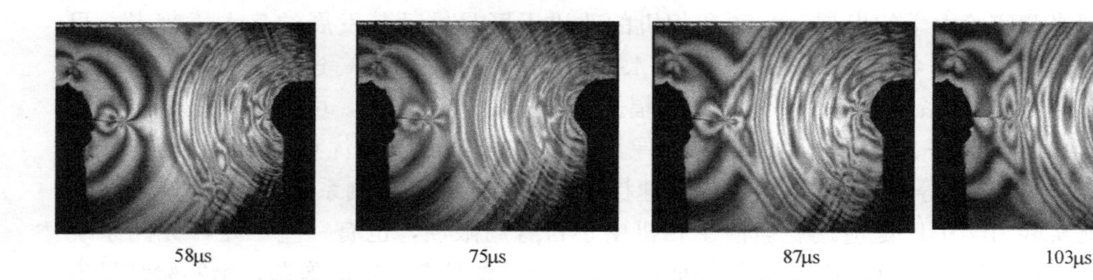

图 7.27　膨胀波与相向扩展裂纹的相互作用光弹性实验

2. 数字高速相机

在光测力学研究中，动态荷载作用下模型介质的应变率通常可达到 10^4/s 以上，属于瞬间非线性变形问题。因此，对于高速相机而言，要想实现对瞬态现象的捕捉，就必须满足两点要求：一是实验拍摄速度必须达到 10^4/s 以上才能成功拍摄到动态荷载作用下模型介质的瞬时变化过程，要求相机的曝光时间足够短；二是要记录到实验现象，就必须保证加载和实验记录的同步性。目前，光弹性测试法中常采用日本 Photron 公司生产的 Fastcam-SA5（16G）型高速数码相机（图 7.28），其最大拍摄速度为 1000000fps，最小曝光时间为 532ns，可以满足瞬态过程拍摄的要求。当相机的拍摄速度为 100000fps 时，图像的最大分辨率为 320pixels×192pixels，最大记录时长为 1.86s，最大曝光速度 369ns。

3. 激光光源

除了对相机本身的要求以外，要实现对高速瞬态过程的拍摄，对于光源而言，还需要满足三个条件：一是被拍摄物体应具有足够的光强，使相机在短时间内得到足够的曝光量；二是被拍摄物体的光强能够持续一定时间，以满足动态连续拍摄的要求；三是光的波长与高速相机的感光灵敏性相适应。经过调试，在众多类型光源中，具有单色性、相干性、方向性、稳定性和高亮度等特点的激光能满足上述要求。光弹性测试法常选用小巧方便、稳定、价廉的半导体泵浦固体绿光激光器作为实验用光源（图 7.29）。该激光器的输出功率为 0～200mW 可调，可以满足多种拍摄速度要求；绿色激光波长为 532nm，是 Fastcam-SA5 型高速相机 CMOS 的最敏感光波波长，且为连续工作方式，可实现最优化匹配。

图 7.28　Fastcam-SA5 型高速数码相机

图 7.29　泵浦绿光激光器

4. 光弹性法实验光路

根据光弹性实验原理，要捕捉到动态光弹条纹图，需在数字激光高速摄影系统的平行光场中增加起偏镜、1/4 波片和检偏镜等光学元件。实验光路布置如图 7.30 所示，其中，相机的聚焦平面为透明试件的表面（朝向相机一侧）。

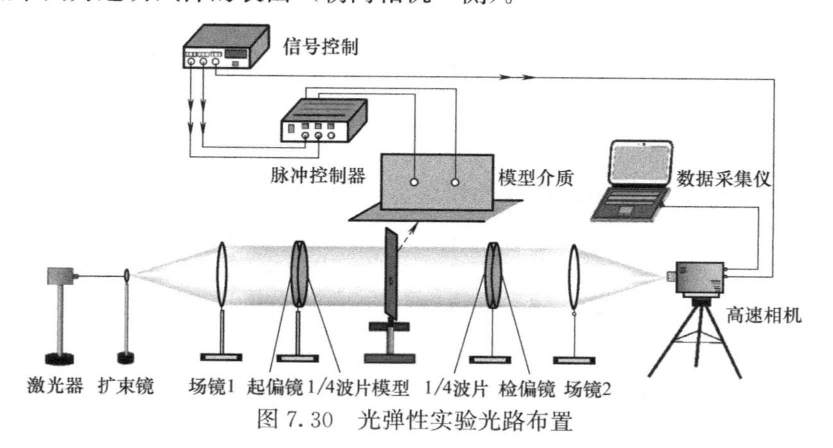

图 7.30　光弹性实验光路布置

7.4 焦散线法测试技术

7.4.1 焦散线法原理

固体中的应力发生变化时，其光学性质也随之发生变化。由于泊松效应，拉应力的作用会使物体的厚度减小，物体受拉时将变成光疏材料，其折射率也会减小。而在压应力作用下，情况正好相反。焦散线实验方法就是根据这些光学性质的变化来直观显现固体中的应力分布状态。

当一束平行光 r_1 照射到一个变形了的平面透明模型（图 7.31），根据几何光学原理，光线在模型介质的前后表面都将发生反射和折射现象，分别形成了 r_2、r_3、……、r_7。在焦散线方法中不考虑在模型内部反射的光 r_3、r_4、r_6，而只考虑从模型表面出射的光 r_2、r_5 和 r_7，分别称之为前表面反射光 r_f，透射光 r_t 和后表面反射光 r_r。它们都可以分别形成自己的焦散线。这里考虑由前表面反射光 r_f 形成的焦散线。

假定一个位于 X_1—X_2 平面的平面试件，未变形时具有均匀的厚度 D，在载荷的作用下，试件奇异区厚度变化是非均匀的。如图 7.32 所示，当一束平行光垂直入射到试件表面，经其反射后在试件后方与试件未变形表面相距 z_0 处的参考屏上，便能观察到由参考屏截出的焦散线及其包围着的焦散斑（暗区）。若反射表面的形状和距离 z_0 都是确定的，则焦散斑的大小和形状也就随之确定。

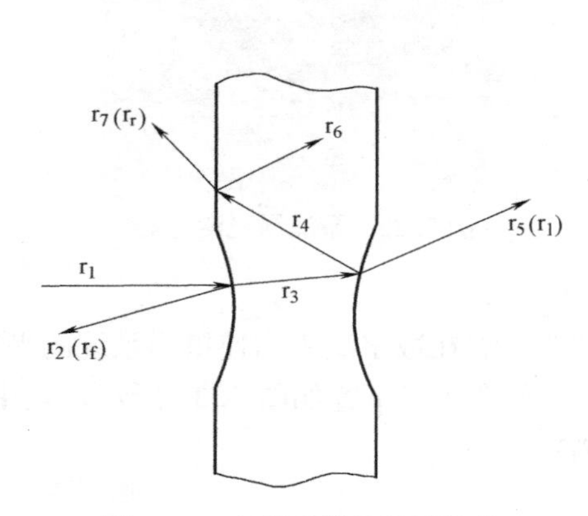

图 7.31　入射光线在透明物体前后表面的反射和折射

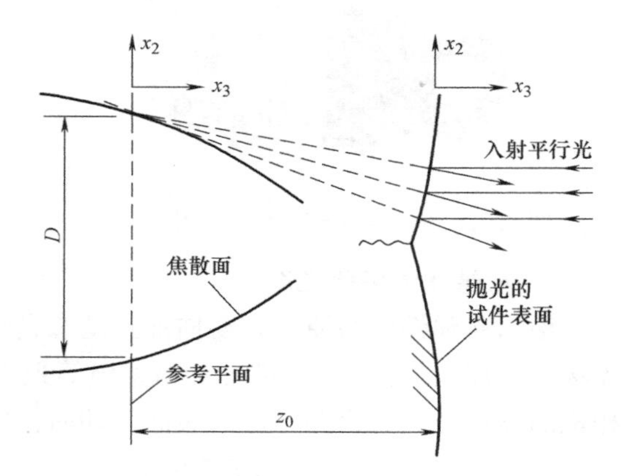

图 7.32　反射光线形成焦散斑与焦散斑示意图

图 7.33 列出了对几种应力集中问题进行试验观察所得到的焦散图像和焦散线。它们分别是：60°V 形刻槽受压缩和拉伸载荷作用［图 7.33（*a*）］，半无限平面在边缘上受一集中压缩载荷［图 7.33（*b*）］，以及 Ⅰ 型裂纹受拉伸载荷［图 7.33（*c*）］。这些焦散图像照片是用不同材料在不同观察方式中拍摄的。通过这些例子证实了关于焦散图像光线的分布规律。如受压 V 形刻槽的虚像与受拉 V 形刻槽的实焦散像是等同的［图 7.33（*a*）］；受压 V 形刻槽的实像和受拉 V 形刻槽的虚像也是等同的。在透射光路中，受拉 V 形刻槽的实焦散像中心有一个界线分明的暗斑，而受压 V 形刻槽和边界受集中压缩载荷作用的半无限平面的实像中心却是一个亮斑［图 7.33（*a*）和图 7.33（*b*）右图］。虚像的情况则

正好相反［图 7.33（a）和图 7.33（b）左图］。以透射方式观察到的裂纹在尖端实焦散线与以反射方式观察到的裂纹尖端的虚焦散线形状是相类似的［图 7.33（c）］。这种有规律的图像对我们用于研究工程爆破断裂现象具有现实意义。

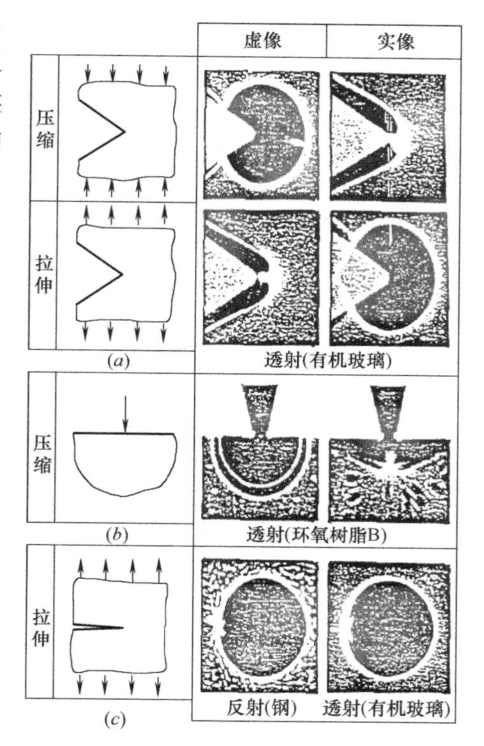

图 7.33　实验观察到的焦散线图像

7.4.2　裂纹尖端焦散线

焦散线方法的应用范围广阔，但主要是应用在断裂力学领域。

图 7.34 表示裂纹可能承受的三种不同载荷类型，即拉伸载荷（Ⅰ型）、面内剪切载荷（Ⅱ型）和离面剪切载荷（Ⅲ型）。任意一种载荷都可以表示成这三种基本载荷形式的叠加。

图 7.35 给出了不同观察方式下三种断裂类型的焦散线。从图中可以看出，Ⅰ型焦散线是对称的，而Ⅱ型和Ⅲ型焦散线是不对称的。图中所定义的特征长度参数 D 与初始半径 r_o 的关系是：

$$
\begin{aligned}
&\text{Ⅰ型}: D=3.17r_o\\
&\text{Ⅱ型}: D=3.02r_o\\
&\text{Ⅲ型}: D=4.50r_o
\end{aligned}
\tag{7.32}
$$

图 7.36 分别表示Ⅰ型、Ⅱ型和Ⅲ型焦散图像光线分布图解。

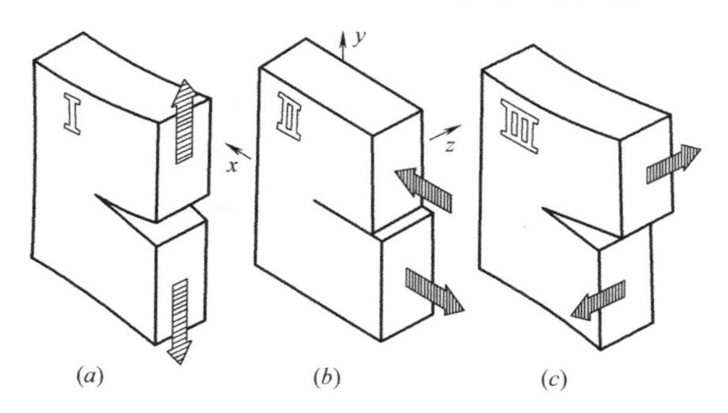

图 7.34　裂纹尖端载荷的基本形式

（a）拉伸（Ⅰ型）；（b）面内剪切（Ⅱ型）；（c）离面剪切（Ⅲ型）

将纯Ⅰ型和Ⅱ型裂纹的应力场及映射方程分别叠加，即可得出Ⅰ—Ⅱ复合型裂纹的结果。图 7.37（a）表示不同 μ 值（$\mu=K_{Ⅱ}/K_{Ⅰ}$）下的焦散曲线。由图 7.37（b）中定义的 D_{max} 及 D_{min} 两个直径可以确定 $K_{Ⅰ}$、$K_{Ⅱ}$ 两个应力强度因子。

根据图 7.38，由测得值（$D_{max}-D_{min}$）/D_{max} 来确定应力强度因子比值 $\mu=K_{Ⅱ}/K_{Ⅰ}$，而后根据图 7.39，由得到的 μ 值决定数值因子 g 的值。数值因子 g 描述了特征长度参数 D_{max} 与初始曲线半径 r_o 之间的关系，$D_{max}=gr_o$。这样，可由测得的 D_{max} 来确定Ⅰ型裂纹应力强度因子 $K_{Ⅰ}$ 的数值为：

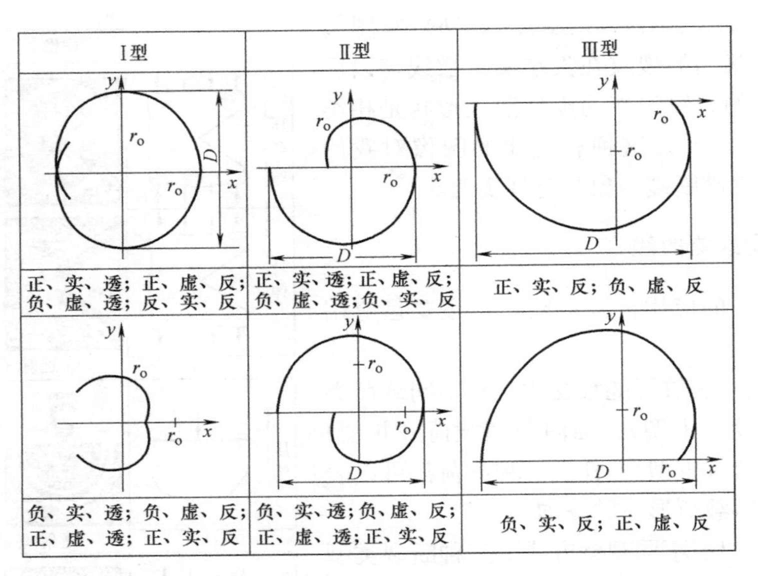

图 7.35　Ⅰ型、Ⅱ型、Ⅲ型裂纹尖端焦散曲线

正、负—拉、压载荷；虚、实—虚像或实像；透、反—透射或反射光路

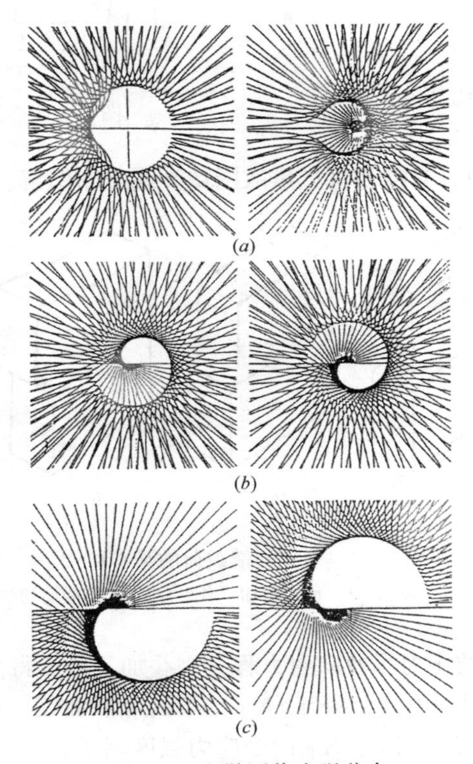

图 7.36　焦散图像光强分布

(*a*) Ⅰ型裂纹；(*b*) Ⅱ型裂纹；(*c*) Ⅲ型裂纹（反射情形）

$$K_{\mathrm{I}}=\frac{2\sqrt{2\pi}}{3g^{5/2}z_{o}cd}D_{\max}^{5/2}\quad K_{\mathrm{II}}=\mu K_{\mathrm{I}} \tag{7.33}$$

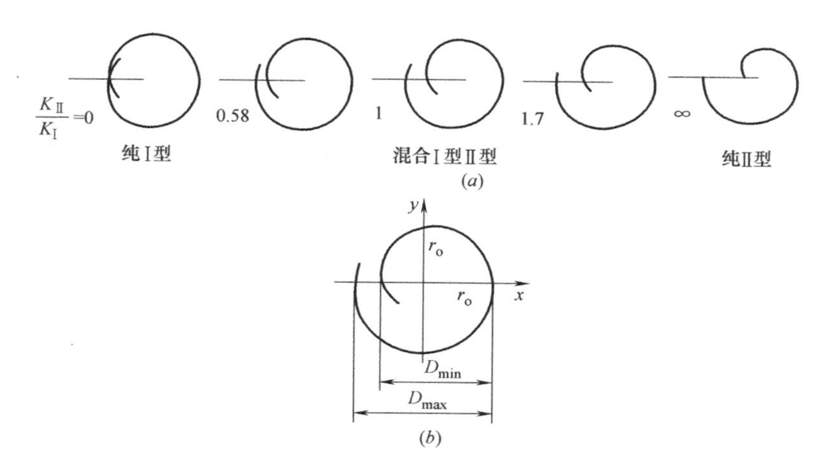

图 7.37　复合型裂纹尖端焦散线

(a) 复合型焦散线；(b) D_{max}和D_{min}的定义

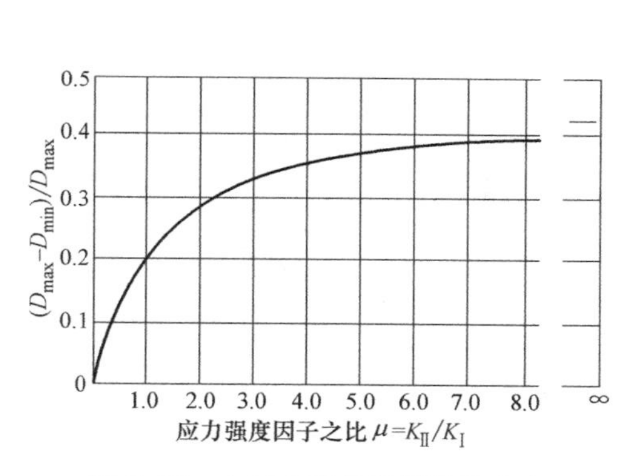

图 7.38　由复合型焦散线确定应力强度因子比值 μ

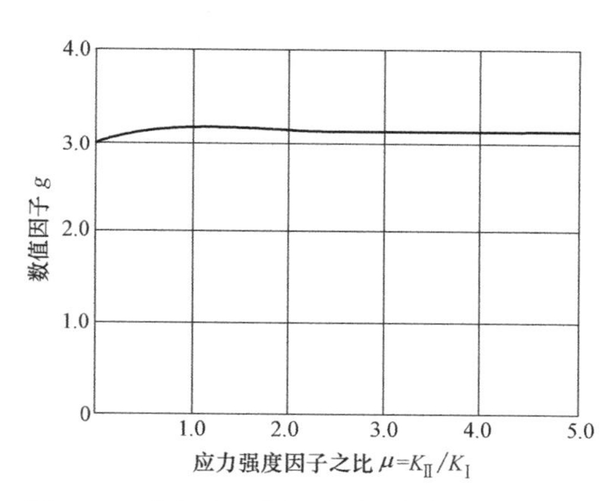

图 7.39　由复合型焦散线确定供计算应力强度因子用的数值因子 g

7.4.3　动态焦散线

这里简单介绍动态断裂问题中动载荷作用下的裂纹扩展问题。动荷载作用下裂纹附近的应力分布与静载荷作用时一样，不过此时应力强度因子是时间的函数。于是用 $K_I(t)$、$K_{II}(t)$、$K_{III}(t)$ 代替相应的 K_I、K_{II}、K_{III}，前面所论述结果同样适用于动载作用下的裂纹。由于惯性效应，扩展裂纹附近的应力分布规律与静止裂纹是有区别的。图 7.40 给出了修正因子 F 与裂纹扩展速度 v 的关系，F 恒小于 1。不过在具有实际意义的扩展速度下，F 几乎等于 1。

图 7.41 给出了具有固定应力强度因子但扩展速度不同的裂纹尖端焦散线，同时也给出了相应的静止裂纹尖端焦散线。图中把裂纹扩展速度无量纲化了，这里用 Rayleigh 波速 $c_R=(0.862+1.14\nu)/\{[\sqrt{2}(1+\nu)^{3/2}]\cdot\sqrt{E/\rho}\}$。

对于所有的裂纹扩展速度，动态焦散线的形态与静态焦散线的形态几乎一样。只是随着速度的增加，焦散线的尺寸稍有增大。对于光学各向异性材料来说，由于方程中附加的

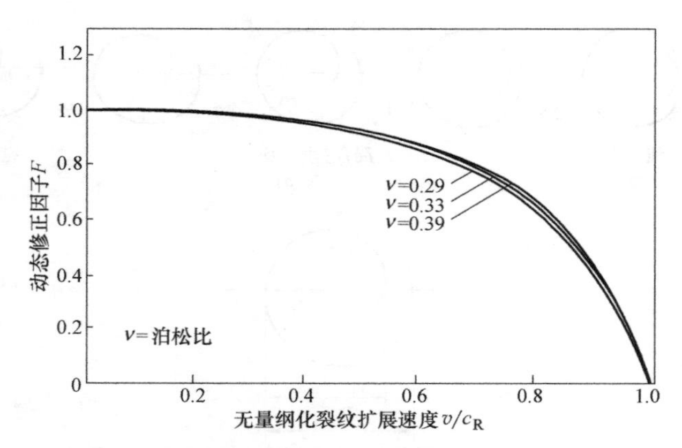

图 7.40　计算动态裂纹尖端焦散线的修正因子

各向异性项和双焦散现象的出现，情况变得复杂一些。但可以证明，外焦散线尺寸随裂纹速度的增加而变大的情况是与光学各向同性材料的单焦散线相类似，只是内焦散线的尺寸要比单焦散线增大得稍多一些。

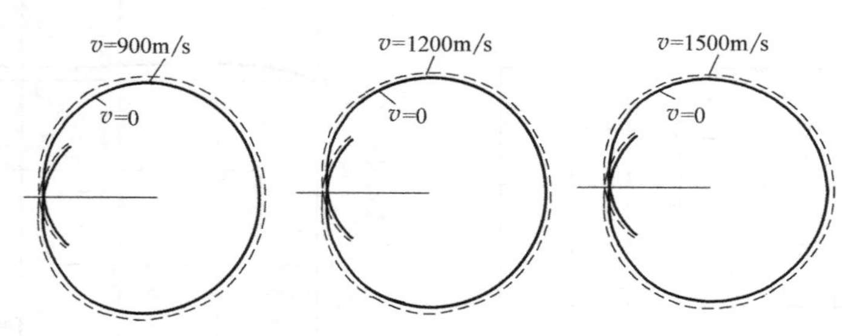

图 7.41　计算动态裂纹尖端焦散线的修正因子

7.4.4　爆炸焦散测试系统

爆破动焦散的物理原理和数学原理同普通动焦散没有什么本质区别，爆炸裂纹的扩展速度一般不超过 400m/s，因此裂纹尖端应力场分布与应力强度因子的确定可以用之前讨论的结果来分析与计算。爆破动焦散的明显特点是其加载的瞬间性。对爆炸载荷的测量是不现实的，而且爆炸加载的精确可重复性也难以把握。

爆炸加载时，如不对炮孔进行夹制（堵塞），就发挥不了爆生气体的作用，也就不能真实地反映爆破的实质。如果夹制得过紧，势必在模型介质内形成预应力场，影响了爆炸应力场分布。普通机械冲击加载或枪击加载相对来说要简单得多，一般都能控制加载速度，测定加载过程中的荷载—时间关系。另外，爆炸加载势必要在载荷附近产生炮烟，如果控制得不好将影响对焦散图像的准确记录，严重的情况下，甚至捕捉不到有效信息。这些都是其他动态加载中不可能遇到的困难。

1. 光—电系统

从有关焦散线问题的文献中看到，绝大多数焦散线实验中采用的光路系统都是多火花式高速照相机与凹面镜系统，有些甚至采用了两个凹面镜的光路系统。这种光路系统虽能较好地记录模型变形时的焦散现象，但也存在一些缺点。由于这一光路系统的有效面积只有 16 个光源发出的光经凹面镜反射后，在试件平面上相交的部分，受凹面镜直径和焦距的限制，相交部分的面积较小。因此其有效光场面积较小，所得到的图像也较小，从而给量测读数带来困难，影响试验精度。另外，这一光路系统，特别在反射式光路中，光线的斜射效应比较大。图 7.42 是焦散线实验中几种透射型光路布置图，图 7.43 是反射型光路布置图。

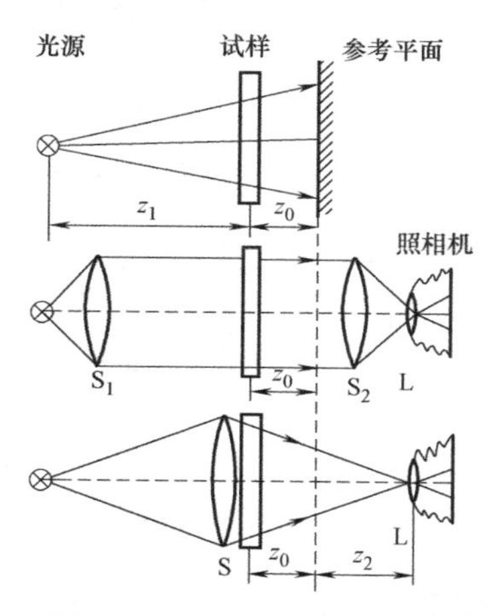

图 7.42　透射型光路布置图

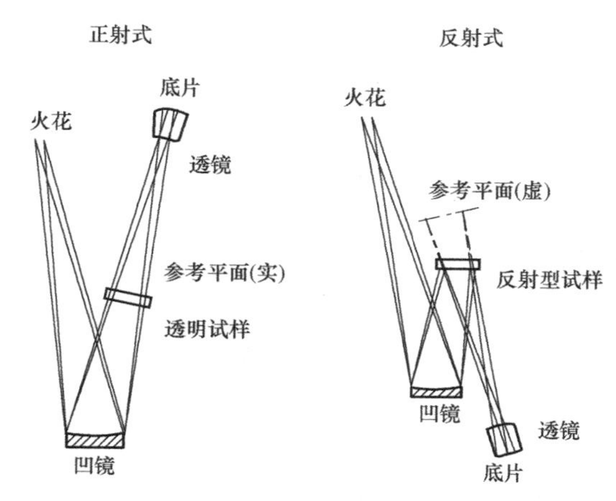

图 7.43　反射型光路布置图

为了克服上述光路系统的缺点，新近研究采用了新的动态焦散线实验光路系统，用双场镜代替凹面镜，形成由多火花高速照相机与双场镜的实验光路系统。反射式动焦散实验光路中只需增加一半反镜。这种光路系统的特点是，光源发出的光经第一个场镜准直后照在模型表面上，虽然此时面积没增加多少，但当光线经过第二个场镜折射后成像却很大。即使在试件尺寸和相机镜头焦距不变的情况下，用双场镜得到的图像尺寸要比用凹面镜光路的图像大得多。

用焦散线方法研究动态过程时，可根据动态问题的不同速度，选用不同的高速照相机去记录动态焦散线。为记录动态断裂过程中的系列焦散线图像，用通常研究动态光弹性的多火花高速照相机是适当的。如用国产的多火花式动态光弹性仪，将幅间隔选在 20～40μs 时，16 幅照片可以记录 300～600μs 的过程，这对一般的断裂试验基本上是够用了。但用它来进行焦散线实验时，除了应将偏振片和 1/4 波片去除之外，由于原来的电火花光源，是用两个小球放电产生的，它基本上是一个线光源（两个小球之间的距离通常为 8～10mm）。所以，应将其改造以获得点光源的效果。这里可以有两个途径，一是长焦距的凹面镜（f＝2500～3500mm）代替原有的场镜，并适当减小两个放电小球的间距（约 4mm），由于光源到模型的距离增大且光源尺度的减小，可以获得近似的点光源效果；另一个途径是直接将两个放电小球的结构加以改变，以获得点光源。后一种办法效果较好，而且花费较小。但经改造后的光源，要同时满足焦散线和光弹性实验的要求是比较困难的。因为在光弹性法实验中，需要有偏振光片和 1/4 波片，因而它所需的光强比焦散线实验大得多。图 7.44 与图 7.45 给出了这两种方案的光路示意图。

用一个探头与圆盘之间的放电产生火花经过光导纤维粗单丝将其输出，使放电形成的线光源转化成点光源。光导纤维粗单丝直径为 1.4mm。放电材料使用的是铜钨合金，导电材料用的是紫铜，尼龙和聚四氟作为绝缘材料，放电电极间距为 8mm。光—电系统主要组成有：高压电源、光源、双场镜（半反镜）、摄像机、触发装置、延迟装置、瞬态波形记录仪等。火花放电与拍摄通过电子控制系统来预置不同时刻，幅间间隔在 0～999μs 内可调。这种光—电系统可拍摄到较清晰的动焦散照片（图 7.46）。

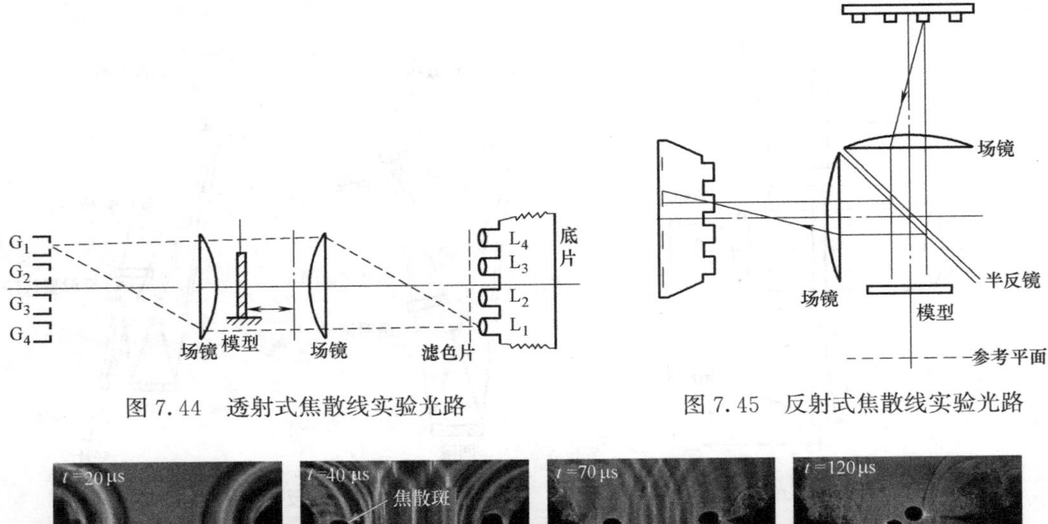

图 7.44　透射式焦散线实验光路

图 7.45　反射式焦散线实验光路

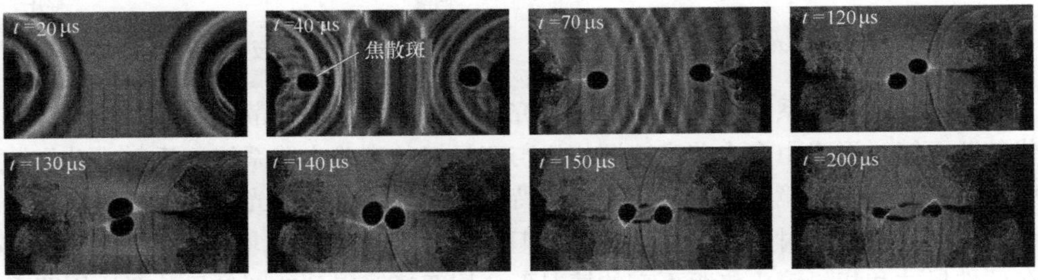

图 7.46　相向运动爆生裂纹相互作用的焦散线实验

2. 爆炸加载与同步控制系统

在炮孔中装起爆药叠氮化铅来实现爆炸加载。装药时在炮孔内设置两根探针，高压起爆器使探针放电来引爆叠氮化铅。由于爆炸作用，另一根探针同时短路并输出一短路信号给同步仪，在预置的时间内，同步仪输出信号使点光源触发放电，因此实现爆炸加载与放电拍摄的精确同步（误差±1μs）。图 7.47 为延迟与同步控制系统示意图。为减轻炮烟对记录的影响，在炮孔附近的模型表面用 502 胶粘结 ABS 导烟管。为保护场镜不受爆炸后的模型碎片的破坏，在模型两侧分别放置一块无应力氟化玻璃。

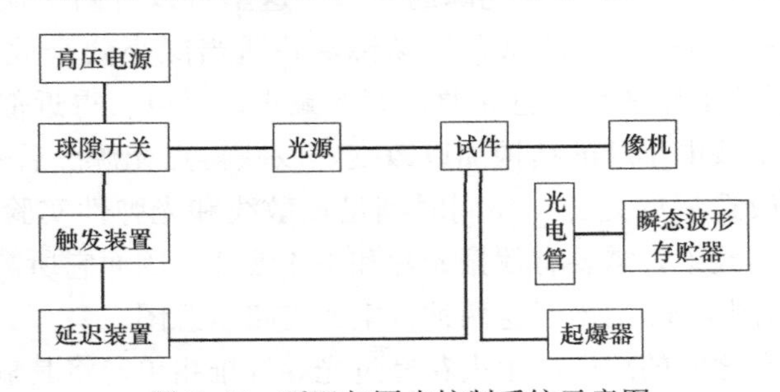

图 7.47　延迟与同步控制系统示意图

3. 模型材料动态常数的测定

采用超动态应变仪与 CS2092 动态测试分析仪测定了有机玻璃板在爆炸荷载下的波速 c，动态弹性模量 E_d，动态泊松比 μ_d。

1）波速 c 的测定

图 7.48 为测试试件示意图，分别在 A、B 粘贴纵向和横向电阻应变片。应变片用屏蔽线接到超动态应变仪的输出端，将应变仪的输出端与 CS2092 的输入端相接。在爆炸作用下，由于应变片的变化，CS2092 测试仪便记录了各点的应变随时间的变化曲线（图 7.48）。以 A、B 两点的应变时间曲线确定应力波及两点的时间差 Δt，测出 A、B 两点间的距离 s，便可由 $c=s/\Delta t$ 计算出波速 $c=2252\text{m/s}$。

2）动态泊松比 μ_d的测定

如图 7.48 所示，试件 A 点沿横向粘贴应变片，由此可测出其纵向应变值，在算得其纵波速度的同时，可以得到 A 点的纵向应变与其横向应变与时间的关系曲线（图 7.49、图 7.50）。于是由 $\mu_d=\dfrac{|\varepsilon AT|}{|\varepsilon AL|}$，可算得材料的动态泊松比 $\mu_d=0.38$。

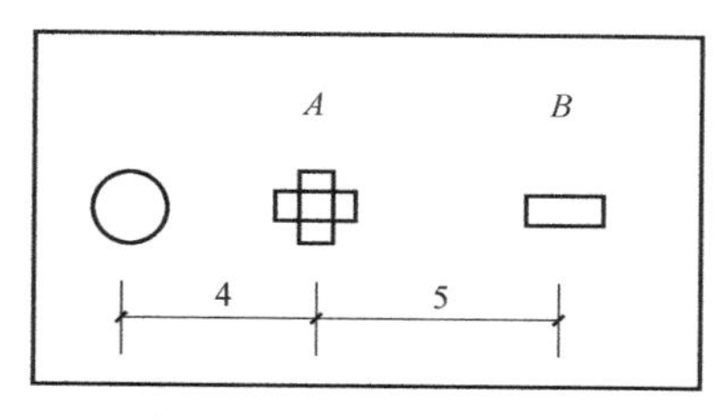

图 7.48　测试试件示意图

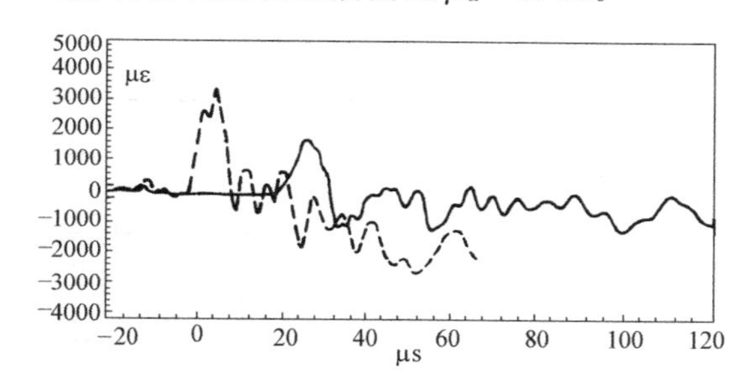

图 7.49　A、B 两点的应变—时间曲线

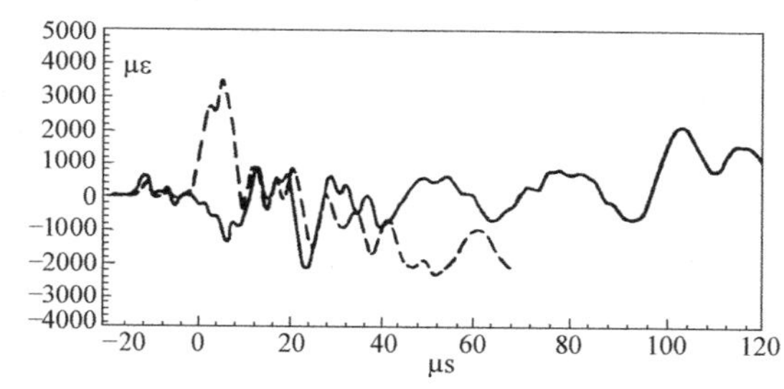

图 7.50　A 点的纵横向应变—时间曲线

3）动态弹性模量 E_d的测定

由一维应力波理论 $c=(E_d/\rho)^{\frac{1}{2}}$，得出 $E_d=\rho c^2$，假定材料的密度在动态与静态情况下是一致的，则由此可算出 E_d值，$E_d=4600\text{kg/cm}^3$。

4）动态应力光学常数的测定

在透射情形下，通过测定得出应力光学常数 $c_t=-0.88\times10^{-4}\text{mm}^2/\text{N}$。

4. 光学系统放大倍数和 z_o 的选取

在发散光和会聚光的焦散光路中都应考虑光学系统放大倍数 λ_m，如图 7.42 所示。

对于发散光：$$\lambda_m=(z_1-z_o)/z_1 \tag{7.34}$$

对于会聚光：$$\lambda_m=(z_2-z_o)/z_2 \tag{7.35}$$

对于平行光：$$\lambda_m=1 \tag{7.36}$$

式中　z_o——模型到参考平面的距离；

z_1——光源到模型的距离；

z_2——参考平面到照相机的距离。

z_1与 z_2总是正的。$z_o<0$ 时，为实像；$z_o>0$ 时，为虚像。实验时，可放一透明尺在参考面，并从照相机毛玻璃上去量出尺寸，以算出放大倍数λ_m。

在应力集中问题中，如裂纹尖端，局部的应力可以非常高。从理论上讲这里的应力可以是无界的，但对实际材料，在这种应力高度集中的区域，往往形成局部塑性变形。在以线弹性理论为基础的研究中，就必须使这种塑性效应对焦散线的形成没有影响。也就是说，应使焦散线在线弹性应力应变关系仍然有效的区域产生，这也就要求初始曲线应位于塑性变形区之外，即：

$$r_o > r_{pl} \tag{7.37}$$

式中　r_o——初始曲线的半径；

r_{pl}——塑性变形区的尺寸。

另一方面，由于对平面应力和平面应变状态，应力光学常数c和各向异性系数ξ的值是不相同的，见表7.1。因而在焦散线的计算公式中，应选初始曲线所在区域中占优势的那一种状态所对应的值。

焦散线计算中有关的常数　　　　**表7.1**

材料	弹性常数		一般光学常数			焦散线光学常数				有效厚度
						平面应力		平面应变		
	弹性模量 (MN/m²)	泊松比	折射系数	A (m²/N) ×10⁻¹⁰	B (m²/N) ×10⁻¹⁰	C (m²/N) ×10⁻¹⁰	ξ	C (m²/N) ×10⁻¹⁰	ξ	
透射情况 光学各向异性材料 环氧树脂B	3660*	0.392*	1.592	−0.056	−0.620	−0.970	−0.288	−0.580	−0.482	d
CR-39	2580	0.443	1.504	−0.160	−0.520	−1.200	−0.148	−0.560	−0.317	d
平板玻璃	73900	0.231	1.517	+0.0032	−0.025	−0.027	−0.519	−0.017	−0.849	d
Homalite-100	4820*	0.310*	1.561	−0.444	−0.672	−0.920	−0.121	−0.767	−0.149	d
光学各向同性材料 有机玻璃	3240	0.350	1.491	−0.530	−0.570	−1.080	~0	−0.750	~0	d
反射情况 对所有材料	E	μ	−1	0	0	$2\mu/E$	0	—	—	$d/2$

注：*表示动态值。

通常多用平面应力状态所对应的值。但是，在应力梯度非常高时，在一平板内应力集中区附近，也不可能发展成平面应力状态，而形成混合应力状态。在这种情况下，也需使初始曲线位于混合应力状态区之外，即应使：

$$r_o > r_{ps} \tag{7.38}$$

式中　r_{ps}——混合应力状态区域的尺寸。

对于发散光和平行光系统，$\lambda_m \geqslant 1$。对裂纹尖端的焦散线实像而言，在应力强度因子保持不变的情况下，焦散线的特征尺寸D和初始曲线的半径r_o将随z_o的增大而变大。于是，可以通过选择足够大的z_o，使$r_o > r_{pl}$和$r_o > r_{ps}$得到满足。同时，由于对应于较大的z_o，D的值也较大，这有利于提高测量精度。但不能认为z_o越大越好，因为初始曲线必须位于奇异解仍然保持有效的区域内。所以r_o是有上、下界的。图7.51中给出了初始曲线的半径r_o，对于不同试件厚度的上、下限曲线，从中可以找到r_o的最优值，然后选定

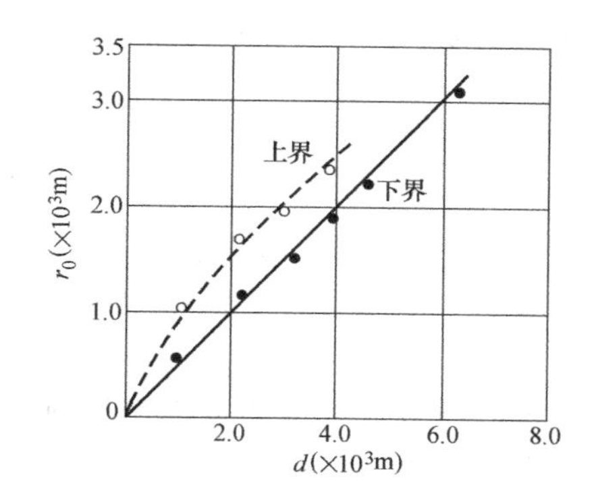

图 7.51　初始曲线半径 r_0 与不同试件厚度 d 的上、下限关系

最优的 z_0。

7.5　数字图像相关方法

7.5.1　数字图像相关法概述

20 世纪 80 年代初，随着计算机技术和数字摄像机的发展，数字图像相关方法（Digital Image Correlation Measurement，DICM）又称数字散斑相关测量（Digital Speckle Correlation Measurement，DSCM）逐渐发展起来。1982 年，Peters 等通过电视摄像管采集试件变形前后的激光散斑图，用微型计算机进行数字化转换，由此得到了散斑图的离散型数字灰度场，用此灰度值进行变形前后的相关计算，找出相关系数的最大值，从而计算出了相应的位移和应变。随后，经过多位学者的努力，数字图像相关方法的基本概念、原理和相关搜索的基本程序得到了详细论述，相关实验也证明了这种方法不仅能够实现对变形信息进行全场测量的要求，而且具有光路系统简单、实验操作过程简便、对环境及隔震要求低、测量过程易实现自动化、测量范围更广、结果处理更方便等优点，是传统电测法和常用光测法无可比拟的。进入 20 世纪 90 年代，数字图像相关方法继续发展，这一时期的工作则是更多地把数字图像相关方法作为一种有效的研究手段，应用于实际问题的解决。Dai 等对单轴拉伸试件的激光衍射图像进行了数字图像分析，以此研究了试件弹塑性界限。Sutton 等对含一条边界裂纹的试件进行了裂纹尖端变形场的研究，应用数字图像相关方法通过测定裂纹尖端局部塑性区研究了三维效应的影响区域。近年来，数字图像相关方法进一步发展，郝文峰等采用该方法测量了裂纹尖端应力强度因子，使该方法在断裂力学中的应用更加成熟。数字图像相关方法作为一项简便的光学测试方法，已经应用于多个领域，成为现代光测力学领域的重要测试方法。

在爆炸力学领域中，有很多光测力学的实验方法得到应用，如纹影法、焦散线法、光弹法等。但是，这些方法因为各自使用条件所限，具有较大的应用局限。纹影法对于流场的气流密度具有较高的要求，并且主要适用于对流体边界层的研究。焦散线法适用于对裂纹尖端场的局部研究，并且目前对于非透明介质的反射式焦散线的研究还未达到较好的应用效果。光弹法虽然能够进行全场的应变研究，但主要适用于透明的光弹性材料。相较而言，数字图像相关方法是一种适用范围广，对材料的光学性质和环境因素要求较低的光测力学实验方法。

7.5.2 数字图像相关法原理

数字图像相关是通过 3 个步骤实现全场变形测量的：

1）首先通过数字化图像采集设备采集试件表面受载变形前后的数字散斑图像，常与超高速摄像技术相结合。

2）利用特定的搜索方法和相关算法，对试件表面变形前后的数字散斑图像的灰度矩阵进行相关计算，获得变形前后子区中心散斑点的位移。

3）根据子区中心的位移计算子区内各点的位移，再根据位移计算应变，进而求解试件的全场变形信息。

依照上述步骤即可获得试件表面的位移场和应变场，基本原理如图 7.52 所示。

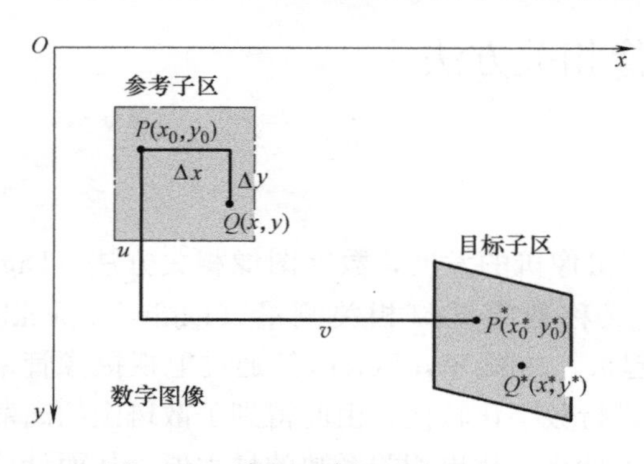

图 7.52 数字图像相关法基本原理

为了获得可靠的测量结果，使用二维数字图像相关法测量物体的变形信息时必须满足以下几点基本假设：

1）被测物体表面为一平面或近似为一平面。

2）被测物体的变形主要发生在面内，离面位移很小，可以忽略不计。

3）摄像机光轴与被测物体表面法线平行（即摄像机光轴与被测物体表面垂直）。

4）物体表面上散斑点变形前后的灰度值不变。

数字图像相关方法通常与超高速摄像技术相结合，通过对试件表面变形前后的数字散斑图像的灰度矩阵进行相关计算，跟踪计算点变形前后的空间位置，从而获得试件表面位移和应变信息，数字图像相关方法实验系统如图 7.53 所示。

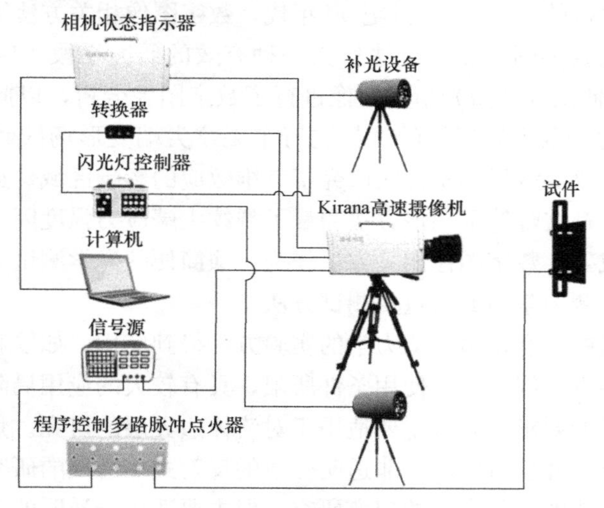

图 7.53 数字图像相关法方法实验系统

进行相关计算时，首先选定试件加载变形前的散斑图像作为参考图像，在参考图像中选定1个以P（x_o，y_o）点为中心，大小为（$2M+1$）×（$2M+1$）pixel的参考图像子区，通过特定的搜索方法和相关函数在变形后的图像中进行搜索和灰度相关计算。相关系数为最大或最小值时，即以$P(x_o, y_o)$为中心，大小为（$2M+1$）×（$2M+1$）pixel的参考子区在变形后图像中对应的目标子区，进而可以确定$P(x_o, y_o)$的位移分量u和v。

采用标准化相关函数作为相关性准则：

$$C=\frac{\sum_{x=-M}^{M}\sum_{y=-M}^{M}[f(x,y)g(x^*,y^*)]}{\sqrt{\sum_{x=-M}^{M}\sum_{y=-M}^{M}f^2(x,y)\sum_{x=-M}^{M}\sum_{y=-M}^{M}g^2(x^*,y^*)}} \tag{7.39}$$

参考子区内任意一点Q（x，y）变形后的坐标位置可以表示为：

$$x^*=x_o+u+\frac{\partial u}{\partial x}\Delta x+\frac{\partial u}{\partial y}\Delta y+\frac{1}{2}\frac{\partial^2 u}{\partial x^2}(\Delta x)^2+\frac{\partial^2 u}{\partial x\partial y}\Delta x\Delta y+\frac{1}{2}\frac{\partial^2 u}{\partial y^2}(\Delta y)^2$$

$$y^*=y_o+\nu+\frac{\partial \nu}{\partial x}\Delta x+\frac{\partial \nu}{\partial y}\Delta y+\frac{1}{2}\frac{\partial^2 \nu}{\partial x^2}(\Delta x)^2+\frac{\partial^2 \nu}{\partial x\partial y}\Delta x\Delta y+\frac{1}{2}\frac{\partial^2 \nu}{\partial y^2}(\Delta y)^2 \tag{7.40}$$

式中 $f(x, y)$——参考图像中坐标为（x，y）点图像的灰度值；

$g(x^*, y^*)$——目标图像中对应（x^*，y^*）点图像的灰度值；

Δx、Δy——$Q(x, y)$到中心点P（x_o，y_o）的水平距离和垂直距离；

u、ν——参考子区中心点P（x_o，y_o）变形前后的水平、垂直位移分量；

$u,\nu,\frac{\partial u}{\partial x},\frac{\partial u}{\partial y},\frac{\partial \nu}{\partial x},\frac{\partial \nu}{\partial y}$——相关计算待求的6个参数；

$\frac{\partial^2 u}{\partial x^2},\frac{\partial^2 u}{\partial y^2},\frac{\partial^2 u}{\partial x\partial y},\frac{\partial^2 \nu}{\partial x^2},\frac{\partial^2 \nu}{\partial y^2},\frac{\partial^2 \nu}{\partial x\partial y}$——位移分量的二阶梯度。

采用N-R迭代法即可获得式（7.39）的最大值，从而计算得到参考子区中心的位移值u、ν及其导数，继而求得参考子区内各个整像素点的位移，再通过三次样条插值法求得亚像素点的位移。

7.5.3 数字图像相关法实验系统

本节以中国矿业大学（北京）爆破光测力学实验室建立的超高速数字图像相关法实验系统为实例，并结合实际应用，对数字图像相关法实验系统展开介绍。

该实验系统主要由超高速相机、计算分析系统、照明系统、爆炸加载装置与同步控制系统组成（图7.54）。考虑到试件边界效应和爆炸应力波速度等因素，爆破实验一般要求试件尺寸较大，继而要求高速相机不仅拍摄速度快，同时像素要高。传统的多火花式高速相机，拍摄速度能达到0.2Mf/s，但其为胶片式，无法满足数字化要求。普通的高速CCD相机或CMOS相机，随着拍摄速率的增加，图像分辨率大幅降低，如Photron公司的Fastcam系列相机，拍摄速度最快能达到1Mf/s，但图像分辨率只有64pixels×28pixels，无法满足大尺寸爆破实验要求。另外一种分幅式超高速相机，如PCO公司的HSFC-pro相机，采用2～4个CCD，拍摄速度能达到200Mf/s，但每次最多拍摄32幅照片，且这些照片由 4 个 CCD 镜头成像，导致图像灰度不一致，且有畸变，不适合数字图像相关分析。随着科技的发展，一种新型的 μCMOS 传感器超高速相机 Kirana-5M 逐渐成熟，拍摄速度为 5 Mf/s，图像分辨率为 924pixels×768pixels，能够满足爆破实验要求。

图 7.54 数字图像相关法方法实验系统

1—试件；2—闪光灯；3—超高速相机；4—相机控制器；5—闪光灯控制器

国内外成熟的数字图像相关计算分析系统，有美国 CSI 公司的 VIC 系统、德国 GOM 公司的 ARAMIS 系统和德国 DANTEC 公司的 Q 系列系统等，其原理基本相同，计算和后处理方面各有特色。新构建的超高速数字图像相关实验系统选用美国 CSI 公司的 VIC-2D 系统，采用标准化的平方差相关函数进行相关计算，具有自动标定图形缩放系数的功能，对光线明亮变化不敏感，能在满足精度和计算速度前提下进行最优的计算。

针对 5 Mf/s 超高拍摄速度，要求曝光速率小于 200ns，传统的 LED 光源已无法满足要求。本实验采用 SIAD500 照明系统，由控制器和闪光灯组成。控制器为四通道 CU-500 型控制器，可以控制多个闪光灯同时或顺序工作。闪光灯为 FH-500 型氙气灯，可以实现 40μs 达到最强照明亮度，并持续 2ms 的恒定光强时间。爆炸加载装置系自主设计，采用自制药包（一般为叠氮化铅），置于试件上的预制炮孔中，药包内埋设引爆线，通过螺栓的拧紧对加载头施加压力，从而夹紧炮孔，炸药由同步控制系统中的脉冲打火器引爆。

爆破实验中闪光灯、相机拍摄、炸药起爆等一系列动作需要依次进行，要求同步控制系统必须满足微秒级的精确控制。由于 FH-500 闪光灯得到触发信号后，40μs 后光照强度才能达到稳定状态，且其稳定状态只能持续 2ms，因此以单炮孔触发为例，若闪光灯触发信号定义为 0 时刻，那么相机的拍摄时刻为 40μs，炸药起爆时刻为 45μs。基于此，研发了四通道 HD12-2 型程序控制多路脉冲控制系统，可以设置起爆、照明与相机等设备的触发顺序和延时时间，实现了微秒级精确控制。设备同步控制原理如图 7.55 所示。

7.5.4 数字图像相关法应用实例

1. *爆破实验实例*

试件及相关参数。试件采用 300mm×300mm×8mm 的 PC 板，其纵波波速 v_p = 2125m/s，横波波速 v_s=1090m/s，弹性模量 E_d=3.595GN/m^2，泊松比 μ_d=0.32。在试件中心加工直径 d=6mm、深度 h=6mm 的炮孔。炸药为叠氮化铅，质量 80mg，装药密度 ρ_o=2.51g/cm^3。

散斑及相关参数。散斑质量是决定数字图像相关计算精度的重要因素之一。通常而

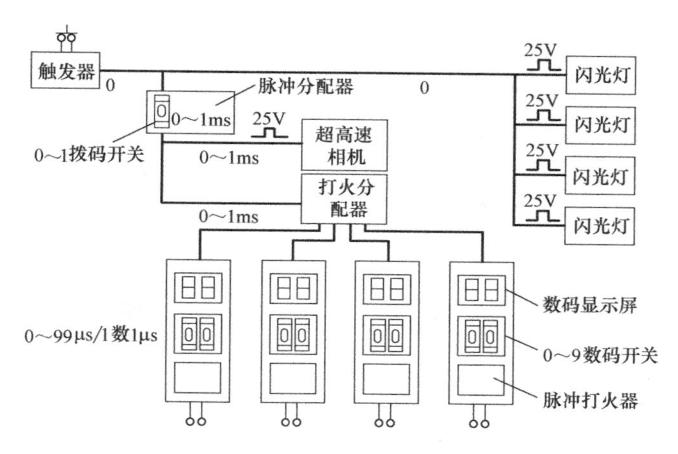

图 7.55　同步控制原理示意图

言，散斑直径范围在 3～7 个像素最优，本实验综合考虑试件尺寸 300mm×300mm、相机像素 924pixels×768pixels 等因素，确定散斑直径 2mm。在试件表面喷涂黑白哑光漆以形成随机散斑的传统方法，操作简便，但散斑质量受喷嘴大小、喷漆黏性、喷涂时间、喷涂方向以及操作者熟练程度等因素的影响，制作的散斑存在个别散斑点极大或极小、散斑分布密度不均匀等问题，导致实验误差较大或失败（图 7.56）。另外，常用的手工点斑法效果相对较好，但这种方法费时费力，散斑密度不易控制，且更适合尺寸较小的试件。实验采用计算机辅助制斑方法，首先以计算机模拟设计散斑样式，然后利用 UV 平板激光打印技术将所设计的散斑图样打印到试件表面。散斑点直径 2mm，散斑密度 75%，散斑不规则度 75%。单炮孔散斑打印到试件上的显微照片和炮孔中心及监测点如图 7.57 所示。

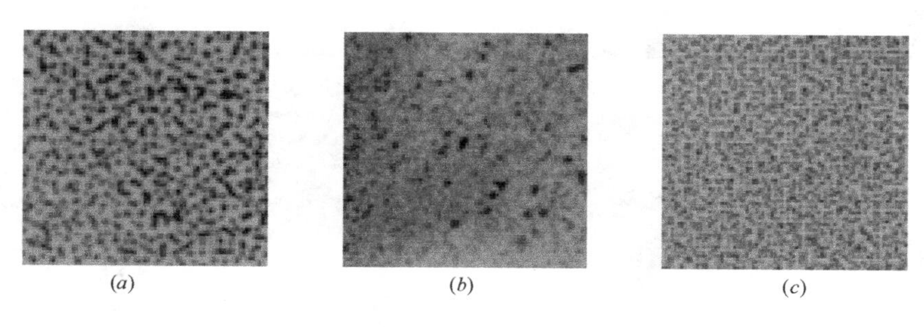

图 7.56　散斑不同的制作方法

(*a*) 手工散斑；(*b*) 喷涂散斑；(*c*) 打印散斑

拍摄及相关参数。PC 材料纵波波速为 2125m/s，从炮孔传播到边界约 70μs，若考虑反射波在试件中的传播情况，那么整个实验过程将不少于 140μs。因此，设置相机拍摄速度为 1Mf/s，曝光速率为 100ns，总拍摄时长为 180μs。参数确定后，进行不加载的拍摄与计算分析调试，发现静止状态下最大应变为 30$\mu\varepsilon$，说明拍摄参数合理，满足实验要求。

实验中高速相机拍摄了 180 张图像，对数字照片进行标定，缩放系数为 0.35766mm/pixel。将炸药起爆时刻设为 0，VIC-2D 计算时子区大小设为 29pixels×29pixels，步长设为 7，选择标准化平方差相关函数和 Optimized6-tap B 样条插值方法进行计算。整个试件呈轴对称分布，为了便于描述和分析，建立以炮孔中心［图 7.57（*b*）］为坐标原点的坐

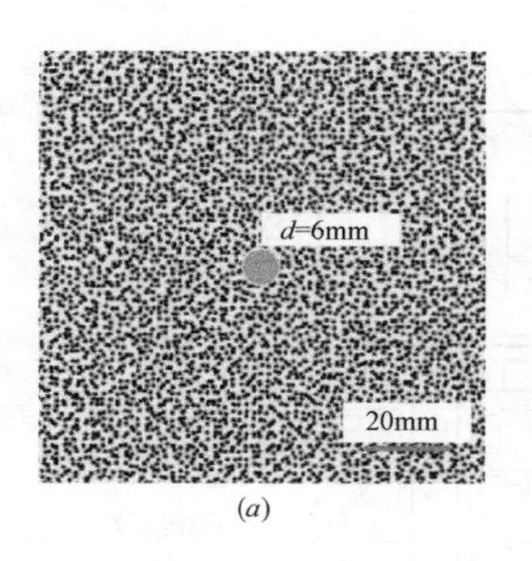

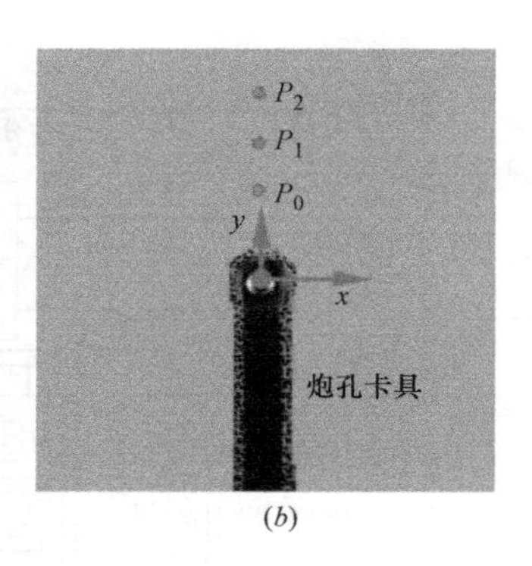

图 7.57　单炮孔散斑与监测点示意图

(a) 单炮孔散斑；(b) 炮孔中心及监测点

标系，并在 y 轴上布设 3 个虚拟监测点，坐标分别为 P_0（0，4）、P_1（0，7）、P_2（0，10）。

通过实验可以直接得到试件平面内水平方向、竖直方向、剪切方向的全场应变和最大主应变云图。由于对称性，这里重点对竖向应变 e_{yy} 和剪切应变 e_{xy} 进行讨论和分析，实验所得竖向应变和剪切应变云图如图 7.58 所示。

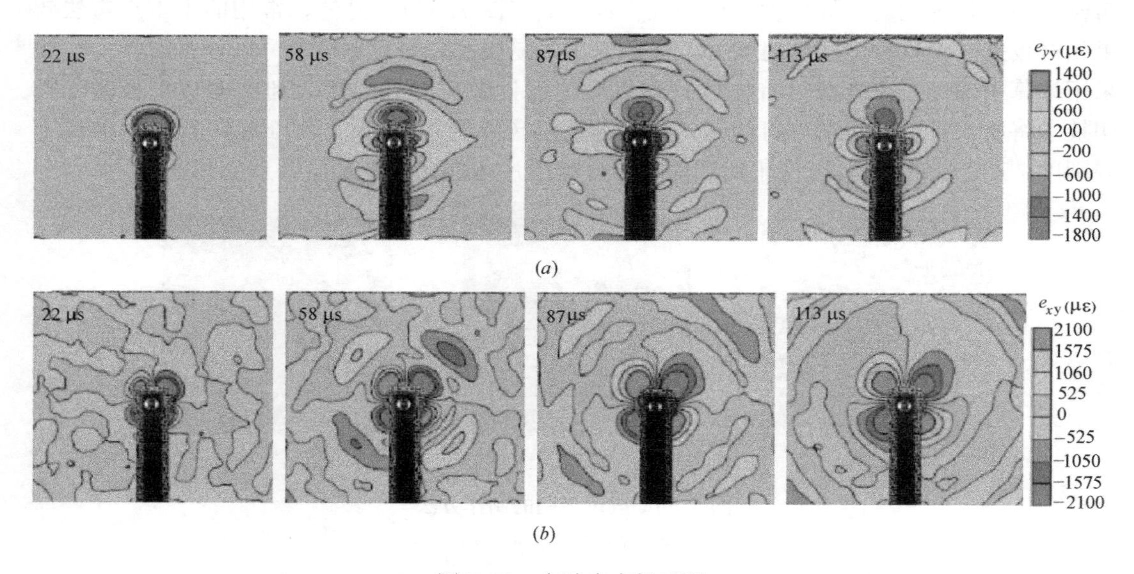

图 7.58　实验应变场云图

(a) 竖向应变；(b) 剪切应变

炸药起爆后，15μs 时，爆炸应力波进入观测区。22μs 时在炮孔周围形成明显压应变区，同时炮孔周围也出现了明显的拉伸应变区，证明在径向压缩变形的同时，在切向上会产生拉伸变形。随着应力波的向前传播，49μs 时，整个压缩波完全进入观测区。58μs 时，压缩波的后面出现了 1 个明显拉伸变形区，说明爆炸应力波由 1 个压缩波和 1 个拉伸波组成。87μs 时爆炸应力波传播到试件边界处，并发生反射，入射压缩波变为反射拉伸波。105μs 时，反射拉伸应力波再次进入观测区，并与入射拉伸波在观测区域内相遇并叠加，在试件边界处产生更大的拉伸作用。113μs 时，反射拉伸波的波峰与入射拉伸波的波峰相遇叠加。131μs 时，入射拉伸波反射后再次进入观测区，变为反射压缩波，同时反射拉伸波与爆生气体的准静态作用产生的压缩变形区相遇，由于应力波传播过程中的衰减，此时的反射拉伸应变波峰值为 500με，远小于静态压缩产生的压缩应变 1300με。随着应力波的继续传播、反射、衰减、叠加等，试件平面内应变云图越来越紊乱。从剪切应变 e_{xy} 云图上可以看出，在炮孔水平径向方向上，剪切应变值一直很小（最大为 300με），也说明爆炸产生的应力波以压缩波为主，剪切波的作用较小。

实验结果表明，中国矿业大学（北京）爆破光测力学实验室新近建立的超高速数字图像相关实验系统，实现了对爆炸应力波的传播和衰减的深入量化研究，为研究爆炸力学领域中被爆介质的动态响应问题提供一种新手段。

2. 静力学实验实例

作为矿山、水利及隧道等岩土工程的主要支护控制对象，岩石的变形破坏机制直接影响着此类工程的稳定性。山东科技大学利用数字图像相关方法，对含预制裂隙巴西圆盘劈裂试验的变形场展开监测，研究试件劈裂破坏过程中的位移场演化过程及变形局部化特征。

选用的静态巴西圆盘变形场测试实验系统主要由 CCD（Charge Coupled Device）相机、光源与计算机组成。在试验准备阶段，为使获得的图像具有稳定灰度值，需要确保 CCD 相机的光学主轴与试件表面垂直，并且提供稳定的光源。试验开始后，CCD 相机在拍摄喷涂有人工散斑试样表面的同时，将获取的数字图像传输存储在计算机中。处理散斑图片时，通过对照试验机中加载数据得到变形图像的载荷与时间信息（图 7.59）。

试件选用红砂岩，直径为 50mm，厚度为 25mm，在试件中心处预制长 10mm、宽 2mm 的裂隙。试验加载设备为 RLJW-2000 岩石力学试验系统，采用弧面加载，试验中加载速率为 0.05mm/min。试验前安放试件时，利用直角卡尺确定试样和夹具中心线位置，将铅垂线置于夹具中心线上方且垂直通过试件预制裂隙表面，以确保试件预制裂隙与夹具中心轴吻合。图像采集装置使用有效像素为 2048pixels × 1536pixels 的 CCD 数码摄像机，配置 50mm 定焦镜头，图像采集速率为 15 帧/s，试件两侧摆放白光源。加载过程中对试样预制缺口附近的散斑图像进行实时同步采集，将采集的照片进行分析和处理后得到预制裂隙附近的变形场及其演化过程。

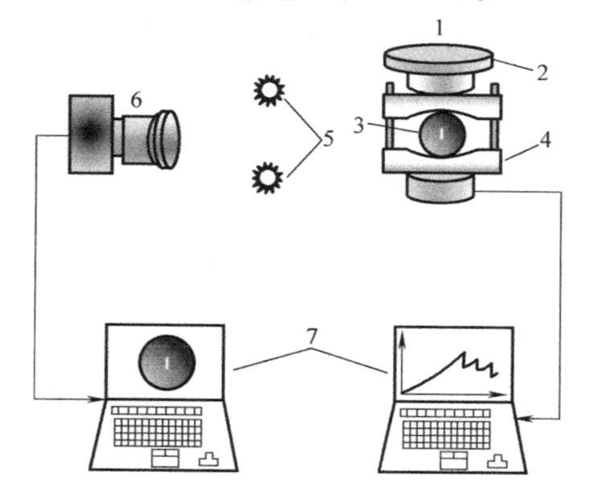

图 7.59　巴西圆盘变形场测试实验系统
1—轴向加载装置；2—压力传感器；3—圆盘试件；4—加载夹具；5—光源；6—相机；7—计算机

试件处于压密阶段时，受巴西圆盘曲面光滑度影响，试件发生了轻微的逆时针偏转，在试件顶部存在明显的左向位移局部化区，底部为右向位移局部化区，如图 7.60（*a*）所示；进入弹性阶段，试件主要发生张拉变形，位移局部化区域集中在试件的左上角及右下角，且逐渐向中部扩展，如图 7.60（*b*）、图 7.60（*c*）所示；到达塑性阶段后，位移局部化区域演化为扇形，沿预制裂隙近似旋转对称分布，水平变形方向以竖直轴线为界、左右相反，且左右两侧位移差值逐渐增大，如图 7.60（*d*）、图 7.60（*e*）所示；当载荷达到峰值 3.9kN 时，巴西圆盘左右两侧背向位移差值过大，在试件中部会出现一条零位移条带，在零位移条带处试件张拉破坏，与试件的宏观裂隙相对应，如图 7.60（*f*）和图 7.61 所示。

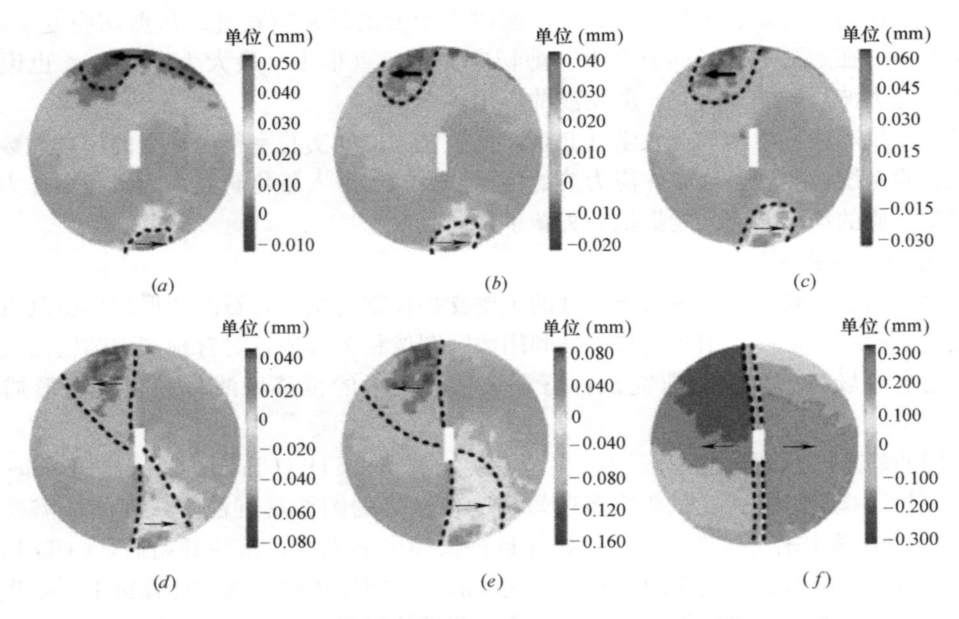

图 7.60 巴西圆盘水平位移场云图

（*a*）28%P_t；（*b*）38%P_t；（*c*）56%P_t；（*d*）69%P_t；（*e*）85%P_t；（*f*）P_t

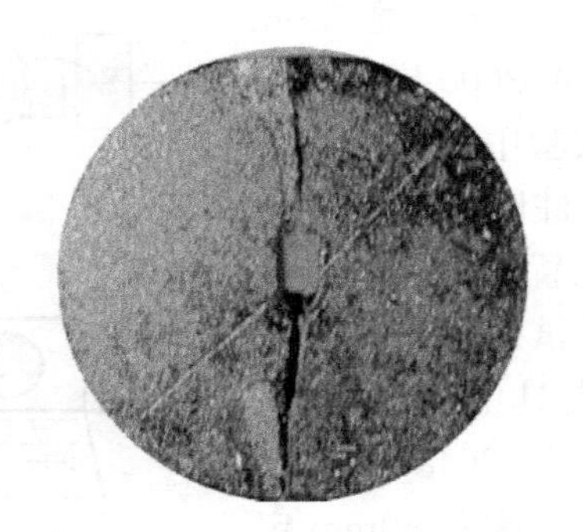

图 7.61 巴西圆盘试样破坏形态

实验结果表明，数字散斑相关方法可以精确测得巴西圆盘峰前的变形局部化现象，且在荷载峰值点分析得到的零位移条带形态及位置与圆盘宏观裂隙对应性较好。

参考文献

[1] 张如一，陆耀桢. 实验应力分析 [M]. 北京：机械工业出版社，1981.
[2] 孟吉复，惠鸿斌. 爆破测试技术 [M]. 北京：冶金工业出版社，1992.
[3] 高全臣，刘殿书. 岩石爆破测试原理与技术 [M]. 北京：煤炭工业出版社，1995.
[4] 国家建筑工程质量监督检验中心. 混凝土无损检测技术 [M]. 北京：中国建材工业出版社，1996.
[5] 唐益群，叶为民. 土木工程测试技术手册 [M]. 上海：同济大学出版社，1999.
[6] 郑秀瑗，谢大吉. 应力应变电测技术 [M]. 北京：国防工业出版社，2003.
[7] 杨明纬. 声发射检测 [M]. 北京：机械工业出版社，2005.
[8] 盖秉政. 实验力学 [M]. 哈尔滨：哈尔滨工业大学，2006.
[9] 韩继云. 建筑物检测与鉴定 [M]. 北京：化学工业出版社，2008.
[10] 姚谦峰. 土木工程结构试验 [M]. 北京：中国建筑工业出版社，2008.
[11] 王立峰，卢成江. 土木工程结构试验与检测技术 [M]. 北京：科学出版社，2010.
[12] 宋彧. 土木工程试验 [M]. 北京：中国建筑工业出版社，2011.
[13] 王伯雄. 测试技术基础 [M]. 北京：清华大学出版社，2012.
[14] 沈扬，张文慧. 岩土工程测试技术 [M]. 北京：冶金工业出版社，2013.
[15] (日) 梅村魁等. 结构模型和试验技术 [M]. 朱世杰等译. 北京：中国铁道出版社，1989.
[16] 夏才初，潘国荣. 岩土与地下工程监测 [M]. 北京：中国建筑工业出版社，2017.
[17] 杜庆华. 工程力学手册 [M]. 北京：高等教育出版社，1994.

参考文献

[illegible]